CANCER INCIDENCE IN JEWISH MIGRANTS
TO ISRAEL, 1961-1981

INTERNATIONAL AGENCY FOR RESEARCH ON CANCER

The International Agency for Research on Cancer (IARC) was established in 1965 by the World Health Assembly, as an independently financed organization within the framework of the World Health Organization. The headquarters of the Agency are at Lyon, France.

The Agency conducts a programme of research concentrating particularly on the epidemiology of cancer and the study of potential carcinogens in the human environment. Its field studies are supplemented by biological and chemical research carried out in the Agency's laboratories in Lyon and, through collaborative research agreements, in national research institutions in many countries. The Agency also conducts a programme for the education and training of personnel for cancer research.

The publications of the Agency are intended to contribute to the dissemination of authoritative information on different aspects of cancer research. A complete list is printed at the back of this book.

THE ISRAEL CANCER REGISTRY

The Israel Cancer Registry was set up in January 1960 by the Ministry of Health, to undertake incidence and mortality studies in various population groups, as a tool for planning and evaluation of services and as an aid to research workers. Since 1973 it has been linked by contract to the SEER Program of the National Cancer Institute of the National Institutes of Health of the United States.

COVER ILLUSTRATION: detail from 'Crossing of the Red Sea' by C. Rosselli, reproduced by permission of the Vatican Museums and Galleries

INTERNATIONAL AGENCY FOR
RESEARCH ON CANCER

ISRAEL CANCER
REGISTRY

CANCER INCIDENCE IN JEWISH MIGRANTS TO ISRAEL, 1961—1981

R. Steinitz, D.M. Parkin, J.L. Young,

C.A. Bieber and L. Katz

IARC Scientific Publications No. 98

International Agency for Research on Cancer

Lyon, 1989

Published by the International Agency for Research on Cancer,
150 cours Albert Thomas, 69372 Lyon Cedex 08, France

© International Agency for Research on Cancer, 1989

Distributed by Oxford University Press, Walton Street, Oxford OX2 6DP, UK

Distributed in the USA by Oxford University Press, New York

All rights reserved. No part of this publication may be reproduced, stored in
a retrieval system, or transmitted, in any form or by any means,
electronic, mechanical, photocopying, recording, or otherwise,
without the prior permission of the copyright holder.

ISBN 92 832 1198 7

ISSN 0300-5085

PRINTED IN THE UNITED KINGDOM

CONTENTS

Foreword vii
Acknowledgements viii

Chapter 1. Introduction 1
Chapter 2. The Israel Cancer Registry 5
Chapter 3. Materials and methods 9
Chapter 4. Results 17
Chapter 5. Commentary 21
Chapter 6. Conclusions 33
References 35

Tables

Table I.	Average annual cancer incidence per 100,000 by country of origin, site and age group	37
Table II.	Number of cases, sex ratios, and proportional incidence ratios (with 95% confidence intervals), by topographical site, sex, and region of birth (1961–1981)	83
Table III.	Number of cases, age-standardized incidence rates (all ages) and standardized incidence ratios (with 95% confidence intervals), by topographical site, sex, region of birth, and period of diagnosis	111
Table IV.	Number of cases and proportional incidence ratios (with 95% confidence intervals), by topographical site, sex, region of birth, and duration of stay	163
Table V.	Number of cases, mean duration of stay, and standardized incidence ratios (with 95% confidence intervals), by topographical site, sex, continent of birth, and duration of stay	215
Table VI.	Relative risk by period of diagnosis, adjusted for age, sex and duration of stay	241
Table VII.	Relative risk by duration of stay in Israel, adjusted for age, sex and period of diagnosis (reference category, born in Israel)	243

Appendixes

Appendix 1 Populations at risk (person-years), by birthplace 245

Appendix 2 Age-standardized incidence rates in migrants to Israel 269
and comparison populations

Appendix 3 Risk of cancer, by duration of stay in Israel, relative to 295
that in Israel-born population

FOREWORD

The Israel Cancer Registry was founded in 1960 in order, in part, to exploit the unique possibility of studying the incidence of cancer in a population made up largely of migrants from many different parts of the world who, although united by religion, represented a wide diversity of lifestyles. This volume is the culmination of 21 years of work by the registry. It brings together material published previously by IARC in four volumes of the *Cancer Incidence in Five Continents* series, and in many articles by the staff of the Registry and by others. The data themselves have undergone thorough verification, and special efforts were made to retrieve missing or incomplete information. The final result represents the largest ever study of cancer incidence in migrant populations.

The results are presented in extensive tables, so that the volume will constitute a source of reference for researchers wishing to extract information about particular migrant populations and/or cancer sites. In addition, the editors provide a commentary on the results, which draws attention to some salient findings, and suggest possible explanations for them, if any are known. It is hoped that, as well as helping to extend our knowledge of the role of environmental factors in cancer causation, the volume will act as a stimulus to future research in this field.

L. Tomatis, M.D.
Director, IARC

ACKNOWLEDGEMENTS

The editors wish to express their gratitude to the many people who have contributed to this monograph. In particular, at IARC, Dr John Kaldor and Dr Myriam Khlat were responsible for the statistical modelling of time/duration interactions, and Odile Bouvy has supervised the documentation related to the study, and production of the manuscript.

The Israel Cancer Registry expresses its thanks to the Israel Cancer Association and the National Cancer Institute of the United States of America, whose support (Contract Number: NO1-CN-33351) has enabled the Registry to be maintained.

CHAPTER 1

Introduction

Migrant populations are of special interest to the cancer epidemiologist. They make possible the study of the changing cancer patterns in populations who are exposed to an entirely new external environment. It is possible to investigate the length of time for which cancer patterns reflect those of their country of origin, and their reaction to changes in environment and in living habits. It may be possible to compare incidence rates in the first and subsequent generations of offspring, as in the classic studies of Haenszel (1970). However, many studies of migrants suffer from deficiencies in proper, consistent and comparable documentation, and the population groups available for study are often quite small.

The State of Israel was founded by migrant populations coming from many parts of the world, a feature which has led to it being referred to as an 'epidemiological laboratory'. Awareness of this situation was a stimulus to the founding of a national cancer registry, which from the outset has attempted to record country of birth and year of immigration for all registered cases.

The variety of the human populations that settled in the small area of Israel has stimulated research projects in various medical and social fields (Goldschmidt, 1963). Genetic investigations have shown distinctive differences in gene frequencies of the ABO system, and gene markers for specific conditions, for example for familial Mediterranean fever in Jews originating in Mediterranean countries, or Tay-Sachs for Jews from eastern Europe (Cohen, 1971). Dietary habits of Jews, by country of birth and length of stay in Israel, and their change have been investigated (Bavli, 1966). Both these may be relevant to the study of cancer morbidity.

The analyses presented in this monograph include data from 21 years of registration and make a further contribution to the understanding of the relative importance of environmental and genetic factors in cancer etiology. They have several goals. Firstly, they explore the differences in incidence rates for various cancers between Jewish immigrants and the Jewish population born in Israel. Some comparison data are given from the countries of origin of the migrant groups, although these relate principally to non-Jewish populations. Secondly, the time trends in incidence of different cancers, and the risk according to the duration of residence in the new environment are studied. Finally, the relative importance of secular trend and time spent in the new environment is investigated as a pointer to the importance of environmental factors in etiology, and to the stage of carcinogenesis of which they seem to be important.

History of Jewish immigration

The history of the re-entry of various Jewish groups to Israel has been summarized by Goldschmidt (1963). The dispersal of the Jews and of the Jewish religion from Ancient Palestine (Israel) is assumed to have taken place in three major waves: the Assyrian Exile in 721 B.C., the Babylonian exile in 586 B.C. and the Roman Exile, following the destruction of the Second Temple in A.D. 70. These migrations resulted in the foundation of Jewish colonies in Mesopotamia and other countries of the Near East, around the Mediterranean shores, and in central and western Europe. In the late Middle Ages it became customary to refer to the Jewish Diaspora of central and western Europe as the Ashkenazic group of Jews.

During the Middle Ages, migrations of individuals or of small groups ensured some measure of cultural contact between the various Jewish colonies and also provided for a certain amount of gene flow between them. A large-scale shift of the Jewish populations occurred during the early Renaissance period as a consequence of the expulsion of the Jews from Spain in 1492. The exiled Spanish Jews, who called themselves

Sephardim, settled in the Netherlands, Britain, France, Italy and the Balkan countries as well as eventually in North and South America. In many European countries, Sephardic and Ashkenazic communities came to exist side by side. The Sephardim are assumed to have added to the Jewish colonies of North Africa, the Turkish peninsula, Syria and Palestine. A few of them may have reached Mesopotamia and possibly other countries of the Near East.

After the Roman Exile and throughout the Middle Ages, Palestine was never completely deserted by the Jews. Small congregations of Jews existed in various places, notably in Jerusalem, Hebron, Safad and Tiberias. Nevertheless, until the second half of the nineteenth century the Jews in Palestine remained few in number.

From around the end of the nineteenth century, first under the Turkish regime and after World War I under the British Mandate, the Jews began returning to Palestine in successively larger waves of immigration. Although the majority of these earlier immigrants were Ashkenazim, substantial numbers of Sephardim and of Jews from Iraq, Kurdistan, Persia, Cochin, Turkey, Syria and North Africa also migrated during this period.

Because of ideological factors and pressure due to pogroms in Russia and Poland and, more recently, the Nazi holocaust, immigration has been the main factor in creating the modern Jewish population in Israel. Immigration to Palestine has often proceeded in wave-like patterns. Before 1939 there were three waves from Europe, in 1919-1923, 1925, 1932-1939 (Schmelz, 1971a). The current State of Israel, established in 1948, took in survivors of the holocaust as well as Jews from Arab countries in the years 1948-1951. For some large diaspora communities, there was a virtually complete transplantation to Israel during this period, for example the Jews from Iraq (153 000) and from Yemen plus Aden, from Libya and from Bulgaria. Afterwards there followed immigration from North Africa, particularly from Morocco in 1952-1954 and 1955-1957 (Schmelz, 1971a).

Within fifteen years of the establishment of the State of Israel in May 1948, over a million Jews from various countries had arrived (Table 1).

Classification of Jewish groups is a controversial issue. Jews are united by religion, but not by race. In the absence of complete historical information on the radiation of Jewish groups from ancient Palestine and their subsequent migrations, demographers prefer to describe them by country of birth rather than to divide Jews into 'Ashkenazim' and 'Sephardim' (sometimes referred to as 'Eastern').

Table 1. Jewish migrants to Israel, 1948-1969

Period	Total migrants (no.)	Europe/America (%)	Asia/Africa (%)	Main countries of origin
May 1948-1951	684 000	50.3	49.7	Poland, Romania, Iraq, North Africa, Yemen
1952-1954	51 000	21.9	78.1	India, Tunisia, Algeria, Morocco
1955-1957	161 000	30.0	70.0	Tunisia, Algeria, Morocco, Poland
1958-1960	72 000	64.8	35.2	Iran, Romania, North Africa
1961-1964	220 000	39.4	60.6	Morocco, Romania, Iran
1965-1969	105 000	46.5	53.5	Morocco, Europe, Americas

Source: Davies, (1971)

First census and population register

The laboratory situation of the new State of Israel has been well recognized from the beginning. Steps were taken immediately to create the tools for the recording and follow-up of the population. The first registration of population was held in 1948 — half a year after the establishment of the state — and was carried out by the Central Bureau of Statistics, with a triple purpose: as Israel's first population census, as registration for the elections for Israel's first Parliament, and as a basis for a permanent Population Register. This register is run by the Ministry of Interior. Every resident has a file and an invariant Identity Number (ID). For those not enumerated in 1948, inclusion in the register has been through notification, on prenumbered forms, of births or immigration (Schmelz, 1971b).

The ID number, increasingly used in many government services (health, social services, education, etc.), is a most efficient linkage tool, especially as non-uniform spelling of names of various origins or changes of name to a Hebrew equivalent impede alphabetical searching.

The Population Register has been automated and is continuously updated for births, deaths, change of address, marital status and family name (for example, due to marriage). These changes and the information from the subsequent Censuses of Population and Housing (May 1961, June 1972, June 1983) are the basis for the yearly population statistics published by the Central Bureau of Statistics (CBS). Each resident is registered with the following items: ID number, family name, given name and father's given name, and date of birth (as detailed as available). Further codes are entered which refer to 'born in the country' (differentiating between 'Jews' and 'non-Jews') and, for immigrants, country of birth and date of immigration. Other items are place of current residence (code) and date of death or emigration.

The assignment and coding of 'country of birth' for Jews not born in Israel poses well known problems. According to international rules, 'country of birth' has to be taken according to the boundaries at time of the respective census, and not those at the time of birth, which the person referred to is more likely to give. Therefore, boundary changes after World Wars I and II affect the 'country of birth' for many Jews from central and eastern Europe.

Structure of immigrant populations

The problems of clarifying the epidemiological situation of cancer in Israel have been expressed in various publications, many of which stress the difficulties of dealing with subdivisions of a total population that is small to start with. The largest divisions were chosen for contributions to *Cancer Incidence in Five Continents*, Volumes II to V (Doll *et al.*, 1970; Waterhouse *et al.*, 1976, 1982; Muir *et al.*, 1987): Non-Jews, and All Jews subdivided as 'Born in Israel' and for immigrants by 'Continent of Birth' (e.g. 'Africa and Asia' and 'Europe and America'). It has been shown, however, that presentation by continent of birth conceals interesting features of cancer morbidity by 'country of birth', as suggested by Kallner (1965).

The analysis of cancer incidence by country of birth is hampered by a number of factors. These include:

(1) The very small size of the populations concerned and the few cases of cancer which will arise within a limited period of observation.

(2) The difficulty of allocating 'country of birth' to all Jews.

(3) The age-structure of immigrant populations. By definition, these exclude immigrants' offspring born in Israel. As time elapses, the deficiency of the younger age-groups increasingly distorts the age-structure of a migrant group. Populations which transferred in their entirety, and thus had a more or less normal structure at the time of migration, are old by now. For other immigrant groups the age-structure was distorted even at the time of migration. Israel's Law of Return, passed by the Parliament in 1950, opened the door to all Jews, regardless of age and state of health. The various reasons for migration to Israel, including ideology, pressure in the country of origin and denial of permission to migrate to other desired places (unfit for work, sick, old age), acted selectively on different age groups. These age structures are illustrated by the population pyramids reproduced in Appendix 1.

CHAPTER 2

The Israel Cancer Registry

History of cancer registration

Even before 1948, observations by clinicians had given rise to an interest in differences in cancer morbidity and mortality among the various ethnic groups. After the establishment of the State of Israel, Dr G. Kallner, then Head of the Health Section, Central Bureau of Statistics, published mortality statistics from death certificate diagnoses and confirmed the existence of ethnic differences. Hospital discharge notifications, with diagnosis and patient information, were sent to the Health Section as requested by an administrative order for the purpose of planning services. From these reports a file of records carrying the diagnosis of cancer was extracted as the basis for the first international publication on this subject (Kallner, 1965). As far as possible this hospital file was updated from death certificates.

Interest in the epidemiological situation and concern for care of the cancer patient led, after discussions with the parties concerned, to the creation of a Cancer Registry in the Ministry of Health, which from the beginning had the advantage of using Dr Kallner's file (for distinguishing newly diagnosed from known cases) and subsequent hospital discharge notifications. The Cancer Registry was active from 1 January 1960; its principles, purposes and operation are described in the volumes of *Cancer Incidence in Five Continents*. From the start it was conceived as a population-based cancer registry, relying on developed, accessible and available health services. More than 90% of the population is health-insured. There are seven major hospitals with oncological departments, more than 20 pathology institutes and four medical schools in Israel. Registration covers the whole country, i.e. Jews and Non-Jews within the boundaries of the State as established in 1948. Since 1967, cancer cases from the Israel Administered Territories (Gaza strip, West Bank) are registered when notified by Israel hospitals and pathology institutes, but coverage of this group is not complete.

Sources of registration

From the start, a multi-source input was instituted, relying on readily available material rather than on special cancer forms to be filled out by physicians. An enthusiastically started trial of such forms turned out to be a complete failure. The main types of document processed by the registry were — and still are today — copies of case summaries from hospitals for the first and subsequent admissions of cancer patients, and, independently, copies of relevant reports of pathology institutes (biopsies, surgery, autopsy). Forwarding these documents is the duty (formerly by agreement, lately required by law) of the head of the records room (hospitals) and the secretary of the pathology institutes. This basic information is complemented by death certificates with any mention of cancer, monthly death lists for ICD codes 140–239 (supplied by the Central Bureau of Statistics) and lists of admissions to oncology clinics. The use of hospital discharge notifications has been discontinued.

The multiplicity of sources of information allows cross-checks and thus maximal coverage of diagnosed patients. It is believed that cases which are diagnosed clinically in out-patient clinics but never enter hospital, and chronic lymphatic leukaemia (diagnosed but left untreated) are sometimes missed by the system.

Checking for duplications is of major concern for any population-based cancer registry, and especially one with a multi-source intake. There are various files for the checking of duplications:

(1) an alphabetical list of soundex-transcribed names;
(2) a numerical list by ID number;
(3) coded lists of diagnosis by hospital and date of diagnosis.

In recent years the Cancer Registry has been given access to the Population Register, in two versions: alphabetical and by ID number. Verification and detection of duplications and the addition of demographic information, including death information, has greatly improved the data of the Cancer Registry, particularly since medical services have been increasingly convinced to add the ID number to their documents, from the time of admission onwards.

Reliability

Several indices of reliability and completeness of cancer registration have been proposed (Muir & Waterhouse, 1987). The percentage of cases histologically verified (HV) gives an indication of the reliability of the diagnostic information. It is given by country of birth and by site in Table 2. In this table, cases diagnosed on the basis of cytology or from the examination of peripheral blood (haematology) are considered to be histologically verified.

Table 2. Percentage of cases registered with histological verification of diagnosis (1961–1981)

Place of origin	% by place of origin		Site	% by site	
	Male	Female		Male	Female
Asia	**76.1**	**82.1**	All sites	**81.3**	**85.2**
Turkey	76.8	82.3			
Syria, Lebanon	72.1	83.1	Lip, oral cavity, pharynx	96.0	95.6
Iraq	76.2	83.9	Nasopharynx	98.1	95.0
Yemen	72.3	75.7	Oesophagus	75.7	72.3
Iran	78.1	83.9	Stomach	76.2	69.5
India	78.1	80.9	Colon and rectum	89.9	88.9
			Liver	63.4	47.8
Africa	**78.5**	**83.0**	Gallbladder, etc.	79.3	83.9
Morocco	77.9	82.5	Pancreas	54.6	53.4
Algeria, Tunisia	78.9	82.6	Larynx	95.3	90.5
Libya	74.9	83.0	Lung	72.8	70.3
Egypt	82.2	83.9	Melanoma of skin	98.7	98.6
			Breast	91.6	92.7
Europe and America	**81.5**	**85.1**	Cervix uteri	–	96.3
USSR	80.1	84.2	Corpus uteri	–	98.4
Poland	82.9	86.1	Ovary, etc.	–	91.7
Romania	80.2	83.5	Prostate	75.2	–
Bulgaria	79.2	82.8	Testis	96.7	–
Greece	79.9	82.7	Bladder	88.3	83.0
Germany, Austria	81.4	85.7	Kidney & other urinary	85.9	84.0
Czechoslovakia	86.1	88.6	Nervous system	69.2	68.6
Hungary	81.7	85.2	Thyroid	95.7	95.6
North and West Europe	81.4	88.6	Non-Hodgkin lymphoma	94.5	94.0
North America	87.6	91.6	Hodgkin's disease	99.4	99.7
South America	88.6	94.9	Multiple myeloma	76.9	73.3
			Lymphatic leukaemia	99.6	99.6
Born in Israel	**90.2**	**92.5**	Myeloid leukaemia	99.8	99.2
All migrants	**80.4**	**84.5**			
All Jews	**81.3**	**85.2**			

Note: Cases with unknown basis of diagnosis were not included in the calculation

The percentage of cases first notified to the registry by death certificates (from the Central Bureau of Statistics) provides a check on the completeness of registration. However, for the majority of such cases, additional information is obtained by routine follow-up, either via the hospital where the death occurred or via the certifying physician. Only 5% of the registrations are made on the basis of information contained in the death certificate alone (see Volumes II-V of *Cancer Incidence in Five Continents*).

A further check on the quality of data in the registry is provided by the percentage of cases which are registered with inadequate information on the site of origin of the tumour. This percentage, by country of origin, is shown in Table 3; overall the percentage of such cases is 5%.

Table 3. Percentage of cases registered with primary site uncertain (PSU), 1961–1981

Place of origin	Male	Female
Asia	**6.0**	**5.4**
Turkey	5.2	4.8
Syria, Lebanon	4.6	6.2
Iraq	6.1	4.6
Yemen	8.4	6.9
Iran	5.2	6.3
India	5.7	3.6
Africa	**6.2**	**5.4**
Morocco	6.4	6.1
Algeria, Tunisia	6.2	4.9
Libya	7.4	4.3
Egypt	4.8	4.8
Europe and America	**4.8**	**5.0**
USSR	4.3	5.3
Poland	4.6	5.0
Romania	5.0	5.4
Bulgaria	4.9	4.4
Greece	6.9	3.7
Germany, Austria	5.8	4.7
Czechoslovakia	4.6	3.4
Hungary	4.3	5.3
North and West Europe	5.2	4.9
North America	5.5	2.3
South America	6.6	1.5
All migrants	**5.1**	**5.1**
Born in Israel	**3.5**	**2.8**
All Jews	**5.0**	**4.9**

Note: Primary site uncertain includes ICD-9 sites 159, 165, 195–199

CHAPTER 3

Materials and methods

Data sources

Cancer patient data

The basic data consisted of approximately 120 000 records taken from the files of the Israel Cancer Registry. They comprise all cases of cancer registered in the Jewish population for the years 1961-1981. For approximately 17 000 cases with incomplete demographic data in the registry files (either year of birth, country of origin or year of immigration), the Population Register (see Chapter 1) was consulted for completion of missing data. The group referred to as 'Jews, origin unknown' in previous reports (*c.* 12.8% in *Cancer Incidence in Five Continents*, Volumes III and IV (Waterhouse *et al.*, 1976; 1982), for example) was thereby greatly reduced, with the majority being assigned to a specified group, and others excluded as non-residents. Only a small number remained, and these were not included in the study. The category 'All Jews' in this study is the sum of those born in Israel and all immigrants with at least continent of birth known.

'Year of immigration' was not always available from the Population Register record, but could often be assumed from the ID number (given at first census in 1948, and later consecutively at time of immigration) and/or the record of family members in the Population Register. Approximately 2.1% of the immigrant cases could not be assigned a year of immigration. Searches in the Population Register revealed changes of name, which led to detection of further duplicates in the Cancer Registry, in addition to those found by the routine checks for duplications previously described. This, and consultation of case records resulted in cases previously classified as 'unknown primary' being assigned to a specific site or excluded as insufficiently documented.

From the registry file, a subfile of cases was created containing data for a limited number of variables for analysis in this study. The variables used were:

1. Case number
2. Sex
3. Date of birth (day, month, year)
4. Country of birth
5. Year of immigration
6. Date of incidence (month, year)
7. Tumour site (ICD-O)
8. Tumour histology (ICD-O)
9. Basis of diagnosis

A validity check was carried out on all these variables, and records with missing values or impossible codes were checked against the original files and corrected whenever possible. Cases with the date of birth missing were excluded. Finally, a series of checks of site versus histology, site versus sex and site/histology versus age were carried out to detect coding or keying errors, and these records were corrected whenever possible.

A three-digit ICD-9 code was allocated to all cases using a conversion programme from ICD-O site and histology (Percy & van Holten, 1979). Since the further analysis was to concern only malignant tumours (ICD-9 140-208), this resulted in the exclusion of all cases in which the ICD-O behaviour code was 0 (benign), 1 (uncertain behaviour) or 2 (in-situ cancer). However, tumours of the bladder with these behaviour codes were allocated to ICD-9 code 188, and those of the central nervous system to ICD-9 codes 191 or 192. In the analyses that follow, therefore, it should be remembered that these rubrics contain *benign* tumours. Skin tumours other than melanomas have been excluded from all tables.

For all of the reasons cited above, the numbers of cases included in this study do not agree exactly with those from the corresponding time periods which were included in Volumes II to V of *Cancer Incidence in Five Continents*.

Population data

Population data were obtained from the routine publications of the Central Bureau of Statistics. Census data and yearly inter-census estimates are available by sex and five-year age groups, for Jews and Non-Jews.

The estimates for the Jewish population are available either for *continent* of birth or for *country* of birth.

The annual population estimates by continent of origin are divided into those born in Africa, Asia and Europe/America. They also subdivide these populations into *period* of immigration; for example the estimate for 1970 contains figures for five periods (pre-1948, 1948–1954, 1955–1960, 1961–1964, 1965 onwards). Unfortunately these periods are not the same in the different annual publications (see Figure 1A). They are, however, more or less in agreement with the waves of immigration from the first census onwards. The earliest category used is 'before 1948'.

The annual estimates for *country* of birth do not contain information on the time of immigration. Moreover, the country of birth categories are not uniform throughout the 21-year period under consideration. For example, before 1972, 'USSR, Poland and Romania', and 'Germany, Austria, Czechoslovakia, Hungary' were treated as just two groups, but later data are given separately for USSR/Poland, Romania, Germany/Austria and Czechoslovakia/Hungary. 'India, Pakistan, Ceylon' appears as a new category in the continent Asia after 1972. For these reasons, the categories available for analysis vary somewhat according to period.

The populations at risk have been calculated as total person-years for each of the different groups. They are shown as population pyramids in Appendix 1, for the entire 21-year period 1961–1981, and for the four time periods 1961–1966, 1967–1971, 1972–1976 and 1977–1981. The total person-years at risk (all ages) by birthplace, period and sex are shown in Table 4.

Statistical methods

Standardization of rates and proportions

Several summary indices have been used in the various tabulations which follow. The cumulative incidence rate (0–64 and 0–74) is calculated as described by Day (1982), and the age-standardized rate and its standard error as described by Doll and Smith (1982).

The age-standardized rate has been calculated using the World Standard Population. While the total Jewish population of Israel is of reasonably similar age structure, those of the immigrant groups have age structures that are far removed from it — in particular there is generally a gross deficit in the childhood age groups, whereas 31% of the world standard population is under 15. As a result of this, undue weight is given to the age-specific rates for the younger age groups, which for the migrant groups are based on few cases in small populations. The cumulative rate is not influenced by the structure of the standard population (each age-specific rate contributes equally), but the instability of rates in the youngest age groups remains a problem.

The Standardized Incidence Ratio (SIR) has been calculated using as the standard the age-sex-cause specific incidence rates for all Jews (or for all migrants) for 1961–1981. The calculation is expressed symbolically (Breslow & Day, 1987) as:

$$\text{SIR} (\%) = \frac{C}{E} \times 100$$

where $E = \; p_j \, (c^*_j / p^*_j)$

C = observed cases at the site of interest in the group under study,

E = 'expected' cases at the site of interest in the group under study,

c^*_j = the number of cases of the cancer of interest in age group j in the standard population,

p^*_j = the population at risk in age group j in the standard population,

p_j = the population at risk in age group j in the group under study.

Table 4. Person-years at risk, by birthplace, period and sex (Jewish populations of Israel, 1961-1981)

	MALES					BIRTHPLACE	FEMALES				
	61-66	67-71	72-76	77-81	Total		61-66	67-71	72-76	77-81	Total
	928675	787243	777943	745286	3239147	Asia	909840	780617	784518	760901	3235876
	125373	106694	114251	108627	454945	Turkey	130514	112608	119563	114238	476923
	373714	296093	281906	264428	1216141	Iraq	354909	284052	276355	262236	1177552
	182129	145252	136458	128027	591866	Yemen	185124	148740	144012	136415	614291
	132628	126503	131069	129043	519243	Iran	123045	121015	129381	129740	503181
			46909	48530	95439	India *			47411	49164	96575
	913721	878529	863146	831511	3486907	Africa	889842	876348	879821	857276	3503287
	709210	708795	694058	664689	2776752	Morocco,Algeria,Tunisia	684209	701801	703404	681810	2771224
	89878	74709	70557	66465	301609	Libya	94480	79605	74731	71086	319902
	105007	84467	80591	75366	345431	Egypt	104806	86395	82715	78399	352315
	2085156	1736599	1906008	1895180	7622943	Europe and America	2104418	1794002	2044419	2085422	8028261
			864225	894151	1758376	USSR,Poland *			904722	970816	1875538
			472831	435293	908124	Romania *			529610	496404	1026014
	1482303	1234425	1337056	1329444	5383228	USSR,Poland,Romania	1509551	1287537	1434332	1467220	5698640
	117253	107178	96322	85365	406118	Bulgaria,Greece	120133	111869	103357	93830	429189
	326447	252573	252151	226083	1057254	Germ.,Aust.,Czech.,Hung.	312684	245226	260874	240464	1059248
			122474	109727	232201	Germany,Austria *			130088	119367	249455
			129677	116356	246033	Czech.,Hungary *			130786	121097	251883
			90519	118725	209244	America *			95578	129280	224858
	3927552	3402371	3547097	3471977	14348997	All Migrants	3904100	3450967	3708758	3703599	14767424
	2582356	2816260	3602422	4433597	13434635	Born in Israel	2460044	2688624	3446158	4243153	12837979
	6509908	6218631	7149519	7905574	27783632	All Jews	6364144	6139591	7154916	7946752	27605403

* Total for 1972-1981 only

Figure 1A. Period of immigration available in the annual population estimates by continent of origin, 1961–1981

Figures in the table represent the duration of residence in Israel, in years

REGION: ASIA, AFRICA

Year of estimate

Period of immigration	1961	1962	1963	1964	1965	1966	1967	1968	1969	1970	1971	1972	1973	1974	1975	1976	1977	1978	1979	1980	1981
Before 1948	14+	15+	16+	17+	18+	19+	20+	21+	22+	23+	24+										
1948-1951	10-13	11-14	12-15	13-16	11-17	12-18	13-19	14-20	15-21	16-22	17-23	12+	13+	14+	15+	16+	17+	18+	19+	20+	21+
1952-1954	7-9	8-10	9-11	10-12																	
1955-1960	1-6	2-7	3-8	4-9	5-10	6-11	7-12	8-13	9-14	10-15	11-16										
1961-1964	0-0	0-1	0-2	0-3	1-4	2-5	3-6	4-7	5-8	6-9	7-10	8-11	9-12	10-13	11-14	12-15	13-16	14-17	15-18	9-19	10-20
1965-1971					0-0	0-1	0-2	0-3	0-4	0-5	0-6	0-7	0-8	0-9	0-10	0-11	6-12	7-13	8-14		
1972-																	0-5	0-6	0-7	0-8	0-9

REGION: EUROPE AND AMERICA

Year of estimate

Period of immigration	1961	1962	1963	1964	1965	1966	1967	1968	1969	1970	1971	1972	1973	1974	1975	1976	1977	1978	1979	1980	1981
Before 1948	14+	15+	16+	17+	18+	19+	20+	21+	22+	23+	24+										
1948-1951	10-13	11-14	12-15	13-16	11-17	12-18	13-19	14-20	15-21	16-22	17-23	12+	13+	14+	15+	16+	17+	18+	19+	20+	21+
1952-1954	7-9	8-10	9-11	10-12																	
1955-1960	1-6	2-7	3-8	4-9	5-10	6-11	7-12	8-13	9-14	10-15	11-16										
1961-1964	0-0	0-1	0-2	0-3	1-4	2-5	3-6	4-7	5-8	6-9	7-10	8-11	9-12	10-13	11-14	12-15	13-16	14-17	15-18	9-19	10-20
1965-1971					0-0	0-1	0-2	0-3	0-4	0-5	0-6	1-7	2-8	3-9	4-10	5-11	6-12	7-13	8-14		
1972-												0-0	0-1	0-2	0-3	0-4	0-5	0-6	0-7	0-8	0-9

Populations which are known to have been resident in Israel for: ☐ 0-9 years ☐ 10-19 years ☐ 20+ years

Figure 1B. Annual population estimates (in thousands) by continent of birth and period of immigration

REGION: ASIA

Year of estimate

Period of immigration	1961	1962	1963	1964	1965	1966	1967	1968	1969	1970	1971	1972	1973	1974	1975	1976	1977	1978	1979	1980	1981
Before 1948	48	47	47	46	46	45	45	44	43	43	42										
1948-1951	215	215	213	211	221	219	217	215	213	211	209	264	263	260	256	253	250	247	244	241	238
1952-1954	12	12	12	12																	
1955-1960	23	22	22	22	22	21	21	21	21	21	20										
1961-1964	2	7	12	17	19	19	19	18	18	18	18	17	17	17	17	17	17	16	16	43	42
1965-1971					3	7	9	13	18	23	28	35	36	36	37	37	27	27	27		
1972-																	10	11	16	13	14

REGION: AFRICA

Year of estimate

Period of immigration	1961	1962	1963	1964	1965	1966	1967	1968	1969	1970	1971	1972	1973	1974	1975	1976	1977	1978	1979	1980	1981
Before 1948	6	6	6	6	6	6	6	6	6	6	6										
1948-1951	83	82	82	81	106	105	104	103	102	101	100	204	203	201	199	196	194	192	190	189	187
1952-1954	25	25	25	25																	
1955-1960	111	111	110	109	108	107	106	105	104	104	103										
1961-1964	9	39	78	105	113	112	111	110	109	108	108	101	101	100	99	98	97	96	95	131	130
1965-1971					4	10	15	23	31	37	41	46	47	49	49	49	37	37	37		
1972-																	13	15	16	13	15

REGION: EUROPE AND AMERICA

Year of estimate

Period of immigration	1961	1962	1963	1964	1965	1966	1967	1968	1969	1970	1971	1972	1973	1974	1975	1976	1977	1978	1979	1980	1981
Before 1948	265	262	256	252	248	244	239	234	230	226	222										
1948-1951	296	294	289	284	290	286	281	276	271	267	263	559	554	543	530	517	505	493	482	471	460
1952-1954	10	10	10	9																	
1955-1960	90	89	87	85	84	82	81	80	78	77	76										
1961-1964	12	32	48	73	88	86	84	83	81	80	79	75	74	73	71	70	69	67	66	126	125
1965-1971					8	21	27	32	41	52	69	72	71	70	68	66	65	63	62		
1972-												62	84	116	133	145	157	171	193	189	196

Population (1000's) known to have been resident in Israel: ☐ 0-9 years ▨ 10-19 years ☐ 20+ years

The confidence intervals have been calculated according to the 'exact' method based on Byar's approach, described by Breslow and Day (1987; p. 69)

Upper limit =

$$\frac{C+1}{E} \left[1 - \frac{1}{9(C+1)} + \frac{1.96}{3\sqrt{(C+1)}} \right]^3$$

Lower limit =

$$\frac{C}{E} \left[1 - \frac{1}{9C} + \frac{1.96}{3\sqrt{C}} \right]^3$$

Proportional Incidence Ratios (PIR) have been calculated where denominator populations corresponding to the registry data are not available. The calculation is analogous to that of the SIR:

$$\text{PIR} = \frac{C}{E} \times 100$$

where

$$E = t_j \, (c^*_j / t^*_j)$$

with the notation as above, and

t^*_j = number of cancer cases (all sites) in age group j in the standard population (all Jews),

t_j = number of cancer cases (all sites) in age group j in the study group.

It thus represents the ratio of observed cases to those expected on the basis of *proportions* of different cancers in the standard population. The confidence limits have been calculated in the same way as for the SIR.

The relationship between the PIR and SIR has been studied empirically by several groups (Kupper et al., 1978; Decouflé et al., 1980; Roman et al., 1984). In general

$$\text{PIR} \approx \frac{\text{SIR}}{\text{SIR (all causes)}}$$

The ratio SIR/SIR(all causes) is known as the relative SIR.

A PIR greater than 100 suggests that the cause-specific incidence rate is greater than would be expected on the basis of the all-cause incidence rate. These relationships are illustrated using results from this volume in Table 5. Note, in particular, that the SIR and PIR may deviate from the standard in different directions. Thus, although Asian males have a lower than average SIR for lung cancer, this cancer is *proportionately* more important to them than to Jewish males as a whole.

Table 5. Relationship between PIR and SIR. Data for males, born in Asia

Site	Observed cases	SIR[a] (%)	PIR[b] (%)	Relative SIR[c] (%)
All sites	7477	77	100	100
Oesophagus	116	102	135	132
Stomach	710	75	98	97
Liver	165	104	137	135
Lung	1172	88	116	114

[a]SIR, standardized incidence ratio
[b]PIR, proportional incidence ratio
[c]Relative SIR = SIR/77

Modelling of time/duration interactions

The principal analyses examine the variations in the risk of cancers between the migrants of different origins according to time period, and to their duration of residence in Israel.

However, it is clear that there is a close relationship between these two variables, inasmuch as the different populations will accumulate a greater number of persons with long durations of stay as time goes by. From Figure 1B for example, it can be seen that in 1962, 47/303 or 15.5% of Asian-born migrants had been resident for fifteen or more years (period of immigration before 1948), but this proportion had increased to 256/310 or 82.6% by 1975 (total for periods of immigration before 1960).

Table 6 shows the distribution of cases born in Africa, Asia, and Europe/America, by period of diagnosis and duration of stay.

Table 6. Percent distribution of cases by duration of stay and period of diagnosis

Asia: 14 242 cases

Duration (years)	Period of diagnosis				
	1961–1966	1967–1971	1972–1976	1977–1981	All years
< 10	2.5	2.1	2.3	1.5	8.4%
10–19	13.7	9.5	2.5	2.5	28.2%
20–29	1.7	6.5	17.2	13.5	38.9%
30+	2.8	3.7	5.1	12.9	24.5%
Total	20.7%	21.8%	27.1%	30.4%	100.0%

Africa: 10 976 cases

Duration (years)	Period of diagnosis				
	1961–1966	1967–1971	1972–1976	1977–1981	All years
< 10	10.4	7.4	4.2	1.9	23.9%
10–19	7.5	10.2	12.4	9.7	39.8%
20–29	0.3	3.0	10.1	14.2	27.6%
30+	0.5	0.6	1.0	6.7	8.8%
Total	18.7%	21.2%	27.7%	32.5%	100.0%

Europe and America: 81 159 cases

Duration (years)	Period of diagnosis				
	1961–1966	1967–1971	1972–1976	1977–1981	All years
< 10	3.6	3.3	3.7	4.0	14.6%
10–19	8.9	5.2	4.2	3.8	22.1%
20–0	3.8	5.7	9.9	6.2	25.6%
30+	4.8	7.4	9.4	16.3	37.9%
Total	21.1%	21.6%	27.2%	30.3%	100.0%

Note: Cases with an unknown duration of stay are excluded from this summary table

Because disease rates are likely to change with time in any given population, irrespective of whether migration occurs, it is necessary to take into account this potentially confounding factor when studying the effects of duration of residence in Israel on the risk of a particular cancer.

Calculation of incidence rates broken down simultaneously by age, sex, place of origin and period of diagnosis is difficult because of the limitations of the denominator populations. However, in order to study the effect of duration of stay, while controlling for age, sex and period of diagnosis, it would have been possible to examine PIRs stratified by the relevant variables. An analogous but more efficient analysis is possible using a case-control approach, where each cancer case is compared with controls made up of incident cases at other cancer sites. Logistic regression is then used to estimate the relationship between the risk of disease and the classification variables (Breslow & Day, 1987, pp. 153–155). The computer program GLIM can be used (Adena & Wilson, 1982) and produces a satisfactory framework for testing nested hypotheses about differences in risk due to birthplace, duration of residence and other variables of interest.

When all other cancer sites are used as controls, the assumption is made that the overall risk for the mixture of different cancers will be unrelated to migration. If this assumption holds true, then the estimates from the logistic model for the effects of migration should closely approximate those which would be obtained using Poisson regression with denominator populations (Breslow & Day, 1987; pp. 115-118).

The methodology used is described in detail elsewhere (Kaldor *et al.*, 1989). Five variables were fitted in the most complex model: sex, age (11 categories), birthplace (three continents of origin, plus Israeli born), period (four periods of diagnosis: 1961-1966, 1967-1971, 1972-1976, 1977-1981), and stay (four duration-of-residence categories, 0-9, 10-19, 20-29 and 30+ years). Using the GLIM program notation (Baker & Nelder, 1978), the model has the form

Age * Sex + Stay * Birthplace + Period * Birthplace

which enables the components of risk contributed by the five basic variables to be estimated, together with those due to interaction between age and sex, stay and birthplace, and period and birthplace.

Using this methodology, fifteen sites were studied: oesophagus, stomach, colon, rectum, liver, gallbladder, pancreas, larynx, lung, melanoma of skin, female breast, cervix uteri, corpus uteri, prostate and bladder.

CHAPTER 4

Results

Table I presents for 22 populations and each sex, the numbers of cases, age-specific rates and summary rates (per 100 000) for each cancer site for the maximum period possible, in general 1961-1981. However, because of the limitations of the denominator data referred to in Chapter 3, for certain countries data appear for only 10 years (India, USSR/Poland, Romania, Germany/Austria, Czechoslovakia/Hungary, America).

The number of cases in individual age groups can be obtained by dividing the age-specific incidence rates by the 'Rate from 1 case' found at the foot of the corresponding column.

Age-standardized rates for 13 migrant populations and for Jews born in Israel are shown as histograms for 26 sites and for all cancers in Appendix 2 (Figures 2.1-2.27). For comparison purposes, rates from cancer registries in the countries of origin of some of these migrant populations are shown. Most are taken from *Cancer Incidence in Five Continents*, Vol. III (Waterhouse *et al.*, 1976) as corresponding approximately to the midpoint of the period 1961-1981: they are those for the German Democratic Republic (1968-1972), Hungary, Vas (1968-1972), India, Bombay (1968-1972), Israel, non-Jews (1967-1971), Poland, Cracow (1968-1972) and Romania, Timis (1970-1972). Three sets of comparison rates were taken from the volume *Cancer Occurrence in Developing Countries* (Parkin, 1986): those for Kuwait, Kuwaitis (1974-1978), Algeria (1966-1975) and Iran, Fars province (1978-1981); the latter two data sets are from histopathology registries and therefore represent minimum rates of incidence (they are shown in parentheses). For a limited number of sites, incidence rates for the Ukraine (1969-1971) are given (Napalkov *et al.*, 1983). In addition to these comparison populations, the incidence rates from the registries in *Cancer Incidence in Five Continents*, Vol. III with the highest and lowest recorded values are shown (excluding, in general, values based on fewer than 10 cases).

Table II presents the numbers of cases and the sex ratios, together with PIRs for continent and individual countries of origin, as defined by the Cancer Registry. The continent figures include a small number of cases from countries not given in the table, as well as some where only continent of origin is specified.

Table III presents, by region of birth, numbers of cases and standardized incidence ratios (SIR) for four consecutive periods: 1961-1966, 1967-1971, 1972-1976 and 1977-1981 and the total 1961-1981. The SIRs have been calculated using as standard age/cause specific rates those for all Jews for 1961-1981 (so that the SIR for this group appears as 100 in each table). The population at risk in each period has been calculated using the sum of the populations for each calendar year, because of the rapid changes in age-structure of the small populations.

Out of the total of 55 389 035 person-years of the denominator, 23.2% belong to the first period, 22.3% to the second, 25.8% to the third and 28.6% to the last period (see Table 4).

Table III also shows the age-standardized rates (world standard) for the whole period (1961-1981) together with the 95% confidence limits.

Table IV presents the PIR by site, region of birth (continent and country) and time since immigration.

Because the timing of migration from the different countries is very variable, it is not possible to choose intervals that would have divided the person-years at risk reasonably evenly for the different groups. The solution of using intervals of standard length was therefore adopted dividing duration into either two intervals (0-19 years, 20+ years) or four intervals (0-9; 10-19; 20-29; 30+ years), depending on the number of cases available.

As in Table II, the standard set of proportions used were those for all Jews; since this group includes individuals born in Israel (for whom the concept of time since immigration is not applicable), Table IV presents the numbers and PIRs for Israel-born and 'All Jews' in the total column only.

In Table IV, the lowest interval (0–9 years) includes individuals diagnosed as having cancer soon after arrival in Israel. In theory, the data set analysed in this study excludes all 'prevalent' cancers — that is tumours diagnosed in migrants before their arrival in Israel. However, it is possible that in the early years after migration to Israel there is a higher than average chance of having a cancer diagnosed. This is because Israel permits non-selective immigration of all Jews (in contrast to the more restrictive policies of some other countries); in addition, in some of the countries of origin, emigration permits may be more easily obtained for the sick or incapacitated. Some of the tables do seem to suggest PIRs higher than expected in the 0–9 category. However, recalculating the tables omitting cases resident for less than one or less than two years produced very little change, and it was decided to retain the data for these very short intervals of stay.

Table V presents SIRs for different duration of residence in Israel by *continent* of birth. This is possible since, as described above, annual population estimates by continent are available subdivided by *period* of immigration. However, denominator data cannot be calculated for any single categorization of duration, since duration of stay can be obtained only as a range, which will in many cases embrace the boundaries of the categories chosen. This is illustrated in Figure 1. The duration of stay of categories chosen for analysis were 0–9, 10–19, and 20+ years. Population estimates for which the duration of stay interval overlaps the boundaries of these categories cannot be used in calculation of SIR. The result of this is that at least half of the person-years of observation and the cases which arise in them cannot be used. Figure 1B shows the populations at risk, by year and period of immigration, for Asia, Africa and Europe/America; the populations which could be used for calculations of SIR are shaded.

There is a further result of selecting populations and cases in this way. The shortest duration of stay interval will usually include 0 or 1. As can be seen from Figure 1A, almost all of the populations which can be used to build up the 0–9 category include individuals with short duration of residence, and very few have durations of 8 or 9 years. The corresponding cases must be used in the numerators. Thus, the mean duration of residence in this category is biased towards zero, away from 5.

Table V presents for males, females and both sexes combined the SIR by continent, and duration of stay for different cancers. In this table, the standard rates used to calculate the expected numbers of cases are those for all migrants (and not All Jews as in Table IV). The mean value of the duration of stay is also shown. This has been calculated as:

$$\frac{\sum X_y}{N_y}$$

where X_y = duration of stay of selected cancer cases (interval y) and N_y = number of selected cases.

The number of cases which have had to be discarded in these calculations can be seen by comparing the sum of cases in the three intervals (0–9, 10–19, 20+) with the total column, since the latter is based on all cases, irrespective of duration of stay. The overall loss is 58.4% of cases. However, the loss differs by continent of origin and duration of stay, as can be seen by comparing numbers of cases used for PIR calculations (Table IV) with those in Table V (see Table 7).

Table 7. Cases used for SIR and PIR calculations

All sites, both sexes		Duration of stay (years)		
		0–9	10–19	20+
Asia	PIR	1208	4026	9008
	SIR	850	2431	2274
Africa	PIR	2635	4366	3975
	SIR	2037	1960	1100
Europe/America	PIR	11791	17867	51501
	SIR	9361	10316	14861

SIR, standardized incidence ratio
PIR, proportional incidence ratio

Investigation of temporal changes in incidence

The results of the logistic regression analysis are shown in Tables VI, VII and in Appendix 3 (Figures 3.1-3.16).

Table VI shows for 15 sites (plus colon and rectum combined) the risk of cancer in different time periods. The results for 1967-1971, 1972-1976 and 1977-1981 are expressed relative to that in the first time period (1961-1966). The four population groups are the migrants from Europe/America, Asia, and Africa, plus Jews born in Israel. The relative risk by birthplace and time period is adjusted for age, sex and duration of residence, as well as the interactions between these variables, as described in Chapter 3. The results of testing for linear trend in the relative risks are also shown.

Table VII shows the risk of cancer relative to Jews born in Israel, by duration of stay (0-9, 10-19, 20-29 and 30+ years) for the same sites and the three migrant populations. As before, the relative risks by birthplace and duration are adjusted for age, sex and time period, and interactions between them. The results of testing for linear trend are shown. In Appendix 3, the results are shown in graphical form, where the baseline (1.0) represents the risk for the Israel-born.

A further variable which may be related to risk of cancer in migrant groups is age at the time of migration. However, this variable cannot be studied independently of duration of stay, since both are determined by the age of diagnosis and date of immigration of the cases. The effect of age at migration can therefore be examined independently only in an analysis omitting either duration of stay or age.

CHAPTER 5

Commentary

We discuss in this section some of the features which emerge from the results in Tables I–VII and Appendices 2 and 3, for the more important cancer sites. Incidence rates quoted are, unless otherwise stated, age-standardized rates (world population standard) calculated as described in Chapter 3. Incidence rates in the different Jewish populations are compared with those elsewhere in the world, including the 'comparison populations' of Appendix 2, using data from around 1970 as contained in *Cancer Incidence in Five Continents*, Volume III (Waterhouse *et al.*, 1976). Attention is drawn to any time trends in incidence in the different populations and to the effect which increasing duration of stay has upon the risk of the different cancers.

The ICD numbers refer to the codes in the ninth revision of the International Classification of Diseases (WHO, 1977).

All sites (ICD 140–208, excl. 173)

The total number of cases in the 21-year period 1961–1981 was 119 305 (57 954 males and 61 351 females). The numbers of cases in the individual migrant populations range from 379 born in India to 27 256 born in Poland.

There is a considerable variation in the overall incidence of cancer in the different migrant populations. In males, the highest incidence for the 21-year period is in migrants from Bulgaria/Greece (ASR 255.6, cumulative rate (0–74) 29.1%), although the incidence for Czechoslovakia/Hungary for the most recent 10 years (1972–1981) is higher (ASR 299.8). Yemeni migrants have much lower rates (ASR 103.7, cumulative rate (0–74) 11.6%). In females, the differentials are a little smaller — highest rates (21 years) are in migrants from Germany/Austria/Czechoslovakia/Hungary (ASR 242.1, cumulative rate 26.8%) and the lowest, again, in Yemeni migrants (ASR 98.1, cumulative rate 10.5%). The low rates in Yemeni migrants have been commented on several times before, and the possibility that it is the result of failure to make use of medical services discussed (e.g. Steinitz & Costin, 1971; Steinitz, 1982). It is notable that Yemeni migrants have the lowest frequency of histological confirmation of diagnosis (Table 2) and the highest percentage of registrations with primary site uncertain (Table 3). These differences in total incidence should be borne in mind when interpreting proportionate ratios (PIRs), as discussed in Chapter 3.

There have been some increases in the overall incidence rate during the 21-year period, for most of the migrant populations (although for the European-born, this is confined to males from USSR/Poland/Romania), and for the Israel-born. The changes in incidence of the different cancers which give rise to these overall trends are discussed in detail below.

Oral cavity and pharynx (ICD 140–149)

The heterogeneity of this group of diseases, which is united only by the two first digits of ICD, is expressed by the percentage distribution of the single sites within 140–149: for males, lip (ICD 140) comprises 44.4 to 55.3% in European- and in Israel-born, but only 2.4% in Yemenites, with the other populations in between. Nasopharynx (ICD 147) is responsible for 51.2% of cases in this category in Yemenites, but only 2.0% in immigrants from Germany/Austria/Czechoslovakia/Hungary.

By international standards, incidence rates for this group of cancers are relatively low (Figure 2.2). The highest rates are in Jews from India. Other populations with rates significantly higher than those in All Jews are migrants from Morocco/Algeria/Tunisia and males born in Israel (Table III). Rates in Asian males (other than Indian) are low.

There is no evident trend in incidence with time. An effect of duration of stay (Table IV) is seen only as an increase for European males after 20 years' residence, perhaps due to increased lip cancer rates as a result of increased exposure to sunlight.

Nasopharynx (ICD 147)

Within the migrant population to Israel, elevated rates for both sexes are seen for Morocco/Algeria/Tunisia and for Yemen.

In general, there is reasonable agreement between incidence rates in Israel, and those in the countries of origin (Figure 2.3). The rates in migrants from North Africa appear to conform to the medium risk pattern noted in this area, with age-specific rates showing a peak around age 20, as reported previously (Ellouz et al., 1978).

During the four periods of incidence, no significant change is observed, neither is there an influence of duration of stay. Unpublished work from the Israel Cancer Registry suggests that the offspring of North African and Yemenite immigrants show higher rates of nasopharynx cancer than other Israel-born Jews.

Oesophagus (ICD 150)

Two distinct patterns of incidence are discernible: one with male preponderance and medium to low incidence rates, as in most of the European populations (except USSR/Poland), the other with rather high rates and an inverse sex ratio: Yemen, Iran, India.

Extreme values in the sex ratio are recorded for immigrants from Turkey (20 cases), sex ratio 4.0, versus those from India (28 cases) with a sex ratio of 0.6. Figure 2.4 suggests that the rates in the migrant populations follow those in the comparison populations — the values for incidence in female migrants from India are higher than any of those in *Cancer Incidence in Five Continents*, Volume III. Rates for the Israel-born, surprisingly, are not significantly different from those for All Jews.

There appear to have been declines in incidence with time for some European populations, notably migrants from USSR/Poland/Romania. Risk of oesophageal cancer seems to decline with duration of residence in Israel for almost all populations and for both sexes, although this is not evident in the high-risk group from Iran.

Table VI confirms the declining risk in Europeans with time. Table VII and Figure 3.1 show that, after controlling for period effect, only the Asian immigrants show a significant decline in relative risk with longer residence in Israel.

Stomach (ICD 151)

Stomach cancer is the most common tumour among males born in Yemen and Iran. SIRs show significantly high values for males born in Turkey, Iran and USSR/Poland/Romania. For females significantly high SIRs are noted for USSR/Poland/Romania and Bulgaria/Greece for the total period, but they are low in Germany/Austria/Czechoslovakia/Hungary. The Israel-born population has a significantly low SIR. Figure 2.5 shows rates for European comparison countries to be higher than those for migrants from those countries. However, migrants from Iran had a higher incidence than that reported from Fars. All groups experienced a continuing decline in incidence with time, as shown in Tables III and VI. The most significant decrease occurred in European-born migrants, but it is also recognizable in the Israel-born of both sexes.

Duration of stay measured by PIRs for four lengths of stay (Table IV) demonstrates a significant fall in incidence between the first decade and 30+ years for All Migrants and all European origins, both sexes. Table V shows a significant fall in incidence after more than 20 years' stay in Israel for those born in Europe but not for those born in Asia or Africa. These findings are confirmed by the multivariate analysis (Table VII, Figure 3.2) which shows that, when the effect of the declining risk with time is controlled, increasing duration of stay produces a lower risk only for migrants born in Europe.

Colon/rectum (ICD 153 and 154)

Colorectal cancer is the second most frequent cancer of the All Jews category, for both sexes. Tables II-V show the results for colon and rectum combined. Age-standardized rates and SIRs for these two sites separately, by continent and country of birth, are shown in Table 8. High colorectal cancer rates are found in migrants from Europe and America, with rates in those from Asia and Africa typically one third to one half as high (an exception is Turkey, where they are only about 30% lower than in European migrants). The sex ratio is close to unity.

Comparison of the rates in the migrant population with other registries (Figure 2.6) suggests that the incidence is high in Israel.

Table 8. Age-standardized incidence rates and standardized incidence ratios (with 95% confidence limts) for cancers of colon and rectum, 1961-1981

COLON (153)

Region	MALES						FEMALES					
	ASR (World)			SIR			ASR (World)			SIR		
Asia	5.7	**6.4**	7.1	44	**49**	55	5.9	**6.6**	7.3	48	**54**	60
Turkey	8.4	**10.7**	13.0	63	**80**	99	8.1	**10.1**	12.1	67	**83**	100
Iraq	4.2	**5.3**	6.3	33	**41**	50	5.0	**6.1**	7.2	42	**51**	62
Yemen	4.6	**6.1**	7.6	36	**47**	60	2.8	**4.0**	5.2	25	**34**	46
Iran	2.5	**4.2**	5.8	20	**31**	46	3.1	**4.9**	6.7	28	**42**	60
India	0.0	**2.5**	6.0	2	**19**	68	0.0	**5.7**	12.1	5	**27**	79
Africa	6.2	**7.1**	8.1	50	**57**	65	4.9	**5.7**	6.5	42	**48**	55
Morocco, Algeria, Tunisia	5.9	**7.0**	8.1	47	**56**	65	4.3	**5.2**	6.1	37	**45**	53
Libya	2.9	**5.1**	7.2	27	**44**	66	2.8	**5.0**	7.1	25	**40**	61
Egypt	6.8	**9.8**	12.8	57	**78**	105	5.5	**7.9**	10.3	47	**65**	88
Europe and America	15.1	**15.7**	16.3	116	**121**	125	14.5	**15.1**	15.7	118	**122**	126
USSR, Poland, Romania	15.0	**15.7**	16.4	116	**120**	125	14.7	**15.4**	16.2	118	**123**	129
USSR, Poland	16.7	**18.0**	19.2	129	**137**	146	16.9	**18.4**	19.9	135	**143**	152
Romania	16.1	**17.7**	19.3	126	**139**	152	14.0	**15.5**	17.1	113	**124**	136
Bulgaria, Greece	12.8	**15.7**	18.7	100	**118**	137	9.5	**11.5**	13.5	80	**95**	113
Germ., Aust., Czech., Hung.	13.0	**14.4**	15.9	101	**112**	124	12.3	**13.8**	15.4	103	**114**	126
Germany, Austria	11.7	**14.4**	17.2	94	**114**	137	12.0	**14.8**	17.6	102	**121**	144
Czechoslovakia, Hungary	11.8	**14.4**	17.0	95	**115**	137	3.6	**22.8**	42.0	93	**113**	136
America	12.4	**20.3**	28.3	107	**160**	230	11.4	**17.5**	23.6	98	**142**	199
All Migrants	12.6	**13.1**	13.5	97	**101**	104	11.9	**12.4**	12.8	98	**101**	104
Born in Israel	9.7	**11.5**	13.4	78	**91**	105	8.6	**10.2**	11.8	74	**86**	99
All Jews	12.6	**13.0**	13.4		**100**		11.8	**12.2**	12.6		**100**	

RECTUM (154)

Region	MALES						FEMALES					
	ASR (World)			SIR			ASR (World)			SIR		
Asia	5.9	**6.6**	7.3	47	**53**	59	5.2	**5.9**	6.6	48	**54**	61
Turkey	7.4	**9.6**	11.8	60	**76**	95	6.6	**8.4**	0.3	61	**77**	95
Iraq	4.4	**5.5**	6.6	37	**45**	55	3.8	**4.8**	5.8	35	**44**	54
Yemen	4.3	**5.8**	7.2	36	**47**	61	3.6	**5.0**	6.4	33	**44**	58
Iran	3.9	**5.9**	8.0	32	**47**	65	2.9	**4.7**	6.5	29	**44**	64
India	0.1	**4.6**	9.2	10	**39**	99	0.0	**2.1**	5.0	2	**20**	71
Africa	5.6	**6.5**	7.3	48	**55**	63	4.7	**5.5**	6.3	46	**53**	61
Morocco, Algeria, Tunisia	5.5	**6.5**	7.6	49	**57**	67	4.5	**5.4**	6.4	44	**53**	62
Libya	4.2	**6.8**	9.4	37	**56**	81	2.1	**4.0**	5.9	23	**38**	60
Egypt	3.1	**5.3**	7.4	28	**44**	65	3.9	**6.0**	8.1	39	**56**	80
Europe and America	14.4	**15.0**	15.5	116	**120**	125	12.7	**13.2**	13.7	117	**122**	126
USSR, Poland, Romania	14.4	**15.1**	15.7	115	**120**	125	12.7	**13.3**	13.9	117	**122**	127
USSR, Poland	16.9	**18.2**	19.4	137	**145**	154	15.2	**16.5**	17.7	138	**148**	157
Romania	14.9	**16.6**	18.2	117	**130**	142	11.9	**13.3**	14.6	112	**124**	136
Bulgaria, Greece	11.3	**13.6**	15.8	92	**110**	129	10.2	**12.4**	14.5	93	**110**	131
Germ., Aust., Czech., Hung.	13.1	**14.6**	16.0	107	**118**	131	11.0	**12.3**	13.6	106	**118**	131
Germany, Austria	12.5	**15.3**	18.0	106	**128**	153	10.4	**12.8**	15.3	105	**126**	151
Czechoslovakia, Hungary	13.5	**16.3**	19.2	112	**133**	158	10.5	**12.9**	15.4	105	**127**	153
America	11.0	**18.4**	25.9	95	**146**	214	3.9	**7.8**	11.6	43	**76**	123
All Migrants	12.1	**12.6**	13.0	97	**101**	104	10.6	**11.0**	11.4	98	**101**	105
Born in Israel	8.9	**10.7**	12.5	76	**88**	103	7.0	**8.4**	9.9	70	**83**	96
All Jews	12.1	**12.5**	12.9		**100**		10.5	**10.8**	11.2		**100**	

Univariate time trends are similar for colon and rectum. For both combined, all male populations experience a significant rise in incidence, especially marked from 1972 onwards, and for females too there is a steady significant increase in the SIR during the four periods.

Table VI shows time trends independent of the change in risk due to duration of stay — the increase in risk is significant for all populations. Although the increase is small in the Israel-born, rates approximately double for migrants from Asia and Africa. Table VI also shows the trend in risk for colon and rectum separately — the increases in risk are generally more marked for rectal cancer.

Univariate trends in PIR and SIR by duration of stay in Israel (Tables IV and V) suggest for most populations an initially high risk (0–9 years) which falls, and then increases. In African-born migrants, however, the increase is more constant, although small. The multivariate model (Table VII and Figure 3.5) confirms this pattern — the increase in risk with longer stays is confined to the European-born, in whom it is small (12% overall) but statistically significant. Table VII also shows that there is no change in the risk of colon cancer with duration of stay, the rise for the combined site (colon-rectum) being entirely due to the increase for rectal cancer in the Europeans (21%).

Liver (ICD 155)

Significantly elevated SIRs are noted for Yemen, Morocco/Algeria/Tunisia and Romania among males and for Yemen and USSR/Poland/Romania for females. Examination of PIRs (Table II) indicates that there was an increased risk among both Moroccans and Algerian/Tunisians with only the Moroccan PIRs being significantly elevated. Similarly, only the PIRs for Romanians were elevated. Israel-born males had an extremely low rate (Figure 2.7), while the corresponding rate for females was not unusual. Similar rates were noted for most comparison countries, with rates among migrants being somewhat lower except for migrants from India, whose rates for both sexes were three to six times those reported from Bombay.

Tables III and VI indicate an increasing risk over time for European migrants only, and even then the increase is readily discernible only among males. However, when controlled for period, the multivariate analysis (Table VII, Figure 3.6) showed a significant decline in risk with increased duration of stay among European migrants.

The large variations in the incidence of liver cancer as reported in the tables must be interpreted with the following in mind:

(a) ICD 155 contains histological diagnoses of decisively different etiology: embryonal hepatoblastomas, cholangiocarcinomas and malignant hepatomas which have been linked with hepatic cirrhosis (usually post-infectious, rather than alcoholic in Israel).

(b) Cases of malignant hepatoma are missed, since many cases are diagnosed at autopsy without histological confirmation (see Table 2). The significantly high PIRs for liver carcinoma among migrants from Yemen, Morocco/Algeria/Tunisia, Romania and Bulgaria may be misleading.

(c) Finally, the possibility that secondary liver cancers may have erroneously been included in certain comparison groups should be considered.

Gallbladder (ICD 156)

Incidence is higher in females in almost all populations (the overall M:F ratio for All Jews is 0.43).

There is rather less variation in incidence between the different migrant populations for males than for females — in males only migrants from Romania have significantly higher than average incidence. In females, rates are higher in European migrants than in those from Asia or Africa, as noted in an earlier series (Hart *et al.*, 1972); again migrants from Romania have particularly high rates. A decreasing trend in incidence during the four periods is evident for females from USSR/Poland/Romania, which is responsible for the same effect in All Migrants and All Jews.

Table VI confirms this, and also illustrates the overall downward temporal trend in incidence for Asia and African migrants. Univariate analyses of the effect of duration of stay suggest a decline in risk, sometimes after an increase between 0–9 years and 10–19 (e.g. Europeans in Table IV). The multivariate model (Table VII, Figure 3.7) confirms the decline after 10–19 years for European-born, with no trend for the other populations.

Pancreas (ICD 157)

High age-standardized rates and corresponding SIRs are noted among European and American migrants (Table III). Rates among migrants are consistently higher than those for comparison countries (Figure 2.9). In contrast, significantly elevated PIRs are noted for Yemen, each sex, and for Iraq females. The sex ratio for All Jews is 1.36 and there is a male preponderance in all populations.

No significant trend over time is recognizable, nor is there an effect of duration of stay. Both these findings remained unchanged following multivariate analyses.

Rates for pancreatic cancer should be interpreted with considerable caution. Underdiagnosis is likely due to the frequent, slow and symptomless development of this neoplasm resulting in late clinical manifestation with consequent misdiagnosis as well as exceptionally low morphological confirmation (55.2% for males, 54.3% for females). Thus, for this site more than for most others, the rates presented should be accepted as 'diagnosis' rather than 'incidence' rates. Thus, the elevated PIRs for pancreatic cancer among Yemenites who are suspected to be underdiagnosed for all malignancies becomes all the more remarkable.

Larynx (ICD 161)

Larynx cancer is very rare in Jewish females; the overall sex ratio (M:F) is 10.9, ranging from 25 (born in Bulgaria) to 3.7 (born in India).

The highest incidence rates (although not significantly greater than All Jews) are in Indian males, conforming to the high incidence seen in Bombay (Figure 2.10). High incidence is also seen in males from Turkey, Bulgaria/Greece (PIRs being raised for both of the latter two countries), and rates are significantly above average in Morocco/Algeria/Tunisia.

In males, incidence is lower than average in Yemenites and migrants from Germany/Austria/Czechoslovakia/Hungary, whereas in females it is significantly high in the latter group.

Time trends (Table III) suggest overall declines in incidence in males (except for the fourth period 1977-1981 in some populations); in the multivariate analysis (Table VI), only the decline for African-born migrants is statistically significant. The decline in risk with duration of residence is very small (Tables IV, V and VII).

Lung (ICD 162)

Lung cancer rates among male migrants appear to be consistently lower than those in comparison populations (except for Jews from Iran and India) while the converse is true without exception for females (Figure 2.11). Among all migrant groups as well as among Jews born in Israel, the sex ratio is uniformly greater than 1.0, ranging from 2.0 (Jews from Yemen) up to 7.4 (Jews from Greece). The notable exception, based on only 33 cases, is Jews from North America where the sex ratio is only 0.95 (Table II). Among males, significantly high SIRs were noted among migrants from Turkey, Romania and Bulgaria/Greece, and significantly low SIRs among those from Yemen, Iran, India, Libya and Jews born in Israel. Among females, SIRs were significantly elevated among migrants born in USSR/Poland, Romania and Czechoslovakia/Hungary. Significantly low SIRs occur among those from Yemen, Morocco/Tunisia/Algeria, Libya, Egypt, Bulgaria/Greece and Jews born in Israel (Table III). Of note are the significantly high PIRs in males from the Middle East (Turkey, Syria/Lebanon and Iraq) and Morocco, Romania and Bulgaria and females from Iraq, versus the significantly low ratios for male Jews from Yemen, the USSR, Poland (females also) and Jews born in Israel (both sexes).

Among males, SIRs increased over the four periods for migrants from Asia and Africa (except Turkey, Yemen and Libya) and Jews born in Israel, but there was a decline between the third and fourth periods among males from Europe and America consistent with a slowing down of lung cancer rates among males in some western European countries and the United States. Among females, however, SIRs increased over the four time periods in migrants from Europe and America (except Bulgaria/Greece) and Africa.

In the multivariate analyses after adjustment for duration of stay, there were significant increases by time periods for all the migrant populations but not for Jews born in Israel. However, a small decline in risk in Jews born in Europe and America between the third and fourth period is still noted (Table VI).

Duration of stay seems to have little noticeable effect until the period of 30+ years, and even then only among males from Europe and America (Table IV). The multivariate analysis adjusting for period of diagnosis (Table VII) resulted in a downward trend in risks with duration of stay, after 20 years, significant only for migrants from Europe and America. However, only among Jews from Europe and America with 30+ years of duration is the relative risk less than that of Jews born in Israel.

The anomaly between the heavy smoking which impresses every visitor to Israel and the lower than expected incidence of lung cancer may perhaps be ascribed to the protective influence of the Israeli diet, which consists of a high intake of fresh fruit and vegetables all year round in all communities. The very low incidence of lung cancer in Yemenite Jews has been observed and discussed previously (Steinitz, 1965). In that study the sex ratio at that time was almost one, indicating an 'Arcadian' rate. Since Yemenites had a high incidence of tuberculosis at the time of immigration, a future rise in lung cancer incidence was hypothesized, but it has not materialized.

Assuming that both lung cancer and larynx cancer are related to smoking, similar patterns of incidence might be expected. This does not show up convincingly in our material, since rates for laryngeal cancer, for both sexes, are relatively high in international comparisons while those for lung cancer are relatively low.

Melanoma of skin (ICD 172)

Incidence of melanoma of the skin is high in Israel, with rates for All Jews of 3.5 for males and 4.6 for females. The incidence in migrants to Israel is considerably higher than that in the country of origin, particularly for Europeans (Figure 2.12).

There is a very wide variation in risk between the different migrant populations. The incidence is low in migrants from Asia and Africa (with the exception of males from Egypt) and high in migrants of European origin (particularly Germany/Austria). High rates are also seen in the Israel-born population (5.7 for males, 8.6 for females).

Univariate analysis suggests increasing rates with time, in most populations, although with a less clear pattern between the last two time periods (1972-1976 to 1977-1981). There are clear increases with duration of stay in Israel for the European-born migrants, particularly after 20 years' residence.

Multivariate analysis (Table VI) confirms an increase in risk with time for Europeans and Africans, particularly between the first time period (1961-1966) and later years, with a rather smaller change in the Israel-born and none for Jews born in Asia. Table VII and Figure 3.11 show the effects of duration of stay — a doubling of risk in European and Asian migrants after 30 years' residence, with no change in the low risk of Jews born in Africa.

Several previous studies have used data from the cancer registry for rather shorter time periods — 1961-1967 (Movshovitz & Modan, 1973), 1960-1970 (Anaise *et al.*, 1978) and 1960-1976 (Katz *et al.*, 1982) in order to examine incidence rates by birthplace, time period and period of immigration. In the most detailed analysis (Katz *et al.*, 1982), tabulation of age-standardized incidence rates for Jews born in Europe/America by period of diagnosis and period of migration showed that both of these variables were associated with an increasing risk. The differences in incidence in this sun-rich country can be related to pigmentation status, with non-Europeans being darker-skinned. The rather high incidence of melanoma in males born in Egypt is most probably related to their Ashkenazi origin. A similar concordance of cancer incidence in Jews from Egypt with that of Europeans is seen at other sites (e.g. breast, corpus uteri; see below).

The increasing risk of melanoma with duration of stay in Israel confirms the importance of environment (presumably ultraviolet light from sunshine) in the etiology of this cancer. It has been suggested that the risk in Australia is related to age at arrival in the sunny environment (Holman & Armstrong, 1984), with high risk limited to individuals arriving before 10 years of age. However, as noted in Chapter 4, the effect of age at arrival cannot be distinguished from duration of residence, if time trends are to be controlled. The fact that there is an effect of time, independent of duration, in determining risk in European and African migrants suggests that, in addition to the *opportunity* for sunlight exposure (provided by residence in Israel), there have been increases in *actual* exposure (perhaps due to increasing recreational activities).

Breast (ICD 174 and 175)

Male breast cancer is relatively rare (on average, one case per 62 female cancers) and numbers are too few to discern clear trends, other than apparently lower than average incidence in Asian migrants.

Breast cancer is the most common cancer of females in all population groups. Incidence rates in Israel are high — the ASR for all Jews (1961-1981) was 56.7 and for European migrants 67.3. The rates in migrant populations are uniformly higher than those in the countries of origin. European migrants have the highest incidence rates — for certain of the migrant populations (Germany/Austria, Czechoslovakia/Hungary) they are higher than any of those in *Cancer Incidence in Five Continents*, Volume III. Incidence in the Israel-born is also significantly higher than for All Jews. By contrast, the rates for Asian and African migrants are low, with the lowest incidence in Yemenites (SIR = 27) — the exception being Egyptian females with an SIR of 105.

There appear to be uniform increases in incidence with time for practically all populations except those from Bulgaria/Greece (Table IV). After 10-19 years' residence in Israel, the effect of increasing duration of stay appears as increasing PIRs and SIRs for most populations.

The multivariate analyses confirm the increasing time trend — which is not statistically significant for the Israel-born (Table VI). There appears to be no increased risk with duration of residence for Asian-born females when the positive time trends are controlled; the Europeans show small increases (11% after 30 years) and North Africans much larger ones (75% after 30 years) (Figure 3.12).

Cervix uteri (ICD 180)

Figure 2.14 emphasizes the low risk of cervical cancer among Jewish migrant populations versus the primarily non-Jewish comparison populations. Highest ASRs were reported among migrants from India and Morocco/Algeria/Tunisia. The PIRs suggest that rates are elevated in both Morocco and Algeria/Tunisia. Significantly high PIRs were also noted for Iraq. Lower than average incidence rates were observed in migrants from Iran, and USSR/Poland, and PIRs are low in migrants from northern and western Europe.

Risk has declined with time among all migrant populations but has increased significantly from the first to the fourth time period among Jews born in Israel (Table III). There is a striking decrease with duration of stay, so that each migrant group has an SIR lower than 100 (significantly lower for 'Asia' and 'Europe and America') after 20+ years' duration (Table V). The duration effect is even more marked when examining PIRs (Table IV), where four duration periods can be examined. In the multivariate analysis, the time trends are characterized by a doubling of risk for Israel-born between 1961-1966 and 1967-1971, and a decline of 35% over the same time period for African-born; there is practically no change in risk for European migrants (Table VI). The decrease in risk with lengthening duration of stay remains even when controlling for secular trend (Table VII, Figure 3.13). The fact that risk of invasive cervical cancer is strongly related to duration of residence may be explained by the cumulative exposure to cytological screening following migration to Israel, since the risk of invasive disease is inversely related to the number of negative cytology tests performed (IARC Working Group, 1986). Screening would have been minimal in most of the countries of origin of the migrants, particularly in North Africa and the Middle East, where the risks relative to Israel are very high. Although there is no mass screening programme in Israel, gynaecologists are aware that north African immigrants are at high risk, and may well refer patients for a cervical smear.

The rare occurrence of cervical cancer in Jewish women has been known for centuries and has been ascribed to circumcision of their male partners and the ritual prescriptions (Niddah) of sexual hygiene (ritual bath). Whereas the early (at age 8 days) and complete male circumcision is almost universally practised in all Jewish communities, adherence to the laws of the Niddah is restricted to the Orthodox. The lower incidence of cervical cancer in the Israel-born migrants is still evident, although the differences are narrowing as incidence rates in the Israel-born population increase. In the early years of the registry, the rather high morbidity among Jews from North Africa was surprising. It was assumed that some of the high rate represented undetected invasive cancer, which was diagnosed soon after arrival. This could result in a decline in incidence with duration of residence, but the effect would be confined to a relatively short period after arrival, and could not account for a continuing fall over 30 years. Moreover, as discussed in Chapter 4, the exclusion of cases diagnosed within one year of arrival made little difference to the trend observed.

Corpus uteri (ICD 182)

In contrast to cervical cancer, Jewish migrants have rates for cancer of the uterine corpus higher than or similar to those in the comparison populations. The risk for cancer of the corpus among all Jewish migrants is more than double that of cervical cancer, with ASRs of 9.7 versus 4.5.

Significantly low SIRs are noted for all Asian groups except India (based on six cases) and all African groups except Egypt. Significantly high rates are observed for all European groups except Bulgaria/Greece. No clear-cut time trends are discernible nor does duration of stay seem to have an effect, although for several groups risk tends to decline for the first 20–30 years of stay and then increases precipitously. Multivariate analysis did not produce any clearer findings.

As for other female sites, Jews from Egypt behave more like the Europeans, and unlike the other populations of North African origin.

Ovary, etc. (ICD 183)

High rates of ovarian cancer are noted among Jews from western and eastern Europe, particularly Germany/Austria (ASR of 27.9 in 1972–1981) compared to all migrants (ASR = 12.3) (Table III). As seen for corpus uteri, rates of ovarian cancer among migrants are consistently higher than those for comparison populations. Almost without exception, SIRs are significantly high for Europe and low for Asia and Africa, with PIRs following a largely similar pattern (Tables II and III). There is almost no change over time except among some of the smaller groups with low initial SIRs. Similarly, duration of stay appears to have little effect on risk.

Ovarian cancer comes to clinical attention in the majority of cases at an advanced stage. The thoroughness of investigation is dependent on the availability and the use of medical services. The suspicion of underdiagnosis of this condition among the Yemenite Jews was expressed on page 21 in view of the relatively high percentage with primary site uncertain in this community (Table 3). However, the long period of observation and the fact that a similar difference in pancreatic cancer (another candidate for underdiagnosis) does not exist, render the low incidence of ovarian cancer more plausible. To this date the genetic and hormonal make-up of the Yemenite Jews has not been established, which might help to explain the low incidence of all female cancers and of prostate cancer (see next section) in this population group. A follow-up of cancer experience in Yemenite descendants born in Israel may shed some light on this problem.

Prostate (ICD 185)

Age-standardized incidence rates show relatively small differences between the various migrant groups, with the exception of Yemenites with significantly low rates (SIR = 35). The highest rates are found in Jews from Bulgaria/Greece (ASR = 23.5) and Morocco/Algeria/Tunisia (ASR = 18.3) for whom no comparison populations are available. Significantly high PIRs and high (but not statistically significant) SIRs were also found for other North African migrants (Libya, Egypt), and Jews from Iraq. Israel-born Jews have high rates.

Univariate time trends (Table III) suggest an increase in incidence for several populations (Morocco/Algeria/Tunisia; all European populations, Israel-born) between 1972–1976 and 1977–1981, a pattern confirmed (except for Asian migrants) by multivariate analysis (Table VI).

Trends with duration of stay suggest declines for Asian migrants (due to the Iraqi-born component), and increases for migrants from Europe. These findings are reflected in the results of the multivariate analysis (Table VII, Figure 3.15).

Before the availability of incidence rates from the registry, mortality statistics had suggested low rates of prostate cancer in Jews. This was probably due to misinterpretation of cause of death diagnosis 'urinary retention due to cancer'. The apparent increase in the last period may be due to improved diagnosis of this condition. The low autopsy rate in Israel means that few latent cancers, which produce no symptoms, are included in the incident cases.

Testis (ICD 186)

There is a greater than 10-fold variation in incidence in the different populations, with ASRs ranging from 0.5 in Yemen-born to 5.6 in Jews from Czechoslovakia/Hungary. The latter rate and that in American Jews (5.4) were higher than any other population in *Cancer Incidence in Five Continents*, Volume III.

SIRs are generally low for African and Asian-origin migrants (except those from Turkey) and elevated in Europeans.

Numbers are too few for meaningful patterns to emerge in the analyses by period and duration of stay. There has been an increasing risk in the group 'All Migrants' with time, but this cannot be clearly ascribed to any particular population. Israel-born Jews show no increased risk with time.

Bladder (ICD 188)

This category includes benign tumours and those of unspecified malignancy (ICD categories 222.3, 223.7, 236.7). This should be kept in mind when incidence rates are compared with those elsewhere, as in Figure 2.19; nevertheless, even with allowance for this, the incidence of bladder cancer in Israel is high — much higher than in the comparison populations shown. The ASRs for All Jews (20.7 for males and 4.5 for females) are rather similar to those in United States white populations (Waterhouse *et al.*, 1976).

Significantly high incidence rates are seen in males from Turkey, Morocco/Algeria/Tunisia, Romania, Bulgaria/Greece and Germany/Austria/Czechoslovakia/Hungary. In females, the pattern is similar, except that Morocco/Algeria/Tunisia rates are significantly low.

Migrants from countries with endemic schistosomiasis (Egypt, Iraq), which is a known risk factor for bladder cancer, have lower than average incidence rates.

Univariate time trends in incidence are not striking, but the multivariate analysis (Table VI) suggests a clear rise in incidence in European and Asian migrants, smaller and non-significant in Africa.

Univariate trends in PIR and SIR with duration of stay suggest declines in risk for North African males and increases for European females. In the multivariate model, this appears as a very small (but statistically significant) rise in bladder cancer risk in European migrants (15% increase after 30 years) and a more marked decline in risk for African migrants (31% decline after 30 years).

Kidney and other unspecified urinary organs (ICD 189)

For males, the incidence rates in migrants exceed those in the Israel-born, except for the populations from Asia (Iran and Yemen) and from Libya (Table III). The highest rates are in males from Germany/Austria, and USSR/Poland. The differences between the populations are less marked for females.

For almost all migrant populations, the incidence rates are higher than in the comparison populations (Figure 2.20). Despite these differences, there is no suggestion of a change in incidence with increasing duration of stay in Israel, nor of any evident temporal trend.

Brain and nervous system (ICD 191 and 192)

Intracranial tumours of benign or unspecified nature (ICD categories 225 and 237.5) are registered, and included in the calculation of rates. The incidence in the migrant populations, of both sexes and almost all origins, exceeds that in the Israel-born. The highest rates are in migrants from USSR/Poland, Germany/Austria, and Czechoslovakia/Hungary. Incidence (and PIR) in Iran-born Jews also appears high (the high ASR in Turkey-born males is the result of a single childhood cancer).

Because registration practices vary, international comparisons are hazardous; nevertheless, it does appear that the incidence in Jewish migrants to Israel is high, when compared to results from other registries which include benign tumours (Figure 2.21 and Waterhouse *et al.*, 1976). High incidence rates were noted in a previous study (Cohen & Modan, 1968), at which time (1960-1964) only incidence rates in European migrants were higher than in the Israel-born.

There are no clear temporal trends in incidence, and no clear pattern of change in relation to duration of stay in Israel.

Thyroid (ICD 193)

Incidence rates are higher in females than in males, with an overall sex ratio (M:F) of 0.39. In females, the highest incidence rates are observed in migrants from Iran (ASR 9.4) and Iraq (ASR 7.7), and the SIR is significantly high in females from Romania also. Although based on smaller numbers, the patterns in males are similar, although the incidence in Iraq is not raised (the high ASR in Germany/Austria is the result of a single case aged 20-24 — see Table I). The ratio between the rates for females born in Iran/Iraq and those born in Israel is most marked in younger age groups (15-34); it has been suggested that this is related to the irradiation of immigrant children for tinea capitis during the 1950s (Modan, 1980).

There is some suggestion of increases in incidence with time in Asian and European migrants and the Israel-born (Table III), but no evident change of risk in relation to duration of stay.

The incidence of thyroid cancer, in both sexes, is relatively high in comparison to other countries, but the patterns in the different migrant populations are not similar to those of the comparison registries (Figure 2.22). The rather high rates observed in migrants from Iran may be related to the high incidence of goitre in this community (de Maeyer et al., 1979).

Non-Hodgkin lymphoma (ICD 200 and 202)

The incidence of non-Hodgkin lymphoma in Israel is very high (ASR for all Jews males 9.5, for females 7.1), and for all of the migrant populations, the incidence is considerably higher than that in the comparison population and there are no similarities in the rankings between them (Figure 2.23). The highest age-standardized rate, that in males from Turkey (18.3 per 100 000), is the result of a single case in the very small population (1079 person-years) aged 0-4 years — the SIR is in fact rather low (77). Significantly higher than average rates are found in migrants of both sexes from USSR/Poland/Romania (particularly Romania) (Table III). Rates are lower than average in migrants of both sexes from Iraq and Yemen, although the proportionate incidence in Yemenites is high (Table II), and in females from Morocco/Algeria/Tunisia and Egypt.

Modan et al. (1969) noted, in data for 1960-1964, rather higher rates for lymphomas in young persons (aged 0-19) from Africa and the Middle East; in the longer series reported here the differences for non-Hodgkin lymphoma are small, incidence per 100 000 in this age-group being 1.4 in Israel-born and 1.5 in migrants from Europe/Africa, 1.7 from Africa and 2.7 from Asia.

In males there has been some increase in incidence over time in Jews of European origin, particularly those from USSR/Poland/Romania, resulting in a rising trend for All Migrants; this is much less obvious in females. Jews born in Asia, Africa and Israel show no clear trends.

Trends by duration of stay suggest an increase in risk for European migrants (Tables IV and V).

Hodgkin's disease (ICD 201)

Incidence rates for Hodgkin's disease are unremarkable. Few clear patterns emerge in comparing the rates for the different migrant populations. There are lower than average incidence rates in females from Yemen and Morocco/Algeria/Tunisia, and a raised SIR in males from America. The Israel-born have slightly higher rates than migrants.

No change in risk with time or with duration of stay is evident.

Multiple myeloma (ICD 203)

The highest incidence rates, in migrants from India, are based on very few cases (three in each sex). There is relatively little variation in incidence between the different populations, with rates significantly higher than average in males from USSR/Poland (1972-1981) and females from Czechoslovakia/Hungary (1972-1981); they are low in males from Morocco/Algeria/Tunisia and females from Germany/Austria (1972-1981).

There appear to be increasing incidence rates with time, particularly in males, for both migrants and Israel-born (Table III), which may account for the apparent increases in PIR with duration of stay (Table IV). There is no increase in SIR with longer durations of stay (Table V).

Lymphatic leukaemia (ICD 204)

The highest incidence rates are observed in a very small group of migrants, those from the Americas (Table I) and the PIR data (Table II) suggest that the high risk relates to Jews from North America (18 cases in 21 years).

The incidence in migrants from Asia and Africa is relatively low. High rates are observed in European migrants, particularly from USSR/Poland/Romania and Germany/Austria/Czechoslovakia/Hungary, in the period 1961-1971. However, the incidence of lymphatic leukaemia declined in both of these population groups in the last two time periods; because these are the most numerous migrant populations, there is a clear temporal decline in incidence for European migrants and All Migrants, despite the fact that there is little change in any of the other groups (Table III).

For the Israel-born, rates show a slight increase, if anything — they are considerably lower than those in migrants in 1961-1971, but are higher in the last decade (1972-1981).

There is possibly a decline in risk with increasing duration of stay (Tables IV and V), although this apparent effect may be the result of the time trends noted above.

Myeloid leukaemia (ICD 205)

The highest age-standardized rates shown in Table III have very wide confidence intervals, the results of a few cases being registered in the very small populations in young age groups. SIRs suggest relatively small variations between the different migrant groups, and no clear trends of incidence with time, except for a decline in incidence in the Israel-born (Table III). There is a suggestion of elevated risk for North American Jews (Table II), as was observed for lymphatic leukaemia. There is no evident trend according to duration of stay.

CHAPTER 6

Conclusions

In bringing together the data on cancer incidence in the different migrant populations to Israel for a period of 21 years, we have been able in this volume to confirm many of the results from earlier analyses, and to greatly extend the range of sites and populations examined. With almost 120 000 cases available for analysis, it was possible to study the changes in incidence over time and in relation to the duration of residence in Israel, as well as the magnitude of differences between the different groups of migrants.

The variation in incidence for Jews originating in different countries is often very large. In some cases, these differences reflect the patterns of incidence in the countries of origin — the high incidence of oesophageal cancer in Jews from India and Iran, and of cervix cancer in Jews from Morocco/Algeria/Tunisia, for example. In other instances, they correspond to differences in susceptibility to cancer — the lighter skin pigmentation of Jews of European origin almost certainly accounting for a risk of malignant melanoma five times greater than that in Jews from North Africa. There are, however, many instances where the pattern observed is unexplained, and these provide fertile ground for future etiological studies.

Studies of cancer in migrant populations are greatly enhanced when it is possible to relate changes in risk to changes in exposure to environmental agents. In a descriptive study, such as this, the degree to which individuals alter their lifestyles following migration is unknown, and the only measure of exposure available is the length of time spent in the new host country. Although the tables showing PIR and SIR in relation to duration of stay are useful in assessing this, the results of the multivariate analyses show how important it is to allow for underlying temporal trends in incidence before drawing any conclusions. Thus, much of the apparent increase in risk of colorectal cancer with increasing duration of residence in Israel is due to the strongly positive trend of incidence with time in all migrant populations. Some of the changes in risk in relation to length of time in the new environment confirm the impressions from migrant studies elsewhere — the rise in melanoma incidence, for example. For cancers of the colon, rectum, breast and corpus uteri, the changes in risk with duration of stay are generally rather small, and differ considerably for migrants of different origins. This is intriguing, since for these cancers dietary factors are generally suspected of being important etiologically, and other studies have suggested that incidence rates in migrant populations can change relatively quickly. For these cancers, the Israel population provides a range of incidence particularly conducive to individual-based studies of risk in relation to environmental factors, particularly diet.

Tobacco-related cancers — such as lung and bladder — show marked increases in incidence with time, with little additional risk associated with length of residence in Israel. The explanation is probably that use of tobacco is, as elsewhere, related to birth cohort (generation), and is little changed by migration.

Finally, there are several rather unexpected findings, which again would provide interesting scope for future studies. They include the apparent lability of oesophageal cancer risk in the high-risk populations of Asian origin, and the marked decline in risk of liver cancer in relation to duration of residence in Israel.

Although providing almost half of the person-years of observation in this study, the Israel-born population has a very young age structure, and so accounts for only 9% of the cancer cases. There are, nevertheless, clear differences in incidence between Israel-born and migrants for several cancer sites. For the majority, the Israel-born have lower incidence rates than the migrants (stomach, colon-rectum, liver, gallbladder, pancreas, lung, cervix uteri, brain, thyroid in females and bladder in males), but for other sites, the rates are significantly increased (melanoma, breast, prostate, and oral cavity in males). It will be interesting in future to study the change in risk for these sites between the different generations, separating the Israel-born by the birthplace of their parents.

REFERENCES

Adena, M.A. & Wilson, S.R. (1982) *Generalised Linear Models in Epidemiological Research: Case-control Studies.* Sydney, the Instat Foundation

Anaise, D., Steinitz, R. & Ben Hur, N. (1978) Solar radiation: a possible aetiological factor in malignant melanoma in Israel. *Cancer, 42*, 299-304

Baker, R.J. & Nelder, J.A. (1978) *Generalized Linear Interactive Modelling (GLIM) System*, Release 3. Oxford, Numerical Algorithms Group

Bavli, S. (1966) *Levels of Nutrition in Israel 1963-1964. Urban Wage and Salary Earners.* Jerusalem, Ministry of Education and Culture

Breslow, N. & Day, N.E. (1987) *Statistical Methods in Cancer Research.* Vol. II, *The Design and Analysis of Cohort Studies* (IARC Scientific Publications No. 82), Lyon, International Agency for Research on Cancer

Cohen, T. (1971) Genetic markers in migrants to Israel. *Isr. J. Med. Sci., 7*, 1509-1514

Cohen, A. & Modan, B. (1968) Some epidemiologic aspects of neoplastic diseases in Israel immigrant populations. III. Brain tumours. *Cancer, 22*, 1323-1328

Costin, C. & Steinitz, R. (1971) Liver carcinoma in Israel. *Isr. J. Med. Sci., 7*, 1471-1474

Davies, A.M. (1971) Migrants and their children in Israel. Identification and change. *Isr. J. Med. Sci., 7*, 1342-1347

Day, N.E. (1982) Cumulative rate and cumulative risk. In: Waterhouse, J., Muir, C.S., Shanmugaratnam, K. & Powell, J., eds, *Cancer Incidence in Five Continents,* Volume IV (IARC Scientific Publications No. 42), Lyon, International Agency for Research on Cancer, pp. 668-670

Decouflé, P., Thomas, T.L. & Pickle, L.W. (1980) Comparison of the proportionate mortality ratio and standardised mortality ratio risk measures. *Am. J. Epidemiol., 111*, 263-269

Delgado, G., Brumbach, C.L. & Deaver, M.B. (1961) Eating patterns among migrant families. *Public Health Reports, 76*, 349

Doll, R. & Smith, P. (1982) Comparison between registries: Age-standardised rates. In: Waterhouse, J., Muir, C., Shanmugaratnam, K. & Powell, J., eds (1982) *Cancer Incidence in Five Continents*, Volume IV (IARC Scientific Publications No. 42), Lyon, International Agency for Research on Cancer, pp. 671-674

Doll, R., Muir, C.S. & Waterhouse, J. (1970) *Cancer Incidence in Five Continents,* Volume II, Geneva, UICC; Berlin, Heidelberg, New York, Springer Verlag

Ellouz, R., Cammoun M., Ben Attia R. & Bahi, J. (1978) Nasopharyngeal carcinoma in children and adolescents in Tunisia: clinical aspects and paraneoplastic syndrome. In: de-Thé, G. & Ito, Y., eds, *Nasopharyngeal Carcinoma: Etiology and Control* (IARC Scientific Publications No. 20), Lyon, International Agency for Research on Cancer, pp. 115-130

Goldschmidt, E. (1963) *The Genetics of Migrant and Isolate Populations.* Baltimore, Williams & Wilkins

Haenszel, W. (1970) Studies of migrant populations. *J. Chron. Dis., 23*, 289-291

Haenszel, W. (1971) Cancer mortality among U.S. Jews. *Isr. J. Med. Sci., 7*, 1437-1450

Halevi, H.S., Dreyfuss, F., Peritz, E. & Schmelz, U.O. (1971) Cancer mortality and immigration to Israel 1950-1967. *Isr. J. Med. Sci., 7*, 1386-1404

Hart, J., Shani, M. & Modan, B. (1972) Epidemiological aspects of gallbladder and biliary tract neoplasm. *Am. J. Public Health, 62*, 36-39

Holman, C.D.J. & Armstrong, B.K. (1984) Cutaneous malignant melanoma and indicators of total accumulated exposure to the sun: an analysis separating histogenetic types. *J. Natl Cancer Inst., 73*, 75-82

IARC Working Group on Evaluation of Cervical Screening Programmes (1986). Screening for squamous cervical cancer: duration of low risk after negative results of cervical cytology and its implication for screening policies. *Br. Med. J., 293*, 659-664

Israel Cancer Registry (1982) In: Waterhouse, J., Muir, C., Shanmugaratnam, K. & Powell, J., eds, *Cancer Incidence in Five Continents*, Volume IV (IARC Scientific Publications No. 42), Lyon, International Agency for Research on Cancer, pp. 398-417

Kaldor, J., Khlat, M., Parkin, D.M., Shiboski, S. & Steinitz, R. (1989) Log-linear models for cancer risk among migrants, *Int. J. Epidemiol.* (in press)

Kallner, G. (1965) *Cancer Mortality and Morbidity in Israel, 1950-1961*, Part II, WHO276/CAN/65, Geneva, World Health Organization, pp. 84

Katz, L., Ben-Tuvia, S. & Steinitz, R. (1982) Malignant melanoma of the skin in Israel: effect of migration. In: Magnus, K., ed., *Trends in Cancer Incidence, Causes and Practical Implications*, New York, Hemisphere, pp. 419-426

Kupper, L.L., McMichael A.J., Symons, M.J. & Most B.M. (1978) On the utility of proportional mortality analysis *J. Chron. Dis., 31*, 15-22

de Maeyer, E.M., Lowenstein, F.W. & Thylly, C.H. (1979) *The Control of Endemic Goiter*, Geneva, World Health Organization

Modan, B. (1980) Role of migrant studies in understanding the etiology of cancer. *Am. J. Epidemiol.*, *112*, 289-295

Modan, B., Goldman, B., Shani, M., Meytes, D. & Mitchell, B.S. (1969) Epidemiological aspects of neoplastic disorders in Israeli migrant population. V. The lymphomas. *J. Natl Cancer Inst.*, *42*, 375-381

Movshovitz, M. & Modan, B. (1973) Role of sun exposure in the etiology of malignant melanoma: epidemiologic inference. *J. Natl Cancer Inst.*, *51*, 777-779

Muir, C.S. & Waterhouse, J.A.H. (1987) Comparability of data: reliability of registration. In: Muir, C.S., Waterhouse, J., Mack, T., Powell, J. & Whelan, S., eds, *Cancer Incidence in Five Continents*, Vol. V (IARC Scientific Publications No. 88), Lyon, International Agency for Research on Cancer, pp. 45-59

Muir, C., Waterhouse, J., Mack, T., Powell, J. & Whelan, S., eds (1987) *Cancer Incidence in Five Continents*, Vol. V (IARC Scientific Publications No. 88), Lyon, International Agency for Research on Cancer

Muñoz, N. & Steinitz, R. (1971) Comparative histology of gastric cancer in migrant groups in Israel. *Isr. J. Med. Sci.*, *7*, 1479-1487

Napalkov, N.P., Tserkovny, G.F., Merabishvili, V.M., Parkin, D.M. Smans, M. & Muir, C.S. eds (1983) *Cancer Incidence in the USSR* (IARC Scientific Publications No. 48), Lyon, International Agency for Research on Cancer

Parkin, D.M., ed. (1986) *Cancer Occurrence in Developing Countries* (IARC Scientific Publications No. 75), Lyon, International Agency for Research on Cancer

Percy, C. & van Holten, V. (1979) Conversion of neoplasms by topography and morphology from the International Classification of Diseases for Oncology (ICD-O) to Chapter II, Neoplasms, 9th Revision of the International Classification of Diseases (ICD-9) 1975, NIH Publications No. 80-20007, Bethesda, National Institutes of Health

Roman, E., Beral, V., Inskip, H., McDowall, M. & Adelstein, A. (1984) A comparison of standardised and proportional mortality ratios. *Stat. Med.*, *3*, 7-14

Schmelz, O.U. (1971a) The demographic evolution of the Jewish population in Israel. *Isr. J. Med. Sci.*, *7*, 1348-1363

Schmelz, O.U. (1971b) Demographic statistics and the Israel Population Register. *Isr. J. Med. Sci.*, *7*, 1381-1385

Steinitz, R. (1965) *New Cases of Malignant Neoplasms in Four Year Period 1960-1963*, Jerusalem, Israel Cancer Registry, pp. 19

Steinitz, R. (1982) Cancer risks in immigrant populations in Israel. In: Aoki, K., Tominaga, S., Hirayama, T. & Hirota, Y., eds, *Cancer Prevention in Developing Countries*, Nagoya, University of Nagoya Press, pp. 363-381

Steinitz, R. & Costin, C. (1971) Cancer in Jewish immigrants. *Isr. J. Med. Sci.*, *7*, 1405-1412

Waterhouse, J., Muir, C., Correa, P. & Powell, J., eds (1976) *Cancer Incidence in Five Continents*, Volume III (IARC Scientific Publications No. 15), Lyon, International Agency for Research on Cancer

Waterhouse, J., Muir, C., Shanmugaratnam, K. & Powell, J., eds (1982) *Cancer Incidence in Five Continents*, Volume IV (IARC Scientific Publications No. 42), Lyon, International Agency for Research on Cancer

World Health Organization (1977) *Manual of the International Statistical Classification of Diseases, Injuries and Causes of Death*, 9th Revision, Geneva, World Health Organization

TABLE I

Average annual cancer incidence per 100,000 by country of origin, site and age group

Table I

Asia 1961-1981

SITE	ALL AGES	AGE UNK	0-	5-	10-	15-	20-	25-	30-	35-	40-	45-	50-	55-	60-	65-	70-	75+	CRUDE RATE	CUM. 0-64	CUM. 0-74	ASR WORLD	% TOTAL	ASR	ICD (9th)
LIP	64	0	-	-	-	0.5	1.0	0.6	-	1.2	0.6	2.2	2.6	2.5	3.7	4.5	5.2	9.4	2.0	0.1	0.1	1.3	0.8	140
TONGUE	15	0	-	-	-	-	-	-	-	-	0.3	0.7	0.6	0.5	0.6	2.3	1.0	3.4	0.5	0.0	0.0	0.2	0.2	141
MOUTH	23	0	-	-	-	1.0	0.7	0.3	1.3	-	0.3	0.7	0.4	4.1	-	2.3	2.1	3.4	0.7	0.0	0.0	0.5	0.3	142
SALIVARY GLAND	44	0	-	-	-	1.0	-	0.6	-	-	0.6	1.1	1.7	-	1.8	6.0	6.0	2.1	7.7	1.4	0.0	0.0	0.9	0.5	143-5
OROPHARYNX	12	0	-	-	-	-	-	-	-	-	-	0.4	0.4	-	2.4	1.8	3.0	5.2	2.6	0.4	0.0	0.0	0.3	0.2	146
NASOPHARYNX	56	0	-	-	-	1.0	0.7	-	0.3	0.9	3.2	1.5	3.0	2.5	6.1	-	3.0	4.1	2.6	1.7	0.0	0.0	1.5	0.9	147
HYPOPHARYNX	13	0	-	-	-	-	-	-	-	-	-	0.4	0.4	2.0	-	-	3.8	1.0	0.9	0.4	0.0	0.0	0.3	0.2	148
PHARYNX UNSPEC.	3	0	-	-	-	-	-	-	-	0.3	0.3	-	-	-	-	0.8	-	-	-	0.1	0.0	0.0	0.1	0.0	149
OESOPHAGUS	116	0	-	-	-	-	-	-	-	-	0.6	1.8	3.9	5.1	5.5	12.0	26.8	32.6	3.6	0.3	0.3	2.3	1.4	150
STOMACH	710	0	-	-	-	-	-	0.3	0.5	-	6.3	11.0	18.5	32.6	54.4	75.0	143.5	181.9	21.9	0.6	1.7	14.4	8.6	151
SMALL INTESTINE	17	0	-	-	-	-	-	-	-	2.6	-	-	0.9	-	-	-	6.2	4.3	0.2	0.0	0.0	0.2	0.2	152
COLON	313	0	-	-	-	1.0	0.7	0.9	0.8	2.3	4.4	5.9	10.8	8.1	22.6	41.3	56.6	67.8	9.7	0.3	0.8	6.4	3.8	153
RECTUM	321	0	-	-	-	-	0.9	0.9	1.6	1.5	4.1	8.1	14.6	15.3	22.0	36.8	48.5	65.2	9.9	0.3	0.8	6.6	3.9	154
LIVER	165	0	-	-	-	-	0.3	0.3	0.5	1.2	0.6	1.1	5.6	11.7	15.9	12.8	28.9	38.6	5.1	0.2	0.4	3.4	2.0	155
GALLBLADDER ETC.	110	0	-	-	-	-	-	-	0.5	0.6	3.8	2.6	3.9	4.6	6.1	12.0	27.9	22.3	3.4	0.1	0.3	2.2	1.3	156
PANCREAS	314	0	-	-	-	-	0.3	-	0.8	1.7	3.8	4.0	9.9	18.3	27.5	36.0	52.6	69.5	9.7	0.3	0.8	6.5	3.9	157
PERITONEUM ETC.	50	0	-	-	-	-	-	-	0.3	-	1.3	0.4	1.3	2.0	4.3	4.5	5.2	16.3	1.5	0.0	0.1	1.0	0.6	158
NOSE, SINUSES ETC.	22	0	-	-	-	-	-	-	-	0.6	0.6	0.7	0.4	0.5	0.6	4.5	2.1	4.3	0.7	0.0	0.1	0.4	0.3	160
LARYNX	272	0	-	-	-	0.5	-	0.6	1.1	1.2	4.8	8.1	12.1	19.8	26.3	26.3	39.2	36.9	8.4	0.4	0.7	5.7	3.4	161
LUNG	1172	0	-	-	-	0.5	-	0.7	1.9	3.8	14.0	28.3	43.0	68.2	91.7	138.0	208.5	219.6	36.2	1.3	3.0	24.3	14.5	162
PLEURA	4	0	-	-	-	-	-	-	0.3	-	0.6	-	-	0.6	0.6	0.8	-	-	0.1	0.0	0.0	0.1	0.0	163
OTHER THORACIC ORGANS	17	0	10.0	-	1.0	-	-	0.6	0.5	0.6	-	0.4	-	0.5	-	-	-	2.1	1.7	0.5	0.1	0.1	1.6	0.9	164
BONE	41	0	-	-	2.0	1.4	-	0.3	0.3	0.3	0.6	0.6	2.6	1.0	1.2	4.5	3.1	6.9	1.3	0.1	0.1	1.1	0.6	170
CONNECTIVE TISSUE	62	0	10.0	-	1.0	2.4	-	2.0	0.8	-	3.4	1.8	3.4	4.1	1.8	3.0	2.1	5.1	1.9	0.2	0.2	2.6	1.6	171
MELANOMA OF SKIN	56	0	-	-	-	0.5	-	1.4	1.3	0.6	1.6	1.8	2.2	3.6	2.4	5.3	2.1	4.3	1.7	0.1	0.1	1.7	0.7	172
OTHER SKIN	0	0	-	-	-	-	-	-	-	-	-	-	-	-	-	-	-	-	0.0	0.0	0.0	0.0	0.0	173
BREAST	26	0	-	-	-	-	-	0.3	-	-	-	0.7	1.7	1.0	1.2	1.5	5.2	5.1	0.8	0.0	0.1	0.5	0.3	175
PROSTATE	661	0	-	-	-	-	-	-	-	-	-	1.5	6.5	12.2	43.4	73.5	150.7	256.5	20.4	0.3	1.4	13.1	7.8	185
TESTIS	53	0	10.0	-	-	-	-	0.3	0.3	0.3	-	0.7	0.9	0.5	1.8	-	-	5.1	1.6	0.1	0.1	2.2	1.3	186
PENIS ETC.	3	0	-	-	-	-	0.5	0.7	1.9	4.6	-	-	-	-	1.2	-	-	0.9	0.1	0.0	0.0	0.1	0.0	187
BLADDER	704	0	-	5.9	-	-	-	1.7	1.4	1.9	4.6	6.0	15.1	27.1	28.5	56.2	78.8	110.4	159.6	21.7	0.7	1.7	15.0	9.0	188
OTHER URINARY	213	0	10.0	-	-	-	-	1.0	0.9	0.5	1.2	2.5	5.1	6.5	7.6	23.8	31.5	27.9	34.3	6.6	0.3	0.6	5.7	3.4	189
EYE	17	0	10.0	-	-	-	-	-	-	-	-	0.3	0.7	0.4	1.0	1.2	3.0	3.1	1.7	0.5	0.0	0.0	0.4	0.2	190
BRAIN, NERV. SYSTEM	339	0	-	8.8	3.0	3.9	4.1	4.8	6.4	3.4	9.6	9.9	14.6	15.3	21.4	26.3	24.8	19.7	10.5	0.6	1.4	9.4	5.6	191-2
THYROID	111	0	-	-	1.0	1.9	3.1	2.6	2.9	3.2	2.2	3.3	3.4	-	3.7	6.0	15.5	9.4	3.4	0.2	0.3	2.5	1.5	193
OTHER ENDOCRINE	14	0	10.0	-	-	-	0.3	-	-	0.6	0.9	0.4	1.3	0.5	-	1.5	-	-	0.9	0.3	0.0	0.0	0.3	0.2	194
LYMPHOSARCOMA ETC.	239	0	10.0	-	-	1.4	3.4	3.1	4.3	4.9	7.0	4.8	12.9	7.6	15.9	15.0	25.8	24.9	7.2	0.4	0.6	6.3	3.7	200
HODGKIN'S DISEASE	103	0	10.0	2.9	1.0	0.5	2.4	3.4	2.1	-	2.9	4.8	3.9	4.1	8.6	6.8	8.6	3.1	6.9	3.0	0.2	0.3	2.6	1.5	201
OTHER RETICULOSES	96	0	-	-	1.0	1.9	-	0.6	0.8	0.6	4.1	3.7	2.2	6.1	7.9	8.3	6.2	12.0	3.0	0.2	0.3	2.1	1.3	202
MULTIPLE MYELOMA	124	0	-	-	-	-	-	-	1.3	0.6	0.3	2.2	2.6	5.6	11.0	21.0	15.5	31.7	3.8	0.1	0.3	2.6	1.5	203
LYMPHATIC LEUKAEMIA	128	0	10.0	-	1.0	1.0	0.7	-	0.5	-	2.9	0.7	3.9	6.6	8.6	15.8	21.7	25.7	4.0	0.2	0.4	3.9	2.3	204
MYELOID LEUKAEMIA	123	0	10.0	-	1.0	1.9	0.3	0.3	2.4	2.4	0.3	4.8	4.7	7.6	4.9	12.8	12.4	13.7	3.8	0.2	0.3	2.6	1.5	205
MONOCYTIC LEUKAEMIA	32	0	-	-	-	-	-	-	0.9	0.3	0.3	0.4	0.4	1.0	2.4	7.5	5.2	2.6	1.0	0.1	0.1	0.7	0.4	206
OTHER LEUKAEMIA	7	0	-	-	1.0	-	-	-	-	-	-	-	0.4	-	-	-	-	1.7	0.2	0.0	0.0	0.1	0.1	207
LEUKAEMIA, CELL UNSPEC.	45	0	-	2.9	-	-	0.3	-	1.1	1.1	1.0	0.4	1.7	1.0	3.1	5.3	4.1	7.7	1.4	0.1	0.1	1.3	0.8	208
PRIMARY SITE UNCERTAIN	447	0	-	2.9	-	-	1.0	1.1	1.3	2.3	4.1	8.1	9.0	25.4	29.3	39.8	80.5	121.0	13.8	0.4	1.0	9.3	5.6	PSU
ALL SITES	7477	0	79.9	26.5	14.2	21.7	28.3	30.1	40.9	57.8	98.3	149.6	246.6	341.0	543.9	789.8	1188.9	1548.7	230.8	8.4	18.3	167.1	100.0	
ALL BUT 173	7477	0	79.9	26.5	14.2	21.7	28.3	30.1	40.9	57.8	98.3	149.6	246.6	341.0	543.9	789.8	1188.9	1548.7						
Rate from 1 case			9.983	2.947	1.016	0.483	0.345	0.284	0.266	0.290	0.317	0.368	0.430	0.509	0.611	0.750	1.032	0.858						

Note : "Bladder" and "Brain, Nervous System" include benign cases

Table I

Asia 1961-1981

AVERAGE ANNUAL INCIDENCE PER 100,000 BY AGE GROUP (YEARS) - FEMALE

SITE	ALL AGES	AGE UNK	0-	5-	10-	15-	20-	25-	30-	35-	40-	45-	50-	55-	60-	65-	70-	75+	CRUDE RATE	CUM. 0-64	CUM. 0-74	ASR WORLD	% TOTAL	ASR ICD (9th)
LIP	16	0	-	-	-	-	-	-	-	-	-	-	-	-	0.6	-	2.0	1.6	0.5	0.0	0.0	0.3	0.2	140
TONGUE	21	0	-	-	-	-	0.4	-	0.3	-	1.2	-	-	1.0	2.9	2.1	4.0	3.2	0.6	0.0	0.1	0.4	0.3	141
SALIVARY GLAND	21	0	-	-	-	-	0.4	0.6	0.8	0.6	0.6	0.4	0.8	1.5	2.3	0.7	1.0	-	0.6	0.0	0.1	0.4	0.3	142
MOUTH	28	0	-	-	-	-	0.4	0.6	0.3	0.3	0.6	-	0.8	2.5	2.3	0.7	2.0	0.8	0.9	0.0	0.1	0.6	0.4	143-5
OROPHARYNX	8	0	-	-	-	0.5	-	-	-	-	0.6	0.4	0.4	0.5	1.2	2.1	1.0	4.0	0.2	0.0	0.0	0.2	0.1	146
NASOPHARYNX	25	0	-	-	-	-	-	1.5	0.8	0.6	0.3	1.1	0.8	0.5	0.6	-	-	-	0.8	0.0	0.0	0.5	0.3	147
HYPOPHARYNX	12	0	-	-	-	-	0.4	-	-	-	0.6	0.7	0.8	2.0	0.6	0.7	2.0	2.4	0.4	0.0	0.0	0.2	0.2	148
PHARYNX UNSPEC.	1	0	-	-	-	-	-	-	-	0.6	-	-	0.4	-	0.6	-	-	2.4	0.0	0.0	0.0	0.0	0.0	149
OESOPHAGUS	111	0	-	-	-	-	-	-	0.3	1.4	0.9	2.1	3.3	8.0	14.0	13.6	10.9	13.0	3.4	0.2	0.3	2.3	1.5	150
STOMACH	453	0	-	-	-	-	-	0.6	2.4	2.6	5.3	8.1	9.9	19.5	35.7	57.3	74.5	90.7	14.0	0.4	1.1	8.9	5.9	151
SMALL INTESTINE	16	0	-	-	-	-	-	1.2	0.3	-	0.3	-	0.8	1.5	2.3	0.7	4.0	-	0.5	0.0	0.0	0.3	0.2	152
COLON	336	0	-	-	-	-	0.4	1.8	2.4	3.4	3.7	6.4	14.5	15.0	19.9	35.8	48.7	64.8	10.4	0.3	0.8	6.6	4.4	153
RECTUM	297	0	-	-	-	-	0.4	1.5	1.1	2.9	3.4	8.8	11.6	16.5	18.1	32.9	45.7	46.1	9.2	0.3	0.7	5.9	3.9	154
LIVER	80	0	-	-	-	-	-	0.6	0.8	-	0.6	-	2.1	4.5	6.4	7.9	10.9	18.6	2.5	0.1	0.2	1.6	1.0	155
GALLBLADDER ETC.	167	0	-	-	-	-	-	-	0.5	0.9	1.5	1.4	7.0	12.5	12.3	15.0	26.8	35.6	5.2	0.2	0.4	3.3	2.2	156
PANCREAS	244	0	-	-	-	-	-	0.3	-	0.6	2.2	0.7	6.6	12.0	19.9	30.8	33.8	55.9	7.5	0.1	0.6	4.8	3.2	157
PERITONEUM ETC.	70	0	-	-	-	0.5	0.4	0.3	-	0.3	0.9	1.8	1.2	3.0	5.3	7.2	6.0	20.2	2.2	0.1	0.2	1.4	0.9	158
NOSE, SINUSES ETC.	16	0	-	-	-	0.5	-	0.6	0.3	-	0.6	0.4	0.4	1.5	0.6	1.4	1.0	3.2	0.5	0.0	0.0	0.3	0.2	160
LARYNX	34	0	-	-	-	-	-	-	0.3	0.9	1.5	1.4	1.7	2.5	1.8	3.6	6.0	4.0	1.1	0.0	0.1	0.7	0.5	161
BRONCHUS, TRACHEA	347	0	-	-	-	-	0.4	1.5	1.3	2.3	4.0	9.5	11.6	15.5	21.6	37.9	54.7	68.0	10.7	0.3	0.8	6.8	4.5	162
PLEURA	4	0	-	-	-	-	-	0.3	0.3	-	0.3	-	0.4	-	-	0.7	-	-	0.1	0.0	0.0	0.1	0.1	163
OTHER THORACIC ORGANS	12	0	11.2	-	1.1	0.5	0.4	-	0.3	0.3	0.3	0.7	1.2	0.5	-	1.4	-	-	0.4	0.0	0.0	0.2	0.2	164
BONE	39	0	-	-	-	2.1	0.7	0.6	0.3	1.1	0.3	0.7	1.7	2.0	2.9	0.7	2.0	5.7	1.2	0.1	0.1	0.9	0.6	170
CONNECTIVE TISSUE	49	0	-	-	-	0.5	1.5	1.2	0.5	0.9	1.2	1.4	2.5	2.0	1.8	5.0	5.0	1.6	1.5	0.1	0.1	1.1	0.7	171
MELANOMA OF SKIN	46	0	-	-	1.1	-	0.4	0.6	0.5	2.0	0.9	1.1	0.8	3.5	2.3	2.1	3.0	7.3	1.4	0.1	0.1	0.9	0.6	172
OTHER SKIN	0	0	-	-	-	-	-	-	-	-	-	-	-	-	-	-	-	-	0.0	0.0	0.0	0.0	0.0	173
BREAST	1795	0	-	-	-	-	1.5	9.7	23.4	43.4	75.8	95.4	90.5	92.2	120.5	117.4	123.2	87.4	55.5	2.8	4.0	35.9	23.9	174
UTERUS UNSPEC.	17	0	-	-	-	-	-	-	-	0.3	0.6	0.4	0.8	1.0	1.8	0.7	1.0	4.9	0.5	0.0	0.0	0.3	0.2	179
CERVIX UTERI	164	0	-	-	-	-	0.7	-	2.4	2.0	5.9	9.2	11.2	13.0	7.6	12.2	7.0	8.1	5.1	0.3	0.4	3.3	2.2	180
CHORIONEPITHELIOMA	18	0	-	-	-	-	1.5	0.6	1.9	0.6	-	1.1	2.1	-	0.8	-	-	-	0.6	0.3	0.4	0.5	0.3	181
CORPUS UTERI	241	0	-	-	1.1	0.5	0.4	1.8	1.9	2.0	4.3	9.2	12.4	19.5	22.8	27.9	18.9	14.6	7.4	0.4	0.6	4.9	3.3	182
OVARY ETC.	341	0	-	3.2	1.1	1.6	1.8	2.3	3.0	3.7	9.9	15.2	17.0	17.5	29.3	31.5	29.8	22.7	10.5	0.6	0.9	8.4	5.6	183
OTHER FEMALE GENITAL	58	0	-	-	-	-	0.4	0.6	-	0.3	0.6	0.4	1.7	3.5	2.3	9.3	7.0	15.4	1.8	0.1	0.1	1.1	0.7	184
BLADDER	166	0	-	-	1.1	0.5	0.4	0.9	0.3	0.6	0.9	3.2	5.4	9.5	10.5	15.7	30.8	35.6	5.1	0.2	0.4	3.3	2.2	188
OTHER URINARY	125	0	-	-	-	-	1.1	0.3	-	2.0	1.9	5.3	5.4	6.5	6.4	10.0	17.9	17.8	3.9	0.2	0.3	2.8	1.9	189
EYE	14	0	11.2	6.4	4.4	-	-	-	-	-	-	-	-	-	0.6	1.4	-	-	0.4	0.6	0.6	0.3	0.2	190
BRAIN, NERV.SYSTEM	337	0	-	-	1.1	5.8	2.2	3.8	3.5	7.8	11.5	15.2	13.2	18.5	20.5	19.3	25.8	18.6	10.4	0.6	0.8	9.3	6.2	191-2
THYROID	299	0	-	-	1.1	8.0	11.8	10.3	11.6	4.6	6.5	8.1	9.5	10.0	9.4	15.7	12.9	15.4	9.2	0.5	0.6	6.7	4.5	193
OTHER ENDOCRINE	8	0	-	-	-	-	-	0.6	-	0.3	-	0.4	-	-	0.6	-	3.0	-	0.2	0.0	0.0	0.2	0.1	194
LYMPHOSARCOMA ETC.	196	0	-	3.2	1.1	1.6	1.8	2.1	1.3	1.7	4.6	4.2	7.0	11.0	16.4	17.2	19.9	24.3	6.1	0.3	0.5	4.4	2.9	200
HODGKIN'S DISEASE	67	0	-	-	1.1	1.6	1.5	2.3	3.0	1.4	2.8	2.8	2.2	2.5	3.5	1.4	2.0	0.8	2.1	0.2	0.2	2.8	1.9	201
OTHER RETICULOSES	89	0	11.2	-	-	1.6	0.5	1.5	1.9	1.4	4.2	4.2	2.5	3.5	3.5	6.4	12.9	11.3	2.8	0.2	0.2	1.9	1.2	202
MULTIPLE MYELOMA	86	0	-	-	-	1.6	0.4	-	0.3	0.3	0.6	1.1	3.3	4.5	5.9	11.5	13.9	18.6	2.7	0.1	0.2	1.7	1.1	203
LYMPHATIC LEUKAEMIA	114	0	-	-	4.4	-	1.8	0.4	1.1	1.1	0.3	3.2	3.7	5.5	11.7	9.3	14.9	16.2	3.5	0.3	0.3	2.6	1.7	204
MYELOID LEUKAEMIA	91	0	-	3.2	-	3.2	-	1.1	1.6	0.6	2.8	3.2	3.7	4.0	5.3	3.6	10.9	11.3	2.8	0.2	0.2	2.3	1.5	205
MONOCYTIC LEUKAEMIA	25	0	-	-	-	-	0.4	0.6	0.5	0.6	-	-	1.7	2.0	1.2	2.9	-	3.2	0.8	0.0	0.0	0.5	0.3	206
OTHER LEUKAEMIA	7	0	-	-	-	-	-	-	-	-	-	-	0.4	1.0	-	0.7	-	1.6	0.2	0.0	0.0	0.1	0.1	207
LEUKAEMIA, CELL UNSPEC.	36	0	-	-	-	-	1.1	1.2	0.3	0.3	0.6	1.1	3.3	-	1.2	5.0	5.0	6.5	1.1	0.0	0.1	0.7	0.5	208
PRIMARY SITE UNCERTAIN	382	0	-	-	-	-	1.8	2.1	1.6	1.1	3.4	5.3	14.1	15.0	32.2	28.6	51.7	98.8	11.8	0.4	0.8	7.6	5.0	PSU
ALL SITES																								
ALL BUT 173	7129	0	33.5	15.9	15.3	27.1	34.2	51.9	69.1	97.1	165.9	241.4	290.2	369.7	486.2	610.5	753.2	882.4	220.3	9.5	16.3	150.5	100.0	
Rate from 1 case			11.15	3.18	1.10	0.53	0.37	0.29	0.27	0.29	0.31	0.35	0.41	0.50	0.59	0.72	0.99	0.81						

Note : "Bladder" and "Brain, Nervous System" include benign cases

Table I

Turkey 1961-1981

AVERAGE ANNUAL INCIDENCE PER 100,000 BY AGE GROUP (YEARS) - MALE

SITE	ALL AGES	AGE UNK	0-	5-	10-	15-	20-	25-	30-	35-	40-	45-	50-	55-	60-	65-	70-	75+	CRUDE RATE	CUM. 0-64	CUM. 0-74	ASR WORLD	% TOTAL	ASR ICD (9th)
LIP	18	0	-	-	-	-	-	-	-	-	4.2	4.4	2.3	2.8	6.7	-	18.5	12.6	4.0	0.2	0.3	2.5	1.0	140
TONGUE	3	0	-	-	-	-	-	-	-	-	-	-	-	-	-	4.0	-	6.3	0.7	0.0	0.0	0.4	0.2	141
SALIVARY GLAND	1	0	-	-	-	-	-	-	2.3	-	-	-	-	5.5	-	-	12.4	-	0.1	0.0	0.1	0.1	0.1	142
MOUTH	7	0	-	-	-	-	-	5.5	-	-	-	-	-	-	-	8.0	-	6.3	1.5	0.0	0.1	0.8	0.3	143-5
OROPHARYNX	1	0	-	-	-	-	-	-	-	-	-	-	-	-	3.4	-	-	-	0.2	0.0	0.1	0.1	0.1	146
NASOPHARYNX	4	0	-	-	-	-	-	-	-	-	2.1	2.2	-	5.5	-	-	-	-	0.9	0.0	0.0	0.5	0.1	147
HYPOPHARYNX	2	0	-	-	-	-	-	-	-	-	-	-	-	2.8	-	4.0	-	-	0.4	0.0	0.1	0.2	0.1	148
PHARYNX UNSPEC.	0	0	-	-	-	-	-	-	-	-	-	-	-	-	-	-	-	-	0.0	0.0	0.0	0.0	0.0	149
OESOPHAGUS	16	0	-	-	-	-	-	-	-	-	-	-	4.7	2.8	6.7	8.0	30.9	18.8	3.5	0.1	0.3	2.1	0.9	150
STOMACH	209	0	-	-	-	-	-	2.7	-	4.3	12.6	13.2	28.1	49.7	124.7	107.9	240.9	389.5	45.9	1.2	2.9	26.0	10.8	151
SMALL INTESTINE	4	0	-	-	-	-	-	-	-	-	-	-	4.7	-	-	-	-	12.6	0.9	0.0	0.0	0.5	0.2	152
COLON	83	0	-	-	-	-	6.5	5.5	-	2.1	6.3	6.6	25.7	5.5	23.6	75.9	98.8	106.8	18.2	0.4	1.3	10.7	4.5	153
RECTUM	76	0	-	-	-	-	-	5.5	6.8	2.1	-	11.0	16.4	24.9	40.4	59.9	80.3	56.5	16.7	0.5	1.2	9.6	4.0	154
LIVER	25	0	-	-	-	-	3.2	-	-	-	-	-	4.7	8.3	16.9	16.0	24.7	37.7	5.5	0.2	0.4	3.2	1.3	155
GALLBLADDER ETC.	26	0	-	-	-	-	-	-	2.3	4.3	-	-	4.7	-	10.7	8.0	37.1	62.8	5.7	0.0	0.3	3.3	1.4	156
PANCREAS	61	0	-	-	-	-	3.2	-	-	-	-	6.6	11.7	16.6	31.7	51.9	61.8	69.1	13.4	0.4	0.9	7.7	3.2	157
PERITONEUM ETC.	9	0	-	-	-	-	-	-	-	2.1	2.1	-	2.3	5.5	3.4	-	-	25.1	2.0	0.1	0.1	1.1	0.5	158
NOSE, SINUSES ETC.	6	0	-	-	-	-	-	-	-	-	-	-	-	-	-	-	-	6.3	1.3	0.0	0.1	0.7	0.3	160
LARYNX	84	0	-	-	-	-	-	-	-	-	2.1	2.2	25.7	49.7	57.3	12.0	43.2	56.5	18.5	0.8	1.2	10.3	4.3	161
LUNG	334	0	-	-	-	-	-	2.7	-	10.7	10.5	13.2	49.1	113.3	161.8	43.9	382.9	414.6	73.4	2.0	5.2	41.3	17.2	162
PLEURA	1	0	-	-	-	-	-	-	-	2.1	8.4	46.4	-	-	3.4	259.7	-	-	0.2	0.0	0.0	0.1	0.1	163
OTHER THORACIC ORGANS	6	0	-	-	-	-	-	2.7	2.3	2.1	2.1	-	2.3	-	-	-	6.2	6.3	1.3	0.0	0.1	0.9	0.4	164
BONE	4	0	-	-	-	-	-	-	2.3	-	-	-	-	5.5	-	-	-	-	0.9	0.0	0.0	0.5	0.2	170
CONNECTIVE TISSUE	9	0	-	-	-	-	-	-	4.6	-	-	-	-	5.5	3.4	4.0	6.2	-	2.0	0.2	0.3	1.4	0.6	171
MELANOMA OF SKIN	21	0	-	-	-	-	3.2	-	4.6	-	-	4.4	2.3	13.8	3.4	8.0	6.2	12.6	4.6	0.2	0.3	2.7	1.1	172
OTHER SKIN	0	0	-	-	-	-	-	-	-	-	-	-	-	-	-	-	-	-	0.0	0.0	0.0	0.0	0.0	173
BREAST	5	0	-	-	-	-	-	-	-	-	-	2.2	-	-	3.4	-	12.4	6.3	1.1	0.0	0.1	0.6	0.3	175
PROSTATE	128	0	-	-	-	-	-	-	-	-	-	-	7.0	16.6	40.4	79.9	203.8	333.0	28.1	0.3	1.7	15.9	6.6	185
TESTIS	13	0	-	-	-	-	-	-	4.6	8.6	4.2	2.2	4.7	2.8	-	-	1.8	6.3	2.9	0.1	0.1	1.8	0.7	186
PENIS ETC.	0	0	-	-	-	-	-	-	-	-	-	-	-	-	-	-	-	-	0.0	0.0	0.0	0.0	0.0	187
BLADDER	194	0	-	-	-	-	-	-	-	-	6.4	22.1	35.1	41.5	101.1	155.8	234.7	257.6	42.6	1.1	3.0	24.1	10.0	188
OTHER URINARY	49	0	-	-	-	-	-	2.7	-	-	2.1	8.8	9.4	16.6	37.1	39.9	37.1	37.7	10.8	0.4	0.8	6.2	2.6	189
EYE	3	0	-	-	-	-	-	-	-	-	-	-	-	-	-	-	-	6.3	0.7	0.0	0.0	0.4	0.1	190
BRAIN, NERV.SYSTEM	58	0	93.4	-	-	-	3.2	5.5	9.1	10.7	10.5	13.2	2.3	2.8	23.6	36.0	30.9	18.8	12.7	1.0	1.3	18.7	7.8	191-2
THYROID	18	0	-	-	-	-	-	2.7	4.6	6.4	6.3	4.4	11.7	13.8	-	-	24.7	6.3	4.0	0.1	0.1	2.4	1.0	193
OTHER ENDOCRINE	4	0	-	-	-	-	-	-	-	2.1	-	-	2.3	2.8	-	4.0	-	-	0.9	0.0	0.1	0.5	0.2	194
LYMPHOSARCOMA ETC.	31	0	93.4	-	-	-	-	2.7	2.3	4.3	2.1	2.2	14.0	5.5	16.9	8.0	30.9	25.1	6.8	0.7	0.9	15.0	6.3	200
HODGKIN'S DISEASE	12	0	-	-	-	-	-	2.7	-	2.1	-	2.2	4.7	5.5	3.4	8.0	-	6.3	2.6	0.2	0.3	2.5	1.0	201
OTHER RETICULOSES	21	0	-	-	-	-	3.2	-	4.6	-	-	2.2	-	16.6	16.9	12.0	18.5	6.3	4.6	0.3	0.3	3.3	1.4	202
MULTIPLE MYELOMA	23	0	-	-	-	-	-	-	-	-	-	2.2	-	6.5	13.5	32.0	-	37.7	5.1	0.1	0.3	2.8	1.2	203
LYMPHATIC LEUKAEMIA	20	0	-	-	-	-	-	-	-	-	-	4.4	4.4	5.5	13.5	4.0	43.2	25.1	4.4	0.1	0.4	2.5	1.0	204
MYELOID LEUKAEMIA	19	0	-	-	9.6	4.4	-	-	-	-	-	4.4	-	5.5	10.1	12.0	12.4	-	4.2	0.2	0.3	2.8	1.2	205
MONOCYTIC LEUKAEMIA	10	0	-	-	9.6	-	-	-	-	-	-	-	-	-	6.7	20.0	12.4	-	2.2	0.0	0.2	1.3	0.5	206
OTHER LEUKAEMIA	4	0	-	-	-	-	-	-	-	-	-	-	-	2.8	-	-	-	12.6	0.9	0.0	0.1	0.6	0.3	207
LEUKAEMIA, CELL UNSPEC.	8	0	-	-	-	-	3.2	-	-	-	6.3	-	-	-	6.7	12.0	6.2	12.6	1.8	0.0	0.1	1.0	0.4	208
PRIMARY SITE UNCERTAIN	89	0	-	-	-	-	-	-	-	-	-	-	14.0	33.2	50.6	39.9	92.6	169.6	19.6	0.5	1.2	11.0	4.6	PSU
ALL SITES																									
ALL BUT 173	1719	0	186.7	-	19.2	8.8	29.2	43.9	52.4	75.0	109.3	189.9	292.2	489.2	842.5	1142.5	1809.6	2267.9	377.8	11.7	26.5	240.1	100.0	
Rate from 1 case			93.37	23.69	9.58	4.41	3.24	2.74	2.28	2.14	2.10	2.21	2.34	2.76	3.37	3.99	6.18	6.28						

Note : "Bladder" and "Brain, Nervous System" include benign cases

Table I

Turkey 1961-1981

AVERAGE ANNUAL INCIDENCE PER 100,000 BY AGE GROUP (YEARS) - FEMALE

SITE	ALL AGES	AGE UNK	0-	5-	10-	15-	20-	25-	30-	35-	40-	45-	50-	55-	60-	65-	70-	75+	CRUDE RATE	CUM 0-64	CUM 0-74	ASR WORLD	% TOTAL	ICD (9th)
LIP	2	0	-	-	-	-	-	-	-	-	-	-	-	-	-	-	-	-	0.4	0.0	0.0	0.2	0.1	140
TONGUE	2	0	-	-	-	-	-	-	-	-	-	-	-	-	-	6.6	-	-	0.4	0.0	0.0	0.2	0.1	141
SALIVARY GLAND	2	0	-	-	-	-	-	2.2	-	2.2	-	-	-	-	2.9	3.3	-	-	0.4	0.0	0.0	0.3	0.2	142
MOUTH	3	0	-	-	-	-	-	-	2.2	-	-	-	-	-	-	3.3	-	4.1	0.6	0.0	0.0	0.3	0.2	143-5
OROPHARYNX	2	0	-	-	-	-	-	-	-	-	-	2.2	-	-	2.9	3.3	-	-	0.4	0.0	0.0	0.4	0.2	146
NASOPHARYNX	4	0	-	-	-	-	-	-	-	-	-	-	-	-	2.9	-	-	4.1	0.8	0.0	0.0	0.4	0.2	147
HYPOPHARYNX	0	0	-	-	-	-	-	-	-	-	-	-	-	-	2.9	-	4.7	-	0.0	0.0	0.0	0.0	0.0	148
PHARYNX UNSPEC.	0	0	-	-	-	-	-	-	-	-	-	-	-	-	-	-	-	-	0.0	0.0	0.0	0.0	0.0	149
OESOPHAGUS	4	0	-	-	-	-	-	-	-	-	-	-	-	2.6	2.9	3.3	-	4.1	0.8	0.0	0.0	0.4	0.2	150
STOMACH	131	0	-	-	-	-	-	2.6	4.5	6.7	10.8	4.4	13.8	47.2	38.2	86.4	93.0	142.9	27.5	0.6	1.5	13.2	7.7	151
SMALL INTESTINE	3	0	-	-	-	-	-	-	-	-	-	-	2.3	-	4.7	-	-	-	0.6	0.0	0.0	0.2	0.2	152
COLON	100	0	-	-	-	-	-	-	4.5	2.2	2.2	8.8	25.4	21.0	32.3	63.1	88.4	98.0	21.0	0.5	1.2	10.1	5.9	153
RECTUM	81	0	-	-	-	-	-	-	2.2	8.9	6.5	11.0	13.8	26.2	29.4	36.6	69.8	65.3	17.0	0.5	1.0	8.4	4.9	154
LIVER	17	0	-	-	-	-	-	-	-	-	-	-	-	2.6	2.9	-	27.9	36.8	3.6	0.0	0.2	1.5	0.9	155
GALLBLADDER ETC.	31	0	-	-	-	-	-	-	-	-	2.2	4.4	6.9	10.5	14.7	6.6	14.0	44.9	6.5	0.2	0.6	3.1	1.8	156
PANCREAS	50	0	-	-	-	-	-	-	4.5	2.2	2.2	4.4	9.2	10.5	17.6	43.2	32.6	53.1	10.5	0.2	0.6	5.0	2.9	157
PERITONEUM ETC.	15	0	-	-	-	-	-	-	2.2	8.9	6.5	6.6	-	5.2	-	6.6	-	32.7	3.1	0.1	0.1	1.5	0.9	158
NOSE, SINUSES ETC.	3	0	-	-	-	-	-	-	-	-	-	-	-	-	2.9	-	4.7	4.1	0.6	0.0	0.0	0.3	0.2	160
LARYNX	4	0	-	-	-	-	-	-	-	-	-	-	-	-	-	3.3	9.3	-	0.8	0.0	0.8	0.4	0.4	161
BRONCHUS, TRACHEA	74	0	-	-	-	-	-	-	2.2	-	6.5	11.0	9.2	18.4	14.7	56.5	46.5	89.8	15.5	0.3	0.8	7.4	4.3	162
PLEURA	0	0	-	-	-	-	-	-	-	-	-	-	-	-	-	-	-	-	0.0	0.0	0.0	0.0	0.0	163
OTHER THORACIC ORGANS	1	0	-	-	-	-	-	-	-	4.5	-	-	-	5.2	-	3.3	-	-	0.2	0.0	0.0	0.1	0.1	164
BONE	5	0	-	-	-	-	-	-	-	-	-	-	2.3	-	2.6	-	4.7	8.2	1.0	0.1	0.1	0.6	0.4	170
CONNECTIVE TISSUE	11	0	-	-	-	-	3.3	2.6	-	-	-	-	4.6	2.6	5.9	10.0	9.3	-	2.3	0.1	0.2	1.4	1.0	171
MELANOMA OF SKIN	16	0	-	-	-	-	3.3	2.6	-	4.5	2.2	-	2.3	7.9	-	-	9.3	16.3	3.4	0.1	0.2	1.8	1.0	172
OTHER SKIN	0	0	-	-	-	-	-	-	-	-	-	-	-	-	-	-	-	-	0.0	0.0	0.0	0.0	0.0	173
BREAST	412	0	-	-	-	-	-	2.6	24.7	35.7	77.5	116.3	126.8	154.8	173.3	182.8	186.0	110.3	86.4	3.6	5.4	46.3	27.2	174
UTERUS UNSPEC.	5	0	-	-	-	-	-	-	-	4.5	4.3	6.6	11.5	10.5	-	3.3	-	16.3	1.0	0.0	0.3	0.4	0.3	179
CERVIX UTERI	24	0	-	-	-	-	-	-	4.5	4.5	4.3	2.2	-	-	-	3.3	9.3	12.3	5.0	0.2	0.3	2.7	1.6	180
CHORIONEPITHELIOMA	3	0	-	-	-	-	-	2.6	2.2	-	-	-	-	-	-	-	-	-	0.6	0.0	0.0	0.5	0.3	181
CORPUS UTERI	63	0	-	-	-	-	-	-	2.2	4.5	4.3	17.5	18.4	18.4	38.2	36.6	23.3	20.4	13.2	0.5	0.8	7.0	4.1	182
OVARY ETC.	95	0	-	-	-	-	-	2.6	6.7	13.4	8.6	19.7	27.7	36.7	35.3	49.8	55.8	40.8	19.9	0.7	1.2	10.3	6.1	183
OTHER FEMALE GENITAL	15	0	-	-	-	-	-	-	-	2.2	-	-	-	5.2	2.9	16.6	4.7	28.6	3.1	0.0	0.1	1.4	0.8	184
BLADDER	49	0	-	-	-	-	-	-	-	-	-	4.4	4.6	10.5	14.7	29.9	46.5	69.4	10.3	0.2	0.6	4.7	2.8	188
OTHER URINARY	35	0	-	-	-	-	-	-	-	6.7	4.3	6.6	2.3	13.1	11.8	16.6	27.9	24.5	7.3	0.2	0.4	3.7	2.2	189
EYE	2	0	-	-	-	-	-	-	-	-	-	-	4.6	-	-	-	-	-	0.4	0.0	0.0	0.2	0.1	190
BRAIN, NERV.SYSTEM	66	0	-	-	-	-	-	2.6	4.5	2.2	10.8	11.0	20.8	26.2	35.3	29.9	41.9	8.2	13.8	0.6	0.9	7.6	4.4	191-2
THYROID	35	0	-	-	-	14.6	3.3	7.8	6.7	-	4.3	11.0	9.2	13.1	5.9	3.3	9.3	8.2	7.3	0.4	0.5	5.7	3.4	193
OTHER ENDOCRINE	1	0	-	-	-	-	9.9	-	-	-	-	-	-	-	2.9	-	-	-	0.2	0.0	0.0	0.1	0.1	194
LYMPHOSARCOMA ETC.	45	0	-	-	-	-	-	-	2.2	-	4.3	2.2	4.6	13.1	38.2	16.6	32.6	36.8	9.4	0.3	0.6	4.7	2.8	200
HODGKIN'S DISEASE	9	0	-	-	-	-	-	-	4.5	-	4.3	2.2	-	2.6	8.8	3.3	4.7	-	1.9	0.1	0.1	1.2	0.7	201
OTHER RETICULOSES	14	0	-	-	-	-	-	-	-	-	-	2.2	4.6	2.6	5.9	-	9.3	16.3	2.9	0.1	0.2	1.5	0.9	202
MULTIPLE MYELOMA	12	0	-	-	-	-	-	-	-	-	-	-	-	5.2	-	10.0	9.3	12.3	2.5	0.1	0.2	1.2	0.7	203
LYMPHATIC LEUKAEMIA	24	0	-	-	-	4.9	-	2.6	-	2.2	-	8.8	2.3	5.2	17.6	3.3	32.6	20.4	5.0	0.3	0.3	2.5	1.5	204
MYELOID LEUKAEMIA	20	0	-	-	-	-	-	-	2.2	-	4.3	-	6.9	2.6	5.9	6.6	9.3	20.4	4.2	0.1	0.2	2.4	1.4	205
MONOCYTIC LEUKAEMIA	5	0	-	-	-	-	-	2.6	-	-	-	-	-	-	-	3.3	-	4.1	1.0	0.0	0.0	0.6	0.4	206
OTHER LEUKAEMIA	0	0	-	-	-	-	-	-	-	-	-	-	-	-	-	-	-	-	0.0	0.0	0.0	0.0	0.0	207
LEUKAEMIA, CELL UNSPEC.	5	0	-	-	-	-	-	-	-	-	2.2	-	6.9	-	6.9	-	-	4.1	1.0	0.0	0.0	0.6	0.3	208
PRIMARY SITE UNCERTAIN	76	0	-	-	-	-	-	5.2	-	2.2	8.6	4.4	16.1	13.1	38.2	13.3	60.5	102.1	15.9	0.4	0.8	7.8	4.6	PSU
ALL SITES	1576	0	-	-	-	19.4	19.9	38.9	74.0	95.9	170.0	267.6	357.4	485.4	614.0	764.3	981.2	1159.8	330.4	10.7	19.4	170.5	100.0	
ALL BUT 173	1576	0	-	-	-	19.4	19.9	38.9	74.0	95.9	170.0	267.6	357.4	485.4	614.0	764.3	981.2	1159.8	330.4	10.7	19.4	170.5	100.0	
Rate from 1 case			105.8	25.5	10.4	4.9	3.3	2.6	2.2	2.2	2.2	2.2	2.3	2.6	2.9	3.3	4.7	4.1						

Note: "Bladder" and "Brain, Nervous System" include benign cases

Table I

Iraq 1961-1981

AVERAGE ANNUAL INCIDENCE PER 100,000 BY AGE GROUP (YEARS) - MALE

SITE	ALL AGES	AGE UNK	0-	5-	10-	15-	20-	25-	30-	35-	40-	45-	50-	55-	60-	65-	70-	75+	CRUDE RATE	CUM. 0-64	CUM. 0-74	ASR WORLD	% TOTAL	ASR	ICD (9th)
LIP	19	0	-	-	-	-	-	-	-	-	-	2.0	2.4	4.4	1.7	-	5.4	9.1	1.6	0.1	0.1	1.1	0.7		140
TONGUE	4	0	-	-	-	1.4	1.8	-	1.3	-	-	-	2.4	1.5	1.7	-	-	-	0.3	0.0	0.0	0.2	0.2		141
SALIVARY GLAND	9	0	-	-	-	-	-	0.7	1.9	-	-	-	1.2	-	-	2.1	5.4	2.3	0.7	0.1	0.1	0.4	0.3		142
MOUTH	15	0	-	-	-	-	-	0.7	-	-	-	-	-	5.9	-	6.2	5.4	4.6	1.2	0.1	0.1	0.8	0.5		143-5
OROPHARYNX	3	0	-	-	-	-	-	-	-	-	1.6	1.0	-	-	1.7	-	-	-	0.2	0.1	0.1	0.4	0.3		146
NASOPHARYNX	15	0	-	-	-	2.7	-	-	-	0.7	1.6	-	3.6	1.5	1.7	4.1	5.4	4.6	1.2	0.1	0.1	1.0	0.6		147
HYPOPHARYNX	3	0	-	-	-	-	-	-	-	-	-	-	1.2	1.5	1.7	-	2.7	2.3	0.2	0.0	0.0	0.2	0.1		148
PHARYNX UNSPEC.	1	0	-	-	-	-	-	-	-	-	0.8	-	-	-	-	-	-	-	0.1	0.0	0.0	0.0	0.0		149
OESOPHAGUS	30	0	-	-	-	-	-	-	-	-	-	-	1.2	2.9	3.5	8.3	18.9	29.6	2.5	0.0	0.2	1.6	1.0		150
STOMACH	175	0	-	-	-	-	-	-	-	2.1	0.8	12.7	12.0	14.6	29.7	60.1	75.7	134.5	14.4	0.4	1.1	9.6	6.3		151
SMALL INTESTINE	7	0	-	-	-	-	-	-	-	-	4.8	2.0	-	-	-	-	-	2.3	0.6	0.0	0.1	0.4	0.2		152
COLON	96	0	-	-	-	-	-	-	1.3	3.5	4.8	3.9	2.4	5.9	22.7	37.3	45.9	57.0	7.9	0.2	0.6	5.3	3.5		153
RECTUM	101	0	-	-	-	-	-	-	0.6	1.4	4.0	6.9	15.6	7.3	21.0	16.6	43.2	72.9	8.3	0.3	0.6	5.5	3.6		154
LIVER	48	0	-	-	-	-	-	-	-	1.4	0.8	-	2.4	14.6	8.7	10.4	21.6	36.5	3.9	0.1	0.3	2.6	1.7		155
GALLBLADDER ETC.	26	0	-	-	-	-	-	-	-	1.4	2.4	2.0	6.0	2.0	1.7	4.1	13.5	22.8	2.1	0.1	0.3	1.3	0.9		156
PANCREAS	111	0	-	-	-	-	-	-	-	0.7	2.4	3.9	1.2	22.0	26.2	33.2	43.2	82.1	9.1	0.3	0.7	6.2	4.1		157
PERITONEUM ETC.	17	0	-	-	-	-	-	-	-	-	-	-	1.2	-	7.0	4.1	8.1	9.1	1.4	0.1	0.1	1.0	0.6		158
NOSE, SINUSES ETC.	11	0	-	-	-	-	-	-	-	1.4	0.8	1.0	1.2	-	1.7	2.1	5.4	4.6	0.9	0.0	0.1	0.6	0.4		160
LARYNX	97	0	-	-	-	-	-	-	2.5	0.7	2.4	8.8	13.2	16.1	21.0	31.1	54.1	22.8	8.0	0.3	0.8	5.5	3.6		161
LUNG	503	0	-	-	-	-	0.9	-	2.5	3.5	19.4	41.1	54.1	89.3	115.3	136.9	221.6	243.9	41.4	1.6	3.4	28.4	18.7		162
PLEURA	2	0	-	-	-	-	-	-	0.6	-	-	-	-	-	-	-	2.7	-	0.2	0.0	0.0	0.1	0.1		163
OTHER THORACIC ORGANS	6	0	-	-	-	-	-	-	0.6	0.7	0.8	-	-	1.5	1.7	-	2.7	-	0.5	0.0	0.0	0.3	0.2		164
BONE	20	0	-	-	-	2.7	1.8	0.7	-	-	0.8	-	1.2	-	3.5	8.3	5.4	11.4	1.6	0.1	0.1	1.3	0.8		170
CONNECTIVE TISSUE	26	0	-	-	-	2.7	-	2.1	-	-	2.4	-	6.0	4.4	-	6.2	21.6	4.6	2.1	0.1	0.2	1.6	1.1		171
MELANOMA OF SKIN	18	0	-	-	-	1.4	0.9	1.4	1.9	-	-	3.9	1.2	2.9	1.7	4.1	2.7	2.3	1.5	0.1	0.2	1.1	0.7		172
OTHER SKIN	0	0	-	-	-	-	-	-	-	-	-	2.0	-	-	-	-	-	-	0.0	0.0	0.0	0.0	0.0		173
BREAST	8	0	-	-	-	-	-	0.7	-	-	-	1.0	2.4	-	-	4.1	2.7	2.3	0.7	0.0	0.1	0.5	0.3		175
PROSTATE	315	0	-	-	-	-	-	-	-	-	-	-	-	-	47.2	93.3	191.9	346.5	25.9	0.4	1.8	16.6	11.0		185
TESTIS	17	0	-	-	-	1.4	0.9	2.9	0.6	2.1	-	1.0	10.8	-	-	-	-	4.6	1.4	0.1	0.1	0.9	0.6		186
PENIS ETC.	2	0	-	-	-	-	-	-	1.9	-	1.6	1.0	-	-	3.5	-	-	-	0.2	0.1	0.1	0.1	0.1		187
BLADDER	238	0	-	-	-	-	2.8	2.9	1.9	6.3	8.9	15.7	25.3	24.9	47.2	51.9	78.4	166.4	19.6	0.7	1.3	13.0	8.6		188
OTHER URINARY	97	0	-	-	-	-	-	1.4	1.3	2.1	2.4	6.9	9.6	5.9	29.7	41.5	43.2	34.2	8.0	0.3	0.7	5.6	3.7		189
EYE	6	0	-	-	-	-	-	-	-	-	-	-	-	1.5	3.5	2.1	2.7	2.3	0.5	0.0	0.0	0.4	0.2		190
BRAIN, NERV.SYSTEM	120	0	-	-	7.2	6.8	4.6	6.4	3.8	6.3	11.3	4.9	14.4	16.1	21.0	20.7	21.6	27.4	9.9	0.5	0.7	7.5	5.0		191-2
THYROID	45	0	-	-	-	2.7	2.8	1.4	3.8	2.8	2.4	3.9	2.4	-	5.2	6.2	16.2	16.0	3.7	0.1	0.2	2.5	1.7		193
OTHER ENDOCRINE	5	0	-	-	-	-	-	-	-	0.7	0.8	1.0	1.2	-	-	2.1	-	-	0.4	0.0	0.0	0.3	0.2		194
LYMPHOSARCOMA ETC.	94	0	-	-	-	1.4	6.5	5.0	2.5	3.5	10.5	2.9	14.4	11.7	14.0	12.4	24.3	25.1	7.7	0.4	0.5	5.3	3.5		200
HODGKIN'S DISEASE	39	0	-	-	-	1.4	1.8	5.7	2.5	3.5	1.6	1.0	1.2	4.4	8.7	6.2	5.4	4.6	3.2	0.2	0.2	2.2	1.5		201
OTHER RETICULOSES	32	0	-	-	-	-	-	0.7	1.3	1.4	3.2	2.0	1.2	1.5	7.0	10.4	10.8	11.4	2.6	0.1	0.2	1.7	1.1		202
MULTIPLE MYELOMA	37	0	-	-	-	-	-	-	-	0.7	0.8	2.0	3.6	7.3	3.5	6.2	16.2	31.9	3.0	0.1	0.2	2.0	1.3		203
LYMPHATIC LEUKAEMIA	43	0	-	-	3.6	1.4	0.9	-	0.6	0.7	1.6	-	2.4	5.9	7.0	24.9	13.5	22.8	3.5	0.1	0.3	2.5	1.6		204
MYELOID LEUKAEMIA	55	0	-	-	-	2.7	-	-	1.3	2.1	1.6	4.9	7.2	10.2	7.0	14.5	16.2	22.8	4.5	0.2	0.4	3.4	2.3		205
MONOCYTIC LEUKAEMIA	12	0	-	-	-	-	0.9	-	0.6	1.4	0.8	-	-	1.5	1.7	6.2	2.7	6.8	1.0	0.0	0.1	0.7	0.4		206
OTHER LEUKAEMIA	2	0	-	-	-	-	-	-	-	-	-	-	1.2	-	-	-	-	-	0.2	0.0	0.0	0.1	0.1		207
LEUKAEMIA, CELL UNSPEC.	22	0	-	-	-	2.7	-	-	1.9	0.7	1.6	-	4.8	1.5	1.7	4.1	5.4	9.1	1.8	0.1	0.1	1.3	0.8		208
PRIMARY SITE UNCERTAIN	166	0	-	-	-	-	1.8	2.1	1.9	3.5	4.0	5.9	3.6	29.3	24.5	45.6	67.6	132.2	13.6	0.4	0.9	8.9	5.9		PSU
ALL SITES																									
ALL BUT 173	2718	0	-	-	10.8	31.4	29.5	35.1	39.1	55.1	105.0	145.8	237.0	332.2	504.8	728.0	1118.9	1625.3	223.5	7.6	16.9	151.7	100.0		
Rate from 1 case			476.2	85.0	3.6	1.4	0.9	0.7	0.6	0.7	0.8	1.0	1.2	1.5	1.7	2.1	2.7	2.3							

Note : "Bladder" and "Brain, Nervous System" include benign cases

Table I

Iraq 1961-1981

AVERAGE ANNUAL INCIDENCE PER 100,000 BY AGE GROUP (YEARS) - FEMALE

SITE	ALL AGES	AGE UNK	0-	5-	10-	15-	20-	25-	30-	35-	40-	45-	50-	55-	60-	65-	70-	75+	CRUDE RATE	CUM. 0-64	CUM. 0-74	ASR WORLD	% TOTAL	ASR ICD (9th)
LIP	10	0	-	-	-	-	1.0	-	0.7	-	2.4	-	-	1.5	1.7	-	5.7	2.2	0.8	0.0	0.1	0.6	0.4	140
TONGUE	7	0	-	-	-	-	-	-	-	-	0.8	1.0	-	1.5	3.5	-	5.7	4.4	0.6	0.0	0.1	0.4	0.3	141
SALIVARY GLAND	9	0	-	-	-	-	1.0	-	0.7	-	0.8	-	1.2	3.0	1.7	-	-	2.2	0.8	0.0	0.1	0.5	0.3	142
MOUTH	9	0	-	-	-	-	-	0.8	-	0.7	0.8	1.0	-	1.5	1.7	2.1	2.8	4.4	0.8	0.0	0.1	0.5	0.4	143-5
OROPHARYNX	3	0	-	-	-	-	-	-	-	-	1.6	-	2.4	-	-	-	-	-	0.3	0.0	0.0	0.2	0.1	146
NASOPHARYNX	5	0	-	-	-	-	-	-	-	0.7	-	-	-	-	1.7	-	-	2.2	0.4	0.0	0.0	0.3	0.3	147
HYPOPHARYNX	2	0	-	-	-	-	-	-	-	-	-	-	-	-	1.7	-	-	-	0.2	0.0	0.0	0.1	0.1	148
PHARYNX UNSPEC.	1	0	-	-	-	-	-	-	-	-	-	1.0	-	-	-	-	-	-	0.1	0.0	0.0	0.1	0.0	149
OESOPHAGUS	12	0	-	-	-	-	-	-	-	0.7	-	-	2.4	1.5	3.5	6.3	-	6.6	1.0	0.0	0.1	0.7	0.5	150
STOMACH	104	0	-	-	-	-	-	-	-	1.4	4.9	5.8	7.2	6.0	26.1	37.8	53.8	52.7	8.8	0.3	0.7	5.8	4.0	151
SMALL INTESTINE	4	0	-	-	-	-	-	-	2.6	-	-	-	-	-	3.5	2.1	2.8	-	0.3	0.0	0.0	0.3	0.2	152
COLON	113	0	-	-	-	-	-	4.6	2.6	3.6	3.3	7.7	9.5	9.0	20.9	23.1	42.5	74.7	9.6	0.3	0.9	6.1	4.3	153
RECTUM	84	0	-	-	-	-	1.0	1.5	1.3	0.7	3.3	7.7	7.2	15.1	17.4	25.2	36.8	32.9	7.1	0.3	0.6	4.8	3.3	154
LIVER	20	0	-	-	-	-	-	-	0.7	-	-	1.0	2.4	6.0	3.5	2.1	8.5	11.0	1.7	0.0	0.1	1.1	0.8	155
GALLBLADDER ETC.	49	0	-	-	-	-	-	0.8	-	0.7	1.6	2.9	10.7	9.0	10.4	14.7	14.2	28.6	4.2	0.2	0.3	2.8	1.9	156
PANCREAS	94	0	-	-	-	-	-	-	-	0.7	4.1	3.8	10.7	18.1	26.1	27.3	36.8	48.3	8.0	0.2	0.6	5.3	3.7	157
PERITONEUM ETC.	25	0	-	-	-	-	1.0	1.5	1.3	0.7	1.6	-	2.4	3.0	3.5	4.2	14.2	17.6	2.1	0.1	0.2	1.4	1.0	158
NOSE, SINUSES ETC.	4	0	-	-	-	-	-	-	0.7	-	-	1.0	1.2	1.5	1.7	-	-	2.2	0.3	0.0	0.0	0.2	0.1	160
LARYNX	16	0	-	-	-	-	-	-	-	0.7	0.8	2.9	1.2	4.5	-	4.2	-	8.8	1.4	0.0	0.1	0.9	0.6	161
BRONCHUS, TRACHEA	143	0	-	-	-	-	-	-	1.3	2.1	3.3	9.6	11.9	10.6	31.3	48.3	67.9	92.3	12.1	0.4	0.9	7.9	5.5	162
PLEURA	4	0	-	-	-	-	-	0.8	0.7	-	-	1.0	-	-	1.7	2.1	-	-	0.3	0.0	0.0	0.2	0.2	163
OTHER THORACIC ORGANS	6	0	-	-	-	-	-	-	0.7	-	-	1.0	2.4	-	-	2.1	-	-	0.5	0.0	0.0	0.3	0.2	164
BONE	16	0	-	-	-	-	-	0.8	-	2.1	-	1.0	1.2	4.5	3.5	2.1	-	4.4	1.4	0.1	0.1	1.0	0.9	170
CONNECTIVE TISSUE	20	0	-	-	-	1.5	1.0	-	-	2.1	2.4	1.9	1.2	1.5	3.5	4.2	2.8	2.2	1.7	0.1	0.1	1.3	0.7	171
MELANOMA OF SKIN	19	0	-	-	-	1.5	3.0	-	0.7	3.6	1.6	2.9	1.2	3.0	-	2.1	2.8	6.6	1.6	0.1	0.1	1.0	0.7	172
OTHER SKIN	0	0	-	-	-	-	-	-	-	-	-	-	-	-	-	-	-	-	0.0	0.0	0.0	0.0	0.0	173
BREAST	695	0	-	-	-	-	-	16.1	25.0	47.9	92.8	100.9	97.7	96.5	111.4	111.3	116.1	101.0	59.0	2.9	4.1	38.2	26.7	174
UTERUS UNSPEC.	4	0	-	-	-	-	-	-	-	-	-	-	1.2	1.5	3.5	-	-	-	0.3	0.0	0.0	0.3	0.2	179
CERVIX UTERI	77	0	-	-	-	-	2.0	-	1.3	2.1	6.5	10.6	15.5	19.6	15.7	14.7	14.2	8.8	6.5	0.4	0.5	4.5	3.1	180
CHORIONEPITHELIOMA	6	0	-	-	-	-	1.0	-	1.3	0.7	-	1.0	-	-	-	-	-	-	0.5	0.0	0.1	0.3	0.2	181
CORPUS UTERI	97	0	-	-	-	-	-	0.8	0.7	2.9	5.7	9.6	10.7	31.7	29.6	27.3	11.3	22.0	8.2	0.5	0.7	5.7	4.0	182
OVARY ETC.	123	0	-	-	4.0	-	1.0	2.3	2.6	4.3	12.2	22.1	16.7	12.1	24.4	35.7	19.8	22.0	10.4	0.5	0.8	7.3	5.1	183
OTHER FEMALE GENITAL	18	0	-	-	-	-	-	-	-	-	0.8	-	1.2	4.5	1.7	8.4	8.5	11.0	1.5	0.0	0.1	1.0	0.7	184
BLADDER	42	0	-	-	-	-	1.0	0.8	-	1.4	0.8	3.8	4.8	6.0	5.2	14.7	25.5	13.2	3.6	0.1	0.3	2.4	1.7	188
OTHER URINARY	52	0	-	-	-	-	1.0	0.8	-	2.9	0.8	5.8	9.5	6.0	5.2	12.6	19.8	24.2	4.4	0.2	0.3	2.9	2.0	189
EYE	4	0	-	-	-	-	-	-	-	-	-	1.0	1.2	-	1.7	-	-	-	0.3	0.0	0.0	0.2	0.2	190
BRAIN, NERV.SYSTEM	127	0	-	-	-	6.0	2.0	4.6	2.0	9.3	14.7	13.5	11.9	19.6	15.7	14.7	34.0	35.1	10.8	0.5	0.7	7.3	5.1	191-2
THYROID	126	0	-	-	-	9.0	17.2	13.0	9.9	5.0	8.1	6.7	8.3	10.6	13.9	12.6	22.6	24.2	10.7	0.5	0.7	7.7	5.4	193
OTHER ENDOCRINE	4	0	-	-	-	-	-	0.8	-	-	-	-	-	-	1.7	-	8.5	-	0.3	0.0	0.0	0.2	0.2	194
LYMPHOSARCOMA ETC.	60	0	-	-	4.0	-	2.0	3.8	0.7	1.4	5.7	2.9	8.3	3.0	17.4	16.8	11.3	22.0	5.1	0.2	0.4	3.8	2.6	200
HODGKIN'S DISEASE	26	0	-	-	4.0	3.0	1.0	1.5	3.9	0.7	2.4	1.9	1.2	4.5	1.7	2.1	5.7	-	2.2	0.1	0.1	1.7	1.3	201
OTHER RETICULOSES	30	0	-	-	-	1.5	-	2.3	-	0.7	3.3	-	2.4	4.5	1.7	10.5	14.2	13.2	2.5	0.1	0.2	1.8	1.2	202
MULTIPLE MYELOMA	31	0	-	-	-	-	-	-	-	-	-	1.0	3.6	4.5	8.7	10.5	8.5	17.6	2.6	0.1	0.2	1.8	1.2	203
LYMPHATIC LEUKAEMIA	33	0	-	-	-	-	-	1.5	-	1.4	0.8	3.8	6.0	6.0	8.7	10.5	5.7	13.2	2.8	0.1	0.2	2.2	1.5	204
MYELOID LEUKAEMIA	38	0	-	-	-	-	1.0	-	-	0.7	-	2.9	3.6	4.5	7.0	6.3	17.0	11.0	3.2	0.1	0.2	2.1	1.5	205
MONOCYTIC LEUKAEMIA	11	0	-	-	4.0	-	-	-	3.3	-	-	-	2.4	1.5	3.5	2.1	-	6.6	0.9	0.1	0.1	0.8	0.4	206
OTHER LEUKAEMIA	5	0	-	-	-	-	-	-	0.7	0.7	-	-	1.2	-	-	-	-	4.4	0.4	0.0	0.0	0.2	0.2	207
LEUKAEMIA, CELL UNSPEC.	17	0	-	-	-	-	-	-	-	-	0.8	1.0	2.4	3.0	3.5	6.3	5.7	11.0	1.4	0.0	0.1	0.9	0.7	208
PRIMARY SITE UNCERTAIN	117	0	-	-	-	-	-	1.5	2.0	2.1	1.6	3.8	11.9	19.6	26.1	35.7	36.8	76.9	9.9	0.3	0.7	6.5	4.5	PSU
ALL SITES																								
ALL BUT 173	2522	0	-	-	15.8	22.5	37.4	59.0	65.1	107.3	193.7	242.3	298.0	360.3	473.4	562.7	673.8	841.2	214.2	9.4	15.6	143.1	100.0	
Rate from 1 case			529.1	93.4	4.0	1.5	1.0	0.8	0.7	0.7	0.8	1.0	1.2	1.5	1.7	2.1	2.8	2.2						

Note : "Bladder" and "Brain, Nervous System" include benign cases

Table I

Yemen 1961-1981

AVERAGE ANNUAL INCIDENCE PER 100,000 BY AGE GROUP (YEARS) - MALE

SITE	ALL AGES	AGE UNK	0-	5-	10-	15-	20-	25-	30-	35-	40-	45-	50-	55-	60-	65-	70-	75+	CRUDE RATE	CUM. 0-64	CUM. 0-74	ASR WORLD	% TOTAL	ASR ICD (9th)
LIP	1	0	-	-	-	-	-	-	-	-	-	-	-	-	-	-	-	3.9	0.2	0.0	0.0	0.1	0.1	140
TONGUE	3	0	-	-	-	-	-	-	-	-	-	-	-	-	-	3.6	-	7.7	0.5	0.0	0.0	0.3	0.3	141
SALIVARY GLAND	6	0	-	-	-	4.5	2.4	-	-	-	1.6	-	-	-	2.8	3.6	-	3.9	1.0	0.1	0.1	1.0	0.9	142
MOUTH	8	0	-	-	-	-	-	-	-	-	-	1.8	-	2.3	5.5	3.6	-	11.6	1.4	0.1	0.1	0.8	0.7	143-5
OROPHARYNX	3	0	-	-	-	-	-	-	-	-	-	1.8	-	-	-	-	-	-	0.5	0.0	0.1	0.3	0.3	146
NASOPHARYNX	21	0	-	-	-	-	2.4	-	1.4	-	9.4	3.6	8.1	-	11.0	7.1	-	3.9	3.5	0.2	0.2	2.2	2.1	147
HYPOPHARYNX	0	0	-	-	-	-	-	-	-	-	-	-	-	-	-	-	-	-	0.0	0.0	0.0	0.0	0.0	148
PHARYNX UNSPEC.	1	0	-	-	-	-	-	-	-	1.5	-	-	-	-	-	-	-	-	0.2	0.0	0.0	0.1	0.1	149
OESOPHAGUS	24	0	-	-	-	-	-	-	-	-	-	-	4.0	4.5	2.8	10.7	19.7	46.5	4.1	0.1	0.2	2.1	2.1	150
STOMACH	121	0	-	-	-	-	-	-	1.4	1.5	3.1	7.2	10.1	24.9	35.8	42.9	142.5	166.6	20.4	0.4	1.3	11.2	10.8	151
SMALL INTESTINE	3	0	-	-	-	-	-	-	-	-	-	-	-	-	-	-	9.8	3.9	0.5	0.0	0.0	0.3	0.3	152
COLON	64	0	-	-	-	-	-	-	-	1.5	4.7	9.0	12.1	11.3	13.8	35.7	54.1	69.7	10.8	0.3	0.7	6.1	5.8	153
RECTUM	62	0	-	-	-	-	-	-	-	3.0	7.8	7.2	10.1	9.0	2.8	35.7	59.0	73.6	10.5	0.2	0.7	5.8	5.6	154
LIVER	55	0	-	-	-	-	-	-	1.4	1.5	1.6	3.6	12.1	13.6	27.6	17.9	49.1	50.4	9.3	0.3	0.6	5.3	5.1	155
GALLBLADDER ETC.	26	0	-	-	-	-	-	-	-	-	1.6	1.8	10.1	6.8	8.3	17.9	19.7	15.5	4.4	0.1	0.3	2.5	2.5	156
PANCREAS	64	0	-	-	-	-	-	-	-	3.0	9.4	5.4	8.1	18.1	24.8	39.3	39.3	50.4	10.8	0.2	0.7	6.3	5.9	157
PERITONEUM ETC.	13	0	-	-	-	-	-	-	1.4	-	-	-	-	4.5	-	3.6	9.8	27.1	2.2	0.0	0.1	1.1	1.1	158
NOSE, SINUSES ETC.	1	0	-	-	-	-	-	-	-	-	-	-	-	-	-	-	-	-	0.2	0.0	0.0	0.1	0.1	160
LARYNX	20	0	-	-	-	-	-	-	-	1.5	4.7	-	2.0	2.3	8.3	3.6	19.7	27.1	3.4	0.1	0.2	1.8	1.8	161
LUNG	80	0	-	-	-	-	-	-	2.8	1.5	6.3	14.4	12.1	24.9	19.3	35.7	49.1	81.4	13.5	0.4	0.8	7.5	7.3	162
PLEURA	0	0	-	-	-	-	-	-	-	-	-	-	-	-	-	-	-	-	0.0	0.0	0.0	0.0	0.0	163
OTHER THORACIC ORGANS	0	0	-	-	-	-	-	-	-	-	-	-	-	-	-	-	-	-	0.0	0.0	0.0	0.0	0.0	164
BONE	8	0	-	-	-	-	-	-	-	-	1.6	-	-	-	-	3.6	-	-	1.4	0.1	0.1	1.0	1.0	170
CONNECTIVE TISSUE	13	0	-	-	-	-	4.8	1.7	-	1.5	-	-	8.1	4.5	5.5	-	-	11.6	2.2	0.1	0.1	1.3	1.3	171
MELANOMA OF SKIN	3	0	-	-	-	-	2.4	-	1.4	-	-	-	4.0	-	2.8	-	-	3.9	0.5	0.0	0.0	0.3	0.3	172
OTHER SKIN	0	0	-	-	-	-	-	-	-	-	-	-	2.0	-	-	-	-	-	0.0	0.0	0.0	0.0	0.0	173
BREAST	3	0	-	-	-	-	-	-	-	-	1.6	-	-	-	-	-	4.9	3.9	0.5	0.0	0.0	0.3	0.3	175
PROSTATE	60	0	-	-	-	-	-	-	1.4	1.5	-	1.8	2.0	2.3	27.6	35.7	49.1	104.6	10.1	0.2	0.6	5.5	5.3	185
TESTIS	5	0	-	-	-	-	-	-	-	-	-	1.8	-	-	2.8	-	-	3.9	0.8	0.0	0.0	0.5	0.5	186
PENIS ETC.	1	0	-	-	-	-	-	-	-	-	-	-	-	-	-	-	-	3.9	0.2	0.0	0.0	0.1	0.1	187
BLADDER	65	0	-	-	-	-	-	-	-	3.0	-	7.2	16.1	13.6	16.5	14.3	49.1	93.0	11.0	0.3	0.6	6.0	5.8	188
OTHER URINARY	22	0	-	-	-	-	-	-	1.4	-	3.1	1.8	2.0	4.5	8.3	28.6	4.9	15.5	3.7	0.1	0.3	2.2	2.1	189
EYE	1	0	-	-	-	-	-	-	-	-	-	-	-	-	-	-	-	-	0.2	0.0	0.0	0.1	0.1	190
BRAIN, NERV.SYSTEM	49	0	-	-	-	-	4.8	5.0	1.4	11.8	7.8	9.0	8.1	6.8	13.8	3.6	34.4	11.6	8.3	0.3	0.6	5.1	4.9	191-2
THYROID	18	0	-	-	-	-	4.8	1.7	2.8	3.0	-	1.8	4.0	2.3	5.5	10.7	14.7	-	3.0	0.2	0.2	2.0	1.9	193
OTHER ENDOCRINE	4	0	-	-	-	-	2.4	-	-	1.6	-	-	2.0	-	-	7.1	-	3.9	0.7	0.0	0.0	0.5	0.4	194
LYMPHOSARCOMA ETC.	45	0	-	-	-	4.5	4.8	-	2.8	-	1.6	3.6	12.1	4.5	16.5	21.4	14.7	27.1	7.6	0.3	0.5	4.8	4.6	200
HODGKIN'S DISEASE	17	0	-	-	-	-	-	3.3	1.4	10.4	-	3.6	4.0	6.8	5.5	7.1	4.9	11.6	2.9	0.1	0.2	1.7	1.7	201
OTHER RETICULOSES	12	0	-	-	-	4.5	-	-	-	1.5	-	5.4	4.0	-	5.5	7.1	-	3.9	2.0	0.1	0.1	1.5	1.5	202
MULTIPLE MYELOMA	25	0	-	-	-	-	-	-	-	1.5	-	1.8	2.0	4.5	11.0	32.2	14.7	19.4	4.2	0.1	0.3	2.5	2.4	203
LYMPHATIC LEUKAEMIA	23	0	-	-	-	-	-	-	2.8	-	3.1	-	6.0	4.5	5.5	10.7	24.6	19.4	3.9	0.1	0.2	2.5	2.4	204
MYELOID LEUKAEMIA	19	0	-	-	-	-	-	3.3	1.4	1.5	-	3.6	6.0	6.8	2.8	7.1	4.9	11.6	3.2	0.1	0.2	1.8	1.8	205
MONOCYTIC LEUKAEMIA	4	0	-	-	-	-	-	-	-	-	-	1.8	-	-	-	-	9.8	-	0.7	0.0	0.0	0.4	0.4	206
OTHER LEUKAEMIA	0	0	-	-	-	-	-	-	-	-	-	-	-	-	-	-	-	-	0.0	0.0	0.0	0.0	0.0	207
LEUKAEMIA, CELL UNSPEC.	6	0	-	-	-	-	2.4	-	-	-	-	1.8	-	-	2.8	3.6	-	7.7	1.0	0.0	0.1	0.7	0.6	208
PRIMARY SITE UNCERTAIN	90	0	-	-	-	-	-	1.7	-	3.0	4.7	9.0	14.1	13.6	24.8	28.6	93.4	116.2	15.2	0.4	1.0	8.4	8.1	PSU
ALL SITES	1069	0	-	-	-	-	-	-	-	-	-	-	-	-	-	-	-	-	180.6	5.1	11.6	103.8	100.0	
ALL BUT 173	1069	0	476.2	164.2	20.8	18.1	31.1	16.6	24.1	51.8	75.1	109.4	185.5	196.6	319.9	482.3	801.0	1115.9	180.6	5.1	11.6	103.8	100.0	
Rate from 1 case						4.5	2.4	1.7	1.4	1.5	1.6	1.8	2.0	2.3	2.8	3.6	4.9	3.9						

Note: "Bladder" and "Brain, Nervous System" include benign cases

Table I

Yemen 1961-1981 - FEMALE

AVERAGE ANNUAL INCIDENCE PER 100,000 BY AGE GROUP (YEARS)

SITE	ALL AGES	AGE UNK	0-	5-	10-	15-	20-	25-	30-	35-	40-	45-	50-	55-	60-	65-	70-	75+	CRUDE RATE	CUM. 0-64	CUM. 0-74	ASR WORLD	% TOTAL	ASR (9th)	ICD
LIP	1	0	-	-	-	-	-	-	-	-	-	-	-	-	-	-	-	4.1	0.2	0.0	0.0	0.1	0.1	0.1	140
TONGUE	4	0	-	-	-	-	-	-	-	-	-	3.2	-	-	-	3.5	-	4.1	0.7	0.0	0.0	0.3	0.3	0.4	141
SALIVARY GLAND	3	0	-	-	-	-	-	-	1.4	-	-	-	-	2.1	2.7	-	-	-	0.5	0.0	0.0	0.3	0.3	0.3	142
MOUTH	5	0	-	-	-	-	-	-	1.4	-	1.5	-	3.5	4.2	-	-	-	4.1	0.8	0.1	0.1	0.4	0.4	0.4	143-5
OROPHARYNX	0	0	-	-	-	-	-	-	-	-	-	-	-	-	-	-	-	-	0.0	0.0	0.0	0.0	0.0	0.0	146
NASOPHARYNX	10	0	-	-	-	-	2.5	3.5	-	1.4	2.9	3.2	-	-	-	-	-	-	1.6	0.1	0.1	1.1	1.1	1.1	147
HYPOPHARYNX	3	0	-	-	-	-	-	-	-	-	-	1.6	-	-	-	-	-	8.3	0.5	0.0	0.0	0.3	0.3	0.3	148
PHARYNX UNSPEC.	0	0	-	-	-	-	-	-	-	-	-	-	-	-	-	-	-	-	0.0	0.0	0.0	0.0	0.0	0.0	149
OESOPHAGUS	32	0	-	-	-	-	-	-	-	-	2.9	3.2	-	10.5	18.7	14.1	20.2	24.8	5.2	0.2	0.4	3.1	3.1	3.1	150
STOMACH	87	0	-	-	-	-	-	1.7	1.4	1.4	2.9	9.5	8.8	12.6	34.8	56.3	65.8	103.3	14.2	0.4	1.0	8.2	8.4	8.4	151
SMALL INTESTINE	1	0	-	-	-	-	-	-	-	-	-	-	-	-	2.7	-	-	-	0.2	0.0	0.0	0.1	0.1	0.1	152
COLON	44	0	-	-	-	-	-	-	1.4	2.8	5.8	1.6	17.7	14.7	13.4	14.1	15.2	33.1	7.2	0.3	0.4	4.0	4.1	4.1	153
RECTUM	51	0	-	-	-	-	-	5.2	1.4	1.4	2.9	9.5	3.5	8.4	10.7	45.8	40.5	33.1	8.3	0.2	0.6	5.0	5.1	5.1	154
LIVER	26	0	-	-	-	-	-	1.7	1.4	-	1.5	1.6	3.5	4.2	18.7	17.6	10.1	16.5	4.2	0.2	0.3	2.6	2.6	2.6	155
GALLBLADDER ETC.	34	0	-	-	-	-	-	-	-	2.8	1.5	-	1.8	10.5	13.4	3.5	35.4	49.6	5.5	0.1	0.4	3.1	3.2	3.2	156
PANCREAS	42	0	-	-	-	-	-	-	-	-	-	3.2	3.5	10.5	16.1	28.2	25.3	57.9	6.8	0.2	0.4	3.9	4.0	4.0	157
PERITONEUM ETC.	15	0	-	-	-	-	-	-	-	-	-	1.6	-	4.2	8.0	17.6	5.1	16.5	2.4	0.1	0.2	1.4	1.4	1.5	158
NOSE, SINUSES ETC.	3	0	-	-	-	-	-	-	-	-	-	-	-	2.1	-	-	-	8.3	0.5	0.0	0.0	0.2	0.2	0.3	160
LARYNX	0	0	-	-	-	-	-	-	-	-	-	-	-	-	-	-	-	-	0.0	0.0	0.0	0.0	0.0	0.0	161
BRONCHUS, TRACHEA	41	0	-	-	-	-	-	-	2.8	2.8	-	7.9	5.3	6.3	13.4	31.7	25.3	28.9	6.7	0.2	0.5	3.9	4.0	4.0	162
PLEURA	0	0	-	-	-	-	-	-	-	-	-	-	-	-	-	-	-	-	0.0	0.0	0.0	0.0	0.0	0.0	163
OTHER THORACIC ORGANS	0	0	-	-	-	-	-	-	-	-	-	-	-	-	-	-	-	-	0.0	0.0	0.0	0.0	0.0	0.0	164
BONE	6	0	-	-	-	-	-	-	-	-	1.5	-	1.8	2.1	5.4	-	-	4.1	1.0	0.1	0.1	0.6	0.6	0.6	170
CONNECTIVE TISSUE	11	0	-	-	-	-	-	3.5	1.4	-	1.5	3.2	3.5	4.2	-	-	5.1	-	1.8	0.1	0.1	1.1	1.1	1.1	171
MELANOMA OF SKIN	3	0	-	-	-	-	-	-	-	-	-	-	-	-	2.7	-	-	8.3	0.5	0.0	0.0	0.3	0.3	0.3	172
OTHER SKIN	0	0	-	-	-	-	-	-	-	-	-	-	-	-	-	-	-	-	0.0	0.0	0.0	0.0	0.0	0.0	173
BREAST	166	0	-	-	-	-	2.5	3.5	11.3	26.6	40.6	41.3	40.7	27.4	48.2	45.8	35.4	33.1	27.0	1.2	1.6	15.5	15.8	15.8	174
UTERUS UNSPEC.	1	0	-	-	-	-	-	-	-	-	-	-	-	2.1	-	-	-	-	0.2	0.0	0.0	0.1	0.1	0.1	179
CERVIX UTERI	17	0	-	-	-	-	-	-	-	-	4.4	1.6	8.8	4.2	2.7	3.5	-	4.1	2.8	0.2	0.2	1.8	1.9	1.9	180
CHORIONEPITHELIOMA	4	0	-	-	-	4.5	-	-	2.8	1.4	1.5	1.6	5.3	6.3	2.7	10.6	15.2	-	0.7	0.0	0.5	1.5	1.5	1.6	181
CORPUS UTERI	16	0	-	-	-	-	2.5	-	1.4	-	1.5	3.2	7.1	6.3	24.1	10.6	20.2	16.5	2.6	0.1	0.3	1.5	1.6	1.6	182
OVARY ETC.	41	0	-	-	-	4.5	2.5	-	4.2	-	7.3	6.4	7.1	6.3	2.7	10.6	10.1	8.3	6.7	0.3	0.5	4.3	4.4	4.4	183
OTHER FEMALE GENITAL	14	0	-	-	-	-	-	-	-	-	1.5	1.6	3.5	4.2	2.7	10.6	10.1	-	2.3	0.1	0.2	1.3	1.3	1.3	184
BLADDER	21	0	-	-	-	4.5	-	-	-	-	-	1.6	-	6.3	8.0	3.5	20.2	33.1	3.4	0.1	0.2	2.2	2.3	2.3	188
OTHER URINARY	14	0	-	-	-	-	2.5	-	1.4	-	2.9	3.2	5.3	4.2	2.7	3.5	-	4.1	2.3	0.1	0.1	1.4	1.4	1.4	189
EYE	4	0	-	-	-	-	-	-	1.4	1.4	-	1.6	1.8	-	-	3.5	-	-	0.7	0.0	0.0	0.4	0.4	0.4	190
BRAIN, NERV.SYSTEM	49	0	-	-	-	9.0	2.5	8.7	2.8	8.4	2.9	15.9	7.1	6.3	16.1	17.6	-	12.4	8.0	0.4	0.5	5.5	5.6	5.6	191-2
THYROID	46	0	-	-	-	4.5	7.4	10.5	12.7	2.8	7.3	4.8	7.1	4.2	5.4	21.1	-	12.4	7.5	0.3	0.4	5.1	5.2	5.2	193
OTHER ENDOCRINE	2	0	-	-	-	-	-	-	-	1.4	-	1.6	3.5	-	-	-	-	-	0.3	0.0	0.0	0.2	0.2	0.2	194
LYMPHOSARCOMA ETC.	37	0	-	-	-	4.5	2.5	-	1.4	1.4	1.5	6.4	7.1	16.8	8.0	21.1	20.2	12.4	6.0	0.2	0.5	3.9	3.9	3.9	200
HODGKIN'S DISEASE	9	0	-	-	-	-	-	-	1.4	-	4.4	1.6	1.8	2.1	2.7	-	30.4	4.1	1.5	0.1	0.1	0.8	0.8	0.8	201
OTHER RETICULOSES	15	0	-	-	-	4.5	-	-	1.4	1.4	-	4.8	-	6.3	2.7	3.5	15.2	8.3	2.4	0.1	0.2	1.7	1.8	1.8	202
MULTIPLE MYELOMA	16	0	-	-	-	1.5	-	-	-	-	1.5	-	3.5	4.2	2.7	10.6	10.1	16.5	2.6	0.1	0.2	1.5	1.5	1.5	203
LYMPHATIC LEUKAEMIA	23	0	-	-	-	-	-	-	2.8	1.4	-	1.6	1.8	-	16.1	7.0	15.2	20.7	3.7	0.1	0.1	2.2	2.2	2.2	204
MYELOID LEUKAEMIA	6	0	-	-	-	-	-	-	1.4	-	-	-	1.8	4.2	5.4	-	-	4.1	0.8	0.1	0.1	0.7	0.7	0.7	205
MONOCYTIC LEUKAEMIA	5	0	-	-	-	-	-	1.7	-	1.4	-	-	1.8	-	-	-	-	-	0.8	0.0	0.0	0.5	0.5	0.5	206
OTHER LEUKAEMIA	0	0	-	-	-	-	-	-	-	-	-	-	-	-	-	-	-	-	0.0	0.0	0.0	0.0	0.0	0.0	207
LEUKAEMIA, CELL UNSPEC.	4	0	-	-	-	-	-	-	-	1.4	-	-	3.5	-	-	3.5	-	-	0.7	0.0	0.0	0.4	0.4	0.4	208
PRIMARY SITE UNCERTAIN	69	0	-	-	-	-	-	1.7	-	-	1.5	6.4	10.6	4.2	34.8	24.6	35.4	111.6	11.2	0.3	0.6	6.6	6.7	6.7	PSU
ALL SITES	1001	0	-	-	-	35.9	29.6	41.9	56.5	61.7	101.6	152.6	169.9	204.1	342.4	432.9	465.6	706.8	163.0	6.0	10.5	98.1	100.0		
ALL BUT 173	1001	0	-	-	-	35.9	29.6	41.9	56.5	61.7	101.6	152.6	169.9	204.1	342.4	432.9	465.6	706.8	163.0	6.0	10.5	98.1	100.0		
Rate from 1 case			432.9	153.6	17.6	4.5	2.5	1.7	1.4	1.4	1.5	1.6	1.8	2.1	2.7	3.5	5.1	4.1							

Note : "Bladder" and "Brain, Nervous System" include benign cases

Table I

Iran 1961-1981

AVERAGE ANNUAL INCIDENCE PER 100,000 BY AGE GROUP (YEARS) - MALE

SITE	ALL AGES	AGES UNK	0-	5-	10-	15-	20-	25-	30-	35-	40-	45-	50-	55-	60-	65-	70-	75+	CRUDE RATE	CUM. 0-64	CUM. 0-74	ASR	% WORLD	ASR TOTAL	ICD (9th)
LIP	3	0	-	-	-	-	-	-	-	-	-	-	-	4.2	-	7.0	-	6.8	0.2	0.0	0.1	0.5	0.3		140
TONGUE	1	0	-	-	-	-	-	-	-	-	-	-	-	-	-	7.0	-	-	0.2	0.0	0.0	0.1	0.1		141
SALIVARY GLAND	3	0	-	-	-	1.9	1.7	-	-	-	-	-	-	-	-	-	-	6.8	0.6	0.0	0.0	0.4	0.2		142
MOUTH	6	0	-	-	-	-	-	-	-	-	-	-	6.9	-	11.0	7.0	-	6.8	1.1	0.1	0.2	1.1	0.6		143-5
OROPHARYNX	1	0	-	-	-	-	-	-	-	-	-	-	-	-	-	-	-	-	0.2	0.0	0.0	0.0	0.1		146
NASOPHARYNX	6	0	-	6.7	-	-	-	-	-	-	2.3	-	-	4.2	11.0	-	-	-	1.2	0.1	0.2	1.6	0.9		147
HYPOPHARYNX	4	0	-	-	-	-	-	-	-	-	-	-	-	4.2	-	14.1	8.8	-	0.8	0.1	0.1	0.9	0.7		148
PHARYNX UNSPEC.	0	0	-	-	-	-	-	-	-	-	-	-	-	4.2	-	-	-	6.8	0.0	0.0	0.0	0.0	0.0		149
OESOPHAGUS	32	0	-	-	-	-	-	-	-	-	2.3	8.3	10.4	4.2	16.5	35.2	61.6	60.9	6.2	0.2	0.7	5.5	2.9		150
STOMACH	145	0	-	-	-	-	-	1.6	-	4.1	11.7	13.9	55.4	80.1	71.3	183.2	228.9	216.5	27.9	1.2	3.3	25.1	13.4		151
SMALL INTESTINE	1	0	-	-	-	-	-	-	-	2.1	-	-	-	-	-	-	-	-	0.2	0.0	0.0	0.1	0.1		152
COLON	24	0	-	-	-	-	-	-	-	-	2.3	2.8	10.4	8.4	21.9	21.1	26.4	47.3	4.6	0.2	0.5	4.2	2.2		153
RECTUM	34	0	-	-	-	-	-	1.6	-	-	4.7	11.1	10.4	16.9	27.4	42.3	17.6	47.3	6.5	0.4	0.7	5.9	3.2		154
LIVER	20	0	-	-	-	-	-	1.6	1.7	-	2.3	2.8	3.5	12.6	16.5	14.1	8.8	40.6	3.9	0.2	0.3	3.3	1.8		155
GALLBLADDER ETC.	21	0	-	-	-	-	-	-	1.7	2.1	-	2.8	17.3	16.9	11.0	35.2	52.8	13.5	4.0	0.2	0.6	3.8	2.0		156
PANCREAS	48	0	-	-	-	-	-	-	-	-	-	2.8	-	12.6	43.9	42.3	96.8	87.9	9.2	0.4	1.1	8.4	4.5		157
PERITONEUM ETC.	7	0	-	-	-	-	-	-	-	-	2.3	2.8	-	12.6	5.5	14.1	-	20.3	1.3	0.0	0.1	1.2	0.6		158
NOSE, SINUSES ETC.	1	0	-	-	-	-	-	-	-	-	-	-	-	-	-	-	-	-	0.2	0.0	0.0	0.2	0.1		160
LARYNX	26	0	-	-	-	-	-	-	-	2.1	4.7	11.1	3.5	4.2	11.0	7.0	8.8	47.3	5.0	0.2	0.4	4.4	2.4		161
LUNG	125	0	-	-	-	1.9	-	1.6	1.7	2.1	14.1	2.8	55.4	42.1	82.3	112.7	246.5	202.9	24.1	1.0	2.8	21.5	11.5		162
PLEURA	0	0	-	-	-	1.9	-	-	-	-	-	-	-	-	-	-	-	-	0.0	0.0	0.0	0.0	0.0		163
OTHER THORACIC ORGANS	2	0	-	-	3.1	-	-	-	-	-	-	-	-	-	-	-	-	6.8	0.4	0.0	0.0	0.4	0.2		164
BONE	7	0	-	-	-	-	-	-	-	-	-	-	-	-	-	7.0	-	20.3	1.3	0.1	0.1	1.4	0.7		170
CONNECTIVE TISSUE	10	0	-	-	6.2	1.9	-	4.9	1.7	-	-	2.8	-	4.2	-	-	8.8	6.8	1.9	0.1	0.1	1.5	0.8		171
MELANOMA OF SKIN	1	0	-	-	-	3.8	1.7	-	-	-	-	-	-	-	-	-	-	6.8	0.2	0.0	0.0	0.1	0.1		172
OTHER SKIN	0	0	-	-	-	-	-	-	-	-	-	-	-	-	-	-	-	-	0.0	0.0	0.0	0.0	0.0		173
BREAST	5	0	-	-	-	-	-	-	-	-	2.3	-	3.5	-	-	-	8.8	6.8	1.0	0.1	0.1	0.8	0.4		175
PROSTATE	89	0	-	-	-	-	-	-	-	-	-	-	3.5	25.3	71.3	84.5	132.0	284.1	17.1	0.5	1.6	14.9	7.9		185
TESTIS	8	0	24.4	-	-	-	-	3.3	1.7	6.2	-	-	-	-	-	-	-	6.8	1.5	0.2	0.3	1.8	2.0		186
PENIS ETC.	0	0	-	-	-	-	-	-	-	-	-	-	-	-	-	-	-	-	0.0	0.0	0.0	0.0	0.0		187
BLADDER	106	0	-	-	-	-	-	3.5	-	2.1	7.0	11.1	20.8	25.3	93.3	147.9	140.8	189.4	20.4	0.9	2.3	19.6	10.5		188
OTHER URINARY	22	0	-	13.4	-	-	3.4	-	-	2.1	2.3	2.8	6.9	4.2	16.5	21.1	17.6	40.6	4.2	0.2	0.4	3.7	2.0		189
EYE	3	0	-	-	-	-	-	-	-	-	-	-	-	-	-	-	17.6	-	0.6	0.0	0.0	0.5	0.3		190
BRAIN, NERV.SYSTEM	64	0	-	20.1	3.1	3.8	3.4	4.9	17.4	2.1	9.4	11.1	31.1	29.5	11.0	42.3	8.8	20.3	12.3	0.8	1.1	11.5	6.1		191-2
THYROID	26	0	-	-	3.1	3.8	5.0	6.6	1.7	14.4	2.3	5.6	10.4	-	5.5	7.0	17.6	20.3	5.0	0.2	0.4	4.1	2.2		193
OTHER ENDOCRINE	0	0	-	-	-	-	-	-	-	4.1	-	-	-	-	-	-	-	-	0.0	0.0	0.0	0.0	0.0		194
LYMPHOSARCOMA ETC.	45	0	-	-	3.1	1.9	1.7	3.3	7.0	4.1	9.4	13.9	10.4	12.6	21.9	28.2	52.8	33.8	8.7	0.4	0.9	7.4	3.9		200
HODGKIN'S DISEASE	21	0	-	-	-	-	6.7	1.6	3.5	4.1	4.7	2.8	3.5	4.2	27.4	-	-	13.5	4.0	0.3	0.3	3.3	1.8		201
OTHER RETICULOSES	18	0	-	-	-	1.9	-	1.6	1.7	-	2.3	8.3	6.9	8.4	-	14.1	17.6	33.8	3.5	0.2	0.4	2.8	1.5		202
MULTIPLE MYELOMA	22	0	-	-	-	-	-	1.6	1.7	-	2.3	2.8	6.9	8.4	27.4	14.1	17.6	54.1	4.2	0.2	0.4	3.8	2.0		203
LYMPHATIC LEUKAEMIA	18	0	-	-	-	-	1.7	-	-	-	7.0	-	10.4	4.2	11.0	7.0	8.8	33.8	3.5	0.2	0.3	3.0	1.6		204
MYELOID LEUKAEMIA	14	0	24.4	-	-	-	1.7	-	-	-	2.3	2.8	6.9	8.4	-	14.1	8.8	13.5	2.7	0.2	0.4	5.1	2.7		205
MONOCYTIC LEUKAEMIA	4	0	-	-	-	-	-	-	1.7	-	-	2.8	-	4.2	-	7.0	-	-	0.8	0.0	0.1	0.7	0.3		206
OTHER LEUKAEMIA	1	0	-	-	-	-	-	-	-	-	-	-	-	-	-	-	-	-	0.2	0.0	0.0	0.1	0.0		207
LEUKAEMIA, CELL UNSPEC.	4	0	-	-	3.1	-	-	1.7	-	-	2.3	-	-	4.2	-	-	8.8	-	0.8	0.0	0.1	0.7	0.4		208
PRIMARY SITE UNCERTAIN	55	0	-	6.7	-	-	-	-	1.7	2.1	2.3	11.1	10.4	21.1	32.9	42.3	105.6	94.7	10.6	0.5	1.2	9.8	5.2		PSU
ALL SITES	1053	0	48.8	47.0	24.9	25.0	28.5	31.3	46.9	51.6	101.0	138.8	304.5	379.3	647.4	1014.4	1329.1	1697.8	202.8	9.4	21.1	187.4	100.0		
ALL BUT 173																									
Rate from 1 case			24.42	6.72	3.12	1.92	1.68	1.65	1.74	2.06	2.35	2.78	3.46	4.21	5.49	7.04	8.80	6.76							

Note : "Bladder" and "Brain, Nervous System" include benign cases

Table I

Iran 1961-1981 — FEMALE

Average annual incidence per 100,000 by age group (years)

SITE	ALL AGES	AGE UNK	0-	5-	10-	15-	20-	25-	30-	35-	40-	45-	50-	55-	60-	65-	70-	75+	CRUDE RATE	CUM. 0-64	CUM. 0-74	ASR WORLD	% TOTAL	ASR ICD (9th)
LIP	1	0	-	-	-	-	-	-	-	-	-	-	-	-	-	-	-	-	0.2	0.0	0.0	0.1	0.1	140
TONGUE	2	0	-	-	-	-	-	-	-	-	2.2	-	-	-	5.3	-	9.1	-	0.4	0.0	0.1	0.4	0.3	141
SALIVARY GLAND	3	0	-	-	-	-	-	1.7	-	-	-	-	-	4.3	-	6.6	-	-	0.6	0.0	0.1	0.5	0.3	142
MOUTH	2	0	-	-	-	2.3	-	-	-	-	-	-	3.4	-	-	-	-	-	0.4	0.1	0.1	0.3	0.2	143-5
OROPHARYNX	2	0	-	-	-	-	-	1.7	-	-	2.2	-	-	-	-	-	-	-	0.4	0.0	0.1	0.3	0.3	146
NASOPHARYNX	2	0	-	-	-	-	-	-	-	-	-	-	-	4.3	-	-	9.1	-	0.4	0.0	0.1	0.3	0.2	147
HYPOPHARYNX	0	0	-	-	-	-	-	-	-	-	-	-	-	-	-	-	-	-	0.0	0.0	0.0	0.0	0.0	148
PHARYNX UNSPEC.	0	0	-	-	-	-	-	-	-	-	-	-	-	-	-	-	-	-	0.0	0.0	0.0	0.0	0.0	149
OESOPHAGUS	40	0	-	-	-	-	-	1.7	1.7	4.0	2.2	2.6	10.1	21.3	53.0	59.4	36.6	34.2	7.9	0.5	1.0	7.3	4.8	150
STOMACH	70	0	-	-	-	-	-	3.4	1.7	2.0	6.6	18.5	20.2	17.1	58.3	59.4	82.3	145.3	13.9	0.6	1.3	12.4	8.1	151
SMALL INTESTINE	3	0	-	-	-	-	-	-	-	-	2.2	-	3.4	-	-	-	-	-	0.6	0.0	0.0	0.6	0.3	152
COLON	29	0	-	-	-	-	1.9	-	1.7	2.0	2.2	5.3	10.1	8.5	10.6	39.6	27.4	42.7	5.8	0.2	0.6	4.9	3.2	153
RECTUM	27	0	-	-	-	-	-	-	3.5	4.0	4.4	10.6	20.2	8.5	10.6	33.0	27.4	25.6	5.4	0.3	0.6	4.7	3.1	154
LIVER	6	0	-	-	-	-	-	-	-	-	-	-	3.4	4.3	-	13.2	-	8.5	1.2	0.0	0.1	1.0	0.7	155
GALLBLADDER ETC.	21	0	-	-	-	-	-	-	1.7	-	-	-	3.4	17.1	15.9	19.8	36.6	42.7	4.2	0.2	0.5	3.8	2.5	156
PANCREAS	28	0	-	-	-	-	-	-	1.7	2.0	-	15.9	3.4	8.5	15.9	26.4	18.3	85.5	5.6	0.1	0.4	5.0	3.3	157
PERITONEUM ETC.	5	0	-	-	-	-	-	1.7	-	4.0	-	2.6	3.4	-	5.3	-	-	8.5	1.0	0.1	0.1	0.8	0.6	158
NOSE, SINUSES ETC.	2	0	-	-	-	-	-	-	-	-	-	-	-	4.3	-	-	-	-	0.4	0.1	0.0	0.4	0.2	160
LARYNX	6	0	-	-	-	-	-	-	-	-	-	-	3.4	17.1	-	-	18.3	8.5	1.2	0.0	0.0	1.0	0.7	161
BRONCHUS, TRACHEA	41	0	-	-	-	2.3	-	5.1	-	6.0	8.8	2.6	10.1	25.6	21.2	13.2	82.3	34.2	8.1	0.4	0.9	6.9	4.5	162
PLEURA	0	0	-	-	-	-	-	-	-	-	-	7.9	-	-	-	-	-	-	0.0	0.0	0.0	0.0	0.0	163
OTHER THORACIC ORGANS	3	0	-	-	-	-	1.9	-	-	-	2.2	-	-	4.3	-	-	-	-	0.6	0.0	0.1	0.5	0.3	164
BONE	7	0	-	-	-	2.3	-	1.7	1.7	2.0	-	-	3.4	-	5.3	-	-	8.5	1.4	0.1	0.1	1.1	0.7	170
CONNECTIVE TISSUE	4	0	-	-	-	-	-	1.7	1.7	-	-	2.6	3.4	-	-	6.6	-	-	0.8	0.1	0.1	0.7	0.4	171
MELANOMA OF SKIN	4	0	-	-	-	-	1.9	-	1.7	-	-	-	-	8.5	-	-	-	-	0.8	0.1	0.1	0.6	0.4	172
OTHER SKIN	0	0	-	-	-	-	-	-	-	-	-	-	-	-	-	-	-	-	0.0	0.0	0.0	0.0	0.0	173
BREAST	192	0	-	-	-	-	3.7	13.5	27.8	43.8	59.2	90.0	67.5	51.2	116.7	52.8	137.1	51.3	38.2	2.4	3.3	30.1	19.7	174
UTERUS UNSPEC.	3	0	-	-	-	-	-	-	-	-	-	2.6	-	-	-	-	-	-	0.6	0.0	0.0	0.5	0.3	179
CERVIX UTERI	8	0	-	-	-	-	-	-	-	2.0	4.4	2.6	3.4	12.8	-	-	-	17.1	1.6	0.1	0.1	1.2	0.8	180
CHORIONEPITHELIOMA	4	0	-	-	-	-	3.7	1.7	-	2.0	-	5.3	3.4	8.5	5.3	13.2	27.4	-	0.8	0.1	0.3	0.6	0.4	181
CORPUS UTERI	15	0	-	-	-	-	-	1.7	1.7	2.0	-	5.3	3.4	12.8	15.9	19.8	36.6	8.5	3.0	0.1	0.5	2.5	1.6	182
OVARY ETC.	30	0	-	-	-	-	-	5.6	3.5	8.0	-	5.3	16.9	4.3	-	6.6	-	17.1	6.0	0.5	0.7	8.2	5.4	183
OTHER FEMALE GENITAL	4	0	-	-	-	-	-	1.9	1.7	10.0	8.8	-	3.4	4.3	10.6	-	-	17.1	0.8	0.0	0.1	0.7	0.5	184
BLADDER	25	0	-	-	-	-	-	3.4	-	2.0	-	2.6	13.5	17.1	10.6	13.2	27.4	59.8	5.0	0.2	0.4	4.4	2.8	188
OTHER URINARY	10	0	-	-	-	-	1.9	-	-	-	2.2	7.9	-	4.3	-	-	27.4	8.5	2.0	0.1	0.2	1.6	1.1	189
EYE	1	0	-	-	-	-	-	-	-	-	2.2	-	-	-	-	-	-	-	0.2	0.0	0.0	0.1	0.1	190
BRAIN, NERV.SYSTEM	52	0	27.7	14.7	7.1	9.1	1.9	-	3.5	8.0	15.4	21.2	13.5	21.3	26.5	-	45.7	17.1	10.3	0.8	1.1	13.1	8.6	191-2
THYROID	63	0	-	-	-	6.8	14.8	6.7	24.4	10.0	6.6	13.2	16.9	17.1	10.6	33.0	27.4	17.1	12.5	0.9	0.9	9.4	6.2	193
OTHER ENDOCRINE	1	0	-	-	-	-	-	1.7	1.7	-	-	-	-	-	-	-	-	-	0.2	0.0	0.0	0.1	0.1	194
LYMPHOSARCOMA, ETC.	31	0	-	-	-	2.3	5.6	1.7	3.5	2.0	8.8	13.2	6.7	21.3	5.3	19.8	18.3	34.2	6.2	0.3	0.5	5.0	3.3	200
HODGKIN'S DISEASE	13	0	-	-	-	2.3	1.9	3.4	1.7	4.0	2.2	2.6	3.4	4.3	5.3	-	9.1	-	2.6	0.1	0.2	1.9	1.3	201
OTHER RETICULOSES	12	0	-	-	-	-	5.6	1.7	-	2.0	-	10.6	3.4	4.3	-	19.8	9.1	-	2.4	0.1	0.2	2.0	1.3	202
MULTIPLE MYELOMA	9	0	-	-	-	-	1.9	1.7	1.7	-	2.6	2.6	3.4	4.3	10.6	6.6	9.1	17.1	1.8	0.1	0.2	1.6	1.1	203
LYMPHATIC LEUKAEMIA	16	0	-	-	10.7	-	1.9	3.4	1.7	4.0	-	2.6	3.4	-	5.3	13.2	9.1	8.5	3.2	0.2	0.3	3.0	2.0	204
MYELOID LEUKAEMIA	15	0	-	7.4	-	9.1	1.9	1.7	1.7	-	6.6	2.6	3.4	4.3	5.3	6.6	9.1	17.1	3.0	0.2	0.3	3.1	2.0	205
MONOCYTIC LEUKAEMIA	3	0	-	-	-	-	-	1.7	1.7	-	-	-	3.4	4.3	-	-	-	-	0.6	0.0	0.0	0.5	0.3	206
OTHER LEUKAEMIA	0	0	-	-	-	-	-	-	1.7	-	-	-	-	-	-	-	-	-	0.0	0.0	0.0	0.0	0.0	207
LEUKAEMIA, CELL UNSPEC.	1	0	-	-	-	-	-	-	-	-	-	-	-	-	-	-	-	-	0.2	0.0	0.0	0.1	0.1	208
PRIMARY SITE UNCERTAIN	55	0	-	-	-	-	5.6	1.7	3.5	-	8.8	2.6	13.5	21.3	26.5	26.4	64.0	162.4	10.9	0.4	0.9	9.4	6.1	PSU
ALL SITES	871	0	55.4	22.1	17.8	36.5	48.2	64.0	87.0	97.5	155.8	254.1	276.7	345.3	440.1	508.6	795.2	897.7	173.1	9.5	16.0	152.8	100.0	
ALL BUT 173	871	0	55.4	22.1	17.8	36.5	48.2	64.0	87.0	97.5	155.8	254.1	276.7	345.3	440.1	508.6	795.2	897.7	173.1	9.5	16.0	152.8	100.0	
Rate from 1 case			27.69	7.37	3.56	2.28	1.86	1.68	1.74	1.99	2.19	2.65	3.37	4.26	5.30	6.60	9.14	8.55						

Note : "Bladder" and "Brain, Nervous System" include benign cases

Table I

India 1972-1981

AVERAGE ANNUAL INCIDENCE PER 100,000 BY AGE GROUP (YEARS) - MALE

SITE	ALL AGES	AGE UNK	0-	5-	10-	15-	20-	25-	30-	35-	40-	45-	50-	55-	60-	65-	70-	75+	CRUDE RATE	CUM. 0-64	CUM. 0-74	ASR WORLD	% TOTAL	ASR	ICD (9th)
LIP	0	0	-	-	-	-	-	-	-	-	-	-	-	-	-	-	-	-	0.0	0.0	0.0	0.0	0.0	0.0	140
TONGUE	1	0	-	-	-	-	-	-	-	-	-	-	-	-	-	-	-	-	1.0	0.1	0.1	0.8	0.8	0.5	141
SALIVARY GLAND	2	0	-	-	-	-	-	-	9.7	-	-	-	-	-	-	43.9	-	-	2.1	0.3	0.3	1.9	1.9	1.3	142
MOUTH	1	0	-	-	-	-	-	-	-	-	13.0	-	-	-	-	-	-	-	1.0	0.1	0.3	1.2	1.2	0.8	143-5
OROPHARYNX	2	0	-	-	-	-	-	-	-	-	-	-	17.4	-	-	-	58.1	-	2.1	0.4	0.4	2.0	2.0	1.4	146
NASOPHARYNX	3	0	-	-	-	-	8.7	-	-	-	-	14.5	-	24.2	-	-	58.1	-	3.1	0.2	0.5	3.6	3.6	2.5	147
HYPOPHARYNX	3	0	-	-	-	-	-	-	-	-	-	-	-	-	-	87.7	-	-	3.1	0.5	0.5	3.5	3.5	2.5	148
PHARYNX UNSPEC.	1	0	-	-	-	-	-	-	-	-	-	-	-	-	-	43.9	-	97.1	1.0	0.2	0.2	1.3	1.3	0.9	149
OESOPHAGUS	8	0	-	-	-	-	-	-	-	-	-	-	-	72.6	-	43.9	174.4	-	8.4	0.4	1.5	8.6	8.6	6.0	150
STOMACH	5	0	-	-	-	-	-	-	-	-	-	14.5	-	-	31.4	-	116.3	97.1	5.2	0.2	0.8	6.4	6.4	4.5	151
SMALL INTESTINE	0	0	-	-	-	-	-	-	-	-	-	-	-	-	-	-	-	-	0.0	0.0	0.0	0.0	0.0	0.0	152
COLON	2	0	-	-	-	-	-	-	-	-	-	14.5	-	-	62.9	-	-	-	2.1	0.3	0.3	2.5	2.5	1.8	153
RECTUM	4	0	-	-	-	-	-	-	-	-	-	-	-	24.2	-	43.9	116.3	-	4.2	0.1	0.9	4.6	4.6	3.2	154
LIVER	3	0	-	-	-	-	-	-	-	-	-	-	17.4	-	-	43.9	-	97.1	3.1	0.1	0.3	4.1	4.1	2.9	155
GALLBLADDER ETC.	2	0	-	-	-	-	-	-	-	-	-	14.5	-	-	31.4	-	58.1	-	2.1	0.2	0.4	2.0	2.0	1.4	156
PANCREAS	2	0	-	-	-	-	-	-	-	-	-	-	-	-	-	-	58.1	-	2.1	0.4	0.4	2.4	2.4	1.7	157
PERITONEUM ETC.	0	0	-	-	-	-	-	-	-	-	-	-	-	-	-	-	-	-	0.0	0.1	0.1	0.0	0.0	0.0	158
NOSE, SINUSES ETC.	0	0	-	-	-	-	-	-	-	-	-	-	-	-	-	-	-	-	0.0	0.0	0.0	0.0	0.0	0.0	160
LARYNX	10	0	-	-	-	-	-	-	-	-	-	14.5	52.2	24.2	94.3	131.6	58.1	97.1	10.5	0.9	1.2	11.3	11.3	8.0	161
LUNG	13	0	-	-	-	-	-	-	-	-	-	14.5	17.4	96.2	62.9	-	58.1	97.1	13.6	1.0	1.5	15.2	15.2	10.7	162
PLEURA	0	0	-	-	-	-	-	-	-	-	-	-	-	-	-	-	-	-	0.0	0.0	0.0	0.0	0.0	0.0	163
OTHER THORACIC ORGANS	1	0	131.6	-	-	-	-	-	-	-	-	-	-	-	-	-	-	-	1.0	0.7	0.7	15.8	15.8	11.1	164
BONE	0	0	-	-	-	-	-	-	-	-	-	-	-	-	-	-	-	-	0.0	0.0	0.0	0.0	0.0	0.0	170
CONNECTIVE TISSUE	0	0	-	-	-	-	-	8.4	-	-	-	-	-	-	-	-	-	-	0.0	0.0	0.0	0.0	0.0	0.0	171
MELANOMA OF SKIN	1	0	-	-	-	-	-	-	-	-	-	-	-	-	-	-	-	-	1.0	0.0	0.0	0.7	0.7	0.5	172
OTHER SKIN	0	0	-	-	-	-	-	-	-	-	-	-	-	-	-	-	-	-	0.0	0.0	0.0	0.0	0.0	0.0	173
BREAST	0	0	-	-	-	-	-	-	-	-	-	-	-	-	-	-	-	-	0.0	0.0	0.0	0.0	0.0	0.0	175
PROSTATE	10	0	-	-	-	-	-	-	-	-	-	-	-	24.2	94.3	131.6	58.1	194.2	10.5	0.6	1.5	13.7	13.7	9.6	185
TESTIS	2	0	-	-	-	-	-	-	-	-	-	-	-	-	31.4	-	-	97.1	2.1	0.2	0.2	3.2	3.2	2.2	186
PENIS ETC.	0	0	-	-	-	-	-	-	-	-	-	-	-	-	-	-	-	-	0.0	0.0	0.0	0.0	0.0	0.0	187
BLADDER	2	0	-	-	-	-	-	-	-	-	-	-	17.4	-	-	-	-	97.1	2.1	0.1	0.1	2.8	2.8	2.0	188
OTHER URINARY	0	0	-	-	-	-	-	-	-	-	-	-	-	-	-	-	-	-	0.0	0.0	0.0	0.0	0.0	0.0	189
EYE	1	0	-	-	-	-	-	-	-	-	-	-	-	-	-	43.9	-	-	1.0	0.2	0.2	1.3	1.3	0.9	190
BRAIN, NERV.SYSTEM	7	0	-	-	-	-	-	-	9.7	-	-	14.5	-	24.2	94.3	43.9	-	-	7.3	0.7	0.9	7.5	7.5	5.3	191-2
THYROID	2	0	-	-	-	-	-	8.4	-	11.5	-	-	34.8	24.2	-	-	-	-	2.1	0.2	0.2	1.6	1.6	1.2	193
OTHER ENDOCRINE	1	0	-	-	-	-	-	-	-	-	-	-	-	-	-	-	-	-	1.0	0.1	0.1	0.7	0.7	0.5	194
LYMPHOSARCOMA, ETC.	3	0	-	-	-	-	-	-	9.7	-	-	14.5	-	-	-	-	58.1	-	3.1	0.1	0.4	2.6	2.6	1.8	200
HODGKIN'S DISEASE	3	0	-	-	-	-	-	-	-	-	-	14.5	-	-	-	87.7	-	-	3.1	0.2	0.2	2.6	2.6	1.8	201
OTHER RETICULOSES	1	0	-	-	-	-	-	-	-	-	13.0	-	-	-	-	43.9	-	-	1.0	0.0	0.1	0.7	0.7	0.5	202
MULTIPLE MYELOMA	3	0	-	-	-	-	-	-	-	-	13.0	-	-	24.2	-	43.9	58.1	97.1	3.1	0.0	0.5	4.4	4.4	3.1	203
LYMPHATIC LEUKAEMIA	3	0	-	-	-	-	-	-	-	-	-	-	-	-	-	87.7	58.1	-	3.1	0.1	0.5	3.4	3.4	2.4	204
MYELOID LEUKAEMIA	4	0	-	-	-	-	-	-	-	-	-	14.5	-	-	-	43.9	-	-	4.2	0.2	0.4	3.5	3.5	2.5	205
MONOCYTIC LEUKAEMIA	0	0	-	-	-	-	-	-	-	-	-	-	-	-	-	-	-	-	0.0	0.0	0.0	0.0	0.0	0.0	206
OTHER LEUKAEMIA	0	0	-	-	-	-	-	-	-	-	-	-	-	-	-	-	-	-	0.0	0.0	0.0	0.0	0.0	0.0	207
LEUKAEMIA, CELL UNSPEC.	1	0	-	-	-	-	-	-	-	-	-	-	-	-	-	43.9	-	-	1.0	0.1	0.2	1.3	1.3	0.9	208
PRIMARY SITE UNCERTAIN	4	0	-	-	-	-	-	-	9.7	-	-	-	-	24.2	-	-	58.1	97.1	4.2	0.2	0.5	4.7	4.7	3.3	PSU
ALL SITES	111	0	131.6	-	-	-	8.7	16.8	48.3	11.5	39.0	144.7	156.5	363.2	503.1	877.2	988.4	1068.0	116.3	7.1	16.4	142.4	100.0		
ALL BUT 173	111	0	131.6	-	-	-	8.7	16.8	48.3	11.5	39.0	144.7	156.5	363.2	503.1	877.2	988.4	1068.0							
Rate from 1 case			131.6	28.8	14.9	10.7	8.7	8.4	9.7	11.5	13.0	14.5	17.4	24.2	31.4	43.9	58.1	97.1							

Note : "Bladder" and "Brain, Nervous System" include benign cases

Table I

India 1972-1981

AVERAGE ANNUAL INCIDENCE PER 100,000 BY AGE GROUP (YEARS) - FEMALE

SITE	ALL AGES	AGE UNK	0-	5-	10-	15-	20-	25-	30-	35-	40-	45-	50-	55-	60-	65-	70-	75+	CRUDE RATE	CUM. 0-64	CUM. 0-74	ASR WORLD	% ASR TOTAL	ICD (9th)
LIP	0	0	-	-	-	-	-	-	-	-	-	-	-	-	-	-	-	-	0.0	0.0	0.0	0.0	0.0	140
TONGUE	5	0	-	-	-	-	8.8	-	-	-	12.6	-	-	-	-	34.5	53.2	94.3	5.2	0.1	0.5	5.4	3.6	141
SALIVARY GLAND	0	0	-	-	-	-	-	-	-	-	-	-	-	-	-	-	-	-	0.0	0.0	0.0	0.0	0.0	142
MOUTH	2	0	-	-	-	-	-	-	-	11.0	-	-	-	23.8	-	53.2	53.2	-	2.1	0.1	0.3	1.7	1.1	143-5
OROPHARYNX	1	0	-	-	-	-	-	-	-	-	-	-	-	-	-	-	-	-	1.0	0.1	0.1	1.0	0.7	146
NASOPHARYNX	1	0	-	-	-	-	-	-	-	-	-	14.9	-	-	-	34.5	-	-	1.0	0.1	0.1	1.7	1.1	147
HYPOPHARYNX	2	0	-	-	-	-	-	-	-	-	-	-	-	-	-	-	-	-	2.1	0.1	0.2	1.9	1.3	148
PHARYNX UNSPEC.	0	0	-	-	-	-	-	-	-	-	-	-	-	-	-	-	-	-	0.0	0.0	0.0	0.0	0.0	149
OESOPHAGUS	15	0	-	-	-	-	-	-	-	11.0	-	44.8	37.0	95.0	57.3	34.5	53.2	94.3	15.5	1.2	1.7	15.3	10.2	150
STOMACH	6	0	-	-	-	-	-	-	-	21.9	-	-	-	23.8	-	69.0	53.2	-	6.2	0.2	0.8	5.4	3.6	151
SMALL INTESTINE	1	0	-	-	-	-	-	-	-	-	-	-	-	23.8	-	-	-	-	1.0	0.1	0.1	1.0	0.6	152
COLON	3	0	-	-	-	-	-	-	-	-	-	-	-	23.8	-	-	-	283.0	3.1	0.0	0.1	5.7	3.8	153
RECTUM	2	0	-	-	-	-	-	-	-	-	-	-	-	23.8	28.7	-	-	-	2.1	0.3	0.3	2.1	1.4	154
LIVER	3	0	-	-	-	-	-	-	-	-	-	-	-	-	-	69.0	-	94.3	3.1	0.0	0.3	4.0	2.6	155
GALLBLADDER ETC.	4	0	-	-	-	-	-	-	-	-	-	-	-	23.8	-	34.5	53.2	-	4.1	0.2	0.6	3.6	2.4	156
PANCREAS	4	0	-	-	-	-	-	-	9.1	-	-	-	-	23.8	28.7	34.5	53.2	-	4.1	0.3	0.7	4.2	2.8	157
PERITONEUM ETC.	1	0	-	-	-	-	-	-	-	-	-	-	-	-	28.7	-	-	-	1.0	0.1	0.1	1.1	0.8	158
NOSE, SINUSES ETC.	1	0	-	-	-	-	-	-	-	-	-	-	-	-	-	-	-	-	1.0	0.1	0.1	0.9	0.6	160
LARYNX	2	0	-	-	-	-	-	-	-	-	-	14.9	-	-	57.3	-	-	-	2.1	0.3	0.3	2.3	1.5	161
BRONCHUS, TRACHEA	6	0	-	-	-	-	-	8.1	-	-	-	-	18.5	-	-	-	212.8	-	6.2	0.1	1.2	5.8	3.9	162
PLEURA	0	0	-	-	-	-	-	-	-	-	-	-	-	-	-	-	-	-	1.0	0.0	0.0	0.0	0.0	163
OTHER THORACIC ORGANS	1	0	-	-	-	-	-	-	-	-	-	14.9	-	-	-	-	-	-	1.0	0.1	0.1	0.9	0.6	164
BONE	1	0	-	-	-	-	-	-	-	-	-	-	-	-	-	-	53.2	-	1.0	0.0	0.3	1.1	0.7	170
CONNECTIVE TISSUE	1	0	-	-	-	-	-	-	-	-	-	-	18.5	23.8	-	34.5	53.2	-	1.0	0.2	0.7	1.9	1.3	171
MELANOMA OF SKIN	0	0	-	-	-	-	-	-	-	-	-	-	18.5	23.8	28.7	-	-	-	0.0	0.0	0.0	0.0	0.0	172
OTHER SKIN	0	0	-	-	-	-	-	-	-	-	-	-	-	-	-	-	-	-	0.0	0.0	0.0	0.0	0.0	173
BREAST	35	0	-	-	-	-	-	-	9.1	32.9	50.4	44.8	129.4	95.0	57.3	241.4	53.2	283.0	36.2	2.1	3.6	34.8	23.1	174
UTERUS UNSPEC.	0	0	-	-	-	-	-	-	-	-	-	-	-	-	-	-	-	-	0.0	0.0	0.0	0.0	0.0	179
CERVIX UTERI	10	0	-	-	-	-	-	-	9.1	-	37.8	44.8	-	-	57.3	34.5	-	-	10.4	0.7	0.9	8.8	5.9	180
CHORIOEPITHELIOMA	0	0	-	-	-	-	-	-	-	-	-	-	-	-	-	-	-	-	0.0	0.0	0.0	0.0	0.0	181
CORPUS UTERI	6	0	-	-	-	-	-	-	9.1	-	-	14.9	18.5	-	57.3	69.0	-	-	6.2	0.5	0.8	6.2	4.1	182
OVARY ETC.	6	0	-	-	-	-	-	-	-	-	37.8	14.9	18.5	-	86.0	-	-	-	6.2	0.6	0.6	5.8	3.9	183
OTHER FEMALE GENITAL	1	0	-	-	-	-	-	-	-	-	-	14.9	-	23.8	-	-	-	-	1.0	0.1	0.1	1.0	0.6	184
BLADDER	1	0	-	-	-	-	-	-	-	-	-	-	-	-	-	-	-	-	1.0	0.0	0.0	1.9	1.3	188
OTHER URINARY	2	0	-	-	-	-	-	-	-	-	-	14.9	-	-	-	-	53.2	94.3	2.1	0.1	0.3	2.0	1.3	189
EYE	0	0	-	-	-	-	-	-	-	-	-	-	-	-	-	-	-	-	0.0	0.0	0.0	0.0	0.0	190
BRAIN, NERV.SYSTEM	2	0	-	-	-	-	-	16.2	-	-	12.6	-	-	-	-	-	-	-	2.1	0.2	0.2	1.7	1.1	191-2
THYROID	3	0	-	-	-	-	-	-	-	-	-	-	-	23.8	28.7	-	-	-	3.1	0.1	0.2	2.4	1.6	193
OTHER ENDOCRINE	0	0	-	-	-	-	-	-	-	-	-	-	-	-	-	-	-	-	0.0	0.0	0.0	0.0	0.0	194
LYMPHOSARCOMA ETC.	0	0	-	-	-	-	-	-	-	-	-	-	-	-	-	-	-	-	0.0	0.0	0.0	0.0	0.0	200
HODGKIN'S DISEASE	1	0	-	-	-	-	-	-	-	-	-	-	-	-	-	-	-	-	1.0	0.1	0.1	0.9	0.6	201
OTHER RETICULOSES	6	0	-	-	-	-	-	-	-	-	37.8	14.9	-	23.8	28.7	-	53.2	-	6.2	0.3	0.7	5.4	3.6	202
MULTIPLE MYELOMA	3	0	-	-	-	-	-	-	-	-	-	14.9	-	-	-	34.5	-	94.3	3.1	0.1	0.2	3.8	2.5	203
LYMPHATIC LEUKAEMIA	1	0	-	-	-	11.2	-	-	-	-	-	-	-	-	-	-	-	-	1.0	0.1	0.1	1.1	0.8	204
MYELOID LEUKAEMIA	3	0	-	-	-	-	-	-	-	-	-	14.9	-	-	28.7	-	53.2	-	3.1	0.1	0.4	3.0	2.0	205
MONOCYTIC LEUKAEMIA	0	0	-	-	-	-	-	-	-	-	-	-	-	-	-	-	-	-	0.0	0.0	0.0	0.0	0.0	206
OTHER LEUKAEMIA	1	0	-	-	-	-	-	-	-	-	-	-	-	-	-	34.5	-	-	1.0	0.0	0.2	1.0	0.7	207
LEUKAEMIA, CELL UNSPEC.	2	0	-	-	-	-	-	-	-	-	-	-	18.5	-	-	-	53.2	-	2.1	0.1	0.4	2.0	1.3	208
PRIMARY SITE UNCERTAIN	4	0	-	-	-	-	-	-	9.1	-	-	-	18.5	23.8	28.7	34.5	-	-	4.1	0.3	0.4	3.5	2.3	PSU
ALL SITES																								
ALL BUT 173	148	0	-	-	-	11.2	8.8	24.3	45.7	76.7	151.1	268.7	258.8	427.6	544.4	758.6	851.1	1132.1	153.2	9.1	17.1	150.4	100.0	
Rate from 1 case			166.7	31.3	15.4	11.2	8.8	8.1	9.1	11.0	12.6	14.9	18.5	23.8	28.7	34.5	53.2	94.3						

Note : "Bladder" and "Brain, Nervous System" include benign cases

Table I

Africa 1961-1981

AVERAGE ANNUAL INCIDENCE PER 100,000 BY AGE GROUP (YEARS) - MALE

SITE	ALL AGES	AGE UNK	0-	5-	10-	15-	20-	25-	30-	35-	40-	45-	50-	55-	60-	65-	70-	75+	CRUDE RATE	CUM. 0-64	CUM. 0-74	ASR WORLD	% ASR TOTAL	ICD (9th)
LIP	40	0	-	-	-	-	-	-	-	-	-	-	1.0	5.0	3.3	3.4	9.2	8.4	1.1	0.1	0.1	1.2	0.6	140
TONGUE	30	0	-	-	-	0.3	-	0.5	-	-	1.8	2.5	2.5	3.7	4.1	2.3	7.3	-	0.9	0.1	0.1	0.8	0.5	141
SALIVARY GLAND	18	0	-	0.8	-	-	-	0.5	0.2	-	0.7	1.7	1.0	0.6	2.4	2.3	-	2.1	0.5	0.1	0.1	0.5	0.3	142
MOUTH	45	0	-	-	-	-	0.2	0.2	0.5	-	0.7	0.8	0.8	6.8	4.9	8.0	7.3	2.1	1.3	0.2	0.2	0.7	0.3	143-5
OROPHARYNX	5	0	-	-	-	-	0.7	0.5	-	-	-	1.2	2.0	-	0.8	-	-	2.1	0.1	0.0	0.0	0.1	0.1	146
NASOPHARYNX	98	0	-	-	0.4	0.5	1.4	-	1.4	0.6	-	0.4	10.4	6.2	0.8	4.6	3.7	2.1	2.8	0.2	0.2	2.4	1.3	147
HYPOPHARYNX	16	0	-	-	-	-	-	0.2	-	1.9	5.7	7.0	1.0	-	4.9	-	1.8	6.3	0.5	0.0	0.1	1.3	0.7	148
PHARYNX UNSPEC.	1	0	-	-	-	-	-	-	-	-	-	0.4	-	-	2.4	-	-	-	0.0	0.0	0.0	0.0	0.0	149
OESOPHAGUS	54	0	-	-	-	-	-	-	-	1.0	1.1	2.9	0.5	1.9	6.5	10.3	14.7	25.1	1.5	0.1	0.2	1.8	1.0	150
STOMACH	468	0	-	-	-	-	0.2	0.5	1.4	5.4	7.2	11.6	24.3	30.4	63.6	95.9	124.5	140.1	13.4	0.7	1.8	14.7	8.3	151
SMALL INTESTINE	11	0	-	-	-	-	-	-	-	-	0.7	0.4	-	-	0.8	1.1	-	-	0.3	0.0	0.0	0.3	0.3	152
COLON	230	0	-	-	0.4	0.5	0.5	0.2	1.1	2.9	3.2	6.2	12.9	18.6	27.7	39.9	42.1	81.6	6.6	0.4	0.8	7.1	4.0	153
RECTUM	216	0	-	-	-	-	0.5	1.7	1.9	1.6	4.7	5.4	14.9	13.6	23.7	49.1	44.0	43.9	6.2	0.3	0.8	6.5	3.6	154
LIVER	131	0	-	-	0.4	-	-	-	0.3	1.0	1.8	4.1	6.0	14.9	28.6	24.0	14.7	25.1	3.8	0.3	0.5	4.0	2.2	155
GALLBLADDER ETC.	96	0	-	-	-	-	-	0.2	0.3	0.6	1.4	1.7	5.0	7.4	15.5	24.0	23.8	18.8	2.8	0.2	0.4	3.0	1.7	156
PANCREAS	196	0	-	-	-	-	-	0.2	0.8	0.6	2.9	5.0	13.4	13.6	17.9	38.8	58.6	69.0	5.6	0.3	0.8	6.2	3.5	157
PERITONEUM ETC.	32	0	-	-	-	-	0.2	-	-	-	1.1	0.8	0.5	1.9	3.3	4.6	5.5	18.8	0.9	0.1	0.1	1.0	0.6	158
NOSE, SINUSES ETC.	21	0	-	-	0.4	-	-	0.5	-	0.3	-	-	2.0	3.1	1.6	2.3	3.7	6.3	0.6	0.0	0.1	0.6	0.4	160
LARYNX	245	0	-	-	-	-	-	-	0.3	1.9	4.7	9.9	21.4	26.7	38.3	32.0	36.6	41.8	7.0	0.5	0.9	7.2	4.0	161
LUNG	853	0	-	-	-	-	0.2	0.7	0.8	3.5	8.6	32.3	46.2	83.1	111.0	175.7	201.5	221.7	24.5	1.4	3.3	26.6	14.9	162
PLEURA	3	0	-	-	-	-	-	-	-	-	-	-	-	-	-	-	1.8	-	0.1	0.0	0.0	0.1	0.1	163
OTHER THORACIC ORGANS	12	0	-	0.8	-	-	-	-	0.5	0.6	-	0.8	1.0	0.6	-	-	1.8	2.1	0.3	0.0	0.0	0.4	0.2	164
BONE	46	0	-	-	0.4	0.4	0.9	0.5	0.5	0.6	0.7	0.8	1.0	3.1	4.1	3.4	5.5	8.4	1.3	0.1	0.1	1.3	0.7	170
CONNECTIVE TISSUE	58	0	-	-	0.4	0.4	0.2	0.2	1.1	3.2	0.7	2.5	2.0	4.3	4.1	5.7	5.5	10.5	1.7	0.1	0.2	1.5	0.9	171
MELANOMA OF SKIN	33	0	-	-	-	0.3	0.5	-	0.3	0.3	1.1	2.1	1.5	3.7	2.4	3.4	5.5	2.1	0.9	0.1	0.1	1.0	0.5	172
OTHER SKIN	0	0	-	-	-	-	-	-	-	-	-	-	-	-	-	-	-	-	0.0	0.0	0.0	0.0	0.0	173
BREAST	26	0	-	-	-	-	-	0.2	-	0.3	1.4	0.8	1.0	1.9	4.1	3.4	1.8	8.4	0.7	0.0	0.1	0.8	0.4	175
PROSTATE	509	0	-	-	-	-	-	-	-	-	-	1.2	5.0	26.1	74.2	121.0	194.1	313.7	14.6	0.5	2.1	18.2	10.2	185
TESTIS	30	0	-	0.8	-	0.8	0.9	0.5	1.4	1.6	1.1	0.4	1.0	0.6	1.6	-	1.8	2.1	0.9	0.0	0.1	7.2	0.4	186
PENIS ETC.	6	0	-	-	-	-	-	-	-	-	-	0.4	0.5	0.6	-	-	3.7	2.1	0.2	0.0	0.0	0.2	0.1	187
BLADDER	739	0	-	-	-	0.8	0.7	1.2	3.3	5.4	9.7	17.4	38.2	69.5	102.8	146.1	164.8	202.9	21.2	1.2	2.8	22.9	12.8	188
OTHER URINARY	139	0	-	-	0.4	-	0.5	-	0.5	0.6	2.9	2.5	6.5	19.9	13.9	34.2	25.6	25.1	4.0	0.2	0.5	4.2	2.3	189
EYE	15	0	-	-	-	-	-	0.5	-	0.6	-	-	0.5	0.6	2.4	4.6	1.8	2.1	0.4	0.0	0.1	0.4	0.2	190
BRAIN, NERV.SYSTEM	303	0	3.1	4.9	3.3	3.3	4.2	7.2	7.3	10.2	8.3	13.7	16.4	18.6	12.2	16.0	16.5	25.1	8.7	0.6	0.7	8.1	4.5	191-2
THYROID	61	0	-	-	0.4	0.8	1.4	1.4	2.2	2.6	-	2.5	2.0	1.2	3.3	-	3.7	2.1	1.7	0.1	0.2	1.5	0.8	193
OTHER ENDOCRINE	10	0	-	-	-	-	-	-	-	-	0.7	0.8	-	-	-	1.1	-	-	0.3	0.0	0.0	0.2	0.1	194
LYMPHOSARCOMA ETC.	216	0	-	0.8	1.6	2.7	2.3	3.1	3.5	5.1	5.7	9.9	7.4	11.2	18.8	19.4	36.6	33.5	6.2	0.4	0.6	5.9	3.3	200
HODGKIN'S DISEASE	84	0	-	0.8	0.4	1.9	1.6	2.4	2.4	4.5	1.4	1.7	3.5	5.0	1.6	5.7	5.5	4.2	2.4	0.1	0.3	2.0	1.1	201
OTHER RETICULOSES	82	0	-	-	0.4	0.5	0.7	1.4	1.1	1.9	3.6	2.1	6.5	5.6	9.0	6.8	14.7	6.3	2.4	0.1	0.3	2.2	1.2	202
MULTIPLE MYELOMA	68	0	-	-	0.4	-	0.2	-	0.3	0.3	1.4	0.8	3.0	5.6	13.1	10.3	25.6	10.5	2.0	0.1	0.3	2.1	1.2	203
LYMPHATIC LEUKAEMIA	104	0	-	0.8	1.6	1.6	0.5	0.7	0.5	0.6	1.4	2.9	5.0	4.3	12.2	20.5	20.1	25.1	3.0	0.2	0.4	3.2	1.8	204
MYELOID LEUKAEMIA	85	0	-	1.6	0.4	0.5	1.4	2.2	0.8	2.9	2.9	1.7	4.5	2.5	4.1	5.7	12.8	23.0	2.4	0.1	0.3	2.0	1.3	205
MONOCYTIC LEUKAEMIA	14	0	-	-	-	0.3	-	-	0.3	-	-	0.8	1.0	-	0.8	6.8	5.5	6.3	0.4	0.0	0.0	0.4	0.2	206
OTHER LEUKAEMIA	3	0	-	-	-	-	-	-	-	-	-	-	-	0.6	-	-	-	-	0.4	0.0	0.0	0.1	0.1	207
LEUKAEMIA, CELL UNSPEC.	44	0	-	0.8	1.2	0.5	0.2	0.5	-	0.6	0.7	2.1	2.0	2.5	1.6	4.6	11.0	12.5	1.3	0.1	0.1	1.4	0.8	208
PRIMARY SITE UNCERTAIN	365	0	-	-	-	0.3	1.2	0.2	1.6	1.6	4.7	8.7	16.4	24.2	48.1	69.6	98.9	140.1	10.5	0.5	1.4	11.7	6.6	PSU
ALL SITES																								
ALL BUT 173	5861	0	3.1	12.2	11.9	19.4	21.6	27.7	37.0	67.7	95.2	171.5	290.5	457.3	696.7	1012.2	1263.7	1583.1	168.1	9.6	20.9	178.6	100.0	
Rate from 1 case			3.096	0.810	0.409	0.273	0.235	0.239	0.272	0.319	0.359	0.414	0.497	0.620	0.816	1.141	1.832	2.091						

Note : "Bladder" and "Brain, Nervous System" include benign cases

Table I

Africa 1961-1981

AVERAGE ANNUAL INCIDENCE PER 100,000 BY AGE GROUP (YEARS) - FEMALE

SITE	ALL AGES	AGES UNK	0-	5-	10-	15-	20-	25-	30-	35-	40-	45-	50-	55-	60-	65-	70-	75+	CRUDE RATE	CUM. 0-64	CUM. 0-74	ASR WORLD	% ASR TOTAL	ICD (9th)
LIP	8	0	-	-	-	-	-	-	-	-	-	0.4	-	1.2	0.8	1.0	3.3	1.9	0.2	0.0	0.0	0.2	0.2	140
TONGUE	9	0	-	-	-	-	-	-	0.3	-	-	0.4	-	0.6	0.8	1.0	4.9	3.8	0.3	0.0	0.0	0.3	0.2	141
SALIVARY GLAND	26	0	-	-	0.9	1.2	1.0	0.7	0.5	0.3	-	0.8	-	1.8	1.5	1.0	1.6	3.8	0.7	0.1	0.1	0.7	0.5	142
MOUTH	17	0	-	-	-	-	-	-	0.3	0.9	0.7	-	0.5	1.2	2.3	2.1	1.6	1.9	0.5	0.1	0.1	0.4	0.3	143-5
OROPHARYNX	5	0	-	-	-	-	-	-	-	-	-	-	-	-	0.8	-	-	-	0.1	0.0	0.0	0.1	0.1	146
NASOPHARYNX	44	0	-	-	1.3	0.3	0.2	0.7	0.8	0.2	0.7	-	3.4	1.2	0.8	3.1	-	-	1.3	0.1	0.1	1.0	0.7	147
HYPOPHARYNX	3	0	-	-	-	-	0.2	0.2	-	-	0.7	2.0	0.5	2.4	-	1.0	-	-	0.1	0.0	0.1	0.2	0.1	148
PHARYNX UNSPEC.	1	0	-	-	-	-	0.2	-	-	-	2.1	-	-	-	-	-	-	-	0.0	0.0	0.0	0.0	0.0	149
OESOPHAGUS	37	0	-	-	-	-	-	0.2	-	-	-	-	1.0	1.8	4.6	7.2	9.8	17.2	1.1	0.0	0.1	1.1	0.8	150
STOMACH	328	0	-	-	-	0.3	-	0.7	1.3	2.4	7.6	8.5	17.0	22.1	29.6	54.5	80.0	103.2	9.4	0.4	1.1	9.5	6.6	151
SMALL INTESTINE	9	0	-	-	-	-	-	-	1.3	-	-	0.4	0.5	-	-	3.1	-	-	0.3	0.0	0.1	0.3	0.2	152
COLON	201	0	-	-	-	-	0.7	0.7	1.6	2.4	3.1	4.1	9.7	15.6	22.0	35.0	40.8	53.5	5.7	0.3	0.7	5.7	4.0	153
RECTUM	201	0	-	-	-	-	0.7	1.4	1.1	3.7	3.1	7.7	12.1	16.1	20.5	30.9	34.3	34.4	5.7	0.3	0.7	5.5	3.8	154
LIVER	60	0	-	-	-	-	-	-	0.3	-	-	1.2	2.4	4.2	6.1	8.2	18.0	28.7	1.7	0.1	0.2	1.8	1.3	155
GALLBLADDER ETC.	149	0	-	-	-	-	-	0.2	-	-	1.0	4.1	6.3	17.3	22.8	25.7	29.4	32.5	4.3	0.3	0.5	4.3	3.0	156
PANCREAS	140	0	-	-	-	0.9	-	-	-	1.2	1.0	2.8	9.7	12.0	20.5	16.5	39.2	34.4	4.0	0.2	0.5	4.1	2.8	157
PERITONEUM ETC.	44	0	-	-	-	-	0.2	0.5	-	-	0.3	1.6	1.9	2.4	3.8	3.1	11.4	19.1	1.3	0.1	0.1	1.3	0.9	158
NOSE, SINUSES ETC.	16	0	-	-	-	-	-	-	-	-	-	1.6	1.0	1.2	2.3	2.1	-	5.7	0.5	0.0	0.1	0.5	0.3	160
LARYNX	18	0	-	-	-	-	-	-	-	0.6	-	0.8	0.5	1.2	0.8	2.1	8.2	3.8	0.5	0.0	0.1	0.5	0.4	161
BRONCHUS, TRACHEA	183	0	-	0.9	-	-	-	0.2	-	0.6	2.4	6.1	10.2	16.1	21.3	38.1	22.8	44.0	5.2	0.2	0.6	5.3	3.7	162
PLEURA	1	0	-	-	-	-	-	-	-	-	-	-	0.5	-	-	1.0	-	-	0.0	0.0	0.0	0.0	0.0	163
OTHER THORACIC ORGANS	10	0	-	0.9	0.4	0.9	0.2	-	0.3	0.3	0.3	0.4	-	0.6	0.8	-	1.4	-	0.3	0.0	0.0	0.2	0.2	164
BONE	27	0	3.3	-	0.4	0.9	0.7	1.2	0.5	0.6	-	0.8	2.4	-	-	1.0	-	1.9	0.8	0.1	0.1	1.0	0.7	170
CONNECTIVE TISSUE	50	0	-	-	0.4	1.2	0.5	1.4	0.8	0.9	1.0	2.4	1.0	3.0	2.3	5.1	8.2	3.8	1.4	0.1	0.1	1.3	0.9	171
MELANOMA OF SKIN	53	0	-	-	-	0.9	0.7	0.2	1.9	1.8	2.1	3.3	2.4	-	3.0	2.1	4.9	-	1.5	0.1	0.2	1.2	0.9	172
OTHER SKIN	0	0	-	-	-	-	-	-	-	-	-	-	-	-	-	-	-	-	0.0	0.0	0.0	0.0	0.0	173
BREAST	1360	0	-	-	0.9	0.3	1.0	7.9	19.6	41.9	63.9	76.0	78.1	102.9	99.5	121.4	132.2	143.3	38.8	2.5	3.7	34.1	23.8	174
UTERUS UNSPEC.	25	0	-	-	-	-	-	-	-	0.3	0.3	-	-	1.8	1.5	7.2	3.3	13.4	0.7	0.0	0.0	0.8	0.5	179
CERVIX UTERI	308	0	-	-	-	-	1.2	0.5	6.4	11.0	17.0	18.3	20.9	23.3	23.6	13.4	18.0	19.1	8.8	0.6	0.8	7.4	5.1	180
CHORIONEPITHELIOMA	14	0	-	-	-	-	-	1.0	0.3	0.6	1.0	0.8	1.0	-	-	-	-	-	0.4	0.0	0.0	0.3	0.2	181
CORPUS UTERI	214	0	-	-	0.6	0.9	2.9	3.4	6.3	2.4	8.3	8.5	18.4	26.3	22.8	22.6	26.1	7.6	6.1	0.4	0.7	5.5	3.9	182
OVARY ETC.	188	0	-	-	-	0.6	5.1	9.1	0.3	2.8	9.0	10.6	14.1	16.1	12.9	14.4	16.3	19.1	5.4	0.4	0.5	4.8	3.3	183
OTHER FEMALE GENITAL	81	0	-	-	-	-	-	0.5	1.6	0.6	1.4	2.0	3.4	7.2	11.4	16.5	8.2	24.8	2.3	0.1	0.3	2.3	1.6	184
BLADDER	101	0	-	-	-	-	-	-	-	0.3	1.7	2.4	4.9	-	12.2	16.5	22.8	26.8	2.9	0.2	0.4	2.9	2.0	188
OTHER URINARY	89	0	-	-	-	-	-	0.7	0.3	0.9	1.4	2.0	3.9	10.8	9.1	13.4	18.0	22.9	2.5	0.1	0.3	2.6	1.8	189
EYE	9	0	-	0.9	0.4	-	0.2	0.2	-	0.6	-	0.4	-	1.2	0.8	-	-	-	0.3	0.0	0.0	0.2	0.2	190
BRAIN, NERV.SYSTEM	282	0	-	-	3.0	3.5	2.9	3.4	6.4	8.9	7.3	11.0	18.4	13.8	31.9	23.7	11.4	5.7	8.0	0.6	0.7	6.9	4.8	191-2
THYROID	232	0	-	-	2.2	3.2	5.1	9.1	8.7	9.8	5.9	6.9	6.3	9.6	6.1	15.4	4.9	3.8	6.6	0.4	0.5	5.2	3.6	193
OTHER ENDOCRINE	8	0	3.3	-	-	-	-	0.5	-	-	0.7	-	-	0.6	0.8	-	-	1.9	0.2	0.0	0.0	0.4	0.4	194
LYMPHOSARCOMA, ETC.	144	0	-	-	0.4	1.2	2.5	2.4	4.0	3.4	2.8	4.5	7.3	7.8	11.4	7.2	22.8	21.0	4.1	0.2	0.4	3.6	2.5	200
HODGKIN'S DISEASE	68	0	3.3	-	-	1.2	2.9	1.9	1.6	1.5	3.1	2.4	1.9	4.2	3.0	3.1	6.5	1.9	1.9	0.1	0.2	1.9	1.3	201
OTHER RETICULOSES	54	0	-	-	0.9	0.6	0.5	1.0	0.5	0.9	2.8	2.0	1.5	5.1	7.6	5.1	4.9	5.7	1.5	0.1	0.1	1.4	1.0	202
MULTIPLE MYELOMA	81	0	-	-	-	-	-	-	-	0.3	0.7	1.2	2.9	8.4	6.8	23.7	19.6	21.0	2.3	0.1	0.3	1.7	1.7	203
LYMPHATIC LEUKAEMIA	56	0	3.3	-	0.4	1.4	-	0.5	0.3	1.2	0.3	1.2	2.4	3.0	1.5	11.3	6.5	7.6	1.6	0.1	0.2	1.5	1.1	204
MYELOID LEUKAEMIA	62	0	-	-	1.3	0.6	1.0	0.2	0.3	4.3	1.4	2.4	1.5	3.0	3.0	4.1	11.4	7.6	1.8	0.1	0.2	1.6	1.1	205
MONOCYTIC LEUKAEMIA	17	0	-	-	0.4	0.3	-	-	0.3	-	0.3	1.2	0.5	-	-	3.1	3.3	5.7	0.5	0.0	0.1	0.3	0.3	206
OTHER LEUKAEMIA	1	0	-	-	-	-	-	-	-	-	-	-	-	-	-	-	-	-	0.0	0.0	0.0	0.0	0.0	207
LEUKAEMIA, CELL UNSPEC.	40	0	-	0.9	0.9	0.6	0.5	0.2	1.1	0.6	0.3	0.8	2.4	1.8	4.6	3.1	1.6	9.6	1.1	0.1	0.1	1.1	0.8	208
PRIMARY SITE UNCERTAIN	288	0	-	-	-	0.3	1.0	0.7	1.1	1.8	1.7	5.7	13.6	25.1	31.1	42.2	63.6	112.7	8.2	0.4	0.9	8.5	6.0	PSU
ALL SITES																								
ALL BUT 173	5362	0	13.2	9.4	14.6	20.0	27.0	42.3	63.2	113.3	157.6	210.1	287.6	401.9	471.0	610.9	719.7	875.2	153.1	9.2	15.8	143.4	100.0	
Rate from 1 case			3.289	0.855	0.430	0.290	0.245	0.240	0.265	0.306	0.347	0.406	0.485	0.598	0.760	1.028	1.632	1.911						

Note : "Bladder" and "Brain, Nervous System" include benign cases

Table I

Morocco, Algeria, Tunisia 1961-1981
AVERAGE ANNUAL INCIDENCE PER 100,000 BY AGE GROUP (YEARS) - MALE

SITE	ALL AGES	AGES UNK	0-	5-	10-	15-	20-	25-	30-	35-	40-	45-	50-	55-	60-	65-	70-	75+	CRUDE RATE	CUM. 0-64	CUM. 0-74	ASR WORLD	% TOTAL	ASR ICD (9th)
LIP	28	0	-	-	-	-	-	-	0.3	-	1.9	2.2	0.7	5.1	4.5	3.1	7.6	5.8	1.0	0.1	0.1	1.1	0.6	140
TONGUE	28	0	-	-	-	-	-	-	-	-	-	2.2	1.4	5.4	5.6	3.1	10.1	-	1.0	0.1	0.1	1.1	0.6	141
SALIVARY GLAND	16	0	-	0.9	-	0.3	-	0.3	-	-	1.0	0.6	0.9	0.8	2.2	3.1	-	2.9	0.6	0.0	0.1	0.6	0.3	142
MOUTH	38	0	-	-	-	-	0.3	0.6	0.7	-	-	1.7	1.4	8.5	5.6	11.0	5.1	2.9	1.4	0.1	0.3	1.4	0.8	143-5
OROPHARYNX	5	0	-	-	-	-	0.8	-	-	-	-	0.6	1.7	-	1.1	-	-	2.9	0.2	0.0	0.0	0.1	0.1	146
NASOPHARYNX	87	0	-	-	0.5	0.6	1.4	0.3	1.7	0.8	0.6	0.6	11.5	7.7	5.6	6.3	2.5	2.9	3.1	0.3	0.3	2.8	1.5	147
HYPOPHARYNX	13	0	-	-	-	-	-	-	-	2.5	7.2	8.3	1.4	1.7	3.4	3.1	2.5	2.9	0.5	0.1	0.1	0.6	0.3	148
PHARYNX UNSPEC.	1	0	-	-	-	-	-	-	-	-	0.5	0.6	-	-	1.1	-	-	-	0.0	0.0	0.0	0.0	0.0	149
OESOPHAGUS	42	0	-	-	-	-	-	-	1.4	0.8	1.4	3.3	0.7	2.6	6.7	11.0	17.7	20.3	1.5	0.1	0.2	1.8	1.0	150
STOMACH	367	0	-	-	-	-	0.3	0.6	0.7	5.4	8.1	12.2	27.7	31.6	67.4	111.1	126.4	141.8	13.2	0.8	2.0	15.7	8.5	151
SMALL INTESTINE	9	0	-	-	-	-	-	0.3	-	-	1.0	0.6	1.4	-	1.1	-	-	-	0.3	0.0	0.0	0.3	0.2	152
COLON	163	0	-	-	0.5	0.6	0.6	0.3	1.0	2.5	1.9	3.9	14.2	16.2	24.7	43.8	48.0	81.1	5.9	0.3	0.8	7.0	3.8	153
RECTUM	163	0	-	-	-	-	0.6	1.8	2.1	2.1	5.7	5.0	12.8	16.2	22.5	53.2	40.5	43.4	5.9	0.3	0.8	6.5	3.5	154
LIVER	102	0	-	-	-	0.5	-	-	0.3	1.2	2.4	5.0	6.8	16.2	29.2	21.9	15.2	26.1	3.7	0.3	0.5	4.2	2.3	155
GALLBLADDER ETC.	70	0	-	-	-	-	-	-	0.3	-	1.9	1.1	6.1	7.7	15.7	23.5	22.8	17.4	2.5	0.2	0.4	3.0	1.6	156
PANCREAS	137	0	-	-	-	-	0.3	0.3	0.3	0.4	2.4	3.9	11.5	14.5	15.7	36.0	65.8	72.4	4.9	0.2	0.8	5.3	3.3	157
PERITONEUM ETC.	20	0	-	-	-	-	-	0.3	-	0.4	0.5	0.6	1.4	1.7	3.4	4.7	-	23.2	0.7	0.0	0.1	0.9	0.5	158
NOSE, SINUSES ETC.	18	0	-	-	0.5	-	-	0.6	-	-	-	-	2.0	3.4	2.2	3.1	2.5	8.7	0.6	0.0	0.1	0.7	0.4	160
LARYNX	179	0	-	-	-	-	-	0.3	0.3	2.5	4.8	10.5	23.0	27.3	35.9	31.3	32.9	34.7	6.4	0.5	0.8	7.1	3.8	161
LUNG	663	0	-	-	-	-	0.3	-	0.3	4.6	8.1	33.3	51.3	97.3	123.6	186.2	197.3	214.2	23.9	1.6	3.5	28.1	15.2	162
PLEURA	2	0	-	-	-	-	-	-	0.3	0.8	-	-	-	-	-	1.6	-	-	0.0	0.0	0.0	0.0	0.0	163
OTHER THORACIC ORGANS	10	0	-	0.9	-	-	-	-	-	-	0.5	1.1	0.7	0.9	0.9	-	2.5	2.9	0.4	0.0	0.1	0.4	0.2	164
BONE	34	0	-	-	-	-	1.1	0.6	0.6	0.4	0.5	1.1	0.7	2.6	4.5	4.7	7.6	8.7	1.2	0.1	0.1	1.2	0.7	170
CONNECTIVE TISSUE	42	0	-	0.5	-	1.3	0.3	0.3	-	3.3	1.0	1.1	1.4	4.3	4.5	4.7	5.1	8.7	1.5	0.1	0.1	1.4	0.8	171
MELANOMA OF SKIN	15	0	-	-	-	0.3	0.3	-	-	0.4	0.5	0.6	1.4	1.1	2.2	4.7	2.5	-	0.5	0.1	0.1	0.6	0.3	172
OTHER SKIN	0	0	-	-	-	-	-	-	-	-	-	-	-	-	-	-	-	-	0.0	0.0	0.0	0.0	0.0	173
BREAST	16	0	-	-	-	-	-	0.3	-	-	1.0	0.6	0.7	2.6	2.2	3.1	-	8.7	0.6	0.0	0.1	0.6	0.3	175
PROSTATE	374	0	-	-	-	-	-	-	-	-	-	1.7	4.7	29.9	79.8	112.7	189.7	321.3	13.5	0.6	2.1	18.3	9.9	185
TESTIS	17	0	-	-	-	-	0.3	0.3	1.0	-	1.4	0.6	0.7	0.9	1.1	-	2.5	2.9	0.6	0.3	0.5	0.5	0.3	186
PENIS ETC.	5	0	-	-	-	-	-	-	-	-	-	-	0.7	-	-	-	5.1	2.9	0.2	0.0	0.0	0.2	0.1	187
BLADDER	605	0	-	-	0.5	1.0	0.6	0.9	3.8	5.0	12.9	19.4	43.2	81.1	112.3	162.7	174.5	231.6	21.8	1.4	3.1	25.6	13.9	188
OTHER URINARY	109	0	-	-	-	-	0.6	-	0.3	0.8	2.9	2.8	8.1	22.2	10.1	36.0	30.3	28.9	3.9	0.2	0.6	4.5	2.4	189
EYE	11	0	3.4	-	-	-	-	-	0.3	0.8	-	0.7	0.7	-	2.2	-	2.5	-	0.4	0.0	0.1	0.4	0.2	190
BRAIN, NERV.SYSTEM	224	0	-	5.3	3.7	3.2	3.7	6.5	7.6	10.8	6.7	12.8	17.6	12.0	12.4	6.3	17.7	26.1	8.1	0.5	0.7	7.9	4.3	191-2
THYROID	40	0	-	-	-	0.6	1.1	1.2	1.7	3.3	-	2.8	0.7	0.9	2.2	18.8	5.1	-	1.4	0.1	0.1	1.2	0.7	193
OTHER ENDOCRINE	7	0	-	-	0.5	-	-	0.3	1.2	0.4	0.5	1.1	-	0.9	-	1.6	-	-	0.3	0.0	0.0	0.2	0.1	194
LYMPHOSARCOMA ETC.	166	0	-	0.9	1.8	1.9	2.6	3.5	3.8	5.4	5.3	10.5	6.1	11.1	19.1	20.3	35.4	34.7	6.0	0.4	0.6	6.0	3.3	200
HODGKIN'S DISEASE	64	0	-	0.9	0.5	1.3	2.0	2.1	1.7	4.2	1.9	2.2	3.4	5.1	2.2	6.3	5.1	2.9	2.3	0.2	0.3	2.0	1.1	201
OTHER RETICULOSES	62	0	-	-	0.5	0.3	0.6	0.3	1.7	1.7	3.8	2.2	7.4	6.8	12.4	4.7	15.2	5.8	2.2	0.2	0.3	2.3	1.1	202
MULTIPLE MYELOMA	39	0	-	-	-	-	0.3	-	0.7	0.4	-	1.1	2.7	-	9.0	9.4	15.2	8.7	1.4	0.1	0.2	1.6	0.9	203
LYMPHATIC LEUKAEMIA	85	0	-	-	1.4	1.9	0.6	0.9	0.3	0.3	1.0	3.3	6.1	5.1	14.6	20.3	17.7	31.8	3.1	0.2	0.4	3.5	1.9	204
MYELOID LEUKAEMIA	61	0	-	1.8	0.5	0.6	1.1	2.3	1.0	2.9	1.9	2.2	4.7	0.9	4.5	6.3	10.1	20.3	2.2	0.2	0.2	2.2	1.2	205
MONOCYTIC LEUKAEMIA	10	0	-	-	0.3	0.3	-	-	0.3	-	-	1.1	-	-	1.1	1.6	5.1	5.8	0.4	0.0	0.0	0.4	0.2	206
OTHER LEUKAEMIA	1	0	-	-	-	-	-	-	-	-	-	-	-	-	-	-	-	-	0.0	0.0	0.0	0.0	0.0	207
LEUKAEMIA, CELL UNSPEC.	32	0	-	0.9	1.4	0.3	0.3	0.6	-	0.8	1.0	1.1	2.0	1.7	1.1	4.7	12.6	11.6	1.2	0.1	0.1	1.3	0.7	208
PRIMARY SITE UNCERTAIN	284	0	-	-	-	0.3	1.4	-	1.7	2.1	4.3	9.4	19.6	23.0	46.1	81.4	103.7	150.5	10.2	0.5	1.5	12.5	6.8	PSU
ALL SITES	4464	0	3.4	12.3	12.4	18.4	21.2	27.0	35.5	69.9	96.0	174.6	308.5	484.9	721.2	1073.5	1261.9	1618.2	160.8	9.9	21.6	184.3	100.0	
ALL BUT 173	4464	0	3.4	12.3	12.4	18.4	21.2	27.0	35.5	69.9	96.0	174.6	308.5	484.9	721.2	1073.5	1261.9	1618.2	160.8	9.9	21.6	184.3	100.0	
Rate from 1 case			3.409	0.879	0.460	0.322	0.283	0.293	0.345	0.416	0.478	0.554	0.675	0.854	1.123	1.565	2.529	2.895						

Note : "Bladder" and "Brain, Nervous System" include benign cases

Table I

Morocco, Algeria, Tunisia 1961-1981

AVERAGE ANNUAL INCIDENCE PER 100,000 BY AGE GROUP (YEARS) – FEMALE

SITE	ALL AGES	AGE UNK	0–	5–	10–	15–	20–	25–	30–	35–	40–	45–	50–	55–	60–	65–	70–	75+	CRUDE RATE	CUM. 0-64	CUM. 0-74	ASR WORLD	% TOTAL	ICD (9th)
LIP	7	0	–	–	–	–	–	–	–	–	–	0.5	–	0.8	1.0	1.4	4.6	2.8	0.3	0.0	0.0	0.3	0.2	140
TONGUE	7	0	–	–	–	–	–	–	0.3	–	–	–	–	–	1.0	1.4	4.6	5.7	0.3	0.0	0.0	0.3	0.2	141
SALIVARY GLAND	21	0	–	–	1.0	1.0	1.2	0.9	0.7	0.4	0.9	0.5	–	2.4	1.0	–	2.3	2.8	0.8	0.0	0.1	0.5	0.5	142
MOUTH	13	0	–	–	–	–	–	–	–	0.8	0.9	–	0.7	1.6	2.1	2.8	2.3	–	0.5	0.0	0.1	0.4	0.3	143-5
OROPHARYNX	5	0	–	–	–	0.3	0.3	–	1.0	0.4	–	–	–	–	1.0	–	–	–	0.2	0.0	0.1	0.2	0.1	146
NASOPHARYNX	43	0	–	–	1.5	–	0.3	0.9	–	2.8	2.8	2.7	4.6	3.3	1.0	2.8	–	–	1.6	0.1	0.1	1.3	0.9	147
HYPOPHARYNX	3	0	–	–	–	–	0.3	0.3	–	0.4	–	–	0.7	–	–	1.4	–	–	0.1	0.0	0.0	0.1	0.1	148
PHARYNX UNSPEC.	0	0	–	–	–	–	–	–	–	–	–	–	–	–	–	–	–	–	0.0	0.0	0.0	0.0	0.0	149
OESOPHAGUS	30	0	–	–	–	–	–	–	–	–	0.9	–	1.3	2.4	5.2	8.5	11.4	17.1	1.1	0.0	0.2	1.3	0.9	150
STOMACH	252	0	–	–	–	–	–	0.3	1.0	3.2	10.1	9.3	18.4	23.6	31.4	58.3	70.5	110.9	9.1	0.5	1.1	10.0	7.3	151
SMALL INTESTINE	6	0	–	–	–	–	–	0.6	–	–	–	–	0.7	–	2.8	–	–	–	0.2	0.0	0.0	0.2	0.2	152
COLON	135	0	–	–	–	0.3	0.9	0.3	2.0	2.4	3.7	3.8	9.9	13.0	18.8	32.7	34.1	48.4	4.9	0.3	0.6	5.2	3.8	153
RECTUM	145	0	–	–	–	–	0.6	1.5	1.4	3.6	2.8	7.1	11.2	16.3	17.8	32.7	34.1	39.8	5.2	0.3	0.6	5.4	3.9	154
LIVER	53	0	–	–	–	–	–	–	0.3	–	0.9	1.6	2.0	5.7	7.3	11.4	18.2	39.8	1.9	0.1	0.2	2.3	1.7	155
GALLBLADDER ETC.	120	0	–	–	–	–	–	0.3	–	0.8	1.4	4.9	7.9	18.8	25.1	25.6	31.9	39.8	4.3	0.3	0.6	4.8	3.5	156
PANCREAS	96	0	–	–	–	–	–	0.3	–	1.2	1.8	4.3	7.9	10.6	12.6	11.4	38.7	34.1	3.5	0.2	0.5	3.9	2.8	157
PERITONEUM ETC.	33	0	–	–	–	1.0	0.3	0.6	–	–	2.8	2.2	2.0	0.8	4.2	2.8	9.1	25.6	1.2	0.1	0.1	1.4	1.0	158
NOSE, SINUSES ETC.	12	0	–	–	–	–	–	–	–	–	–	1.1	0.7	0.8	3.1	2.8	–	8.5	0.4	0.0	0.1	0.5	0.4	160
LARYNX	12	0	–	–	–	–	0.3	0.3	–	0.4	–	1.1	–	1.6	–	2.8	9.1	–	0.4	0.0	0.1	0.4	0.3	161
BRONCHUS, TRACHEA	130	0	–	0.9	–	–	0.9	1.5	–	0.8	2.8	6.0	11.9	14.7	16.7	35.5	27.3	37.0	4.7	0.3	0.6	5.0	3.7	162
PLEURA	0	0	–	–	–	–	–	–	–	–	–	–	–	–	–	–	–	–	0.0	0.0	0.0	0.0	0.0	163
OTHER THORACIC ORGANS	9	0	–	0.9	0.5	–	–	–	0.3	0.4	0.5	–	–	0.8	–	1.4	–	–	0.3	0.0	0.1	0.3	0.2	164
BONE	23	0	–	–	0.5	0.7	0.3	1.5	0.7	0.8	0.8	1.1	2.6	0.8	–	1.4	–	2.8	0.8	0.1	0.1	1.1	0.8	170
CONNECTIVE TISSUE	40	0	3.6	–	0.5	1.4	0.3	0.9	1.0	1.2	1.4	3.3	0.7	4.1	2.1	1.4	6.8	–	1.4	0.1	0.2	1.3	0.9	171
MELANOMA OF SKIN	27	0	–	–	–	0.7	0.9	0.3	1.4	1.6	0.9	1.6	1.3	2.4	–	7.1	2.3	–	1.0	0.1	0.1	0.8	0.6	172
OTHER SKIN	0	0	–	0.9	–	–	–	–	–	–	–	0.5	–	–	–	2.8	–	–	0.3	0.0	0.0	0.3	0.2	173
BREAST	827	0	–	–	1.0	0.3	0.6	7.5	16.6	34.6	52.9	63.2	64.5	78.3	89.0	88.1	109.2	116.6	29.8	2.0	3.0	27.9	20.2	174
UTERUS UNSPEC.	14	0	–	–	–	–	–	–	–	–	–	–	0.7	–	2.1	4.3	4.6	14.2	0.5	0.0	0.1	0.6	0.5	179
CERVIX UTERI	256	0	–	–	–	–	–	0.6	0.3	13.5	19.8	18.5	21.1	29.4	23.0	15.6	18.2	22.8	9.2	0.7	0.8	8.1	5.9	180
CHORIONEPITHELIOMA	11	0	–	–	–	1.5	–	1.2	7.1	0.8	0.5	0.5	1.3	–	–	–	–	–	0.4	0.0	0.1	0.5	0.2	181
CORPUS UTERI	133	0	–	–	–	–	0.9	0.3	0.3	2.4	7.8	8.7	13.8	23.6	15.7	15.6	20.5	8.5	4.8	0.3	0.4	4.6	3.3	182
OVARY ETC.	124	0	–	0.9	–	0.7	0.9	1.8	1.7	2.8	9.7	10.9	12.6	11.4	12.6	9.9	9.1	11.4	4.5	0.4	0.6	4.1	3.0	183
OTHER FEMALE GENITAL	73	0	–	–	–	1.0	0.3	0.3	–	0.8	1.8	2.7	4.6	9.8	12.6	21.3	11.4	25.6	2.6	0.2	0.3	2.9	2.1	184
BLADDER	76	0	–	–	–	–	1.5	2.7	3.7	0.4	1.8	2.2	4.6	9.8	11.5	21.3	29.6	22.8	2.7	0.2	0.4	3.1	2.2	188
OTHER URINARY	64	0	3.6	0.9	–	1.4	3.0	2.1	2.0	1.2	1.8	2.2	2.0	11.4	9.4	14.2	13.7	19.9	2.3	0.1	0.3	2.5	1.8	189
EYE	5	0	–	0.9	0.5	–	0.3	–	–	0.4	–	1.1	–	1.6	–	–	–	–	0.2	0.0	0.0	0.2	0.2	190
BRAIN, NERV.SYSTEM	202	0	–	–	3.4	3.8	2.7	3.9	7.5	8.8	6.0	8.7	17.8	14.7	28.3	15.6	9.1	5.7	7.3	0.5	0.7	6.4	4.6	191-2
THYROID	191	0	–	0.9	2.4	2.4	5.7	8.7	8.8	10.4	6.9	8.7	7.2	11.4	6.3	18.5	6.8	–	6.9	0.4	0.5	5.5	4.0	193
OTHER ENDOCRINE	7	0	3.6	–	–	–	–	0.3	–	–	0.9	–	–	0.8	1.0	–	–	2.8	0.3	0.0	0.0	0.6	0.5	194
LYMPHOSARCOMA ETC.	107	0	–	–	–	1.0	1.5	2.7	3.7	2.4	2.3	5.5	7.9	7.3	11.5	9.9	22.8	25.6	3.9	0.4	0.4	3.7	2.7	200
HODGKIN'S DISEASE	52	0	–	–	0.5	1.4	3.0	2.1	2.0	0.8	1.4	2.7	1.3	4.1	2.1	4.3	9.1	2.8	1.9	0.2	0.2	1.6	1.1	201
OTHER RETICULOSES	44	0	–	–	1.5	0.3	0.6	0.9	0.7	0.4	0.5	2.7	3.0	0.8	7.3	4.3	4.6	8.5	1.6	0.1	0.2	1.5	1.1	202
MULTIPLE MYELOMA	58	0	–	–	1.0	–	–	0.3	–	0.4	0.5	1.6	3.3	8.2	5.2	22.7	20.5	22.8	2.1	0.1	0.3	2.4	1.7	203
LYMPHATIC LEUKAEMIA	45	0	3.6	–	–	1.4	0.3	0.6	–	1.6	0.5	1.1	2.6	4.1	2.1	11.4	6.8	11.4	1.6	0.2	0.2	2.3	1.6	204
MYELOID LEUKAEMIA	45	0	–	–	1.5	0.7	0.6	–	0.3	3.6	1.8	2.7	2.0	3.3	2.1	5.7	6.8	8.5	1.6	0.1	0.2	1.5	1.1	205
MONOCYTIC LEUKAEMIA	13	0	–	–	0.5	0.3	–	0.3	0.3	–	0.5	1.1	–	0.8	–	2.8	2.3	8.5	0.5	0.1	0.1	0.5	0.4	206
OTHER LEUKAEMIA	0	0	–	–	–	–	–	–	–	0.4	–	–	–	–	–	–	–	–	0.0	0.0	0.0	0.0	0.0	207
LEUKAEMIA, CELL UNSPEC.	27	0	–	0.9	1.0	0.3	0.3	0.3	1.0	–	–	0.5	2.0	0.8	5.2	4.3	2.3	8.5	1.0	0.1	0.1	1.1	0.8	208
PRIMARY SITE UNCERTAIN	218	0	–	–	0.5	0.3	0.9	0.9	1.0	1.2	2.3	6.5	13.2	25.3	33.5	45.5	70.5	116.6	7.9	0.4	1.0	9.0	6.5	PSU
ALL SITES	3814	0	10.8	10.2	16.0	19.5	25.3	43.0	63.0	108.3	153.3	202.2	267.4	380.8	443.7	585.5	684.8	879.0	137.6	8.7	15.1	137.8	100.0	
ALL BUT 173																									
Rate from 1 case			3.605	0.928	0.485	0.342	0.297	0.299	0.339	0.398	0.460	0.545	0.659	0.815	1.047	1.421	2.275	2.845						

Note: "Bladder" and "Brain, Nervous System" include benign cases

53

Table I

Libya 1961-1981

AVERAGE ANNUAL INCIDENCE PER 100,000 BY AGE GROUP (YEARS) - MALE

SITE	ALL AGES	AGE UNK	0-	5-	10-	15-	20-	25-	30-	35-	40-	45-	50-	55-	60-	65-	70-	75+	CRUDE RATE	CUM. 0-64	CUM. 0-74	ASR WORLD	% TOTAL	ASR	ICD (9th)
LIP	5	0	-	-	-	-	-	-	-	-	-	3.8	-	-	-	9.0	26.7	14.3	1.7	0.0	0.2	1.3	0.8		140
TONGUE	1	0	-	-	-	-	-	-	-	-	-	-	-	5.4	-	-	-	-	0.3	0.0	0.0	0.2	0.1		141
SALIVARY GLAND	0	0	-	-	-	-	-	-	-	-	-	-	-	-	-	-	-	-	0.0	0.0	0.0	0.0	0.0		142
MOUTH	4	0	-	-	-	-	-	-	-	-	-	-	9.0	5.4	-	-	13.3	-	1.3	0.1	0.5	0.9	0.6		143-5
OROPHARYNX	0	0	-	-	-	-	-	-	-	-	-	-	-	-	-	-	-	-	0.0	0.0	0.0	0.0	0.0		146
NASOPHARYNX	7	0	-	-	-	-	3.5	-	-	-	3.2	-	17.9	-	6.9	-	-	-	2.3	0.2	0.2	1.6	1.1		147
HYPOPHARYNX	0	0	-	-	-	-	-	-	-	-	-	-	-	-	-	-	-	-	0.0	0.0	0.0	0.0	0.0		148
PHARYNX UNSPEC.	0	0	-	-	-	-	-	-	-	-	-	-	-	-	-	-	-	-	0.0	0.0	0.0	0.0	0.0		149
OESOPHAGUS	7	0	-	-	-	-	-	-	-	2.9	-	-	-	-	6.9	18.0	-	43.0	2.3	0.4	0.1	1.9	1.2		150
STOMACH	34	0	-	-	-	-	-	-	2.6	2.9	6.4	7.6	9.0	32.4	27.7	45.0	53.4	100.4	11.3	0.4	0.9	8.4	5.4		151
SMALL INTESTINE	0	0	-	-	-	-	-	-	-	-	-	-	-	-	-	-	-	-	0.0	0.0	0.0	0.0	0.0		152
COLON	22	0	-	-	-	-	-	-	-	2.9	12.8	11.3	9.0	27.0	27.7	18.0	-	14.3	7.3	0.5	0.5	5.1	3.3		153
RECTUM	27	0	-	-	-	-	-	2.9	-	-	3.2	7.6	22.4	10.8	34.6	27.0	53.4	57.4	9.0	0.4	0.8	6.8	4.4		154
LIVER	18	0	-	-	-	-	-	-	-	-	-	-	9.0	10.8	48.4	36.0	40.0	43.0	6.0	0.3	0.5	4.8	3.1		155
GALLBLADDER ETC.	13	0	-	-	-	-	-	-	-	-	-	3.8	4.5	10.8	13.8	18.0	66.7	28.7	4.3	0.2	0.5	3.4	2.2		156
PANCREAS	35	0	-	-	-	-	-	-	-	-	3.2	11.3	26.9	21.6	34.6	54.0	-	71.7	11.6	0.5	1.1	8.9	5.7		157
PERITONEUM ETC.	7	0	-	-	-	-	-	-	-	-	-	-	5.4	5.4	-	9.0	26.7	14.3	2.3	0.1	0.2	1.7	1.1		158
NOSE, SINUSES ETC.	1	0	-	-	-	-	-	-	-	-	-	-	4.5	-	-	-	-	-	0.3	0.0	0.0	0.2	0.1		160
LARYNX	32	0	-	-	-	-	-	-	-	-	6.4	15.1	13.4	27.0	55.4	27.0	53.4	43.0	10.6	0.6	1.0	8.0	5.2		161
LUNG	78	0	-	-	-	-	-	2.9	2.6	-	16.0	34.0	44.8	48.6	48.4	126.0	160.1	143.4	25.9	1.0	2.4	19.4	12.5		162
PLEURA	1	0	-	-	-	-	-	-	-	-	-	-	-	-	-	-	13.3	-	0.3	0.0	0.1	0.2	0.2		163
OTHER THORACIC ORGANS	1	0	-	-	-	-	-	-	-	-	-	-	4.5	-	-	-	-	-	0.3	0.0	0.0	0.2	0.1		164
BONE	6	0	-	-	-	-	-	-	-	-	-	-	-	5.4	6.9	-	-	14.3	2.0	0.2	0.2	2.7	1.7		170
CONNECTIVE TISSUE	8	0	-	-	14.3	5.1	-	-	-	2.9	-	3.8	-	10.8	6.9	18.0	-	14.3	2.7	0.1	0.2	1.9	1.2		171
MELANOMA OF SKIN	2	0	-	-	-	-	-	-	-	2.9	-	3.8	-	5.4	-	-	-	-	0.7	0.1	0.4	0.8	0.4		172
OTHER SKIN	0	0	-	-	-	-	-	-	-	-	-	-	-	-	-	-	-	-	0.0	0.0	0.0	0.0	0.0		173
BREAST	5	0	-	-	-	-	-	5.8	-	-	6.4	-	-	-	20.8	-	-	-	1.7	0.1	0.1	1.2	0.8		175
PROSTATE	62	0	-	-	-	-	-	-	2.6	2.9	-	-	4.5	10.8	62.3	117.0	226.8	286.9	20.6	0.4	2.1	16.9	10.9		185
TESTIS	3	0	-	-	-	5.1	-	-	-	-	-	-	-	-	-	-	-	-	1.0	0.1	0.1	0.8	0.5		186
PENIS ETC.	0	0	-	-	-	-	-	-	-	-	-	-	-	-	-	-	-	-	0.0	0.0	0.0	0.0	0.0		187
BLADDER	58	0	-	-	-	-	-	5.8	-	5.8	-	22.7	31.3	37.8	55.4	81.0	133.4	100.4	19.2	0.8	1.9	14.6	9.4		188
OTHER URINARY	10	0	-	-	-	-	-	-	-	-	3.2	3.8	4.5	5.4	-	27.0	26.7	14.3	3.3	0.1	0.4	2.5	1.6		189
EYE	3	0	-	-	-	-	-	-	-	-	-	-	-	5.4	6.9	-	-	14.3	1.0	0.1	0.1	0.8	0.5		190
BRAIN, NERV.SYSTEM	32	0	-	-	-	5.1	14.2	8.7	5.3	2.9	6.4	15.1	9.0	48.6	6.9	9.0	13.3	14.3	10.6	0.6	0.7	7.6	4.9		191-2
THYROID	8	0	-	-	-	-	7.1	2.9	-	2.9	3.2	-	4.5	10.8	-	-	-	14.3	2.7	0.1	0.1	1.9	1.2		193
OTHER ENDOCRINE	2	0	-	-	-	-	-	-	-	2.9	-	-	-	-	-	-	-	-	0.7	0.1	0.0	0.4	0.2		194
LYMPHOSARCOMA ETC.	24	0	-	-	-	10.2	3.5	2.9	2.6	8.7	9.6	7.6	9.0	21.6	6.9	9.0	13.3	28.7	8.0	0.4	0.5	5.8	3.8		200
HODGKIN'S DISEASE	9	0	-	-	-	10.2	-	-	5.3	2.9	-	-	-	10.8	-	18.0	-	14.3	3.0	0.2	0.2	2.4	1.5		201
OTHER RETICULOSES	5	0	-	-	-	-	-	-	-	-	-	-	-	10.8	-	9.0	-	14.3	1.7	0.1	0.1	1.3	0.8		202
MULTIPLE MYELOMA	13	0	-	-	-	-	-	2.9	2.6	-	6.4	-	-	5.4	27.7	9.0	53.4	-	4.3	0.2	0.5	3.2	2.1		203
LYMPHATIC LEUKAEMIA	9	0	-	-	-	-	-	-	2.6	-	3.2	-	4.5	5.4	6.9	27.0	13.3	14.3	3.0	0.1	0.3	2.2	1.4		204
MYELOID LEUKAEMIA	8	0	-	-	-	3.5	-	2.9	-	-	-	-	4.5	10.8	6.9	9.0	13.3	14.3	2.7	0.1	0.2	2.0	1.3		205
MONOCYTIC LEUKAEMIA	3	0	-	-	-	-	-	-	-	-	-	-	9.0	-	-	9.0	13.3	-	1.0	0.0	0.1	0.7	0.5		206
OTHER LEUKAEMIA	0	0	-	-	-	-	-	-	-	-	-	-	-	-	-	-	-	-	0.0	0.0	0.0	0.0	0.0		207
LEUKAEMIA, CELL UNSPEC.	4	0	-	-	-	5.1	-	-	-	-	-	7.6	-	-	-	-	-	-	1.3	0.1	0.1	1.2	0.8		208
PRIMARY SITE UNCERTAIN	45	0	-	-	-	-	-	2.9	-	-	9.6	15.1	13.4	27.0	48.4	27.0	106.7	157.8	14.9	0.6	1.3	11.5	7.4		PSU
ALL SITES	612	0	-	-	-	-	-	-	-	-	-	-	-	-	-	-	-	-	202.9	8.7	18.0	155.0	100.0		
ALL BUT 173	612	0	-	-	14.3	40.6	31.8	34.9	26.3	43.5	102.2	173.8	268.5	437.3	567.6	747.1	1107.1	1290.9							
Rate from 1 case			432.9	116.1	14.3	5.1	3.5	2.9	2.6	2.9	3.2	3.8	4.5	5.4	6.9	9.0	13.3	14.3							

Note : "Bladder" and "Brain, Nervous System" include benign cases

Table I

Libya 1961-1981

AVERAGE ANNUAL INCIDENCE PER 100,000 BY AGE GROUP (YEARS) - FEMALE

SITE	ALL AGES	AGE UNK	0-	5-	10-	15-	20-	25-	30-	35-	40-	45-	50-	55-	60-	65-	70-	75+	CRUDE RATE	CUM. 0-64	CUM. 0-74	ASR WORLD	% TOTAL	ASR PSU	ICD (9th)
LIP	1	0	-	-	-	-	-	-	-	-	-	-	-	-	-	-	-	-	0.3	0.0	0.0	0.2	0.2	0.2	140
TONGUE	0	0	-	-	-	-	-	-	-	-	-	-	-	-	-	-	-	-	0.0	0.0	0.0	0.0	0.0	0.0	141
SALIVARY GLAND	2	0	-	-	-	-	-	-	-	-	-	-	-	-	-	-	-	13.1	0.6	0.0	0.0	0.5	0.4	0.4	142
MOUTH	3	0	-	-	-	-	-	-	-	-	-	3.4	-	5.0	-	-	-	13.1	0.9	0.0	0.6	0.6	0.4	0.4	143-5
OROPHARYNX	0	0	-	-	-	-	-	-	2.4	2.7	-	-	-	-	-	-	-	-	0.0	0.0	0.0	0.0	0.0	0.0	146
NASOPHARYNX	0	0	-	-	-	-	-	-	-	-	-	-	-	-	-	-	-	-	0.0	0.0	0.0	0.0	0.0	0.0	147
HYPOPHARYNX	0	0	-	-	-	-	-	-	-	-	-	-	-	-	-	-	-	-	0.0	0.0	0.0	0.0	0.0	0.0	148
PHARYNX UNSPEC.	1	0	-	-	-	-	3.5	-	-	-	-	-	-	-	-	-	-	-	0.3	0.0	0.1	0.3	0.3	0.2	149
OESOPHAGUS	4	0	-	-	-	-	-	-	-	-	3.0	-	-	-	6.1	-	-	-	1.3	0.0	0.1	0.9	0.9	0.7	150
STOMACH	27	0	-	-	-	-	-	2.8	4.9	-	-	3.4	8.3	5.0	24.6	48.9	12.8	13.1	8.4	0.2	0.9	6.4	6.4	5.0	151
SMALL INTESTINE	0	0	-	-	-	-	-	-	-	-	-	-	-	-	-	-	89.6	39.2	0.0	0.0	0.0	0.0	0.0	0.0	152
COLON	21	0	-	-	-	-	-	-	-	2.7	-	10.2	8.3	-	12.3	16.3	33.4	91.6	6.6	0.2	0.5	5.0	5.0	3.9	153
RECTUM	18	0	-	-	-	-	3.5	2.8	-	2.7	3.0	13.6	4.2	10.1	18.4	8.2	38.4	-	5.6	0.3	0.5	4.0	4.0	3.1	154
LIVER	4	0	-	-	-	-	-	-	-	-	-	-	4.2	10.1	6.1	16.3	25.6	39.2	1.3	0.1	0.2	1.0	1.0	0.8	155
GALLBLADDER ETC.	17	0	-	-	-	-	-	-	-	2.7	-	-	4.2	5.0	30.7	16.3	38.4	39.2	5.3	0.2	0.5	4.0	4.0	3.1	156
PANCREAS	21	0	-	-	-	-	-	-	-	-	-	3.4	20.8	5.0	12.3	24.5	76.8	-	6.6	0.2	0.7	5.0	5.0	3.9	157
PERITONEUM ETC.	3	0	-	-	-	-	-	-	-	-	-	-	-	-	6.1	-	12.8	-	0.9	0.1	0.1	0.7	0.7	0.5	158
NOSE, SINUSES ETC.	4	0	-	-	-	-	-	-	-	-	-	6.8	4.2	5.0	6.1	-	-	13.1	1.3	0.1	0.1	0.8	0.8	0.6	160
LARYNX	3	0	-	-	-	-	-	-	-	2.7	-	-	-	-	30.7	-	-	-	0.9	0.1	0.1	0.7	0.7	0.5	161
BRONCHUS, TRACHEA	17	0	-	-	-	-	-	-	2.4	-	-	6.8	4.2	5.0	-	24.5	12.8	52.3	5.3	0.1	0.4	4.1	4.1	3.2	162
PLEURA	1	0	-	-	-	-	-	-	2.4	-	3.0	6.8	4.2	-	-	-	-	-	0.3	0.1	0.1	0.2	0.2	0.2	163
OTHER THORACIC ORGANS	0	0	-	-	-	-	-	-	-	-	-	-	-	-	-	-	-	-	0.0	0.0	0.0	0.0	0.0	0.0	164
BONE	3	0	-	-	-	5.2	3.5	-	-	-	-	-	4.2	-	-	-	-	-	0.9	0.1	0.1	1.0	1.0	0.7	170
CONNECTIVE TISSUE	5	0	-	-	-	-	3.5	2.8	-	2.7	-	-	4.2	5.0	6.1	-	12.8	13.1	1.6	0.1	0.1	1.2	1.2	1.0	171
MELANOMA OF SKIN	5	0	-	-	-	-	-	-	2.4	-	-	6.8	4.2	-	30.7	-	-	-	1.6	0.1	0.1	0.9	0.9	0.7	172
OTHER SKIN	0	0	-	-	-	-	-	-	-	-	-	-	-	-	-	-	-	-	0.0	0.0	0.0	0.0	0.0	0.0	173
BREAST	166	0	-	-	-	-	-	13.9	19.4	60.4	68.9	84.8	62.4	70.6	73.7	171.2	140.8	130.8	51.9	2.3	3.8	34.6	34.6	26.9	174
UTERUS UNSPEC.	6	0	-	-	-	-	-	-	-	-	-	-	-	5.0	-	-	-	26.2	1.9	0.0	0.1	1.5	1.5	1.1	179
CERVIX UTERI	22	0	-	-	-	-	7.1	2.8	4.9	2.7	3.0	17.0	20.8	-	36.9	24.5	12.8	13.1	6.9	0.4	0.5	4.7	4.7	3.6	180
CHORIONEPITHELIOMA	2	0	-	-	-	-	3.5	-	-	5.5	6.0	-	-	-	-	-	-	-	0.6	0.4	0.4	0.4	0.4	0.3	181
CORPUS UTERI	27	0	-	-	-	-	-	16.7	2.4	5.5	3.0	13.6	29.1	30.3	36.9	-	12.8	39.2	8.4	0.6	0.6	5.6	5.6	4.4	182
OVARY ETC.	23	0	-	-	-	-	-	-	2.4	-	3.0	13.6	12.5	20.2	12.3	8.2	25.6	26.2	7.2	0.3	0.5	4.9	4.9	3.8	183
OTHER FEMALE GENITAL	2	0	-	-	-	-	-	-	-	-	-	-	-	-	-	-	-	-	0.6	0.0	0.0	0.5	0.5	0.4	184
BLADDER	12	0	-	-	-	-	-	-	-	8.2	-	-	12.5	10.1	18.4	8.2	-	26.2	3.8	0.2	0.3	2.7	2.7	2.1	188
OTHER URINARY	11	0	-	-	-	-	-	-	-	11.0	3.0	3.4	8.3	5.0	12.3	-	12.8	52.3	3.4	0.1	0.2	2.6	2.6	2.0	189
EYE	2	0	-	-	-	-	-	-	-	-	-	-	-	-	-	-	-	-	0.6	0.0	0.0	0.4	0.4	0.3	190
BRAIN, NERV. SYSTEM	33	0	-	-	-	-	-	-	-	8.2	12.0	3.4	12.5	5.0	24.6	65.2	-	-	10.3	0.5	0.8	7.1	7.1	5.5	191-2
THYROID	24	0	-	-	-	20.6	3.5	-	12.1	-	3.0	23.7	-	-	-	8.2	-	26.2	7.5	0.3	0.4	5.8	5.8	4.5	193
OTHER ENDOCRINE	0	0	-	-	-	-	-	-	-	-	-	-	-	-	-	-	-	-	0.0	0.0	0.0	0.0	0.0	0.0	194
LYMPHOSARCOMA ETC.	17	0	-	-	-	5.2	14.2	2.8	2.4	8.2	-	-	4.2	10.1	12.3	-	12.8	13.1	5.3	0.3	0.4	4.1	4.1	3.2	200
HODGKIN'S DISEASE	5	0	-	-	-	-	7.1	2.8	-	2.7	-	-	-	5.0	12.3	-	12.8	-	1.6	0.1	0.2	1.1	1.1	0.9	201
OTHER RETICULOSES	7	0	-	-	-	-	-	2.8	-	-	-	-	-	10.1	12.3	16.3	12.8	-	2.2	0.1	0.1	1.7	1.7	1.3	202
MULTIPLE MYELOMA	11	0	-	-	-	-	-	-	2.4	-	3.0	-	4.2	-	12.3	24.5	25.6	13.1	3.4	0.1	0.4	2.5	2.5	2.0	203
LYMPHATIC LEUKAEMIA	4	0	-	-	-	5.2	-	2.8	2.4	-	-	-	-	5.0	-	8.2	-	-	1.3	0.1	0.1	1.1	1.1	0.8	204
MYELOID LEUKAEMIA	6	0	-	-	-	-	3.5	-	-	2.7	-	-	-	-	-	-	38.4	-	1.9	0.2	0.2	1.4	1.4	1.1	205
MONOCYTIC LEUKAEMIA	2	0	-	-	-	-	-	-	-	-	-	-	-	5.0	-	8.2	12.8	-	0.6	0.0	0.1	0.5	0.5	0.4	206
OTHER LEUKAEMIA	1	0	-	-	-	-	-	-	-	-	-	-	-	-	-	-	-	-	0.3	0.0	0.0	0.2	0.2	0.2	207
LEUKAEMIA, CELL UNSPEC.	7	0	-	-	-	5.2	3.5	-	-	2.7	-	-	4.2	5.0	6.1	-	-	13.1	2.2	0.1	0.1	1.8	1.8	1.4	208
PRIMARY SITE UNCERTAIN	25	0	-	-	-	-	-	-	-	5.5	-	3.4	12.5	15.1	24.6	24.5	38.4	78.5	7.8	0.3	0.6	5.8	5.8	4.5	PSU
ALL SITES	575	0	-	-	-	41.3	53.2	52.8	58.3	129.0	116.8	217.1	262.0	252.2	436.3	505.5	691.2	771.8	179.7	8.1	14.1	128.5	128.5	100.0	
ALL BUT 173	575	0																								
Rate from 1 case			432.9	105.8	14.7	5.2	2.8	2.8	2.4	2.7	3.0	3.4	4.2	5.0	6.1	8.2	12.8	13.1							

Note : "Bladder" and "Brain, Nervous System" include benign cases

Table I

Egypt 1961-1981

AVERAGE ANNUAL INCIDENCE PER 100,000 BY AGE GROUP (YEARS) - MALE

SITE	ALL AGES	AGE UNK	0-	5-	10-	15-	20-	25-	30-	35-	40-	45-	50-	55-	60-	65-	70-	75+	CRUDE RATE	CUM. 0-64	CUM. 0-74	ASR	% WORLD TOTAL	ASR	ICD (9th)
LIP	4	0	-	-	-	-	-	-	-	-	-	-	3.3	-	-	-	-	15.5	1.2	0.0	0.0	0.9	0.5		140
TONGUE	1	0	-	-	-	-	-	2.9	-	-	-	-	-	3.9	-	-	-	-	0.3	0.0	0.0	0.2	0.1		141
SALIVARY GLAND	2	0	-	-	-	-	-	-	-	-	-	3.0	-	-	5.3	-	-	-	0.6	0.0	0.1	0.4	0.2		142
MOUTH	2	0	-	-	-	-	-	-	-	-	-	-	-	-	5.3	-	13.4	-	0.6	0.0	0.1	0.5	0.3		143-5
OROPHARYNX	0	0	-	-	-	-	-	-	-	-	-	-	-	-	-	-	-	-	0.0	0.0	0.0	0.0	0.0		146
NASOPHARYNX	4	0	-	-	-	-	-	-	-	-	-	6.0	-	3.9	-	-	-	-	1.2	0.1	0.2	0.8	0.5		147
HYPOPHARYNX	3	0	-	-	-	-	-	-	-	-	-	-	-	3.9	-	-	13.4	31.0	0.9	0.0	0.1	0.8	0.5		148
PHARYNX UNSPEC.	0	0	-	-	-	-	-	-	-	-	-	-	-	-	-	-	-	-	0.0	0.0	0.0	0.0	0.0		149
OESOPHAGUS	5	0	-	-	-	-	-	-	-	-	-	3.0	-	-	5.3	-	-	31.0	1.4	0.1	0.1	1.3	0.8		150
STOMACH	61	0	-	-	-	-	-	-	-	5.6	2.9	12.1	20.0	23.7	63.9	56.3	187.8	139.6	17.7	0.6	1.9	14.0	8.5		151
SMALL INTESTINE	0	0	-	-	-	-	-	-	-	-	-	-	-	3.9	-	8.0	-	-	0.6	0.0	0.1	0.4	0.2		152
COLON	44	0	-	-	-	-	-	-	2.7	5.6	2.9	15.1	10.0	23.7	42.6	40.2	53.7	139.6	12.7	0.5	1.0	9.8	5.9		153
RECTUM	24	0	-	-	-	-	-	-	2.7	-	-	6.0	16.7	3.9	21.3	40.2	53.7	31.0	6.9	0.3	0.7	5.3	3.2		154
LIVER	10	0	-	-	-	-	-	-	-	-	-	3.0	-	11.8	10.7	24.1	13.4	15.5	2.9	0.1	0.3	2.1	1.3		155
GALLBLADDER ETC.	13	0	-	-	-	-	-	-	-	5.6	-	3.0	-	3.9	16.0	32.2	13.4	-	3.8	0.3	0.4	2.9	1.7		156
PANCREAS	24	0	-	-	-	-	-	-	5.4	2.8	5.8	6.0	13.4	3.9	16.0	40.2	13.4	46.5	6.9	0.2	0.5	5.1	3.1		157
PERITONEUM ETC.	5	0	-	-	-	-	-	2.9	-	-	2.9	3.0	-	-	5.3	-	13.4	-	1.4	0.1	0.1	1.1	0.6		158
NOSE, SINUSES ETC.	2	0	-	-	-	-	-	-	-	-	-	-	-	-	-	-	-	-	0.6	0.0	0.0	0.4	0.3		160
LARYNX	32	0	-	-	-	-	-	-	-	-	2.9	3.0	20.0	15.8	37.3	40.2	40.2	77.6	9.3	0.4	0.8	7.0	4.3		161
LUNG	103	0	-	-	-	-	6.4	-	2.7	8.4	5.8	21.2	23.4	43.4	90.6	168.9	214.6	325.7	29.8	0.0	2.9	24.2	14.6		162
PLEURA	0	0	-	-	-	-	-	-	-	-	-	-	-	-	-	-	-	-	0.0	0.0	0.0	0.0	0.0		163
OTHER THORACIC ORGANS	0	0	-	-	-	-	-	-	-	-	-	-	-	-	-	-	-	-	0.0	0.0	0.0	0.0	0.0		164
BONE	6	0	-	-	-	8.6	-	-	2.7	-	2.9	-	3.3	3.9	-	-	-	-	1.7	0.1	0.1	1.4	0.9		170
CONNECTIVE TISSUE	6	0	-	-	-	-	-	-	-	2.8	-	9.1	3.3	-	-	-	-	15.5	1.7	0.1	0.2	1.2	0.7		171
MELANOMA OF SKIN	16	0	-	-	-	-	3.2	2.9	2.7	-	5.8	9.1	3.3	11.8	5.3	-	26.8	15.5	4.6	0.2	0.4	3.2	2.0		172
OTHER SKIN	0	0	-	-	-	-	-	-	-	-	-	-	-	-	-	-	-	-	0.0	0.0	0.0	0.0	0.0		173
BREAST	5	0	-	-	-	-	-	-	-	-	-	-	3.3	-	-	-	13.4	15.5	1.4	0.0	0.1	1.2	0.7		175
PROSTATE	69	0	-	-	-	-	-	-	-	-	-	-	3.3	19.7	58.6	152.8	187.8	279.2	20.0	0.5	2.2	20.0	12.1		185
TESTIS	7	0	-	-	-	-	-	-	-	8.4	-	-	3.3	-	5.3	-	-	-	2.0	0.1	0.1	1.4	0.8		186
PENIS ETC.	1	0	-	-	-	-	-	-	-	-	-	3.0	-	-	-	-	-	-	0.3	0.0	0.0	0.2	0.1		187
BLADDER	71	0	-	-	-	-	3.2	-	2.7	8.4	-	3.0	16.7	39.5	90.6	96.5	147.6	155.1	20.6	0.8	2.0	16.1	9.7		188
OTHER URINARY	19	0	-	-	-	-	-	-	2.7	-	2.9	-	-	19.7	42.6	24.1	-	15.5	5.5	0.3	0.5	3.9	2.3		189
EYE	1	0	-	-	-	-	-	-	-	-	-	-	-	-	-	-	-	-	0.3	0.0	0.0	0.2	0.1		190
BRAIN, NERV.SYSTEM	42	0	-	-	-	-	3.2	11.5	5.4	14.1	20.2	15.1	16.7	27.6	10.7	-	13.4	31.0	12.2	0.6	0.7	7.9	4.8		191-2
THYROID	11	0	-	-	-	4.3	-	2.9	5.4	-	-	3.0	3.3	3.9	10.7	16.1	-	-	3.2	0.2	0.2	2.4	1.4		193
OTHER ENDOCRINE	0	0	-	-	-	-	-	-	-	-	-	-	-	-	-	-	-	-	0.0	0.0	0.0	0.0	0.0		194
LYMPHOSARCOMA ETC.	23	0	-	-	-	-	-	-	2.7	-	5.8	3.0	10.0	3.9	26.6	24.1	67.1	31.0	6.7	0.3	0.7	5.1	3.1		200
HODGKIN'S DISEASE	9	0	-	-	-	-	-	-	5.4	8.4	-	3.0	6.7	3.9	-	8.0	13.4	-	2.6	0.2	0.3	1.7	1.0		201
OTHER RETICULOSES	14	0	-	-	-	4.3	3.2	2.9	5.4	5.6	-	-	3.3	-	21.3	8.0	26.8	-	4.1	0.2	0.3	2.9	1.8		202
MULTIPLE MYELOMA	16	0	-	-	-	-	-	-	-	-	5.8	3.0	6.7	-	-	16.1	53.7	31.0	4.6	0.2	0.5	3.7	2.2		203
LYMPHATIC LEUKAEMIA	9	0	-	-	8.8	-	3.2	-	-	-	2.9	3.0	3.3	3.9	5.3	-	40.2	-	2.6	0.1	0.4	2.6	1.6		204
MYELOID LEUKAEMIA	15	0	-	-	-	-	-	-	2.7	5.6	11.5	-	-	-	-	8.0	26.8	46.5	4.3	0.1	0.3	3.3	2.0		205
MONOCYTIC LEUKAEMIA	1	0	-	-	-	-	-	-	-	-	-	-	-	3.9	-	-	-	-	0.3	0.0	0.0	0.2	0.2		206
OTHER LEUKAEMIA	2	0	-	-	-	-	-	-	2.7	2.8	-	3.0	-	7.9	5.3	-	13.4	15.5	0.6	0.1	0.2	0.2	0.2		207
LEUKAEMIA, CELL. UNSPEC.	7	0	-	-	-	-	-	-	-	-	2.9	-	3.3	-	-	-	-	-	2.0	0.1	0.2	1.5	0.9		208
PRIMARY SITE UNCERTAIN	35	0	-	27.7	-	-	-	-	2.7	-	2.9	-	3.3	27.6	58.6	48.3	53.7	62.0	10.1	0.5	1.0	7.7	4.7		PSU
ALL SITES	726	0	366.3	27.7	8.8	17.1	22.4	28.7	53.8	75.9	92.4	142.0	200.4	327.7	660.5	868.7	1341.4	1582.1	210.2	8.3	19.3	165.1	100.0		
ALL BUT 173																									
Rate from 1 case				27.7	8.8	4.3	3.2	2.9	2.7	2.8	2.9	3.0	3.3	3.9	5.3	8.0	13.4	15.5							

Note: "Bladder" and "Brain, Nervous System" include benign cases

Table I

Egypt 1961-1981 — FEMALE

AVERAGE ANNUAL INCIDENCE PER 100,000 BY AGE GROUP (YEARS)

SITE	ALL AGES	AGE UNK	0-	5-	10-	15-	20-	25-	30-	35-	40-	45-	50-	55-	60-	65-	70-	75+	CRUDE RATE	CUM. 0-64	CUM. 0-74	ASR WORLD	% ASR TOTAL	ICD (9th)
LIP	0	0	-	-	-	-	-	-	-	-	-	-	-	-	-	-	-	-	0.0	0.0	0.0	0.0	0.0	140
TONGUE	2	0	-	-	-	-	-	-	-	-	-	-	-	-	-	-	10.3	-	0.6	0.0	0.1	0.4	0.2	141
SALIVARY GLAND	1	0	-	-	-	4.6	-	-	-	-	-	-	-	-	-	-	-	-	0.3	0.0	0.0	0.4	0.3	142
MOUTH	1	0	-	-	-	-	-	-	-	-	-	3.1	-	-	5.2	-	-	-	0.3	0.0	0.0	0.2	0.1	143-5
OROPHARYNX	0	0	-	-	-	-	-	-	-	-	-	-	-	-	-	-	-	-	0.0	0.0	0.0	0.1	0.1	146
NASOPHARYNX	1	0	-	-	-	-	-	-	-	-	-	-	-	-	-	6.8	-	-	0.3	0.0	0.0	0.1	0.1	147
HYPOPHARYNX	0	0	-	-	-	-	-	-	-	-	-	-	-	-	-	-	-	-	0.0	0.0	0.0	0.0	0.0	148
PHARYNX UNSPEC.	0	0	-	-	-	-	-	-	-	-	-	-	-	-	-	-	-	-	0.0	0.0	0.0	0.0	0.0	149
OESOPHAGUS	3	0	-	-	-	-	-	-	-	-	-	-	-	-	-	6.8	-	19.9	0.9	0.0	0.1	0.6	0.4	150
STOMACH	48	0	-	-	-	-	-	-	-	-	-	9.2	16.9	24.4	25.9	40.9	112.9	119.3	13.6	0.4	1.2	9.3	5.6	151
SMALL INTESTINE	1	0	-	-	-	-	-	-	-	-	-	-	-	-	-	6.8	-	-	0.3	0.0	0.0	0.2	0.1	152
COLON	41	0	-	-	-	-	-	2.8	-	2.8	2.9	-	6.7	36.6	41.5	54.6	71.8	39.8	11.6	0.5	1.1	7.9	4.8	153
RECTUM	32	0	-	-	-	-	-	-	-	5.6	5.8	6.1	16.9	20.3	31.1	27.3	30.8	29.8	9.1	0.4	0.7	6.0	3.6	154
LIVER	3	0	-	-	-	-	-	-	-	-	-	-	3.4	-	-	-	10.3	9.9	0.9	0.0	0.1	0.6	0.3	155
GALLBLADDER ETC.	10	0	-	-	-	-	-	-	-	-	-	3.1	10.1	16.3	15.6	27.3	10.3	-	2.8	0.0	0.3	1.9	1.1	156
PANCREAS	22	0	-	-	-	-	-	-	-	2.8	2.9	-	3.4	24.4	-	34.1	10.3	29.8	6.2	0.3	0.5	4.1	2.5	157
PERITONEUM ETC.	7	0	-	-	-	-	-	-	-	-	-	-	-	8.1	15.6	6.8	10.3	9.9	2.0	0.1	0.2	1.3	0.8	158
NOSE, SINUSES ETC.	0	0	-	-	-	-	-	-	-	-	-	-	-	-	-	-	-	-	0.0	0.0	0.0	0.0	0.0	160
LARYNX	3	0	-	-	-	-	-	-	-	-	-	-	-	-	5.2	-	10.3	9.9	0.9	0.0	0.1	0.6	0.3	161
BRONCHUS, TRACHEA	32	0	-	-	-	-	-	-	-	-	-	6.1	6.7	32.5	31.1	47.8	10.3	59.6	9.1	0.4	0.7	6.1	3.7	162
PLEURA	0	0	-	-	-	-	-	-	-	-	-	-	-	-	-	-	-	-	0.0	0.0	0.0	0.0	0.0	163
OTHER THORACIC ORGANS	0	0	-	-	-	-	-	-	-	-	-	-	-	-	-	-	-	-	0.0	0.0	0.0	0.0	0.0	164
BONE	1	0	-	-	-	-	3.3	-	-	-	-	-	-	-	-	-	-	-	0.3	0.0	0.1	0.2	0.2	170
CONNECTIVE TISSUE	5	0	-	-	-	-	-	5.5	-	-	-	6.1	3.4	-	5.2	-	10.3	9.9	1.4	0.1	0.2	1.1	0.6	171
MELANOMA OF SKIN	11	0	-	-	-	-	-	-	-	-	5.8	-	6.7	8.1	15.6	-	10.3	-	3.1	0.2	0.2	2.0	1.2	172
OTHER SKIN	0	0	-	-	-	-	-	-	-	-	-	-	-	-	-	-	-	-	0.0	0.0	0.0	0.0	0.0	173
BREAST	325	0	-	-	-	-	6.6	5.5	34.0	72.2	109.5	128.4	151.9	211.3	166.0	218.2	184.7	228.7	92.2	4.4	6.4	59.1	35.9	174
UTERUS UNSPEC.	5	0	-	-	-	-	-	-	-	-	-	-	3.4	8.1	-	6.8	-	-	1.4	0.1	0.1	0.9	0.5	179
CERVIX UTERI	27	0	-	-	-	-	-	2.8	2.6	-	2.9	18.3	16.9	12.2	15.6	13.6	20.5	9.9	7.7	0.4	0.6	4.9	3.0	180
CHORIONEPITHELIOMA	1	0	-	-	-	-	-	8.3	-	-	-	3.1	-	-	-	-	-	-	0.3	0.0	0.0	0.2	0.1	181
CORPUS UTERI	51	0	-	-	-	-	-	2.8	2.6	-	17.3	3.1	27.0	36.6	46.7	68.2	71.8	9.9	14.5	0.7	1.4	9.6	5.8	182
OVARY ETC.	40	0	-	-	-	-	3.3	-	5.2	5.6	11.5	6.1	30.4	36.6	15.6	40.9	30.8	29.8	11.4	0.5	0.9	7.4	4.5	183
OTHER FEMALE GENITAL	6	0	-	-	-	-	-	-	-	-	-	-	-	8.1	15.6	6.8	-	19.9	1.7	0.1	0.1	1.2	0.7	184
BLADDER	13	0	-	-	-	-	-	-	-	-	-	6.1	-	16.3	10.4	-	10.3	39.8	3.7	0.2	0.2	2.4	1.5	188
OTHER URINARY	14	0	-	-	-	-	-	-	-	-	-	-	10.1	8.1	5.2	20.5	41.1	9.9	4.0	0.1	0.4	2.7	1.6	189
EYE	2	0	-	-	-	-	-	-	-	-	-	-	-	-	5.2	-	-	-	0.6	0.0	0.0	0.4	0.2	190
BRAIN, NERV.SYSTEM	45	0	-	-	-	4.6	3.3	2.8	2.6	8.3	11.5	12.2	23.6	16.3	57.1	27.3	30.8	9.9	12.8	0.7	1.0	8.7	5.3	191-2
THYROID	15	0	-	-	-	-	-	8.3	5.2	5.6	2.9	3.1	3.4	8.1	10.4	6.8	-	-	4.3	0.2	0.2	2.8	1.7	193
OTHER ENDOCRINE	1	0	-	-	-	-	-	2.8	-	-	-	-	-	-	-	-	-	-	0.3	0.0	0.0	0.2	0.1	194
LYMPHOSARCOMA ETC.	17	0	-	-	-	-	3.3	-	7.8	5.6	5.8	3.1	6.7	4.1	10.4	-	30.8	9.9	4.8	0.2	0.4	3.1	1.9	200
HODGKIN'S DISEASE	7	0	-	-	-	-	-	-	-	2.8	-	-	3.4	-	10.4	-	-	-	2.0	0.1	0.1	1.3	0.8	201
OTHER RETICULOSES	3	0	-	-	-	4.6	-	-	-	-	-	3.1	-	4.1	5.2	-	10.3	-	0.9	0.1	0.1	0.8	0.5	202
MULTIPLE MYELOMA	12	0	-	-	-	-	-	-	-	-	-	-	-	8.1	10.4	27.3	30.8	29.8	3.4	0.1	0.3	2.4	1.4	203
LYMPHATIC LEUKAEMIA	6	0	-	-	-	-	3.3	-	-	-	-	3.1	-	-	-	-	10.3	9.9	1.7	0.1	0.2	1.9	1.2	204
MYELOID LEUKAEMIA	11	0	-	-	-	-	3.3	-	-	11.1	-	3.1	3.4	-	10.4	13.6	10.3	-	3.1	0.2	0.2	2.2	1.3	205
MONOCYTIC LEUKAEMIA	2	0	-	-	-	-	-	-	-	-	-	3.1	-	-	-	-	-	-	0.6	0.0	0.1	0.4	0.2	206
OTHER LEUKAEMIA	0	0	-	-	-	-	-	-	-	-	-	-	-	-	-	-	-	-	0.0	0.0	0.0	0.0	0.0	207
LEUKAEMIA, CELL UNSPEC.	6	0	-	-	9.4	-	-	-	2.6	-	2.9	3.1	3.4	4.1	-	10.4	-	9.9	1.7	0.1	0.1	1.0	0.6	208
PRIMARY SITE UNCERTAIN	42	0	-	-	-	-	3.3	-	2.6	2.8	-	-	16.9	24.4	25.9	40.9	51.3	119.3	11.9	0.4	0.8	8.1	4.9	PSU
ALL SITES	875	0																							
ALL BUT 173	875	0	396.8	29.0	9.4	13.7	29.6	30.5	57.5	122.2	198.9	229.2	371.2	568.8	591.3	750.4	810.8	874.8	248.4	11.1	18.9	164.6	100.0	
Rate from 1 case			396.8	29.0	9.4	4.6	3.3	2.8	2.6	2.8	2.9	3.1	3.4	4.1	5.2	6.8	10.3	9.9						

Note : "Bladder" and "Brain, Nervous System" include benign cases

Table I

Europe and America 1961-1981
AVERAGE ANNUAL INCIDENCE PER 100,000 BY AGE GROUP (YEARS) - MALE

SITE	ALL AGES	AGE UNK	0-	5-	10-	15-	20-	25-	30-	35-	40-	45-	50-	55-	60-	65-	70-	75+	CRUDE RATE	CUM. 0-64	CUM. 0-74	ASR WORLD	% ASR TOTAL	ICD (9th)
LIP	562	0	-	-	-	0.6	0.3	1.4	3.1	2.4	4.1	5.2	7.9	8.4	11.0	14.1	14.2	23.4	7.4	0.2	0.4	3.5	1.6	140
TONGUE	95	0	-	-	0.5	-	-	0.2	0.7	0.2	0.7	0.6	1.0	1.3	1.8	3.0	3.0	4.3	1.2	0.0	0.1	0.6	0.2	141
SALIVARY GLAND	117	0	-	-	0.5	-	0.5	0.5	0.2	0.6	1.0	1.0	1.1	1.8	3.5	2.7	2.6	4.3	1.5	0.1	0.1	0.8	0.4	142
MOUTH	149	0	-	-	-	-	-	-	-	0.4	1.0	1.1	1.7	1.6	3.5	4.6	4.0	7.9	2.0	0.1	0.3	1.6	0.4	143-5
OROPHARYNX	24	0	-	-	-	-	-	-	-	-	-	0.1	0.1	0.6	0.4	0.5	1.6	1.0	0.3	0.0	0.0	0.1	0.1	146
NASOPHARYNX	70	0	-	-	0.5	-	-	0.5	0.7	0.2	-	0.7	1.0	1.2	1.0	2.2	1.4	1.8	0.9	0.0	0.1	0.5	0.1	147
HYPOPHARYNX	58	0	-	-	-	-	-	-	-	-	0.2	0.2	0.8	1.1	1.3	2.5	2.3	2.8	0.8	0.0	0.1	0.3	0.1	148
PHARYNX UNSPEC.	6	0	-	-	-	0.3	-	-	-	-	-	-	-	-	-	-	0.5	0.3	0.1	0.0	0.0	0.1	0.0	149
OESOPHAGUS	451	0	-	-	-	-	0.3	-	0.2	-	1.0	1.1	2.6	4.1	7.6	11.3	20.3	41.0	5.9	0.1	0.2	2.3	1.0	150
STOMACH	4181	0	-	2.7	-	-	0.3	1.7	2.7	5.8	6.1	14.9	25.0	51.0	80.9	122.0	185.5	293.4	54.8	1.0	2.5	21.9	9.8	151
SMALL INTESTINE	102	0	-	-	-	-	-	-	-	0.0	0.5	0.6	0.6	2.0	3.1	2.7	2.7	4.3	1.3	0.1	0.1	0.5	0.2	152
COLON	3009	0	-	-	-	0.3	0.8	0.2	3.4	3.6	4.7	10.6	18.5	32.5	54.9	89.4	147.5	206.9	39.5	0.7	1.8	15.7	7.0	153
RECTUM	2878	0	-	-	0.5	-	0.8	1.4	1.8	2.8	4.4	10.6	21.1	31.6	58.4	96.0	124.4	180.2	37.8	0.7	1.8	15.0	6.7	154
LIVER	614	0	2.0	-	-	-	-	0.5	0.4	0.2	0.2	1.5	4.3	6.4	10.4	21.4	28.5	42.8	8.1	0.1	0.4	3.1	1.4	155
GALLBLADDER ETC.	509	0	-	-	-	-	-	-	0.2	0.4	1.0	1.1	3.0	3.9	8.9	15.1	27.1	38.9	6.7	0.1	0.3	2.8	1.2	156
PANCREAS	1936	0	-	-	-	-	0.3	0.2	0.2	1.5	2.9	7.1	16.2	28.3	38.8	58.2	86.1	113.0	25.4	0.5	1.2	10.0	4.5	157
PERITONEUM ETC.	181	0	4.0	0.9	-	-	-	-	0.4	0.2	2.7	0.8	1.9	1.8	2.1	4.4	7.2	15.0	2.4	0.1	0.1	1.5	0.7	158
NOSE, SINUSES ETC.	99	0	-	-	-	0.3	-	-	0.2	0.2	0.2	0.2	1.0	2.0	2.0	2.5	2.8	4.1	1.3	0.0	0.1	0.6	0.3	160
LARYNX	1013	0	-	-	-	-	0.3	0.5	0.7	2.1	4.3	7.0	13.6	17.4	21.8	26.6	37.1	41.5	13.3	0.3	0.7	5.5	2.5	161
LUNG	5551	0	-	0.9	-	-	1.6	0.2	1.8	4.5	11.6	20.4	44.7	73.6	121.1	187.5	237.6	294.7	72.8	1.4	3.5	28.8	12.9	162
PLEURA	33	0	-	-	-	-	0.3	0.2	0.2	-	0.2	0.1	0.5	0.4	0.8	0.9	1.4	1.3	0.4	0.1	0.1	0.2	0.1	163
OTHER THORACIC ORGANS	70	0	4.0	0.9	-	-	0.8	-	0.4	0.2	0.7	1.0	0.5	0.8	1.8	1.4	3.0	2.0	0.9	0.0	0.1	1.5	0.2	164
BONE	173	0	-	0.9	1.0	3.1	1.1	-	0.7	-	1.0	1.7	1.2	1.8	3.0	3.9	6.1	8.1	2.3	0.1	0.2	1.4	0.6	170
CONNECTIVE TISSUE	270	0	-	-	0.5	1.2	0.5	1.0	2.7	2.8	2.8	1.7	3.6	4.2	5.5	5.8	7.2	7.4	3.5	0.3	0.7	1.9	0.9	171
MELANOMA OF SKIN	588	0	-	-	-	0.6	3.0	3.1	6.7	6.2	6.9	7.2	6.5	9.0	10.8	11.9	15.4	13.5	7.7	0.3	0.5	4.2	1.9	172
OTHER SKIN	0	0	-	-	-	-	-	-	-	-	-	-	-	-	-	-	-	-	0.0	0.0	0.0	0.0	0.0	173
BREAST	200	0	-	-	-	-	-	-	-	0.2	0.5	1.8	1.7	2.3	4.2	8.5	5.8	9.7	2.6	0.1	0.1	1.1	0.5	175
PROSTATE	3144	0	-	-	-	-	0.3	-	0.2	-	0.3	1.0	4.3	18.0	45.2	91.5	176.7	319.4	41.2	0.3	1.7	15.6	7.0	185
TESTIS	230	0	-	-	-	1.9	3.5	7.9	8.9	4.9	5.2	3.2	1.9	1.1	1.3	1.7	1.4	2.0	3.0	0.2	0.2	2.7	1.2	186
PENIS ETC.	34	0	-	-	-	-	-	-	-	-	0.3	0.3	0.2	0.5	0.7	1.4	1.4	1.0	0.4	0.0	0.1	0.2	0.1	187
BLADDER	4154	0	-	-	-	0.9	2.2	1.4	4.7	7.3	12.6	16.3	35.7	55.9	85.2	133.5	177.1	216.6	54.5	1.1	2.7	22.5	10.1	188
OTHER URINARY	1416	0	2.0	-	-	0.3	0.8	0.5	2.2	2.8	4.9	9.1	14.2	21.2	32.0	45.7	53.4	58.0	18.6	0.4	0.9	7.7	3.5	189
EYE	152	0	-	10.6	5.1	4.6	0.3	6.0	0.2	0.9	1.0	1.1	1.6	2.3	4.6	4.1	5.6	3.6	2.0	0.1	0.1	0.9	0.4	190
BRAIN, NERV.SYSTEM	1491	0	4.0	10.6	-	0.6	4.6	3.4	8.7	8.8	14.6	18.5	21.5	24.4	32.1	34.4	36.6	24.9	19.6	0.8	1.2	11.9	5.3	191-2
THYROID	312	0	-	-	-	-	2.2	3.4	2.0	3.4	2.0	2.0	3.2	4.2	7.4	8.9	7.1	-	4.1	0.2	0.3	2.3	1.0	193
OTHER ENDOCRINE	59	0	2.0	-	0.5	-	-	0.2	-	0.2	0.2	0.4	1.4	1.6	1.3	0.9	1.4	1.0	0.8	0.0	0.1	0.6	0.3	194
LYMPHOSARCOMA ETC.	1111	0	-	0.9	1.5	2.8	1.6	1.4	2.5	4.1	6.4	6.6	13.2	14.6	24.9	29.2	35.2	52.7	14.6	0.4	0.7	6.8	3.0	200
HODGKIN'S DISEASE	253	0	2.0	-	0.5	3.4	3.2	1.9	3.8	1.9	1.1	2.9	2.3	4.8	9.0	4.2	4.7	6.4	3.3	0.2	0.3	2.4	1.1	201
OTHER RETICULOSES	434	0	-	-	-	0.6	0.5	0.5	1.1	-	2.0	2.9	4.1	6.0	8.5	14.0	16.6	18.3	5.7	0.1	0.3	2.5	1.1	202
MULTIPLE MYELOMA	514	0	-	-	-	-	-	0.2	-	1.3	1.1	1.5	3.6	7.2	13.6	14.3	19.4	30.3	6.7	0.1	0.3	2.7	1.2	203
LYMPHATIC LEUKAEMIA	753	0	4.0	2.7	1.5	1.2	0.5	1.0	0.9	-	2.1	2.6	5.9	10.5	16.7	20.4	31.5	42.2	9.9	0.2	0.5	4.8	2.2	204
MYELOID LEUKAEMIA	470	0	2.0	1.8	0.5	0.9	1.6	0.7	2.5	2.1	2.3	3.5	4.8	7.1	9.0	11.6	12.8	23.9	6.2	0.2	0.3	3.4	1.5	205
MONOCYTIC LEUKAEMIA	89	0	-	-	1.0	0.3	0.3	-	0.9	-	0.2	0.1	0.7	0.6	1.0	2.5	3.5	7.6	1.2	0.0	0.1	0.5	0.2	206
OTHER LEUKAEMIA	16	0	-	-	-	-	-	0.2	-	-	-	-	-	-	0.4	0.3	0.7	1.3	0.2	0.0	0.0	0.0	0.0	207
LEUKAEMIA, CELL UNSPEC.	172	0	4.0	0.9	0.5	0.3	-	0.5	0.4	0.9	0.3	1.5	1.9	1.8	2.9	3.3	4.9	13.0	2.3	0.1	0.1	1.6	0.7	208
PRIMARY SITE UNCERTAIN	1898	0	-	-	-	1.5	1.4	1.4	1.6	2.6	5.1	7.0	10.2	18.4	33.6	53.4	80.8	151.9	24.9	0.4	1.1	10.2	4.6	PSU
ALL SITES																								
ALL BUT 173	39641	0	25.8	23.9	12.7	25.7	33.8	39.9	67.5	81.2	117.9	181.8	310.5	489.1	781.9	1173.3	1648.9	2344.7	520.0	11.0	25.1	223.2	100.0	
Rate from 1 case			1.987	0.884	0.506	0.310	0.270	0.240	0.224	0.214	0.164	0.139	0.120	0.117	0.131	0.157	0.233	0.254						

Note : "Bladder" and "Brain, Nervous System" include benign cases

Table I

Europe and America 1961-1981
AVERAGE ANNUAL INCIDENCE PER 100,000 BY AGE GROUP (YEARS) - FEMALE

SITE	ALL AGES	AGE UNK	0-	5-	10-	15-	20-	25-	30-	35-	40-	45-	50-	55-	60-	65-	70-	75+	CRUDE RATE	CUM. 0-64	CUM. 0-74	ASR WORLD	% ASR TOTAL	ICD (9th)
LIP	121	0	-	-	-	-	-	0.2	0.4	0.4	0.7	0.9	1.2	1.6	1.7	2.8	5.2	5.3	1.5	0.0	0.1	0.7	0.3	140
TONGUE	88	0	-	-	-	-	-	0.2	-	0.2	0.4	0.8	0.8	0.6	2.1	1.6	3.0	5.3	1.1	0.0	0.1	0.5	0.2	141
SALIVARY GLAND	117	0	-	-	0.3	0.3	0.8	-	0.2	0.6	0.8	0.5	1.0	1.5	3.0	4.3	3.0	3.0	1.5	0.0	0.1	0.6	0.3	142
MOUTH	94	0	-	-	-	-	-	-	0.2	0.4	0.6	0.5	1.0	1.1	2.0	1.9	1.6	6.4	1.2	0.0	0.0	0.5	0.3	143-5
OROPHARYNX	15	0	-	-	-	-	-	-	-	-	-	0.1	0.2	0.2	-	1.0	0.9	0.2	0.2	0.0	0.0	0.1	0.0	146
NASOPHARYNX	32	0	-	-	-	-	-	0.4	-	0.2	-	0.3	0.2	0.9	0.5	0.8	0.7	1.1	0.4	0.0	0.0	0.2	0.1	147
HYPOPHARYNX	25	0	-	-	-	-	-	-	-	-	-	0.1	0.2	0.9	0.5	0.5	0.5	1.1	0.3	0.0	0.0	0.1	0.1	148
PHARYNX UNSPEC.	4	0	-	-	-	-	-	-	-	-	0.1	-	-	0.5	0.1	0.3	-	0.6	0.0	0.0	0.0	0.0	0.0	149
OESOPHAGUS	336	0	-	-	-	-	-	-	-	-	0.7	0.8	2.1	3.4	4.5	7.1	12.3	30.5	4.2	0.1	0.2	1.6	0.7	150
STOMACH	2628	0	-	0.9	0.5	-	0.5	1.3	2.2	4.8	6.9	11.5	15.8	29.3	46.2	62.9	100.8	182.1	32.7	0.6	1.4	13.2	5.5	151
SMALL INTESTINE	77	0	-	-	-	-	0.3	-	-	0.2	0.3	0.9	1.0	1.5	3.0	2.0	3.0	1.9	1.0	0.0	0.1	0.4	0.2	152
COLON	2977	0	-	0.9	-	1.6	0.3	1.3	2.7	5.6	7.4	12.5	22.0	37.0	54.0	84.6	116.5	169.8	37.1	0.7	1.7	15.1	6.2	153
RECTUM	2603	0	-	-	-	0.3	0.5	0.9	2.0	5.2	5.6	13.1	26.4	38.6	53.1	72.8	96.7	119.1	32.4	0.7	1.6	13.2	5.5	154
LIVER	416	0	-	-	0.5	-	-	-	0.4	0.6	0.7	1.8	2.1	3.3	7.2	10.2	17.6	31.2	5.2	0.1	0.2	2.1	0.9	155
GALLBLADDER ETC.	1380	0	-	-	0.5	-	-	-	0.4	0.6	2.4	3.8	8.9	15.8	29.1	39.1	61.8	79.9	17.2	0.3	0.8	6.7	2.8	156
PANCREAS	1418	0	-	-	-	-	-	0.4	0.4	0.6	2.4	4.1	10.7	15.5	30.8	34.5	60.9	87.6	17.7	0.3	0.8	6.9	2.9	157
PERITONEUM ETC.	305	0	-	0.9	-	0.3	0.3	-	0.2	0.2	0.7	0.8	1.1	2.8	3.7	5.8	11.9	29.3	3.8	0.1	0.1	1.6	0.6	158
NOSE, SINUSES ETC.	62	0	-	-	-	-	-	-	0.4	-	-	-	1.5	0.7	0.9	1.6	1.1	3.6	0.8	0.0	0.1	0.3	0.1	160
LARYNX	84	0	-	-	-	0.3	0.5	-	1.0	2.6	0.6	-	1.3	0.3	2.1	2.4	2.5	1.7	1.0	0.0	0.1	0.5	0.2	161
BRONCHUS, TRACHEA	2009	0	-	-	-	-	0.3	0.4	1.0	5.6	3.5	12.5	18.0	30.1	42.0	53.7	72.5	99.4	25.0	0.6	1.2	10.1	4.2	162
PLEURA	23	0	-	-	-	-	0.3	-	0.2	0.2	-	0.5	0.1	0.2	-	0.5	0.7	1.7	0.3	0.0	0.0	0.1	0.1	163
OTHER THORACIC ORGANS	52	0	-	-	0.5	-	1.1	0.2	0.4	0.4	0.4	0.3	0.7	0.6	0.7	1.6	1.6	0.8	0.6	0.0	0.1	0.4	0.2	164
BONE	159	0	-	0.9	1.1	1.0	0.5	0.9	1.4	0.6	0.9	1.6	1.5	1.1	2.1	3.2	5.2	8.1	2.0	0.1	0.1	1.2	0.5	170
CONNECTIVE TISSUE	241	0	-	-	-	0.3	1.1	0.7	2.7	0.4	1.6	-	2.5	2.8	4.6	6.1	6.6	7.2	3.0	0.1	0.2	1.5	0.6	171
MELANOMA OF SKIN	785	0	-	-	1.1	0.3	4.2	4.0	9.0	8.2	9.3	10.8	12.0	9.1	13.3	14.0	17.3	12.7	9.8	0.4	0.6	5.5	2.3	172
OTHER SKIN	0	0	-	-	-	-	-	-	-	-	-	-	-	-	-	-	-	-	0.0	0.0	0.0	0.0	0.0	173
BREAST	11530	0	-	-	-	0.7	2.9	8.5	33.7	65.0	121.5	165.3	174.0	198.8	232.3	241.9	260.3	239.3	143.6	5.0	7.5	67.3	27.9	174
UTERUS UNSPEC.	114	0	-	-	-	-	-	0.4	0.2	0.2	0.3	0.6	1.1	1.2	1.2	2.7	2.7	10.2	1.4	0.0	0.2	0.6	0.3	179
CERVIX UTERI	690	0	-	-	-	-	0.5	1.6	4.6	10.2	11.0	11.9	10.2	13.2	10.9	13.7	15.5	8.6	0.3	0.4	4.2	1.7	180
CHORIOEPITHELIOMA	26	0	-	-	-	-	0.3	1.8	0.6	0.4	0.7	0.5	0.2	1.5	-	-	-	-	0.3	0.0	0.0	0.3	0.1	181
CORPUS UTERI	2196	0	-	-	-	0.3	0.3	1.6	2.2	4.6	9.0	22.8	36.5	44.1	49.1	56.0	54.5	50.7	27.4	1.4	1.7	11.8	4.9	182
OVARY ETC.	2656	0	0.9	1.1	2.0	1.6	3.1	3.5	4.6	16.2	36.0	44.3	48.6	53.6	61.0	62.5	58.1	33.1	1.7	1.7	15.3	6.3	183
OTHER FEMALE GENITAL	353	0	-	-	0.3	-	0.8	0.2	11.1	-	0.9	1.5	2.4	3.5	6.3	7.9	14.4	25.9	4.4	0.1	0.2	1.7	0.7	184
BLADDER	997	0	-	-	-	1.0	0.5	0.9	0.6	1.7	1.6	5.0	8.9	13.7	22.0	25.4	40.3	48.3	12.4	0.3	0.6	5.0	2.1	188
OTHER URINARY	807	0	2.1	-	1.1	0.3	1.1	0.9	0.6	1.1	3.4	5.1	8.8	12.8	17.8	20.5	31.5	29.5	10.1	0.3	0.5	4.4	1.8	189
EYE	140	0	4.3	2.8	2.7	2.9	1.1	0.2	0.4	0.6	1.0	1.6	1.8	2.5	3.7	2.8	3.0	3.0	1.7	0.1	0.1	0.9	0.4	190
BRAIN, NERV.SYSTEM	1416	0	-	0.9	4.2	1.6	2.1	4.3	5.3	8.0	10.2	11.0	18.5	26.5	27.0	31.7	28.0	23.1	17.6	0.7	1.0	9.9	4.1	191-2
THYROID	749	0	-	3.7	-	2.9	3.7	5.4	8.2	5.9	8.2	9.6	7.5	12.1	12.0	14.8	14.4	17.6	9.3	0.7	1.4	5.2	2.2	193
OTHER ENDOCRINE	42	0	2.1	-	-	1.6	0.8	0.2	0.8	-	0.1	1.0	0.6	0.5	0.4	0.6	0.2	1.5	0.5	0.0	0.0	0.6	0.2	194
LYMPHOSARCOMA ETC.	923	0	2.1	-	1.0	1.1	1.3	2.9	2.8	3.7	7.4	8.2	13.6	17.8	25.1	31.5	37.1	11.5	0.3	0.6	5.3	2.2	200
HODGKIN'S DISEASE	261	0	-	-	1.1	1.3	2.6	3.6	4.9	3.3	2.8	2.3	2.4	3.3	3.8	3.8	4.6	5.9	3.3	0.2	0.2	2.2	0.9	201
OTHER RETICULOSES	382	0	-	-	0.5	0.3	1.1	0.4	1.0	0.6	1.5	4.3	3.3	6.0	9.1	13.2	15.5	4.8	0.1	0.3	2.0	0.8	202
MULTIPLE MYELOMA	414	0	-	-	-	-	-	-	0.4	0.6	0.7	1.4	3.3	7.0	9.2	11.5	13.9	21.2	5.2	0.1	0.2	2.0	0.8	203
LYMPHATIC LEUKAEMIA	566	0	4.3	2.8	1.0	1.0	0.8	-	0.2	0.7	1.3	2.5	3.7	7.5	11.2	13.9	18.5	35.0	7.1	0.2	0.4	3.9	1.6	204
MYELOID LEUKAEMIA	392	0	-	0.9	1.0	1.1	1.8	0.8	3.3	2.2	3.1	4.5	5.7	7.1	8.4	9.3	16.3	4.9	0.2	0.2	2.5	1.0	205
MONOCYTIC LEUKAEMIA	83	0	-	-	-	0.7	0.5	0.4	-	0.4	0.3	1.0	0.6	1.2	1.6	2.4	2.1	3.4	1.0	0.0	0.1	0.5	0.2	206
OTHER LEUKAEMIA	30	0	-	-	-	-	0.3	0.4	0.4	-	-	-	0.1	0.5	0.1	1.1	0.7	2.1	0.4	0.0	0.0	0.2	0.1	207
LEUKAEMIA, CELL UNSPEC.	163	0	4.3	-	0.5	-	-	0.4	0.4	0.4	0.7	1.0	1.6	1.5	2.4	3.0	4.8	11.9	2.0	0.1	0.1	1.4	0.6	208
PRIMARY SITE UNCERTAIN	2156	0	-	-	1.1	0.3	-	0.4	2.9	2.2	6.0	8.1	14.7	23.9	36.1	53.1	83.2	150.1	26.9	0.5	1.2	10.7	4.4	PSU
ALL SITES																								
ALL BUT 173	43137	0	19.2	12.0	15.9	18.6	31.5	47.2	95.2	150.1	250.3	389.0	496.9	643.7	842.1	1021.5	1310.8	1711.0	537.3	15.1	26.7	241.3	100.0	
Rate from 1 case			2.132	0.920	0.531	0.327	0.264	0.225	0.204	0.186	0.147	0.125	0.112	0.117	0.132	0.158	0.228	0.212						

Note: "Bladder" and "Brain, Nervous System" include benign cases

Table I

USSR, Poland, Romania 1961-1981
AVERAGE ANNUAL INCIDENCE PER 100,000 BY AGE GROUP (YEARS) - MALE

SITE	ALL AGES	AGE UNK	0-	5-	10-	15-	20-	25-	30-	35-	40-	45-	50-	55-	60-	65-	70-	75+	CRUDE RATE	CUM. 0-64	CUM. 0-74	ASR WORLD	% TOTAL	ASR ICD (9th)
LIP	438	0	-	-	-	-	-	-	-	2.0	4.8	5.7	7.9	9.2	10.7	13.8	15.3	25.7	8.1	0.2	0.4	3.6	1.6	140
TONGUE	70	0	-	-	-	0.5	-	1.9	3.1	0.3	0.3	0.6	0.7	1.4	1.7	3.2	3.5	3.9	1.3	0.0	0.1	0.5	0.2	141
SALIVARY GLAND	85	0	-	-	-	-	-	-	0.7	-	0.8	0.6	1.2	1.6	1.6	2.6	2.6	4.5	1.6	0.1	0.1	0.7	0.3	142
MOUTH	102	0	-	-	0.8	-	0.4	0.4	0.3	0.7	0.8	0.6	1.5	1.4	3.2	4.0	3.2	7.1	1.9	0.1	0.1	0.8	0.3	143-5
OROPHARYNX	14	0	-	-	-	-	-	-	-	-	-	1.4	0.2	0.5	0.3	0.4	1.2	0.3	0.3	0.0	0.0	0.0	0.0	146
NASOPHARYNX	61	0	-	-	0.8	-	-	-	1.0	0.3	0.8	0.6	1.0	1.0	1.6	1.4	2.4	1.5	1.9	1.1	0.0	0.0	0.6	0.3	147
HYPOPHARYNX	52	0	-	-	-	-	-	0.4	-	-	-	-	0.2	1.6	1.2	2.4	3.2	2.9	2.6	1.0	0.0	0.1	0.3	0.1	148
PHARYNX UNSPEC.	4	0	-	-	-	0.5	-	-	-	-	-	-	0.2	-	-	3.2	0.3	0.3	0.1	0.0	0.0	0.1	0.0	149
OESOPHAGUS	394	0	-	-	-	-	-	-	-	-	-	1.4	3.7	4.7	8.3	13.0	21.7	45.9	7.3	0.1	0.3	2.6	1.2	150
STOMACH	3373	0	-	4.5	-	-	0.4	2.3	2.1	6.4	7.5	17.1	27.7	51.4	83.6	125.4	192.8	306.0	62.7	1.0	2.6	23.2	10.5	151
SMALL INTESTINE	74	0	-	-	-	-	-	-	-	0.3	0.3	-	0.3	1.6	1.6	3.4	3.2	3.9	1.4	0.0	0.1	0.2	0.2	152
COLON	2328	0	-	-	0.8	-	1.3	-	3.1	3.0	5.0	11.6	18.1	32.7	57.2	90.1	148.2	198.8	43.2	0.7	1.9	15.7	7.1	153
RECTUM	2224	0	-	-	-	-	1.3	1.6	1.7	4.0	4.8	11.0	19.8	31.3	59.0	97.0	120.3	181.8	41.3	0.7	1.8	15.1	6.9	154
LIVER	494	0	4.9	-	-	-	-	0.4	0.7	0.3	-	1.0	4.0	7.3	10.5	23.4	29.9	42.7	9.2	0.1	0.4	3.2	1.5	155
GALLBLADDER ETC.	423	0	-	-	-	-	-	-	0.3	0.7	0.5	0.6	4.0	4.5	8.8	16.4	29.3	39.5	7.9	0.1	0.4	3.4	1.5	156
PANCREAS	1529	0	-	-	-	-	-	-	-	2.4	3.0	7.5	17.3	29.4	38.3	58.3	86.6	118.2	28.4	0.2	1.0	10.2	4.7	157
PERITONEUM ETC.	140	0	-	-	-	-	0.4	-	0.7	0.3	-	0.6	2.0	2.2	2.5	4.8	6.5	13.8	2.6	0.0	0.1	1.0	0.5	158
NOSE, SINUSES ETC.	81	0	-	-	-	-	-	-	0.3	1.0	-	1.0	1.4	2.5	1.9	2.6	2.9	4.5	1.5	0.0	0.1	0.6	0.3	160
LARYNX	744	0	-	1.5	-	-	-	0.8	1.0	3.0	4.5	8.2	3.0	16.5	20.9	25.6	32.3	38.9	13.8	0.6	1.4	5.5	2.5	161
LUNG	4119	0	-	-	-	-	2.1	-	1.7	4.7	11.8	21.6	47.1	68.0	116.7	183.5	221.5	277.5	76.5	0.3	3.4	27.9	12.7	162
PLEURA	27	0	-	-	-	-	0.4	0.4	-	0.3	0.3	0.6	0.7	0.3	0.7	0.6	1.8	1.3	0.5	0.0	0.0	0.3	0.1	163
OTHER THORACIC ORGANS	49	0	-	1.5	-	-	0.4	-	0.7	-	0.3	0.8	0.5	1.1	1.5	1.4	2.9	1.6	0.9	0.0	0.1	0.5	0.2	164
BONE	130	0	-	-	1.5	3.2	0.8	-	1.0	-	1.3	2.0	0.8	2.2	2.9	3.6	6.5	7.1	2.4	0.1	0.2	1.4	0.7	170
CONNECTIVE TISSUE	188	0	-	-	-	1.8	0.8	0.4	2.4	3.0	3.0	1.6	3.5	3.7	5.3	5.0	7.0	6.7	3.5	0.2	0.4	1.8	0.8	171
MELANOMA OF SKIN	387	0	-	-	-	-	4.2	2.7	3.8	-	5.8	5.3	6.0	8.4	10.3	11.0	15.3	13.8	7.2	0.2	0.4	3.6	1.6	172
OTHER SKIN	0	0	-	-	-	-	-	-	-	-	-	-	-	-	-	-	-	-	0.0	0.0	0.0	0.0	0.0	173
BREAST	147	0	-	-	-	-	-	-	-	-	0.8	1.6	1.7	2.2	3.7	7.8	6.2	9.3	2.7	0.1	0.1	1.0	0.5	175
PROSTATE	2282	0	-	-	-	-	-	-	-	1.0	-	1.0	3.7	16.8	41.4	81.1	163.1	301.2	42.4	0.3	1.5	14.4	6.5	185
TESTIS	135	0	-	-	-	2.3	2.5	8.2	7.0	3.7	4.3	2.2	1.3	0.8	1.7	2.2	1.5	1.6	2.5	0.2	0.2	2.4	1.1	186
PENIS ETC.	28	0	-	-	-	-	-	-	-	-	0.5	0.4	-	0.3	0.7	1.6	1.5	1.3	0.5	0.0	0.0	0.2	0.1	187
BLADDER	3007	0	-	-	-	1.4	2.9	0.8	5.2	7.4	11.8	16.7	32.2	51.4	82.1	125.0	165.5	203.6	55.9	1.1	2.5	21.1	9.6	188
OTHER URINARY	1092	0	-	1.5	-	-	0.8	-	1.7	3.0	5.0	9.8	15.3	22.9	30.5	46.1	53.4	57.2	20.3	0.4	0.9	7.7	3.5	189
EYE	114	0	-	-	1.5	-	-	0.8	-	0.3	1.0	0.8	1.8	2.6	4.7	4.2	5.0	3.5	2.1	0.1	0.1	0.8	0.4	190
BRAIN, NERV.SYSTEM	1128	0	9.8	12.0	5.3	2.8	5.9	7.0	9.8	3.7	15.8	19.8	21.1	26.3	34.8	34.1	34.6	21.8	21.0	0.9	1.2	13.1	6.0	191-2
THYROID	232	0	-	-	-	0.5	2.1	3.9	2.4	1.7	1.8	3.5	3.2	3.6	8.0	8.0	8.5	7.1	4.3	0.2	0.3	2.3	1.1	193
OTHER ENDOCRINE	45	0	-	-	0.8	-	0.8	0.4	0.3	1.0	0.3	0.2	1.5	1.9	1.2	1.0	1.8	0.6	0.8	0.0	0.1	0.4	0.2	194
LYMPHOSARCOMA ETC.	837	0	-	1.5	1.5	2.3	1.7	1.9	3.5	4.4	6.0	6.5	12.6	15.3	22.6	29.4	33.7	55.6	15.5	0.4	0.7	6.8	3.1	200
HODGKIN'S DISEASE	175	0	-	-	-	2.8	3.4	0.8	2.4	1.7	1.3	2.9	2.2	5.4	3.7	4.8	4.1	6.4	3.3	0.1	0.2	1.9	0.9	201
OTHER RETICULOSES	319	0	-	-	5.3	0.5	0.4	0.8	0.3	1.7	1.7	1.7	3.2	5.0	8.0	15.0	17.6	18.6	5.9	0.1	0.3	2.3	1.1	202
MULTIPLE MYELOMA	369	0	-	-	0.8	-	0.8	0.8	0.3	1.0	1.0	1.8	3.0	6.2	12.6	12.6	18.2	30.8	6.9	0.1	0.3	2.5	1.1	203
LYMPHATIC LEUKAEMIA	559	0	-	3.0	-	0.9	0.8	1.2	1.4	0.7	2.0	2.4	6.0	10.6	16.8	20.0	29.9	38.2	10.4	0.2	0.5	4.3	2.0	204
MYELOID LEUKAEMIA	336	0	-	-	0.8	0.9	1.3	0.8	2.8	1.7	2.5	3.7	4.9	6.7	8.8	10.6	11.4	22.8	6.2	0.1	0.4	2.8	1.3	205
MONOCYTIC LEUKAEMIA	67	0	-	-	-	-	0.4	-	0.7	1.0	0.3	0.2	0.8	0.6	1.2	2.2	3.5	7.4	1.2	0.0	0.0	0.5	0.2	206
OTHER LEUKAEMIA	11	0	-	-	-	-	-	-	-	-	-	-	-	-	0.3	0.4	0.6	1.3	0.2	0.0	0.0	0.0	0.0	207
LEUKAEMIA, CELL UNSPEC.	134	0	9.8	1.5	-	0.5	-	0.4	0.3	1.3	0.5	2.0	1.5	1.4	2.7	3.4	5.6	13.5	2.5	0.1	0.2	2.4	1.1	208
PRIMARY SITE UNCERTAIN	1399	0	-	-	-	0.9	0.8	0.8	1.4	2.7	4.8	7.1	9.2	17.4	31.7	53.1	75.7	144.5	26.0	0.4	1.0	9.6	4.4	PSU
ALL SITES	29946	0	24.4	26.9	12.2	21.7	35.6	38.2	63.6	82.2	117.5	189.4	308.9	482.0	769.8	1157.1	1600.9	2294.6	556.3	10.9	24.7	219.9	100.0	
ALL BUT 173	29946	0	24.4	26.9	12.2	21.7	35.6	38.2	63.6	82.2	117.5	189.4	308.9	482.0	769.8	1157.1	1600.9	2294.6	556.3	10.9	24.7	219.9	100.0	
Rate from 1 case			4.889	1.496	0.761	0.461	0.419	0.390	0.350	0.337	0.250	0.204	0.168	0.156	0.170	0.200	0.293	0.321						

Note : "Bladder" and "Brain, Nervous System" include benign cases

Table I

USSR, Poland, Romania 1961-1981
AVERAGE ANNUAL INCIDENCE PER 100,000 BY AGE GROUP (YEARS) - FEMALE

SITE	ALL AGES	AGE UNK	0-	5-	10-	15-	20-	25-	30-	35-	40-	45-	50-	55-	60-	65-	70-	75+	CRUDE RATE	CUM. 0-64	CUM. 0-74	ASR WORLD	% ASR TOTAL	ICD (9th)
LIP	101	0	-	-	-	-	-	-	0.3	0.3	0.7	0.9	1.2	2.2	2.0	3.0	5.6	6.2	1.8	0.0	0.1	0.7	0.3	140
TONGUE	67	0	-	-	-	-	-	0.4	-	0.6	0.2	0.9	0.9	0.5	1.9	1.9	3.5	5.5	1.1	0.0	0.1	0.5	0.2	141
SALIVARY GLAND	84	0	-	-	-	-	-	-	-	0.9	0.4	0.5	0.9	1.5	2.9	4.2	2.9	2.5	1.5	0.0	0.1	0.7	0.3	142
MOUTH	67	0	-	-	-	0.5	0.8	-	-	0.3	0.9	0.5	1.1	1.5	2.4	1.6	1.8	5.0	1.2	0.0	0.0	0.5	0.2	143-5
OROPHARYNX	13	0	-	-	-	-	-	-	-	-	0.2	0.2	0.3	0.2	-	0.4	1.2	0.3	0.2	0.0	0.0	0.1	0.0	146
NASOPHARYNX	24	0	-	-	-	-	-	0.7	-	0.3	0.4	0.4	0.3	0.2	0.5	0.4	0.9	0.8	0.4	0.0	0.0	0.2	0.1	147
HYPOPHARYNX	23	0	-	-	-	-	-	-	-	-	-	0.4	0.3	0.9	1.0	0.4	0.6	1.4	0.4	0.0	0.0	0.2	0.1	148
PHARYNX UNSPEC.	3	0	-	-	-	-	-	-	-	-	0.2	-	0.3	0.6	-	-	-	0.8	0.1	0.0	0.0	0.1	0.0	149
OESOPHAGUS	297	0	-	-	-	-	-	-	-	-	0.9	1.1	2.7	3.7	5.5	7.0	13.8	36.7	5.2	0.1	0.2	1.8	0.8	150
STOMACH	2092	0	-	1.5	0.8	-	-	1.5	2.3	5.4	6.7	11.7	16.5	33.0	48.1	65.8	103.6	189.0	36.7	0.6	1.5	13.9	5.8	151
SMALL INTESTINE	55	0	-	-	-	-	-	-	-	-	0.4	0.7	0.9	0.6	1.7	2.4	2.9	2.0	1.0	0.0	0.0	0.4	0.2	152
COLON	2298	0	-	1.5	-	1.5	0.4	1.9	2.6	6.8	8.0	13.1	22.9	37.8	54.5	86.1	116.2	169.4	40.3	0.8	1.8	15.4	6.4	153
RECTUM	1986	0	-	-	-	0.5	0.4	0.7	1.3	6.5	5.9	14.7	26.4	37.0	52.2	73.2	100.4	117.0	34.9	0.7	1.6	13.3	5.5	154
LIVER	357	0	-	-	0.8	-	-	-	0.6	0.6	0.9	2.0	2.6	3.4	8.5	11.2	19.4	35.3	6.3	0.1	0.2	2.3	1.0	155
GALLBLADDER ETC.	1159	0	-	-	0.8	-	-	-	0.3	-	3.0	4.3	10.7	17.8	31.2	42.3	67.8	85.7	20.3	0.3	0.9	7.4	3.1	156
PANCREAS	1107	0	-	-	-	0.5	0.4	-	0.6	-	2.6	4.6	10.5	16.1	32.3	34.5	61.1	89.3	19.4	0.3	0.8	7.1	3.0	157
PERITONEUM ETC.	245	0	-	1.5	-	0.5	0.4	-	-	0.3	0.9	0.5	1.4	3.1	4.1	6.4	12.6	29.7	4.3	0.1	0.2	1.7	0.7	158
NOSE, SINUSES ETC.	50	0	-	-	-	-	-	-	-	-	-	-	1.2	0.6	1.0	2.0	1.5	3.9	0.9	0.0	0.0	0.3	0.1	160
LARYNX	53	0	-	-	-	0.5	-	-	-	-	0.4	0.4	1.5	0.9	2.0	1.6	1.8	1.7	0.9	0.0	0.1	0.4	0.2	161
BRONCHUS, TRACHEA	1541	0	-	-	-	-	0.4	-	0.3	3.1	2.8	13.3	18.3	30.3	42.0	52.6	73.4	102.5	27.0	0.6	1.2	10.1	4.2	162
PLEURA	17	0	-	-	-	-	0.8	-	0.3	-	-	0.2	0.5	0.8	-	0.4	0.6	2.0	0.3	0.0	0.0	0.1	0.1	163
OTHER THORACIC ORGANS	39	0	-	-	-	0.5	-	-	0.3	-	0.7	-	0.9	-	0.9	1.8	1.2	0.6	0.7	0.0	0.0	0.4	0.2	164
BONE	114	0	-	1.5	1.6	1.5	0.8	0.4	1.6	0.3	0.9	1.4	1.8	0.8	2.9	3.0	4.4	7.8	2.0	0.1	0.2	1.3	0.5	170
CONNECTIVE TISSUE	182	0	-	-	-	-	1.3	1.1	2.3	2.3	3.0	2.0	2.4	3.1	4.1	6.0	7.6	7.0	3.2	0.1	0.5	1.6	0.7	171
MELANOMA OF SKIN	550	0	-	-	1.6	2.0	3.8	5.2	7.4	7.7	2.6	11.0	11.6	8.9	12.5	13.4	17.3	12.3	9.7	0.4	0.5	5.3	2.2	172
OTHER SKIN	0	0	-	-	-	-	-	-	-	-	-	-	-	-	-	-	-	-	0.0	0.0	0.0	0.0	0.0	173
BREAST	8234	0	-	-	0.8	0.5	3.4	9.6	33.3	61.1	114.4	160.1	167.7	190.2	223.5	236.2	245.7	221.5	144.5	4.8	7.2	64.7	26.8	174
UTERUS UNSPEC.	86	0	-	-	-	-	-	-	-	0.2	-	0.7	1.1	1.2	1.0	3.0	2.1	10.6	1.5	0.0	0.0	0.5	0.2	179
CERVIX UTERI	519	0	-	1.5	-	-	0.4	1.5	1.0	5.1	11.7	10.7	11.9	10.3	13.1	10.8	14.7	15.7	9.1	0.3	0.5	4.2	1.8	180
CHORIONEPITHELIOMA	13	0	-	-	6.3	-	-	-	0.3	-	0.7	0.4	0.3	-	-	-	-	-	0.2	0.0	0.1	0.1	0.1	181
CORPUS UTERI	1603	0	-	-	-	0.5	-	2.2	1.9	6.0	9.8	24.0	35.8	39.8	46.9	53.8	52.3	48.7	28.1	0.8	1.4	11.6	4.8	182
OVARY ETC.	1963	0	-	1.5	1.6	2.0	1.7	3.3	3.9	11.4	16.9	36.1	44.7	45.5	54.3	59.2	60.5	56.6	34.4	1.1	1.7	15.3	6.3	183
OTHER FEMALE GENITAL	264	0	-	-	-	-	-	-	-	-	0.9	1.4	2.1	3.4	6.1	7.6	16.4	24.1	4.6	0.1	0.2	1.7	0.7	184
BLADDER	722	0	-	-	-	-	-	1.1	0.6	1.7	2.2	5.0	9.9	12.9	21.5	23.7	37.0	43.1	12.7	0.3	0.6	4.8	2.0	188
OTHER URINARY	629	0	-	-	-	-	-	1.5	1.0	1.4	4.1	5.2	8.5	12.9	18.8	20.5	32.3	30.0	11.0	0.3	0.5	4.4	1.8	189
EYE	115	0	5.1	-	-	-	1.7	0.4	0.6	0.3	1.3	1.6	2.0	2.6	3.9	3.2	3.2	3.4	2.0	0.1	0.1	1.0	0.4	190
BRAIN, NERV.SYSTEM	1065	0	-	1.5	-	2.9	2.9	4.1	6.5	9.1	13.7	19.2	24.4	25.0	28.0	33.3	25.5	19.0	18.7	0.7	1.0	10.3	4.3	191-2
THYROID	571	0	-	-	-	1.5	2.1	5.6	8.4	6.3	9.1	10.3	8.1	12.4	13.3	15.2	15.3	16.8	10.0	0.4	1.0	5.3	2.2	193
OTHER ENDOCRINE	24	0	-	-	-	-	-	0.4	-	-	-	0.9	0.5	0.6	0.2	0.8	0.3	1.4	0.4	0.0	0.0	0.2	0.1	194
LYMPHOSARCOMA ETC.	684	0	5.1	-	-	1.0	1.3	0.7	1.6	2.6	3.3	7.6	7.9	11.5	18.8	25.3	29.9	38.9	12.0	0.3	0.6	5.5	2.3	200
HODGKIN'S DISEASE	186	0	-	-	0.8	1.5	3.4	3.7	5.8	3.1	2.4	2.0	2.6	2.8	4.4	3.6	3.2	5.9	3.3	0.2	0.2	2.3	0.9	201
OTHER RETICULOSES	280	0	-	-	0.8	0.5	0.4	0.4	1.6	0.6	1.7	2.3	3.2	5.7	7.7	8.8	13.2	15.7	4.9	0.1	0.2	2.1	0.9	202
MULTIPLE MYELOMA	325	0	-	-	-	-	1.7	-	0.3	0.6	1.1	1.4	4.0	7.8	8.4	11.6	12.0	23.5	5.7	0.1	0.2	2.1	0.9	203
LYMPHATIC LEUKAEMIA	433	0	5.1	3.0	3.9	1.3	1.3	-	0.6	0.6	1.5	2.8	4.1	7.7	12.3	15.9	18.2	29.4	7.6	0.2	0.4	4.2	1.7	204
MYELOID LEUKAEMIA	288	0	-	1.5	-	1.3	1.3	0.4	-	3.7	2.6	3.4	4.6	5.8	7.9	7.8	7.6	15.4	5.1	0.2	0.3	2.5	1.0	205
MONOCYTIC LEUKAEMIA	61	0	-	-	-	-	-	0.4	-	0.3	0.6	0.7	0.8	1.1	1.7	2.6	1.5	3.6	1.1	0.0	0.0	0.4	0.2	206
OTHER LEUKAEMIA	23	0	-	-	-	-	-	0.4	-	-	-	-	1.5	0.5	0.3	1.0	0.3	2.5	0.4	0.0	0.0	0.1	0.1	207
LEUKAEMIA, CELL UNSPEC.	109	0	-	-	0.8	0.5	-	0.4	0.6	-	0.7	0.7	1.2	1.2	2.7	3.0	4.1	9.5	1.9	0.0	0.0	0.9	0.4	208
PRIMARY SITE UNCERTAIN	1687	0	-	-	-	0.5	-	-	2.9	2.8	5.9	9.9	14.5	24.3	37.2	55.6	84.2	153.4	29.6	0.5	1.2	11.0	4.6	PSU
ALL SITES	32408	0	15.2	13.7	20.5	19.0	30.3	49.2	92.1	153.3	251.7	391.1	497.5	630.4	845.6	1024.3	1302.2	1702.9	568.7	15.0	26.7	241.1	100.0	
ALL BUT 173			5.077	1.518	0.788	0.488	0.420	0.370	0.323	0.284	0.217	0.178	0.152	0.154	0.171	0.201	0.294	0.280						
Rate from 1 case																								

Note: "Bladder" and "Brain, Nervous System" include benign cases

Table I

USSR, Poland 1972-1981

AVERAGE ANNUAL INCIDENCE PER 100,000 BY AGE GROUP (YEARS) - MALE

SITE	ALL AGES	AGE UNK	0-	5-	10-	15-	20-	25-	30-	35-	40-	45-	50-	55-	60-	65-	70-	75+	CRUDE RATE	CUM. 0-64	CUM. 0-74	ASR WORLD	% TOTAL	ASR	ICD (9th)
LIP	166	0	-	-	-	-	-	-	-	-	-	-	8.0	8.0	11.5	16.6	15.4	21.9	9.4	0.3	0.4	3.9	1.8	1.8	140
TONGUE	29	0	-	-	-	-	-	-	-	-	-	-	2.1	2.1	1.8	2.2	3.1	4.8	1.6	0.0	0.1	0.6	0.3	0.3	141
SALIVARY GLAND	19	0	-	-	-	1.8	-	-	-	-	-	-	2.1	2.1	0.5	2.2	0.6	1.4	1.1	0.1	0.1	0.6	0.3	0.3	142
MOUTH	35	0	-	-	-	-	-	2.0	-	-	-	-	1.3	2.1	3.7	3.1	0.6	5.5	2.0	0.1	0.1	0.8	0.4	0.4	143-5
OROPHARYNX	3	0	-	-	-	-	-	-	-	-	-	-	-	0.5	-	0.9	-	-	0.2	0.0	0.0	0.2	0.0	0.0	146
NASOPHARYNX	15	0	-	-	-	-	-	-	-	-	-	-	1.3	1.6	-	1.8	1.2	-	0.9	0.0	0.0	0.4	0.2	0.2	147
HYPOPHARYNX	20	0	-	-	-	-	-	-	2.1	-	-	-	-	0.5	1.4	3.6	3.1	2.1	1.1	0.0	0.1	0.3	0.1	0.1	148
PHARYNX UNSPEC.	0	0	-	-	-	-	-	-	-	-	-	-	-	-	-	-	-	-	0.0	0.0	0.0	0.0	0.0	0.0	149
OESOPHAGUS	151	0	-	-	-	-	-	-	-	-	-	-	4.0	5.3	6.9	12.1	20.4	41.1	8.6	0.1	0.2	2.3	1.0	1.0	150
STOMACH	1183	0	-	2.7	-	-	-	-	2.1	8.8	3.6	18.1	27.2	45.6	66.9	104.7	154.2	268.7	67.3	0.9	2.2	20.1	9.2	9.2	151
SMALL INTESTINE	28	0	-	-	-	-	-	5.1	-	-	1.2	-	-	3.7	-	2.7	3.1	2.7	1.6	0.1	0.1	0.5	0.2	0.2	152
COLON	1103	0	-	-	2.2	-	1.5	-	2.1	-	3.6	18.1	22.6	35.5	69.2	104.7	167.2	220.7	62.7	0.8	2.1	18.0	8.2	8.2	153
RECTUM	1101	0	-	-	-	-	1.5	2.0	2.1	7.3	3.6	11.5	27.2	36.0	71.5	119.1	137.0	222.8	62.6	0.8	2.1	18.2	8.3	8.3	154
LIVER	150	0	6.8	-	-	-	-	-	-	1.5	-	1.0	4.6	3.2	6.0	19.3	18.5	33.6	8.5	0.1	0.3	2.4	1.1	1.1	155
GALLBLADDER ETC.	153	0	-	2.7	-	-	-	-	-	-	-	1.0	2.7	6.4	7.4	16.6	19.7	34.3	8.7	0.5	1.2	3.1	1.4	1.4	156
PANCREAS	616	0	-	-	-	-	-	-	2.1	2.9	3.6	7.6	20.6	31.8	29.5	59.3	87.6	119.3	35.0	0.5	1.2	10.2	4.7	4.7	157
PERITONEUM ETC.	44	0	-	-	-	-	-	2.0	-	-	1.2	-	0.7	3.2	-	3.1	3.7	10.3	2.5	0.0	0.1	0.8	0.4	0.4	158
NOSE, SINUSES ETC.	29	0	-	-	-	-	-	-	1.1	1.5	-	-	2.7	1.1	1.8	2.7	3.1	4.1	1.6	0.0	0.1	0.6	0.3	0.3	160
LARYNX	256	0	-	2.7	-	-	1.5	1.0	1.1	1.5	3.6	6.7	13.9	16.4	18.0	21.6	27.1	40.4	14.6	0.3	1.4	5.0	2.3	2.3	161
LUNG	1553	0	-	-	-	-	-	-	2.1	2.9	10.9	23.9	57.1	75.2	103.3	166.3	184.5	268.7	88.3	1.4	3.2	26.8	12.3	12.3	162
PLEURA	11	0	-	-	-	-	-	-	-	-	-	1.0	-	-	-	0.9	2.5	0.7	0.6	0.0	0.0	0.2	0.1	0.1	163
OTHER THORACIC ORGANS	23	0	-	2.7	-	-	1.5	-	1.1	-	3.6	1.0	0.7	1.1	1.4	1.8	4.3	2.1	1.3	0.0	0.1	0.8	0.3	0.3	164
BONE	43	0	-	-	2.2	-	1.5	-	1.1	-	1.2	-	1.3	0.5	-	3.1	4.3	6.9	2.4	0.1	0.2	1.4	0.6	0.6	170
CONNECTIVE TISSUE	66	0	-	10.8	-	3.5	-	1.0	3.2	4.4	7.2	-	6.0	3.2	-	2.2	4.9	8.2	3.8	0.2	0.4	2.0	0.9	0.9	171
MELANOMA OF SKIN	188	0	-	-	-	-	-	4.1	7.4	2.9	7.2	6.7	8.6	12.7	18.4	10.8	18.5	17.8	10.7	0.4	0.5	5.1	2.3	2.3	172
OTHER SKIN	0	0	-	-	-	-	-	-	-	-	-	-	-	-	-	-	-	-	0.0	0.0	0.0	0.0	0.0	0.0	173
BREAST	64	0	-	-	-	-	-	-	-	-	-	1.9	3.3	2.7	4.1	7.6	7.4	9.6	3.6	0.1	0.1	1.1	0.5	0.5	175
PROSTATE	1076	0	-	-	-	-	-	8.1	-	4.4	-	1.0	2.0	22.3	48.4	84.5	175.8	309.8	61.2	0.4	1.7	15.2	7.0	7.0	185
TESTIS	37	0	-	-	-	-	-	-	3.2	-	3.6	3.8	0.7	1.1	2.3	1.8	0.6	2.1	2.1	0.1	0.1	1.8	0.8	0.8	186
PENIS ETC.	9	0	-	-	-	-	-	-	-	-	1.2	-	-	-	0.9	1.3	0.6	1.4	0.5	0.0	0.0	0.2	0.1	0.1	187
BLADDER	1104	0	-	-	-	-	-	1.0	2.1	4.4	14.5	11.5	29.2	47.7	71.5	114.1	151.8	194.0	62.8	0.9	2.3	19.0	8.7	8.7	188
OTHER URINARY	475	0	-	-	-	-	1.5	-	-	4.4	6.0	11.5	19.9	28.6	31.8	52.1	55.5	65.8	27.0	0.5	1.0	8.7	4.0	4.0	189
EYE	37	0	-	2.7	-	-	-	-	-	-	-	-	2.7	2.1	6.5	3.6	2.5	2.1	2.1	0.1	0.1	0.7	0.3	0.3	190
BRAIN, NERV.SYSTEM	403	0	6.8	-	2.2	3.5	4.4	7.1	-	16.1	12.1	20.0	23.9	28.1	34.1	33.3	39.5	27.4	22.9	0.9	1.2	12.2	5.6	5.6	191-2
THYROID	86	0	-	-	-	-	1.5	5.1	3.2	2.9	3.6	4.8	2.7	2.1	7.4	10.8	8.9	3.4	4.9	0.2	0.5	2.5	1.1	1.1	193
OTHER ENDOCRINE	7	0	-	-	-	-	-	-	-	-	-	-	0.7	-	-	0.9	1.9	0.7	0.4	0.0	0.0	0.1	0.1	0.1	194
LYMPHOSARCOMA ETC.	298	0	-	2.7	2.2	1.8	2.9	1.0	7.4	5.9	4.8	9.5	10.0	14.8	21.7	29.2	22.2	52.1	16.9	0.4	0.7	6.9	3.2	3.2	200
HODGKIN'S DISEASE	50	0	-	-	-	1.8	1.5	-	2.1	1.5	-	3.8	2.7	3.7	1.4	5.8	1.9	7.5	2.8	0.1	0.3	1.4	0.6	0.6	201
OTHER RETICULOSES	156	0	-	-	-	-	1.5	2.0	-	2.9	3.6	4.8	5.3	5.8	9.2	18.9	19.7	20.6	8.9	0.3	0.8	3.2	1.5	1.5	202
MULTIPLE MYELOMA	180	0	-	-	-	-	1.5	-	-	2.9	2.4	2.9	4.0	6.9	19.8	16.6	17.9	32.2	10.2	0.2	0.4	3.1	1.4	1.4	203
LYMPHATIC LEUKAEMIA	188	0	-	2.7	-	1.8	1.5	1.1	-	1.1	1.2	1.9	6.6	10.1	12.9	15.3	25.3	33.6	10.7	0.2	0.3	3.7	1.7	1.7	204
MYELOID LEUKAEMIA	125	0	-	-	-	1.8	2.9	-	3.2	1.1	-	3.8	4.6	5.8	12.0	9.0	7.4	26.0	7.1	0.1	0.3	2.8	1.3	1.3	205
MONOCYTIC LEUKAEMIA	22	0	-	-	-	-	1.5	-	1.1	-	-	-	0.7	-	0.5	1.8	3.7	5.5	1.3	0.0	0.0	0.5	0.2	0.2	206
OTHER LEUKAEMIA	5	0	-	-	-	-	-	-	-	-	-	-	-	-	0.5	0.4	0.6	1.4	0.3	0.0	0.0	0.1	0.0	0.0	207
LEUKAEMIA, CELL UNSPEC.	45	0	13.6	-	-	-	-	1.0	-	-	1.9	-	-	1.6	2.3	1.8	6.2	13.0	2.6	0.1	0.1	2.3	1.1	1.1	208
PRIMARY SITE UNCERTAIN	550	0	-	-	-	-	-	-	1.1	4.4	4.8	6.7	8.0	18.0	24.9	51.7	70.9	139.8	31.3	0.3	1.0	9.0	4.1	4.1	PSU
ALL SITES	11902	0	27.3	26.9	6.6	15.9	34.8	40.7	53.8	85.0	123.2	197.5	340.5	497.7	749.3	1142.7	1504.7	2285.8	676.9	11.0	24.2	218.6	100.0		
ALL BUT 173	11902	0	27.3	26.9	6.6	15.9	34.8	40.7	53.8	85.0	123.2	197.5	340.5	497.7	749.3	1142.7	1504.7	2285.8							
Rate from 1 case			6.817	2.690	2.211	1.761	1.452	1.017	1.056	1.465	1.208	0.954	0.664	0.530	0.461	0.449	0.617	0.685							

Note : "Bladder" and "Brain, Nervous System" include benign cases

Table I

USSR, Poland 1972-1981

AVERAGE ANNUAL INCIDENCE PER 100,000 BY AGE GROUP (YEARS) - FEMALE

SITE	ALL AGES	AGE UNK	0-	5-	10-	15-	20-	25-	30-	35-	40-	45-	50-	55-	60-	65-	70-	75+	CRUDE RATE	CUM. 0-64	CUM. 0-74	ASR WORLD	% TOTAL	ASR ICD (9th)
LIP	45	0	-	-	-	-	-	-	-	-	-	1.6	1.1	0.9	3.3	4.4	6.6	7.6	2.4	0.0	0.1	0.7	0.3	140
TONGUE	27	0	-	-	-	-	-	-	-	-	-	0.8	0.5	1.4	1.6	1.8	3.3	6.2	1.4	0.0	0.1	0.4	0.2	141
SALIVARY GLAND	32	0	-	-	-	-	-	-	-	-	2.2	-	1.1	1.4	2.5	5.3	2.7	1.4	1.7	0.0	0.1	0.7	0.3	142
MOUTH	26	0	-	-	-	-	-	-	1.0	-	2.2	-	0.5	1.8	0.8	2.2	2.0	5.5	1.4	0.0	0.1	0.7	0.2	143-5
OROPHARYNX	4	0	-	-	-	-	-	-	-	-	-	-	0.5	0.5	-	-	-	0.7	0.2	0.0	0.0	0.1	0.1	146
NASOPHARYNX	12	0	-	-	-	-	-	-	-	1.4	-	0.8	1.1	1.4	0.8	0.9	2.0	0.7	0.6	0.0	0.1	0.2	0.1	147
HYPOPHARYNX	11	0	-	-	-	-	-	-	-	-	-	0.8	-	0.9	0.8	0.4	-	2.1	0.6	0.0	0.1	0.2	0.1	148
PHARYNX UNSPEC.	0	0	-	-	-	-	-	-	-	-	1.1	-	1.1	-	-	-	-	-	0.0	0.0	0.0	0.0	0.0	149
OESOPHAGUS	110	0	-	-	-	-	-	-	-	-	1.1	0.8	2.2	3.7	4.5	6.2	10.0	38.7	5.9	0.1	1.3	1.7	0.7	150
STOMACH	700	0	-	-	-	-	-	1.9	-	4.2	9.9	13.3	17.5	29.1	43.1	52.6	91.0	146.0	37.3	0.6	12.1	12.1	5.1	151
SMALL INTESTINE	19	0	-	-	-	-	-	-	-	-	-	-	2.2	0.5	1.6	1.8	2.7	1.4	1.0	0.0	0.1	0.1	0.1	152
COLON	1059	0	-	2.8	-	5.6	-	1.0	1.0	8.3	15.3	15.6	22.4	40.6	61.5	102.0	130.2	212.4	56.5	0.9	2.0	18.4	7.7	153
RECTUM	940	0	-	-	-	-	-	-	1.0	15.2	8.8	21.1	28.9	42.0	66.4	89.2	117.6	143.9	50.1	0.9	2.0	16.5	6.9	154
LIVER	123	0	-	-	-	-	-	-	-	-	-	3.9	2.7	2.3	7.4	10.2	19.9	27.7	6.6	0.1	0.2	1.9	0.8	155
GALLBLADDER ETC.	305	0	-	-	-	-	-	-	-	1.4	-	3.9	8.2	15.2	24.2	23.0	43.9	51.9	16.3	0.3	0.6	4.8	2.0	156
PANCREAS	414	0	-	2.8	-	-	-	-	-	-	1.1	5.5	10.9	20.8	31.2	30.9	55.8	76.1	22.1	0.4	0.7	6.7	2.8	157
PERITONEUM ETC.	67	0	-	-	-	-	-	-	-	-	1.1	0.8	1.1	2.8	2.9	5.3	9.3	15.9	3.6	0.1	0.1	1.3	0.6	158
NOSE, SINUSES ETC.	17	0	-	-	-	-	-	-	-	-	-	-	-	0.5	2.1	1.3	2.0	2.1	0.9	0.0	0.0	0.3	0.1	160
LARYNX	27	0	-	-	-	-	-	-	-	-	-	1.6	2.7	1.8	2.9	-	2.5	2.1	1.4	0.0	0.1	0.5	0.2	161
BRONCHUS, TRACHEA	587	0	-	-	-	-	-	-	1.0	2.8	1.1	14.9	21.3	37.4	42.2	48.6	66.5	90.6	31.3	0.6	1.2	10.0	4.2	162
PLEURA	6	0	-	-	-	-	-	-	-	-	-	0.8	-	-	-	0.9	0.7	1.4	0.3	0.0	0.0	0.1	0.0	163
OTHER THORACIC ORGANS	10	0	-	-	-	-	-	-	-	-	-	-	-	0.5	0.4	1.8	1.3	0.7	0.5	0.0	0.0	0.3	0.1	164
BONE	37	0	-	-	2.3	-	1.4	1.0	1.0	1.4	1.1	0.8	2.2	0.5	1.6	2.6	2.7	8.3	2.0	0.1	0.2	1.1	0.4	170
CONNECTIVE TISSUE	70	0	-	-	-	-	1.4	1.9	2.1	1.4	1.1	2.3	1.6	2.8	5.3	6.2	8.0	8.3	3.7	0.1	0.6	1.6	0.7	171
MELANOMA OF SKIN	224	0	-	-	2.3	-	5.6	5.8	5.1	12.5	3.3	12.5	18.6	11.5	13.9	16.8	17.3	15.9	11.9	0.5	0.6	6.2	2.6	172
OTHER SKIN	0	0	-	-	-	-	-	-	-	-	-	-	-	-	0.4	-	-	-	0.0	0.0	0.0	0.0	0.0	173
BREAST	2877	0	-	-	-	1.9	4.2	14.5	33.8	69.2	106.2	150.2	179.1	178.1	223.1	236.3	242.6	226.9	153.4	4.8	7.2	64.7	27.2	174
UTERUS UNSPEC.	30	0	-	-	-	-	-	-	-	-	1.1	0.8	-	0.5	1.2	2.6	2.7	9.7	1.6	0.0	0.0	0.5	0.2	179
CERVIX UTERI	141	0	-	-	-	-	1.4	1.0	2.1	5.5	9.9	3.9	12.6	10.6	9.4	7.5	11.3	11.1	7.5	0.3	0.4	3.6	1.5	180
CHORIONEPITHELIOMA	4	0	-	-	-	-	-	-	1.0	1.4	1.1	-	0.5	-	-	-	-	-	0.2	0.0	0.0	0.1	0.1	181
CORPUS UTERI	562	0	-	-	-	3.8	-	1.9	1.0	4.2	12.0	19.6	42.6	37.8	41.0	46.8	57.2	47.0	30.0	0.8	1.3	11.1	4.7	182
OVARY ETC.	662	0	-	-	2.3	1.9	4.2	3.9	1.0	6.9	16.4	32.1	48.0	38.8	54.1	51.7	58.5	56.7	35.3	1.0	1.6	14.4	6.1	183
OTHER FEMALE GENITAL	106	0	-	-	-	-	-	-	-	-	1.1	0.8	4.4	3.2	6.6	7.9	17.3	20.1	5.7	0.1	0.2	1.7	0.7	184
BLADDER	275	0	-	-	-	-	-	-	1.0	1.4	2.2	1.6	6.6	14.3	20.1	22.1	42.5	43.6	14.7	0.2	0.6	4.5	1.9	188
OTHER URINARY	247	0	-	-	-	-	-	1.0	1.0	2.8	2.1	6.3	11.5	13.8	18.5	21.6	33.9	26.3	13.2	0.3	0.6	4.5	1.9	189
EYE	33	0	-	2.8	-	-	1.4	-	-	1.4	1.1	0.8	0.5	2.3	4.1	2.6	4.0	-	1.8	0.1	0.1	0.8	0.3	190
BRAIN, NERV.SYSTEM	378	0	-	2.8	11.5	3.8	1.4	2.9	3.1	1.4	9.9	18.0	26.8	25.4	29.5	34.9	29.2	21.4	20.2	0.7	1.0	9.5	4.0	191-2
THYROID	208	0	-	-	-	1.9	1.4	4.8	12.3	12.5	11.0	11.7	9.3	15.7	12.7	13.7	10.6	18.0	11.1	0.5	1.3	6.1	2.6	193
OTHER ENDOCRINE	8	0	-	-	-	-	1.4	1.0	-	-	-	1.6	1.1	0.5	0.4	0.4	-	-	0.4	0.0	0.0	0.3	0.1	194
LYMPHOSARCOMA ETC.	255	0	7.3	-	-	1.9	1.4	1.9	2.1	2.8	2.2	7.0	8.2	11.1	19.3	28.7	24.6	32.5	13.6	0.3	0.6	5.8	2.4	200
HODGKIN'S DISEASE	64	0	-	-	-	3.8	1.4	1.9	4.1	2.8	1.1	1.6	3.3	2.3	4.9	3.1	5.3	7.6	3.4	0.1	0.2	2.0	0.9	201
OTHER RETICULOSES	113	0	-	-	-	-	1.4	1.0	2.1	1.4	1.1	2.3	3.2	5.1	8.6	8.4	13.3	20.1	6.0	0.1	0.2	2.2	0.9	202
MULTIPLE MYELOMA	125	0	-	-	2.3	-	1.4	-	1.0	-	1.1	-	4.4	8.3	7.0	11.9	11.3	25.6	6.7	0.1	0.2	2.0	0.8	203
LYMPHATIC LEUKAEMIA	144	0	-	5.5	-	-	2.8	-	-	1.4	1.1	2.3	1.1	6.9	8.6	14.6	18.6	22.8	7.7	0.2	0.3	3.6	1.5	204
MYELOID LEUKAEMIA	92	0	-	-	6.9	-	2.8	-	-	4.2	2.1	1.6	2.2	4.2	8.2	7.5	4.7	18.0	4.9	0.1	0.1	2.0	0.8	205
MONOCYTIC LEUKAEMIA	24	0	-	-	-	-	-	1.0	-	-	1.1	1.6	0.5	0.9	2.1	3.1	2.0	2.1	1.3	0.0	0.0	0.5	0.2	206
OTHER LEUKAEMIA	10	0	-	-	-	-	-	-	-	-	-	-	-	0.9	0.4	1.8	-	2.1	0.5	0.0	0.0	0.1	0.1	207
LEUKAEMIA, CELL UNSPEC.	42	0	-	-	2.3	-	-	1.0	-	-	1.1	-	2.2	0.9	3.7	2.6	4.0	9.0	2.2	0.1	0.1	0.9	0.4	208
PRIMARY SITE UNCERTAIN	588	0	-	-	-	1.9	-	-	3.1	5.5	6.6	7.0	9.8	20.3	30.8	47.3	85.1	133.5	31.4	0.4	1.1	9.8	4.1	PSU
ALL SITES																								
ALL BUT 173	11860	0	7.3	13.8	27.5	24.4	35.0	49.5	80.0	171.6	238.8	370.7	525.3	621.9	835.2	992.8	1275.9	1621.6	632.4	15.0	26.3	237.6	100.0	
Rate from 1 case			7.310	2.755	2.294	1.881	1.399	0.970	1.026	1.384	1.095	0.782	0.546	0.461	0.410	0.442	0.665	0.692						

Note : "Bladder" and "Brain, Nervous System" include benign cases

Table I

Romania 1972-1981

AVERAGE ANNUAL INCIDENCE PER 100,000 BY AGE GROUP (YEARS) - MALE

SITE	ALL AGES	AGE UNK	0-	5-	10-	15-	20-	25-	30-	35-	40-	45-	50-	55-	60-	65-	70-	75+	CRUDE RATE	CUM. 0-64	CUM. 0-74	ASR WORLD	% TOTAL	ASR ICD (9th)
LIP	81	0	-	-	-	-	-	-	-	-	5.6	6.8	5.9	4.3	12.6	13.6	18.7	39.1	8.9	0.2	0.4	3.5	1.4	140
TONGUE	15	0	-	-	-	-	-	-	3.2	-	-	1.1	-	3.2	1.1	4.5	3.1	4.9	1.7	0.0	0.1	0.6	0.3	141
SALIVARY GLAND	18	0	-	-	-	-	-	-	1.6	-	-	-	1.0	1.1	5.7	1.1	3.1	13.0	2.0	0.0	0.1	0.7	0.3	142
MOUTH	19	0	-	-	-	-	-	-	-	-	-	-	-	-	6.9	3.4	6.2	9.8	2.1	0.0	0.1	0.7	0.3	143-5
OROPHARYNX	4	0	-	-	-	-	-	-	-	-	-	-	-	-	-	-	4.7	-	0.4	0.0	0.0	0.1	0.1	146
NASOPHARYNX	10	0	-	-	-	-	-	1.5	-	-	-	1.1	-	1.1	1.1	3.4	1.6	1.6	1.1	0.0	0.1	0.5	0.2	147
HYPOPHARYNX	7	0	-	-	-	-	-	-	-	-	-	-	-	-	3.4	1.1	1.6	3.3	0.8	0.0	0.1	0.3	0.1	148
PHARYNX UNSPEC.	1	0	-	-	-	-	-	-	-	-	-	-	-	2.1	1.1	-	-	1.6	0.1	0.0	0.0	0.0	0.0	149
OESOPHAGUS	51	0	-	-	-	-	-	-	-	-	-	2.3	2.0	1.1	5.7	10.2	21.8	29.3	5.6	0.1	0.2	1.8	0.8	150
STOMACH	558	0	-	-	-	-	-	-	-	7.8	5.6	16.9	23.6	42.7	64.0	124.7	196.4	288.5	61.4	0.8	2.4	20.9	8.7	151
SMALL INTESTINE	14	0	-	-	-	-	-	-	3.2	-	-	-	-	1.1	2.3	3.4	6.2	6.5	1.5	0.0	0.1	0.5	0.2	152
COLON	476	0	-	-	-	-	-	-	3.2	-	9.7	9.0	20.6	37.4	64.0	103.1	162.1	247.7	52.4	0.7	2.0	17.7	7.4	153
RECTUM	423	0	-	-	-	-	-	-	1.6	7.8	11.1	12.4	20.6	37.4	77.7	92.9	130.9	177.6	46.6	0.8	2.0	16.6	6.9	154
LIVER	188	0	-	-	-	-	-	1.5	-	-	-	1.1	8.8	17.1	28.6	46.5	67.0	84.7	20.7	0.3	0.9	6.9	2.9	155
GALLBLADDER ETC.	88	0	-	-	-	-	-	-	-	2.0	1.4	2.3	3.9	3.2	10.3	13.6	39.0	50.5	9.7	0.1	0.4	3.3	1.4	156
PANCREAS	290	0	-	-	-	-	-	-	-	3.9	5.6	12.4	17.7	42.7	44.6	63.5	76.4	115.7	31.9	0.6	1.3	11.4	4.8	157
PERITONEUM ETC.	22	0	-	-	-	-	-	-	-	-	2.8	2.3	-	1.1	4.6	3.4	6.2	9.8	2.4	0.1	0.1	0.9	0.4	158
NOSE, SINUSES ETC.	17	0	-	-	-	-	-	-	-	-	-	-	1.0	3.2	1.1	2.3	4.7	4.9	1.9	0.0	0.1	0.8	0.3	160
LARYNX	145	0	-	-	-	-	-	-	-	2.0	4.2	4.5	21.6	8.5	25.1	26.1	42.1	42.4	16.0	0.4	0.7	6.2	2.6	161
LUNG	904	0	-	-	-	-	2.6	5.1	3.2	3.9	18.1	12.4	63.8	78.0	145.1	214.2	308.6	337.4	99.5	1.7	4.3	35.0	14.6	162
PLEURA	6	0	-	-	-	-	-	-	-	-	1.4	30.4	1.0	1.1	-	1.1	1.6	1.6	0.7	0.0	0.1	0.3	0.1	163
OTHER THORACIC ORGANS	7	0	-	-	-	-	-	-	-	-	-	2.3	-	2.3	2.3	-	-	-	0.8	0.0	0.0	0.3	0.1	164
BONE	23	0	-	-	-	5.0	-	-	-	-	1.4	1.1	1.0	-	2.3	4.5	9.4	11.4	2.5	0.1	0.1	1.3	0.5	170
CONNECTIVE TISSUE	39	0	-	-	-	5.0	2.6	-	-	2.0	4.2	3.4	4.9	3.2	4.6	10.2	9.4	4.9	4.3	0.2	0.4	2.4	1.0	171
MELANOMA OF SKIN	76	0	-	-	-	-	2.6	3.0	6.5	-	7.0	10.1	4.9	6.4	6.9	13.6	21.8	17.9	8.4	0.2	0.4	4.0	1.7	172
OTHER SKIN	0	0	-	-	-	-	-	-	-	-	-	-	-	-	-	-	-	-	0.0	0.0	0.0	0.0	0.0	173
BREAST	28	0	-	-	-	-	-	-	-	-	1.4	2.3	2.9	4.3	2.3	6.8	7.8	8.1	3.1	0.1	0.1	1.2	0.5	175
PROSTATE	446	0	-	-	-	-	-	-	-	3.9	-	2.3	2.9	18.2	42.3	87.3	174.5	319.4	49.1	0.3	1.7	15.4	6.5	185
TESTIS	35	0	-	-	-	-	5.1	12.2	14.5	-	-	1.1	2.9	2.1	3.4	4.5	1.6	-	3.9	0.3	0.3	3.3	1.6	186
PENIS ETC.	8	0	-	-	-	-	-	-	-	-	-	1.1	-	1.1	2.3	2.3	1.6	1.6	0.9	0.0	0.0	0.3	0.1	187
BLADDER	596	0	-	-	-	-	2.6	-	1.6	2.0	13.9	14.6	30.4	55.5	86.8	149.6	227.5	216.8	65.6	1.1	2.9	23.1	9.7	188
OTHER URINARY	155	0	-	-	-	5.0	-	-	-	-	4.2	7.9	11.8	15.0	32.0	31.7	45.2	53.8	17.1	0.4	0.7	6.2	2.6	189
EYE	18	0	-	-	-	-	-	-	-	-	-	-	2.9	2.1	3.4	5.7	3.1	4.9	2.0	0.0	0.1	0.7	0.3	190
BRAIN, NERV.SYSTEM	182	0	-	-	-	-	7.7	4.6	9.7	2.0	16.7	20.3	15.7	28.8	32.0	41.9	28.1	21.2	20.0	0.7	1.0	9.4	3.9	191-2
THYROID	50	0	-	-	-	-	-	4.6	4.8	2.0	4.2	4.5	4.9	7.5	8.0	5.7	7.8	11.4	5.5	0.2	0.3	2.7	1.1	193
OTHER ENDOCRINE	9	0	-	-	12.6	-	-	-	-	-	-	-	4.9	2.1	-	-	-	1.6	1.0	0.1	0.1	1.5	0.6	194
LYMPHOSARCOMA ETC.	197	0	-	-	12.6	5.0	2.6	3.0	3.2	5.9	8.3	6.8	20.6	17.1	27.4	44.2	48.3	71.7	21.7	0.6	1.0	10.0	4.2	200
HODGKIN'S DISEASE	38	0	-	-	-	10.0	5.1	3.0	3.2	-	-	4.5	3.9	7.5	4.6	3.4	9.4	3.3	4.2	0.2	0.3	3.0	1.3	201
OTHER RETICULOSES	67	0	-	-	-	-	-	-	-	3.9	1.4	1.1	2.9	4.3	12.6	22.7	21.8	19.6	7.4	0.1	0.3	2.6	1.1	202
MULTIPLE MYELOMA	80	0	-	-	-	-	-	-	3.9	3.9	1.4	2.3	2.9	3.2	9.1	15.9	26.5	48.9	8.8	0.1	0.3	3.1	1.3	203
LYMPHATIC LEUKAEMIA	101	0	-	-	-	-	2.6	-	-	-	1.4	1.1	3.9	8.5	21.7	19.3	39.0	37.5	11.1	0.2	0.5	4.1	1.7	204
MYELOID LEUKAEMIA	59	0	-	-	-	-	-	-	3.2	-	4.2	1.1	2.0	10.7	3.4	15.9	9.4	27.7	6.5	0.1	0.3	3.0	1.0	205
MONOCYTIC LEUKAEMIA	12	0	-	-	-	-	-	-	1.6	-	-	1.1	-	-	1.1	3.4	3.1	4.9	1.3	0.0	0.0	0.5	0.2	206
OTHER LEUKAEMIA	3	0	-	-	-	-	-	-	-	-	-	-	-	-	-	-	1.6	1.6	0.3	0.1	0.1	0.1	0.2	207
LEUKAEMIA, CELL UNSPEC.	27	0	-	-	-	-	-	1.5	-	-	1.4	3.4	2.9	1.1	-	4.5	4.7	17.9	3.0	0.1	0.1	1.2	0.5	208
PRIMARY SITE UNCERTAIN	285	0	-	-	-	-	-	1.5	1.6	2.0	9.7	9.0	9.8	18.2	46.8	51.0	96.6	149.9	31.4	0.5	1.2	11.0	4.6	PSU

ALL SITES

	ALL BUT 173		0-	5-	10-	15-	20-	25-	30-	35-	40-	45-	50-	55-	60-	65-	70-	75+						
ALL BUT 173	5878	0	-	-	25.2	39.8	33.2	39.6	69.3	56.8	144.7	216.2	334.8	503.0	859.1	1276.2	1902.8	2526.1	647.3	11.6	27.5	239.0	100.0	
Rate from 1 case			93.46	27.03	12.61	4.98	2.55	1.52	1.61	1.96	1.39	1.13	0.98	1.07	1.14	1.13	1.56	1.63						

Note : "Bladder" and "Brain, Nervous System" include benign cases

Table I

Romania 1972-1981

AVERAGE ANNUAL INCIDENCE PER 100,000 BY AGE GROUP (YEARS) - FEMALE

SITE	ALL AGES	AGES UNK	0-	5-	10-	15-	20-	25-	30-	35-	40-	45-	50-	55-	60-	65-	70-	75+	CRUDE RATE	CUM. 0-64	CUM. 0-74	ASR WORLD	% ASR TOTAL	ICD (9th)
LIP	24	0	-	-	-	-	-	-	-	-	-	1.9	0.8	3.7	1.0	4.1	6.7	4.5	2.3	0.1	0.1	1.0	0.4	140
TONGUE	6	0	-	-	-	-	-	1.6	1.6	-	1.3	0.9	-	-	3.1	4.1	1.1	1.1	0.6	0.1	0.1	0.2	0.1	141
SALIVARY GLAND	19	0	-	-	-	-	2.6	-	-	-	-	-	1.6	1.8	3.1	4.1	5.4	3.3	1.9	0.0	0.0	0.8	0.3	142
MOUTH	12	0	-	-	-	-	-	-	-	-	-	0.9	0.8	-	3.1	1.0	1.3	3.3	1.2	0.0	0.0	0.4	0.2	143-5
OROPHARYNX	5	0	-	-	-	-	-	-	-	-	2.5	-	-	-	-	1.0	2.7	5.6	0.5	0.0	0.0	0.2	0.1	146
NASOPHARYNX	4	0	-	-	-	-	-	1.6	-	-	-	-	-	-	1.0	-	-	2.2	0.4	0.0	0.0	0.2	0.1	147
HYPOPHARYNX	1	0	-	-	-	-	-	-	-	-	-	-	-	-	-	1.0	-	-	0.1	0.0	0.0	0.0	0.0	148
PHARYNX UNSPEC.	0	0	-	-	-	-	-	-	-	-	-	-	-	-	-	-	-	-	0.0	0.0	0.0	0.0	0.0	149
OESOPHAGUS	47	0	-	-	-	-	-	-	-	-	-	-	0.8	3.7	2.1	5.2	6.7	33.5	4.6	0.0	0.1	1.2	0.5	150
STOMACH	391	0	-	-	-	-	-	-	3.3	5.6	3.8	10.3	6.5	30.5	39.0	62.1	93.7	181.8	38.1	0.5	1.3	11.9	4.7	151
SMALL INTESTINE	12	0	-	-	-	-	-	-	-	-	-	0.9	-	1.8	2.1	2.1	4.0	2.2	1.2	0.0	0.1	0.4	0.2	152
COLON	476	0	-	-	-	-	2.6	-	4.9	7.5	7.6	13.1	20.2	36.0	53.4	103.4	112.4	164.0	46.4	0.7	1.8	15.5	6.1	153
RECTUM	406	0	-	-	-	-	-	1.6	1.6	3.7	7.6	15.0	30.7	28.7	53.4	74.5	103.1	123.8	39.6	0.7	1.6	13.3	5.2	154
LIVER	94	0	-	-	-	-	-	-	-	-	1.3	3.7	0.8	1.8	18.5	15.5	17.0	44.6	9.2	0.1	0.3	2.9	1.1	155
GALLBLADDER ETC.	248	0	-	-	13.0	-	-	-	-	-	-	2.8	8.9	12.9	30.8	55.8	70.0	90.4	24.2	0.4	0.9	8.5	3.4	156
PANCREAS	266	0	-	-	-	-	2.6	-	-	1.9	6.3	6.5	8.1	14.8	27.7	42.4	76.3	113.8	25.9	0.3	1.0	8.2	3.2	157
PERITONEUM ETC.	33	0	-	-	-	-	2.6	-	1.6	1.9	-	-	0.8	0.9	1.0	5.2	8.0	19.0	3.2	0.0	0.1	1.1	0.4	158
NOSE, SINUSES ETC.	7	0	-	-	-	-	-	-	-	-	1.3	-	0.8	0.9	-	1.0	1.3	2.2	0.7	0.0	0.1	0.3	0.1	160
LARYNX	16	0	-	-	-	-	-	-	-	-	-	-	3.2	0.9	-	3.1	2.7	2.2	1.6	0.1	0.4	1.0	0.4	161
BRONCHUS, TRACHEA	362	0	-	-	-	5.1	-	-	-	7.5	2.5	15.0	25.8	38.8	42.1	64.1	80.3	114.9	35.3	0.7	1.4	11.9	4.7	162
PLEURA	4	0	-	-	-	-	2.6	-	-	-	-	0.9	-	-	-	-	1.3	1.1	0.4	0.0	0.1	0.3	0.1	163
OTHER THORACIC ORGANS	9	0	-	-	-	-	2.6	-	-	1.9	1.3	0.9	1.6	-	2.1	-	2.7	-	0.9	0.0	0.1	0.6	0.2	164
BONE	22	0	-	-	-	-	-	-	-	-	-	-	1.6	0.9	-	3.1	5.4	5.6	2.1	0.1	0.1	0.3	0.1	170
CONNECTIVE TISSUE	34	0	-	-	-	-	5.2	1.6	1.6	-	1.3	1.9	4.8	2.8	4.1	4.1	6.7	5.6	3.3	0.2	0.2	1.7	0.7	171
MELANOMA OF SKIN	121	0	-	-	-	-	7.8	7.8	8.1	9.3	16.5	15.0	12.9	3.7	11.3	13.4	20.1	16.7	11.8	0.5	0.6	6.6	2.6	172
OTHER SKIN	0	0	-	-	-	-	-	-	-	-	-	-	-	-	-	-	-	-	0.0	0.0	0.0	0.0	0.0	173
BREAST	1744	0	-	-	-	-	5.2	6.2	45.6	50.4	130.5	170.2	163.1	197.8	259.6	284.4	302.5	254.3	170.0	5.1	8.1	70.8	27.9	174
UTERUS UNSPEC.	19	0	-	-	-	-	-	-	-	-	-	0.9	2.4	2.8	1.0	4.1	-	7.8	1.9	0.0	0.1	0.6	0.2	179
CERVIX UTERI	123	0	-	-	-	-	-	-	-	9.3	11.4	10.3	11.3	13.9	19.5	12.4	18.7	26.8	12.0	0.4	0.5	5.0	2.0	180
CHORIONEPITHELIOMA	0	0	-	-	-	-	-	-	-	-	-	-	-	-	-	-	-	-	0.0	0.0	0.0	0.0	0.0	181
CORPUS UTERI	345	0	-	-	-	-	-	3.1	-	5.6	16.5	33.7	37.1	42.5	48.2	68.3	52.2	52.4	33.6	0.9	1.5	13.2	5.2	182
OVARY ETC.	415	0	-	-	-	5.1	2.6	3.1	4.9	16.8	21.5	41.2	50.1	45.3	57.5	68.3	66.9	61.3	40.4	1.2	1.9	17.2	6.8	183
OTHER FEMALE GENITAL	60	0	-	-	-	-	-	-	-	-	1.3	2.8	-	4.6	7.2	8.3	8.0	33.5	5.8	0.1	0.2	1.8	0.7	184
BLADDER	142	0	-	-	-	-	-	1.6	-	-	-	7.5	5.7	12.9	24.6	26.9	36.1	36.8	13.8	0.3	0.6	4.8	1.9	188
OTHER URINARY	123	0	-	-	-	-	-	-	1.6	1.9	2.5	5.6	7.3	12.0	19.5	15.5	26.8	41.3	12.0	0.3	0.5	4.1	1.6	189
EYE	17	0	-	-	-	-	-	1.6	-	-	-	-	1.6	2.8	3.1	-	2.7	4.5	1.7	0.0	0.1	0.6	0.3	190
BRAIN, NERV.SYSTEM	169	0	-	-	-	5.1	2.6	4.7	6.5	16.8	11.4	9.4	22.6	19.4	23.6	21.7	26.8	21.2	16.5	0.6	0.9	8.2	3.2	191-2
THYROID	130	0	-	-	-	10.3	2.6	10.9	9.8	1.9	8.9	13.1	8.9	12.9	20.5	18.6	21.4	14.5	12.7	0.5	0.7	7.1	2.8	193
OTHER ENDOCRINE	6	0	-	-	-	-	-	-	-	-	-	-	-	0.9	-	1.0	1.3	3.3	0.6	0.0	0.0	0.2	0.1	194
LYMPHOSARCOMA ETC.	138	0	-	-	-	-	-	1.6	-	5.6	3.8	7.5	6.5	8.3	21.6	23.8	38.8	37.9	13.5	0.3	0.6	4.8	1.9	200
HODGKIN'S DISEASE	38	0	-	-	-	5.1	7.8	-	11.4	1.9	3.8	1.9	2.4	3.7	4.1	4.1	2.7	3.3	3.7	0.2	0.3	3.0	1.2	201
OTHER RETICULOSES	65	0	-	-	-	-	-	-	-	1.9	6.3	3.7	1.6	8.3	5.1	14.5	18.7	11.2	6.3	0.2	0.3	2.5	1.0	202
MULTIPLE MYELOMA	68	0	-	-	-	-	-	-	-	1.9	1.3	3.7	3.2	7.4	12.3	11.4	10.7	22.3	6.6	0.1	0.3	2.3	0.9	203
LYMPHATIC LEUKAEMIA	75	0	-	-	-	-	-	-	-	-	1.3	3.7	-	3.7	6.2	14.5	18.7	33.5	7.3	0.2	0.3	3.8	1.5	204
MYELOID LEUKAEMIA	56	0	-	-	13.0	-	-	1.6	-	1.6	6.3	3.7	4.8	4.6	7.2	7.2	10.7	12.3	5.5	0.2	0.4	2.7	1.1	205
MONOCYTIC LEUKAEMIA	19	0	-	-	-	5.1	-	1.6	1.6	-	2.5	0.9	1.6	1.8	3.1	1.0	1.3	7.8	1.9	0.1	0.1	0.7	0.3	206
OTHER LEUKAEMIA	8	0	-	-	-	-	-	-	-	-	1.3	-	-	-	1.0	1.0	1.3	4.5	0.8	0.0	0.1	0.3	0.1	207
LEUKAEMIA, CELL UNSPEC.	17	0	-	-	-	-	-	1.6	-	-	-	0.9	-	0.9	1.0	2.1	2.7	10.0	1.7	0.0	0.0	0.5	0.2	208
PRIMARY SITE UNCERTAIN	359	0	-	-	-	-	-	1.6	-	-	5.1	13.1	17.0	28.7	32.8	63.1	76.3	153.9	35.0	0.5	1.2	11.0	4.3	PSU
ALL SITES	6755	0	-	-	26.0	41.1	49.2	51.5	104.3	151.2	291.3	425.6	478.0	620.2	884.6	1140.8	1376.2	1792.5	658.4	15.6	28.2	254.1	100.0	
ALL BUT 173	6755	0	-	-	26.0	41.1	49.2	51.5	104.3	151.2	291.3	425.6	478.0	620.2	884.6	1140.8	1376.2	1792.5	658.4	15.6	28.2	254.1	100.0	
Rate from 1 case			90.91	26.67	13.00	5.14	2.59	1.56	1.63	1.87	1.27	0.94	0.81	0.92	1.03	1.03	1.34	1.12						

Note : "Bladder" and "Brain, Nervous System" include benign cases

Table I

Bulgaria, Greece 1961-1981
AVERAGE ANNUAL INCIDENCE PER 100,000 BY AGE GROUP (YEARS) - MALE

SITE	ALL AGES	AGE UNK	0-	5-	10-	15-	20-	25-	30-	35-	40-	45-	50-	55-	60-	65-	70-	75+	CRUDE RATE	CUM. 0-64	CUM. 0-74	ASR WORLD	% TOTAL	ASR	ICD (9th)
LIP	27	0	-	-	-	-	-	-	3.2	-	2.5	4.8	4.7	4.6	2.6	21.3	20.2	20.2	6.6	0.3	1.1	2.8	1.1	1.1	140
TONGUE	2	0	-	-	-	-	-	-	-	-	-	2.4	-	2.3	2.6	-	-	-	0.5	0.0	0.1	0.2	0.1	0.1	141
SALIVARY GLAND	4	0	-	-	-	-	-	4.3	-	-	-	4.8	-	-	2.6	3.0	8.1	-	1.0	0.1	0.1	0.7	0.3	0.3	142
MOUTH	6	0	-	-	-	-	-	-	-	-	-	-	-	4.6	2.6	-	-	-	1.5	0.0	0.1	0.5	0.2	0.2	143-5
OROPHARYNX	2	0	-	-	-	-	-	-	-	-	-	-	-	-	-	3.0	8.1	-	0.5	0.0	0.1	0.2	0.1	0.1	146
NASOPHARYNX	6	0	-	-	-	-	-	-	-	-	-	2.4	2.3	-	-	-	4.0	8.1	1.5	0.0	0.1	0.6	0.2	0.2	147
HYPOPHARYNX	1	0	-	-	-	-	-	-	-	-	-	-	-	-	2.6	6.1	-	4.0	0.2	0.0	0.0	0.1	0.0	0.0	148
PHARYNX UNSPEC.	0	0	-	-	-	-	-	-	-	-	-	-	-	-	-	-	-	-	0.0	0.0	0.0	0.0	0.0	0.0	149
OESOPHAGUS	12	0	-	-	-	-	-	-	-	-	-	-	-	4.6	5.2	9.1	8.1	12.1	3.0	0.0	0.1	1.1	0.4	0.4	150
STOMACH	234	0	-	-	-	-	-	-	-	8.8	10.1	9.6	23.4	55.1	87.7	91.2	210.4	294.3	57.6	1.0	2.5	21.4	8.4	8.4	151
SMALL INTESTINE	4	0	-	-	-	-	-	-	-	-	-	-	-	4.6	-	3.0	4.0	-	1.0	0.0	0.1	0.4	0.1	0.1	152
COLON	165	0	-	-	-	10.5	-	-	3.2	5.9	-	2.4	16.4	32.2	54.2	91.2	121.4	233.9	40.6	0.6	1.7	15.7	6.2	6.2	153
RECTUM	146	0	-	-	-	-	-	-	-	-	5.0	4.8	30.4	27.6	74.8	76.0	133.5	121.0	36.0	0.7	1.8	13.6	5.3	5.3	154
LIVER	46	0	-	-	-	-	-	-	-	-	2.5	4.8	11.7	6.9	20.6	18.2	20.2	64.5	11.3	0.2	0.4	4.4	1.7	1.7	155
GALLBLADDER ETC.	26	0	-	-	-	-	-	-	-	-	-	2.4	2.3	6.9	5.2	15.2	20.2	36.3	6.4	0.1	0.3	2.3	0.9	0.9	156
PANCREAS	91	0	-	-	-	-	-	-	-	-	2.5	4.8	14.1	27.6	36.1	48.6	64.7	96.8	22.4	0.4	1.0	8.4	3.3	3.3	157
PERITONEUM ETC.	14	0	-	-	-	-	-	-	-	-	-	4.8	-	-	-	3.0	20.2	20.2	3.4	0.0	0.2	1.3	0.5	0.5	158
NOSE, SINUSES ETC.	5	0	-	-	-	-	-	-	-	-	-	-	2.3	-	-	-	8.1	-	1.2	0.0	0.1	0.5	0.2	0.2	160
LARYNX	108	0	-	-	-	-	-	4.3	-	2.9	12.6	12.0	23.4	48.2	41.3	48.8	80.9	56.4	26.6	0.7	1.4	10.6	4.2	4.2	161
LUNG	478	0	-	-	-	-	-	-	-	2.9	17.7	31.1	49.2	147.0	178.0	282.6	404.6	439.5	117.7	2.2	5.6	44.3	17.3	17.3	162
PLEURA	2	0	-	-	-	-	-	4.3	-	-	-	-	-	-	-	6.1	-	-	-	0.0	0.1	0.2	0.1	0.1	163
OTHER THORACIC ORGANS	6	0	-	-	-	-	-	-	-	-	2.5	2.4	-	-	2.6	3.0	4.0	4.0	1.5	0.0	0.1	0.8	0.3	0.3	164
BONE	8	0	-	-	-	-	-	-	-	-	-	2.4	2.3	-	2.6	-	8.1	-	2.0	0.0	0.1	0.8	0.3	0.3	170
CONNECTIVE TISSUE	18	0	-	-	-	-	-	4.3	3.2	8.8	2.5	2.4	4.7	11.5	5.2	3.0	4.0	-	4.4	0.2	0.2	2.4	1.0	1.0	171
MELANOMA OF SKIN	40	0	-	-	-	10.5	-	12.8	19.2	14.7	12.6	4.8	9.4	4.6	7.7	15.2	4.0	12.1	9.8	0.5	0.6	6.8	2.7	2.7	172
OTHER SKIN	0	0	-	-	-	-	-	-	-	-	-	-	-	-	-	-	-	-	0.0	0.0	0.0	0.0	0.0	0.0	173
BREAST	13	0	-	-	-	-	-	-	-	-	-	4.8	-	6.9	7.7	6.1	4.0	8.1	3.2	0.1	0.1	1.3	0.5	0.5	175
PROSTATE	276	0	-	-	-	-	-	-	-	2.9	-	-	4.7	23.0	67.1	133.7	299.4	483.9	68.0	0.5	2.6	23.5	9.2	9.2	185
TESTIS	12	0	-	-	-	-	-	-	3.2	-	12.6	4.8	2.3	-	-	-	4.0	4.0	3.0	0.1	0.1	1.7	0.7	0.7	186
PENIS ETC.	0	0	-	-	-	-	-	-	-	-	-	-	-	-	-	-	-	-	0.0	0.0	0.0	0.0	0.0	0.0	187
BLADDER	305	0	-	-	-	-	-	4.3	9.6	2.9	25.2	14.4	53.9	89.6	108.3	191.4	198.2	278.2	75.1	1.5	3.5	29.0	11.4	11.4	188
OTHER URINARY	61	0	-	-	-	-	-	-	12.8	2.9	2.5	7.2	7.0	4.6	25.8	30.4	48.5	56.4	15.0	0.3	0.7	6.4	2.5	2.5	189
EYE	12	0	-	-	-	-	6.2	-	-	-	-	-	-	-	7.7	-	24.3	4.0	3.0	0.1	0.2	1.5	0.6	0.6	190
BRAIN, NERV.SYSTEM	62	0	-	-	-	20.9	-	4.3	-	5.9	10.1	2.4	18.7	20.7	7.7	27.3	28.3	44.4	15.3	0.5	0.8	8.4	3.3	3.3	191-2
THYROID	12	0	-	-	-	-	-	-	-	2.9	2.5	2.4	2.3	2.3	5.2	3.0	4.0	12.1	3.0	0.1	0.3	1.3	0.5	0.5	193
OTHER ENDOCRINE	2	0	-	-	-	-	-	-	-	-	-	2.4	-	-	2.6	-	-	-	0.5	0.0	0.0	0.2	0.1	0.1	194
LYMPHOSARCOMA ETC.	54	0	-	-	-	-	-	-	-	5.9	5.0	4.8	14.1	13.8	25.8	33.4	28.3	32.3	13.3	0.3	0.7	5.4	2.1	2.1	200
HODGKIN'S DISEASE	18	0	-	-	-	-	-	4.3	9.6	-	-	2.4	11.7	4.6	7.7	3.0	8.1	-	4.4	0.2	0.3	2.4	0.9	0.9	201
OTHER RETICULOSES	31	0	-	-	-	-	-	4.3	-	2.9	5.0	4.8	9.4	2.3	6.1	12.9	6.1	16.2	40.3	7.6	0.2	0.3	3.2	1.2	1.2	202
MULTIPLE MYELOMA	33	0	-	-	-	-	-	4.3	-	-	-	2.4	9.4	9.2	23.2	12.2	24.3	32.3	8.1	0.2	0.4	3.3	1.3	1.3	203
LYMPHATIC LEUKAEMIA	38	0	-	-	-	-	-	4.3	-	5.9	-	4.8	4.7	4.6	4.6	24.3	28.3	48.4	9.4	0.1	0.4	3.5	1.4	1.4	204
MYELOID LEUKAEMIA	22	0	-	-	39.0	-	-	-	-	-	2.5	2.4	7.0	4.6	10.3	6.1	16.2	16.1	5.4	0.3	0.5	5.9	2.3	2.3	205
MONOCYTIC LEUKAEMIA	5	0	-	-	-	-	-	-	-	-	-	-	-	2.6	2.6	-	4.0	12.1	1.2	0.0	0.0	0.4	0.2	0.2	206
OTHER LEUKAEMIA	1	0	-	-	-	-	-	-	-	-	-	-	-	-	-	-	4.0	-	0.2	0.0	0.0	0.1	0.0	0.0	207
LEUKAEMIA, CELL UNSPEC.	13	0	-	-	39.0	-	-	4.3	-	-	-	2.4	2.3	2.3	2.6	9.1	4.0	12.1	3.2	0.3	0.3	4.9	1.9	1.9	208
PRIMARY SITE UNCERTAIN	137	0	-	-	-	-	-	-	3.2	2.9	15.1	9.6	11.7	39.1	43.9	57.7	89.0	181.4	33.7	0.6	1.4	12.9	5.0	5.0	PSU
ALL SITES	2558	0																							
ALL BUT 173	2558	0	-	-	78.1	41.9	6.2	55.6	67.2	82.4	151.3	189.2	349.0	615.6	902.9	1288.5	1982.4	2697.5	629.9	12.7	29.1	255.6	100.0		
Rate from 1 case			793.7	340.1	39.0	10.5	6.2	4.3	3.2	2.9	2.5	2.4	2.3	2.3	2.6	3.0	4.0	4.0							

Note: "Bladder" and "Brain, Nervous System" include benign cases

Table I

Bulgaria, Greece 1961-1981
AVERAGE ANNUAL INCIDENCE PER 100,000 BY AGE GROUP (YEARS) - FEMALE

SITE	ALL AGES	AGE UNK	0-	5-	10-	15-	20-	25-	30-	35-	40-	45-	50-	55-	60-	65-	70-	75+	CRUDE RATE	CUM 0-64	CUM 0-74	ASR WORLD	% ASR TOTAL	ICD (9th)
LIP	2	0	-	-	-	-	-	-	-	-	-	-	-	-	-	-	-	-	0.5	0.0	0.0	0.2	0.1	140
TONGUE	7	0	-	-	-	-	-	-	-	-	2.4	2.2	2.2	-	2.5	5.7	3.7	-	1.6	0.1	0.1	0.6	0.3	141
SALIVARY GLAND	7	0	-	-	-	-	6.4	-	-	-	-	2.2	2.2	2.3	7.5	82.5	3.7	9.4	1.6	0.1	0.1	1.1	0.5	142
MOUTH	3	0	-	-	-	-	-	-	-	2.7	-	2.2	-	2.3	-	2.8	-	-	0.7	0.0	0.1	0.4	0.2	143-5
OROPHARYNX	1	0	-	-	-	-	-	-	-	-	-	-	-	-	-	-	-	-	0.2	0.0	0.0	0.1	0.0	146
NASOPHARYNX	2	0	-	-	-	-	-	-	-	-	-	-	-	-	-	2.8	-	-	0.5	0.0	0.0	0.1	0.0	147
HYPOPHARYNX	0	0	-	-	-	-	-	-	-	-	-	-	-	-	-	-	-	3.1	0.0	0.0	0.0	0.1	0.0	148
PHARYNX UNSPEC.	0	0	-	-	-	-	-	-	-	-	-	-	-	-	-	-	-	-	0.0	0.0	0.0	0.0	0.0	149
OESOPHAGUS	6	0	-	-	-	-	-	-	-	-	-	-	-	-	-	5.7	-	3.1	1.4	0.0	0.0	0.5	0.2	150
STOMACH	179	0	-	-	-	-	-	-	-	2.7	9.6	6.7	22.0	22.8	30.0	82.5	103.9	258.1	41.7	0.5	1.4	14.1	6.5	151
SMALL INTESTINE	3	0	-	-	-	-	-	-	-	-	-	2.2	-	2.3	-	2.8	-	-	0.7	0.0	0.0	0.3	0.1	152
COLON	137	0	-	-	-	-	-	-	-	11.0	4.8	6.7	13.2	20.5	40.0	85.4	96.5	129.0	31.9	0.5	1.4	11.5	5.3	153
RECTUM	137	0	-	-	-	-	-	-	3.1	11.0	9.6	15.7	22.0	25.1	57.6	68.3	66.8	110.2	31.9	0.7	1.4	12.4	5.7	154
LIVER	17	0	-	-	-	-	-	-	-	2.7	-	-	2.2	2.3	2.5	8.5	14.8	15.7	4.0	0.1	0.5	1.5	0.7	155
GALLBLADDER ETC.	44	0	-	-	-	-	-	-	-	-	-	2.2	-	6.8	10.0	28.5	48.3	37.8	10.3	0.1	0.7	3.5	1.6	156
PANCREAS	70	0	-	-	-	-	-	-	-	-	2.4	4.5	15.4	13.7	27.5	19.9	52.0	75.5	16.3	0.3	0.5	5.7	2.6	157
PERITONEUM ETC.	18	0	-	-	-	-	-	-	-	-	-	2.2	-	2.3	2.5	2.8	14.8	31.5	4.2	0.0	0.1	1.3	0.6	158
NOSE, SINUSES ETC.	2	0	-	-	-	-	-	-	-	-	-	-	-	-	-	-	-	-	0.5	0.0	0.1	0.2	0.1	160
LARYNX	5	0	-	-	-	-	-	-	-	-	-	-	-	2.3	2.5	2.8	-	3.1	1.2	0.1	0.1	0.2	0.2	161
BRONCHUS, TRACHEA	78	0	-	-	-	-	-	-	3.1	-	9.6	9.0	6.6	13.7	27.5	42.7	52.0	62.9	18.2	0.3	0.8	6.9	3.2	162
PLEURA	1	0	-	-	-	-	-	-	-	-	-	2.2	-	-	-	-	-	-	0.2	0.0	0.0	0.1	0.1	163
OTHER THORACIC ORGANS	4	0	-	-	-	-	-	-	3.1	-	-	-	6.6	-	-	2.8	7.4	3.1	0.9	0.0	0.1	0.3	0.1	164
BONE	10	0	-	-	-	-	-	-	-	-	-	-	-	2.3	5.0	5.7	11.1	6.3	2.3	0.0	0.1	0.8	0.4	170
CONNECTIVE TISSUE	9	0	-	-	-	-	-	-	3.1	2.7	2.4	-	-	2.3	7.5	5.7	-	3.1	2.1	0.0	0.4	1.0	0.5	171
MELANOMA OF SKIN	33	0	-	-	-	-	-	-	9.3	5.5	16.7	4.5	6.6	4.6	7.5	14.2	18.6	3.1	7.7	0.3	0.4	3.8	1.8	172
OTHER SKIN	0	0	-	-	-	-	-	-	-	-	-	-	-	-	-	-	-	-	0.0	0.0	0.1	0.0	0.0	173
BREAST	659	0	-	-	-	-	6.4	4.3	24.7	52.1	148.2	150.1	164.9	216.8	252.7	239.1	263.5	236.0	153.5	5.1	7.6	67.6	31.2	174
UTERUS UNSPEC.	4	0	-	-	-	-	-	-	-	-	-	-	-	-	2.5	2.8	-	6.3	0.9	0.0	0.0	0.3	0.1	179
CERVIX UTERI	33	0	-	-	-	-	-	-	-	2.7	4.8	15.7	13.2	9.1	12.5	-	7.4	18.9	7.7	0.3	0.3	3.4	1.6	180
CHORIONEPITHELIOMA	4	0	-	-	-	-	-	4.3	-	-	2.4	2.2	-	-	-	-	-	-	0.9	0.0	0.1	0.8	0.4	181
CORPUS UTERI	106	0	-	-	-	-	-	-	3.1	2.7	4.8	17.9	48.4	22.8	60.1	51.2	44.5	31.5	24.7	0.8	1.3	10.2	4.7	182
OVARY ETC.	142	0	-	-	-	-	-	-	3.1	13.7	9.6	38.1	28.6	41.1	57.6	54.1	89.1	56.7	33.1	1.0	1.7	13.8	6.4	183
OTHER FEMALE GENITAL	30	0	-	-	-	11.2	-	-	-	-	2.4	2.2	4.4	6.8	15.0	17.1	11.1	22.0	7.0	0.2	0.4	3.6	1.6	184
BLADDER	67	0	-	-	-	-	-	-	-	-	-	4.5	11.0	13.7	25.0	25.6	44.5	72.4	15.6	0.3	0.6	5.5	2.5	188
OTHER URINARY	32	0	-	-	-	-	-	-	-	-	2.4	2.2	6.6	9.1	12.5	22.8	11.1	22.0	7.5	0.2	0.3	2.8	1.3	189
EYE	2	0	-	-	-	-	-	-	-	-	-	-	-	-	2.5	-	-	-	0.5	0.0	0.0	0.2	0.1	190
BRAIN, NERV.SYSTEM	75	0	-	-	-	-	-	8.6	6.2	5.5	2.4	2.2	28.6	27.4	20.0	25.6	37.1	25.2	17.5	0.6	0.9	7.9	3.7	191-2
THYROID	31	0	-	-	-	-	-	-	9.3	2.7	9.6	17.9	-	13.7	10.0	2.8	18.6	9.4	7.2	0.3	0.4	3.4	1.6	193
OTHER ENDOCRINE	3	0	-	-	-	-	6.4	-	3.1	-	2.4	9.0	-	6.8	-	-	-	-	0.7	0.1	0.1	0.8	0.4	194
LYMPHOSARCOMA ETC.	55	0	-	-	-	-	-	8.6	3.1	5.5	7.2	6.7	8.8	16.0	12.5	25.6	18.6	44.1	12.8	0.3	0.6	5.6	2.6	200
HODGKIN'S DISEASE	17	0	-	-	-	-	-	-	3.1	5.5	2.4	9.0	4.4	2.3	5.0	2.8	7.4	3.1	4.0	0.2	0.2	2.0	0.9	201
OTHER RETICULOSES	18	0	-	-	-	-	-	-	-	-	-	-	2.2	6.8	5.0	14.2	11.1	12.6	4.2	0.1	0.2	1.5	0.7	202
MULTIPLE MYELOMA	20	0	-	-	-	-	-	-	-	-	-	-	-	4.6	7.5	11.4	22.3	15.7	4.7	0.1	0.2	1.6	0.7	203
LYMPHATIC LEUKAEMIA	29	0	-	-	-	11.2	-	-	-	-	-	2.2	6.6	4.6	7.5	2.8	11.1	47.2	6.8	0.2	0.2	3.2	1.5	204
MYELOID LEUKAEMIA	19	0	-	-	-	-	-	12.8	-	-	-	2.2	2.2	2.3	5.0	5.7	11.1	12.6	4.4	0.1	0.2	2.5	1.1	205
MONOCYTIC LEUKAEMIA	4	0	-	-	-	-	-	-	-	-	-	-	-	-	2.5	-	3.7	3.1	0.9	0.0	0.0	0.3	0.1	206
OTHER LEUKAEMIA	0	0	-	-	-	-	-	-	-	-	-	-	-	-	-	-	-	-	0.0	0.0	0.0	0.0	0.0	207
LEUKAEMIA, CELL UNSPEC.	15	0	-	-	-	-	-	-	-	2.7	-	2.2	-	6.8	-	-	11.1	25.2	3.5	0.0	0.1	1.1	0.5	208
PRIMARY SITE UNCERTAIN	96	0	-	-	40.7	-	-	-	6.2	2.7	4.8	6.7	6.6	13.7	30.0	34.2	59.4	119.6	22.4	0.6	1.0	11.6	5.3	PSU
ALL SITES	2236	0	-	-	40.7	22.4	19.1	38.5	83.4	134.5	255.8	354.1	430.9	547.6	775.7	925.1	1187.7	1539.0	521.0	13.5	24.1	216.7	100.0	
ALL BUT 173	2236	0	-	-	40.7	22.4	19.1	38.5	83.4	134.5	255.8	354.1	430.9	547.6	775.7	925.1	1187.7	1539.0	521.0	13.5	24.1	216.7	100.0	
Rate from 1 case			1190.5	340.1		11.2	6.4	4.3	3.1	2.7	2.4	2.2	2.2	2.3	2.5	2.8	3.7	3.1						

Note: "Bladder" and "Brain, Nervous System" include benign cases

Table I

Germ.,Aust.,Czech.,Hung. 1961-1981
AVERAGE ANNUAL INCIDENCE PER 100,000 BY AGE GROUP (YEARS) - MALE

SITE	ALL AGES	AGE UNK	0-	5-	10-	15-	20-	25-	30-	35-	40-	45-	50-	55-	60-	65-	70-	75+	CRUDE RATE	CUM. 0-64	CUM. 0-74	ASR WORLD	% TOTAL	ASR ICD (9th)
LIP	76	0	-	-	-	3.3	-	-	6.7	2.9	2.9	4.0	9.8	7.5	15.0	11.9	5.4	14.0	7.2	0.3	0.4	4.1	1.9	140
TONGUE	19	0	-	-	7.9	-	-	-	-	-	2.9	-	2.8	0.7	2.8	3.6	1.8	6.0	1.8	0.1	0.1	0.9	0.4	141
SALIVARY GLAND	19	0	-	-	-	-	-	2.1	-	-	2.9	0.8	0.7	1.5	4.7	3.6	1.8	6.0	1.8	0.1	0.1	0.8	0.4	142
MOUTH	34	0	-	-	-	-	-	-	-	-	2.0	0.8	2.8	1.0	6.6	7.2	7.2	16.0	3.2	0.1	0.1	1.4	0.6	143-5
OROPHARYNX	4	0	-	-	-	-	-	-	-	1.5	-	-	-	1.5	-	1.2	-	2.0	0.4	0.0	0.0	0.1	0.1	146
NASOPHARYNX	1	0	-	-	-	-	-	-	-	-	-	-	0.7	-	-	-	-	-	0.1	0.0	0.0	0.0	0.0	147
HYPOPHARYNX	4	0	-	-	-	-	-	-	-	-	1.0	-	-	0.7	-	-	-	-	0.4	0.0	0.0	0.2	0.1	148
PHARYNX UNSPEC.	1	0	-	-	-	-	-	-	-	-	-	-	-	-	-	-	1.8	4.0	0.1	0.0	0.0	0.0	0.0	149
OESOPHAGUS	27	0	-	-	-	-	-	-	-	-	1.0	0.8	-	1.5	4.7	4.8	9.1	18.0	2.6	0.0	0.1	1.0	0.5	150
STOMACH	419	0	-	-	-	-	-	2.1	8.4	4.4	2.9	7.2	17.5	45.5	61.1	115.9	114.2	174.4	39.6	0.7	1.9	15.9	7.3	151
SMALL INTESTINE	19	0	-	-	-	-	-	-	-	-	1.0	-	2.1	3.0	1.9	2.4	5.4	8.0	1.8	0.1	0.1	0.7	0.3	152
COLON	383	0	-	-	-	-	-	-	1.7	2.9	4.9	9.6	18.9	29.8	40.4	83.6	146.8	204.4	36.2	0.5	1.7	14.4	6.6	153
RECTUM	391	0	-	-	-	-	-	2.1	-	-	2.0	9.6	26.6	30.6	50.8	105.1	123.2	174.4	37.0	0.6	1.7	14.5	6.7	154
LIVER	55	0	-	-	-	-	-	2.1	-	-	-	0.8	4.2	3.0	4.7	13.1	18.1	34.1	5.2	0.1	0.2	2.2	1.0	155
GALLBLADDER ETC.	50	0	-	-	-	-	-	2.1	-	-	2.9	-	-	0.7	10.3	8.4	16.3	38.1	4.7	0.1	0.2	2.0	0.9	156
PANCREAS	243	0	-	-	-	-	-	-	-	-	2.9	7.2	15.4	23.9	43.3	58.5	79.7	74.2	23.0	0.5	1.2	9.1	4.2	157
PERITONEUM ETC.	23	0	-	38.1	-	-	-	-	-	-	-	0.8	1.4	0.7	0.9	2.4	7.2	22.0	2.2	0.2	0.3	4.7	2.1	158
NOSE, SINUSES ETC.	10	0	-	-	-	-	-	-	-	-	1.0	1.6	0.7	0.7	0.9	1.2	-	4.0	0.9	0.0	0.0	0.5	0.2	160
LARYNX	112	0	-	-	-	-	-	-	-	1.5	2.0	2.4	11.9	10.4	17.9	16.7	34.4	46.1	10.6	0.2	0.5	4.4	2.0	161
LUNG	710	0	-	-	-	3.3	-	-	1.7	5.9	8.8	10.4	36.4	75.3	113.8	166.0	201.1	316.7	67.2	1.3	3.1	26.5	12.2	162
PLEURA	3	0	-	-	-	-	-	-	-	-	-	-	-	0.7	0.9	-	-	-	0.3	0.0	0.0	0.0	0.0	163
OTHER THORACIC ORGANS	9	0	-	-	-	-	-	-	-	-	-	-	0.7	-	3.8	1.2	3.6	2.0	0.9	0.0	0.0	0.3	0.2	164
BONE	23	0	-	-	-	-	-	-	-	-	-	0.8	1.4	0.7	1.9	7.2	3.6	12.0	2.2	0.1	0.1	1.6	0.8	170
CONNECTIVE TISSUE	48	0	-	-	-	-	-	4.2	1.7	1.5	3.9	1.6	4.2	3.7	7.5	9.6	9.1	12.0	4.5	0.2	0.2	2.2	1.0	171
MELANOMA OF SKIN	117	0	-	-	-	-	-	4.2	11.7	10.3	5.9	13.6	9.8	13.4	16.0	15.5	21.7	8.0	11.1	0.4	0.6	5.6	2.6	172
OTHER SKIN	0	0	-	-	-	-	-	-	-	-	-	-	-	-	-	-	-	-	0.0	0.0	0.0	0.0	0.0	173
BREAST	32	0	-	-	-	-	-	-	-	-	-	2.4	2.1	2.2	4.7	13.1	3.6	10.0	3.0	0.1	0.1	1.2	0.5	175
PROSTATE	436	0	-	-	-	-	2.8	-	-	-	2.0	0.8	7.0	19.4	53.6	119.4	168.5	292.6	41.2	0.4	1.9	16.5	7.6	185
TESTIS	42	0	-	-	-	-	2.8	8.5	15.1	7.3	6.9	4.8	4.2	2.2	-	1.2	3.3	2.0	4.0	0.3	0.3	3.2	1.5	186
PENIS ETC.	6	0	-	-	-	-	-	-	-	-	-	-	0.7	1.5	0.9	-	1.8	-	0.6	0.0	0.0	0.1	0.1	187
BLADDER	652	0	-	-	-	-	-	4.2	1.7	8.8	13.7	18.3	43.4	62.6	93.1	163.6	206.6	220.5	61.7	1.2	3.1	24.7	11.4	188
OTHER URINARY	208	0	-	-	-	-	-	2.1	-	2.9	4.9	8.8	11.9	17.9	44.2	49.0	48.9	66.1	19.7	0.5	1.0	8.0	3.7	189
EYE	21	0	-	-	-	-	-	-	-	2.9	2.0	1.6	1.4	2.2	3.8	4.8	1.8	2.0	2.0	0.1	0.1	0.9	0.4	190
BRAIN, NERV.SYSTEM	209	0	-	-	-	9.8	8.4	6.3	11.7	7.3	13.7	14.3	24.5	19.4	27.3	35.8	43.5	24.1	19.8	0.7	1.1	10.4	4.8	191-2
THYROID	47	0	-	-	-	-	2.8	4.2	3.4	1.5	3.9	4.0	1.4	8.2	4.7	6.0	12.7	4.0	4.4	0.2	0.3	2.4	1.1	193
OTHER ENDOCRINE	9	0	-	-	-	-	-	-	-	-	-	0.8	2.1	1.5	0.9	-	-	2.0	0.9	0.0	0.0	0.3	0.2	194
LYMPHOSARCOMA ETC.	169	0	-	-	7.9	6.5	-	-	6.7	2.9	8.8	8.0	18.2	12.7	39.5	21.5	39.9	40.1	16.0	0.5	0.8	7.7	3.6	200
HODGKIN'S DISEASE	32	0	-	-	-	3.3	-	2.1	3.4	5.9	1.0	2.4	0.7	3.0	6.6	2.4	3.6	4.0	3.0	0.2	0.3	2.1	0.9	201
OTHER RETICULOSES	60	0	-	-	-	-	-	-	-	5.9	2.9	0.8	5.6	8.2	8.5	11.9	12.7	6.0	5.7	0.2	0.3	2.6	1.1	202
MULTIPLE MYELOMA	77	0	-	-	-	-	-	-	-	1.5	2.9	0.8	7.0	10.4	12.2	17.9	18.1	20.0	7.3	0.2	0.4	2.9	1.3	203
LYMPHATIC LEUKAEMIA	117	0	-	-	-	-	-	-	-	2.9	2.0	2.4	5.6	13.4	18.8	21.5	30.8	58.1	11.1	0.2	0.5	4.4	2.1	204
MYELOID LEUKAEMIA	83	0	-	-	-	3.3	2.8	-	3.4	-	2.0	4.0	0.7	8.2	11.3	19.1	16.3	28.1	7.9	0.2	0.4	3.8	1.7	205
MONOCYTIC LEUKAEMIA	13	0	-	-	-	-	-	-	-	-	-	0.8	0.7	0.7	-	6.0	3.6	6.0	1.2	0.0	0.1	0.5	0.2	206
OTHER LEUKAEMIA	3	0	-	-	-	-	-	-	-	-	-	-	-	-	0.9	-	-	2.0	0.3	0.0	0.0	0.1	0.1	207
LEUKAEMIA, CELL UNSPEC.	20	0	-	-	-	-	-	-	1.7	-	-	-	3.5	2.2	4.7	-	1.8	10.0	1.9	0.1	0.1	0.8	0.4	208
PRIMARY SITE UNCERTAIN	272	0	-	-	-	3.3	5.6	4.2	1.7	2.9	1.0	7.2	14.7	15.7	35.7	54.9	94.2	152.3	25.7	0.5	1.2	11.2	5.2	PSU
ALL SITES	5308	0	-	38.1	15.8	42.5	28.0	50.8	80.5	86.7	118.8	155.4	329.2	468.1	781.4	1189.6	1520.3	2146.5	502.1	11.0	24.5	217.3	100.0	
ALL BUT 173	5308	0	-	38.1	15.8	42.5	28.0	50.8	80.5	86.7	118.8	155.4	329.2	468.1	781.4	1189.6	1520.3	2146.5	502.1	11.0	24.5	217.3	100.0	
Rate from 1 case			78.06	38.10	7.88	3.27	2.80	2.12	1.68	1.47	0.98	0.80	0.70	0.75	0.94	1.19	1.81	2.00						

Note : "Bladder" and "Brain, Nervous System" include benign cases

Table I

Germ., Aust., Czech., Hung. 1961-1981

AVERAGE ANNUAL INCIDENCE PER 100,000 BY AGE GROUP (YEARS) - FEMALE

SITE	ALL AGES	AGE UNK	0-	5-	10-	15-	20-	25-	30-	35-	40-	45-	50-	55-	60-	65-	70-	75+	CRUDE RATE	CUM. 0-64	CUM. 0-74	ASR WORLD	% TOTAL	ASR ICD (9th)
LIP	16	0	-	-	-	-	-	-	-	-	1.0	1.6	1.5	-	1.0	3.7	5.1	4.3	1.5	0.0	0.1	0.6	0.3	140
TONGUE	9	0	-	-	-	-	-	-	-	1.3	1.0	-	0.7	-	3.1	1.2	-	2.9	0.8	0.0	0.0	0.4	0.2	141
SALIVARY GLAND	18	0	-	-	-	-	-	-	1.5	-	1.9	-	0.7	0.8	2.1	6.1	3.4	5.8	1.7	0.0	0.1	0.5	0.3	142
MOUTH	16	0	-	-	-	-	-	-	-	-	1.9	1.6	0.7	0.8	-	3.7	1.7	11.6	1.5	0.0	0.1	0.5	0.2	143-5
OROPHARYNX	1	0	-	-	-	-	-	-	-	-	-	-	-	-	-	-	-	-	0.1	0.0	0.0	0.1	0.0	146
NASOPHARYNX	2	0	-	-	-	-	-	-	-	-	-	-	-	0.8	-	-	-	-	0.2	0.0	0.0	0.1	0.0	147
HYPOPHARYNX	2	0	-	-	-	-	-	-	-	-	-	-	-	0.8	-	-	-	1.4	0.2	0.0	0.0	0.1	0.0	148
PHARYNX UNSPEC.	0	0	-	-	-	-	-	-	-	-	-	-	-	-	-	-	-	2.9	0.0	0.0	0.0	0.0	0.0	149
OESOPHAGUS	13	0	-	-	-	-	-	-	-	-	-	-	-	1.7	-	3.7	3.4	8.7	1.2	0.0	0.1	0.4	0.2	150
STOMACH	255	0	-	-	-	-	-	-	4.6	5.4	7.8	15.1	12.4	9.9	35.0	36.9	83.8	111.5	24.1	0.5	1.1	9.7	4.0	151
SMALL INTESTINE	13	0	-	-	-	-	-	4.1	-	-	-	0.8	2.2	2.5	3.1	-	1.7	2.9	1.2	0.0	0.1	0.5	0.2	152
COLON	384	0	-	-	-	3.5	-	2.0	3.1	-	5.8	13.5	16.1	30.6	47.4	75.0	101.0	191.1	36.3	0.6	1.5	13.8	5.7	153
RECTUM	350	0	-	-	-	-	-	-	1.5	1.3	1.9	6.4	29.3	43.9	51.5	70.1	82.1	130.3	33.0	0.7	1.4	12.3	5.1	154
LIVER	29	0	-	-	-	-	-	-	-	-	-	0.8	0.7	1.7	4.1	4.9	8.6	17.4	2.7	0.0	0.1	1.0	0.4	155
GALLBLADDER ETC.	127	0	-	-	-	-	-	-	-	-	-	3.2	5.1	9.1	25.7	20.9	37.6	59.4	12.0	0.2	0.5	4.4	1.8	156
PANCREAS	183	0	-	-	-	-	-	2.0	-	-	1.0	4.0	12.4	13.2	24.7	33.2	59.9	82.5	17.3	0.3	0.8	6.4	2.7	157
PERITONEUM ETC.	24	0	-	-	-	-	-	-	-	1.3	1.9	0.8	-	0.8	2.1	2.5	6.8	20.3	2.3	0.0	0.1	0.8	0.3	158
NOSE, SINUSES ETC.	8	0	-	-	-	-	-	-	-	-	-	-	-	-	1.0	-	-	2.9	0.8	0.0	0.1	0.3	0.1	160
LARYNX	22	0	-	-	-	-	-	-	-	-	-	3.2	2.9	2.5	2.1	6.1	6.8	2.9	2.1	0.0	0.2	0.8	0.3	161
BRONCHUS, TRACHEA	266	0	-	-	-	-	2.9	-	1.5	4.0	3.9	8.0	19.8	33.1	41.2	50.4	71.9	82.5	25.1	0.6	1.2	9.8	4.1	162
PLEURA	3	0	-	-	-	-	-	-	-	-	-	-	0.7	-	-	-	1.7	1.4	0.3	0.0	0.0	0.3	0.1	163
OTHER THORACIC ORGANS	3	0	-	-	-	-	-	-	-	1.3	-	0.8	-	-	-	-	-	1.4	0.3	0.0	0.0	0.2	0.1	164
BONE	19	0	-	-	-	-	-	-	1.5	-	1.0	2.4	0.7	0.8	2.1	2.5	3.4	8.7	1.8	0.1	0.1	0.8	0.3	170
CONNECTIVE TISSUE	34	0	-	-	-	-	2.9	-	4.6	-	-	3.2	2.9	2.5	5.1	4.9	5.1	10.1	3.2	0.1	0.2	1.6	0.7	171
MELANOMA OF SKIN	131	0	-	-	-	-	8.6	2.0	13.9	6.7	9.7	14.3	13.2	13.2	17.5	16.0	15.4	17.4	12.4	0.5	0.7	6.6	2.7	172
OTHER SKIN	0	0	-	-	-	-	-	-	-	-	-	-	-	-	-	-	-	-	0.0	0.0	0.0	0.0	0.0	173
BREAST	1888	0	-	-	-	-	2.9	12.2	41.6	89.1	143.9	190.3	196.9	225.1	262.5	253.3	314.8	311.3	178.2	5.8	8.7	78.6	32.5	174
UTERUS UNSPEC.	18	0	-	-	-	-	-	-	-	1.3	-	-	0.7	1.7	1.0	1.2	6.8	11.6	1.7	0.0	0.1	0.6	0.3	179
CERVIX UTERI	97	0	-	-	-	-	-	2.0	6.2	2.7	6.8	9.6	11.7	10.8	10.3	16.0	13.7	15.9	9.2	0.3	0.4	4.2	1.7	180
CHORIONEPITHELIOMA	4	0	-	-	-	-	-	4.1	1.5	2.3	-	-	-	-	-	-	-	-	0.4	0.0	0.0	0.2	0.1	181
CORPUS UTERI	348	0	-	-	-	-	-	-	1.5	1.3	11.7	20.7	33.7	65.4	51.5	62.7	58.2	66.6	32.9	0.9	1.5	13.0	5.4	182
OVARY ETC.	418	0	-	-	-	3.5	5.7	10.2	4.6	1.3	15.6	45.4	48.3	61.2	51.5	67.6	65.0	62.3	39.5	1.3	1.9	17.6	7.3	183
OTHER FEMALE GENITAL	45	0	-	-	-	-	-	-	1.5	13.5	-	2.4	2.2	1.7	5.1	4.9	3.4	37.6	4.2	0.1	0.1	1.5	0.6	184
BLADDER	169	0	-	-	-	-	-	-	1.5	1.3	-	5.6	5.9	16.6	27.8	33.2	58.2	63.7	16.0	0.3	0.8	6.0	2.5	188
OTHER URINARY	108	0	-	-	-	-	-	-	-	1.3	1.9	4.8	11.7	12.4	13.4	17.2	34.2	30.4	10.2	0.2	0.5	3.9	1.6	189
EYE	15	0	-	-	-	-	-	-	-	1.3	-	2.4	2.2	2.5	2.1	2.5	-	1.4	1.4	0.1	0.1	0.6	0.3	190
BRAIN, NERV.SYSTEM	211	0	-	-	-	7.0	-	6.1	4.6	6.7	8.8	17.5	21.2	36.4	25.7	29.5	30.8	39.1	19.9	0.7	1.0	9.2	3.8	191-2
THYROID	91	0	-	-	-	-	8.6	6.1	4.6	6.7	5.8	8.0	8.8	8.3	8.2	13.5	8.6	21.7	8.6	0.3	0.4	4.8	2.0	193
OTHER ENDOCRINE	10	0	-	-	-	-	2.9	-	1.5	-	-	2.4	1.5	2.1	2.1	-	-	1.4	0.9	0.1	0.1	0.6	0.3	194
LYMPHOSARCOMA ETC.	132	0	-	-	-	-	-	2.0	4.6	4.0	3.9	9.6	7.3	19.9	13.4	22.1	42.8	27.5	12.5	0.3	0.6	5.3	2.2	200
HODGKIN'S DISEASE	34	0	-	-	-	-	2.9	4.1	1.5	2.7	2.9	2.4	-	5.0	1.0	4.9	8.6	8.7	3.2	0.1	0.2	1.9	0.8	201
OTHER RETICULOSES	55	0	-	-	-	-	2.9	-	-	-	1.0	2.4	7.3	5.0	9.3	7.4	17.1	13.0	5.2	0.1	0.3	2.2	0.9	202
MULTIPLE MYELOMA	52	0	-	-	-	-	-	-	1.5	-	-	2.4	1.5	5.0	11.3	11.1	22.2	11.6	4.9	0.1	0.3	1.9	0.8	203
LYMPHATIC LEUKAEMIA	77	0	-	-	-	-	-	6.1	-	1.3	1.0	0.8	0.7	8.3	5.1	9.8	22.2	53.6	7.3	0.2	0.2	2.6	1.1	204
MYELOID LEUKAEMIA	62	0	-	-	-	-	-	2.0	1.5	2.7	1.9	3.2	4.4	5.8	5.1	9.8	17.1	18.8	5.9	0.2	0.3	3.0	1.2	205
MONOCYTIC LEUKAEMIA	14	0	-	-	-	-	-	-	-	-	-	2.4	-	0.8	1.0	2.5	3.4	2.9	1.3	0.1	0.1	1.0	0.4	206
OTHER LEUKAEMIA	4	0	-	-	-	-	-	-	-	-	1.0	-	-	-	-	2.5	1.7	-	0.4	0.0	0.0	0.1	0.1	207
LEUKAEMIA, CELL UNSPEC.	28	0	-	-	-	3.5	-	-	-	2.7	1.0	1.6	2.9	1.7	2.1	4.9	5.1	13.0	2.6	0.1	0.1	1.3	0.5	208
PRIMARY SITE UNCERTAIN	279	0	-	-	-	-	-	-	1.5	1.3	9.7	4.0	18.3	23.2	30.9	36.9	85.6	143.3	26.3	0.4	1.1	9.8	4.0	PSU
ALL SITES	6087	0																	574.7	15.4	26.8	242.1	100.0	
ALL BUT 173	6087	0	-	-	-	17.4	48.5	65.2	109.4	159.3	252.8	417.2	510.3	686.9	809.1	955.3	1319.2	1735.9						
Rate from 1 case			82.10	41.77	8.37	3.49	2.85	2.04	1.54	1.35	0.97	0.80	0.73	0.83	1.03	1.23	1.71	1.45						

Note: "Bladder" and "Brain, Nervous System" include benign cases

Table I

Germany, Austria 1972-1981
AVERAGE ANNUAL INCIDENCE PER 100,000 BY AGE GROUP (YEARS) - MALE

SITE	ALL AGES	AGE UNK	0-	5-	10-	15-	20-	25-	30-	35-	40-	45-	50-	55-	60-	65-	70-	75+	CRUDE RATE	CUM. 0-64	CUM. 0-74	ASR WORLD	% TOTAL	ICD (9th)
LIP	22	0	-	-	-	-	-	-	-	-	-	-	15.6	3.1	21.1	23.4	5.8	5.5	9.5	0.3	0.4	3.3	1.5	140
TONGUE	11	0	-	-	-	-	-	5.0	-	-	10.5	-	12.5	3.1	3.5	3.9	5.8	5.5	4.7	0.2	0.2	2.3	1.0	141
SALIVARY GLAND	2	0	-	-	-	-	-	-	-	-	-	-	-	-	7.0	-	-	-	0.9	0.0	0.0	0.3	0.1	142
MOUTH	11	0	-	-	-	-	-	-	-	-	10.5	-	-	-	10.5	11.7	5.8	16.4	4.7	0.2	0.2	1.8	0.9	143-5
OROPHARYNX	1	0	-	-	-	-	-	-	-	-	-	-	-	3.1	-	-	-	-	0.4	0.0	0.1	0.1	0.1	146
NASOPHARYNX	0	0	-	-	-	-	-	-	-	-	-	-	-	-	-	-	-	-	0.0	0.0	0.0	0.0	0.0	147
HYPOPHARYNX	0	0	-	-	-	-	-	-	-	-	-	-	-	-	-	-	-	-	0.0	0.0	0.0	0.0	0.0	148
PHARYNX UNSPEC.	0	0	-	-	-	-	-	-	-	-	-	-	-	-	-	-	-	-	0.0	0.0	0.0	0.0	0.0	149
OESOPHAGUS	6	0	-	-	-	-	-	-	-	-	-	-	-	3.1	3.5	7.8	-	10.9	2.6	0.0	0.1	0.7	0.3	150
STOMACH	88	0	-	-	-	-	-	-	-	-	-	5.1	21.9	36.8	42.2	85.9	92.1	82.1	37.9	0.7	1.6	12.7	5.9	151
SMALL INTESTINE	6	0	-	-	-	-	-	-	10.4	23.7	-	-	3.1	3.1	-	-	-	10.9	2.6	0.0	0.2	0.7	0.3	152
COLON	115	0	-	-	-	-	-	-	5.2	-	-	15.4	12.5	30.6	45.7	50.8	218.6	180.6	49.5	0.5	1.9	14.4	6.7	153
RECTUM	123	0	-	-	-	-	-	5.0	-	-	-	-	37.5	33.7	49.2	117.2	143.8	164.2	53.0	0.6	1.9	15.3	7.1	154
LIVER	19	0	-	-	-	-	-	5.0	-	-	-	-	9.4	6.1	-	15.6	17.3	32.8	8.2	0.1	0.3	2.6	1.2	155
GALLBLADDER ETC.	7	0	-	-	-	-	-	-	-	-	-	-	-	-	-	7.8	5.8	21.9	3.0	0.6	0.1	0.8	0.4	156
PANCREAS	72	0	-	-	-	-	-	-	-	-	10.5	25.7	18.7	27.6	38.7	58.6	86.3	54.7	31.0	0.6	1.1	10.3	4.8	157
PERITONEUM ETC.	6	0	-	-	-	-	-	-	-	-	-	-	3.1	3.1	-	3.9	5.8	10.9	2.6	0.0	0.1	0.7	0.3	158
NOSE, SINUSES ETC.	0	0	-	-	-	-	-	-	-	-	-	-	-	-	-	-	-	-	0.0	0.0	0.0	0.0	0.0	160
LARYNX	21	0	-	-	-	-	-	-	-	-	-	-	-	6.1	17.6	11.7	-	32.8	9.0	0.2	0.3	3.1	1.4	161
LUNG	183	0	-	-	-	-	-	-	5.2	-	10.5	10.3	53.1	73.5	112.5	105.5	184.1	257.3	78.8	1.3	2.8	23.6	11.0	162
PLEURA	1	0	-	-	-	-	-	-	-	-	10.5	-	-	3.5	3.5	-	-	-	0.4	0.0	0.1	0.1	0.1	163
OTHER THORACIC ORGANS	2	0	-	-	-	-	-	-	-	-	-	-	-	-	-	-	11.5	-	0.9	0.0	0.1	0.2	0.1	164
BONE	3	0	-	-	-	-	-	-	-	-	-	-	3.1	-	3.5	-	5.8	21.9	3.9	0.0	0.1	1.1	0.5	170
CONNECTIVE TISSUE	9	0	-	-	-	-	-	5.0	-	-	-	-	-	3.1	7.0	7.8	5.8	-	2.6	0.1	0.1	1.0	0.5	171
MELANOMA OF SKIN	6	0	-	-	-	-	-	-	15.6	-	-	20.5	18.7	15.3	35.2	23.4	23.0	-	16.8	0.1	0.8	10.3	6.9	172
OTHER SKIN	39	0	-	-	-	-	-	-	-	-	-	-	3.1	-	-	-	-	21.9	0.0	0.0	0.0	6.9	3.2	173
BREAST	0	0	-	-	-	-	-	-	-	-	-	-	6.2	-	3.5	19.5	5.8	5.5	4.3	0.0	0.2	1.3	0.6	175
PROSTATE	10	0	-	-	-	-	-	-	-	-	-	-	3.1	15.3	66.8	136.7	218.6	240.8	61.2	0.4	2.2	16.7	7.8	185
TESTIS	142	0	-	-	-	-	-	-	26.1	23.7	-	10.3	9.4	-	-	-	-	-	4.7	0.3	0.3	4.1	1.9	186
PENIS ETC.	11	0	-	-	-	-	-	-	-	-	-	-	3.1	-	3.5	-	5.8	-	1.3	0.0	0.1	0.4	0.2	187
BLADDER	3	0	-	-	-	-	-	-	5.2	-	-	20.5	28.1	67.4	123.1	164.1	207.1	164.2	77.1	1.2	3.1	22.9	10.6	188
OTHER URINARY	179	0	-	-	-	-	-	-	-	-	31.5	15.4	15.6	27.6	31.6	31.3	51.8	82.1	26.3	0.6	1.0	9.6	4.4	189
EYE	61	0	-	-	-	-	-	-	-	-	-	-	3.1	3.1	3.5	-	-	5.5	1.7	0.0	0.0	0.5	0.2	190
BRAIN, NERV.SYSTEM	4	0	-	-	-	-	87.7	-	15.6	23.7	21.0	-	31.2	12.3	17.6	31.3	46.0	21.9	21.5	1.1	1.5	16.6	7.7	191-2
THYROID	50	0	-	-	-	-	43.9	5.0	5.2	-	-	-	3.1	12.3	7.0	3.9	5.8	5.5	4.7	0.3	0.4	5.2	2.4	193
OTHER ENDOCRINE	11	0	-	-	-	-	-	-	-	-	-	5.1	3.1	-	3.5	-	-	5.5	1.7	0.1	0.1	0.7	0.2	194
LYMPHOSARCOMA ETC.	4	0	-	-	-	-	-	-	-	-	-	5.1	12.5	15.3	42.2	27.3	40.3	43.8	18.9	0.4	0.7	5.7	2.7	200
HODGKIN'S DISEASE	44	0	-	-	-	-	-	-	15.6	-	-	5.1	-	-	7.0	3.9	11.5	-	3.9	0.1	0.2	1.9	0.9	201
OTHER RETICULOSES	9	0	-	-	-	-	-	-	5.2	-	10.5	10.3	9.4	12.3	7.0	19.5	11.5	5.5	8.2	0.4	0.4	3.5	1.6	202
MULTIPLE MYELOMA	19	0	-	-	-	-	-	-	-	-	-	-	12.5	12.3	17.6	11.7	11.5	21.9	9.5	0.2	0.3	2.8	1.3	203
LYMPHATIC LEUKAEMIA	22	0	-	-	-	-	43.9	-	5.2	-	10.5	-	-	9.2	14.1	11.7	46.0	54.7	12.1	0.4	0.5	5.7	3.3	204
MYELOID LEUKAEMIA	28	0	-	-	-	-	-	-	-	-	-	5.1	-	6.1	7.0	19.5	11.5	27.4	8.2	0.4	0.5	6.3	2.9	205
MONOCYTIC LEUKAEMIA	19	0	-	-	-	-	-	-	-	-	10.5	10.3	-	-	7.0	-	11.5	5.5	1.3	0.0	0.1	1.5	0.2	206
OTHER LEUKAEMIA	3	0	-	-	-	-	-	-	-	-	-	-	-	-	-	-	-	-	0.4	0.0	0.0	0.3	0.2	207
LEUKAEMIA, CELL UNSPEC.	1	0	-	-	-	-	-	-	-	-	-	-	3.1	-	3.5	-	-	5.5	0.9	0.0	0.0	0.3	0.1	208
PRIMARY SITE UNCERTAIN	2	0	-	-	-	-	-	5.0	5.2	-	-	10.3	25.0	21.4	35.2	62.5	92.1	136.8	37.0	0.5	1.3	11.3	5.2	PSU
ALL SITES	86	0																							
ALL BUT 173	1458	0	-	-	-	-	175.4	29.8	130.3	71.1	136.7	174.5	381.1	465.5	787.6	1085.9	1605.3	1740.6	627.9	11.8	25.2	215.9	100.0	
Rate from 1 case			181.8	133.3	111.1	112.4	43.9	5.0	5.2	23.7	10.5	5.1	3.1	3.1	3.5	3.9	5.8	5.5						

Note : "Bladder" and "Brain, Nervous System" include benign cases

Table I

Germany, Austria 1972-1981

AVERAGE ANNUAL INCIDENCE PER 100,000 BY AGE GROUP (YEARS) - FEMALE

SITE	ALL AGES	AGES UNK	0-	5-	10-	15-	20-	25-	30-	35-	40-	45-	50-	55-	60-	65-	70-	75+	CRUDE RATE	CUM. 0-64	CUM. 0-74	ASR WORLD	% TOTAL	ASR ICD (9th)	
LIP	5	0	-	-	-	-	-	-	-	-	-	-	-	-	3.8	11.5	4.8	-	2.0	0.0	0.1	0.6	0.2	140	
TONGUE	4	0	-	-	-	-	-	-	-	-	-	-	-	-	7.5	-	-	3.4	1.6	0.1	0.1	0.6	0.9	141	
SALIVARY GLAND	11	0	-	-	-	-	-	-	-	-	9.2	-	-	6.5	7.5	7.6	4.8	13.6	4.4	0.1	0.2	1.8	0.7	142	
MOUTH	3	0	-	-	-	-	-	-	5.1	-	9.2	-	-	3.3	-	3.8	-	-	1.2	0.0	0.0	0.5	0.2	143-5	
OROPHARYNX	0	0	-	-	-	-	-	-	-	-	-	4.5	-	-	-	-	-	3.4	0.0	0.0	0.0	0.1	0.0	146	
NASOPHARYNX	1	0	-	-	-	-	-	-	-	-	-	-	-	-	-	-	-	-	0.4	0.0	0.0	0.1	0.0	147	
HYPOPHARYNX	1	0	-	-	-	-	-	-	-	-	-	-	-	-	-	-	-	3.4	0.4	0.0	0.0	0.1	0.0	148	
PHARYNX UNSPEC.	0	0	-	-	-	-	-	-	-	-	-	-	-	-	-	-	-	-	0.0	0.0	0.0	0.0	0.0	149	
OESOPHAGUS	3	0	-	-	-	-	-	-	-	-	-	-	-	-	-	3.8	9.5	-	1.2	0.0	0.1	0.3	0.1	150	
STOMACH	61	0	-	-	-	-	-	-	-	41.6	9.2	13.6	12.3	6.5	37.5	30.6	47.5	71.4	24.5	0.6	1.0	9.5	3.7	151	
SMALL INTESTINE	5	0	-	-	-	-	-	-	-	-	-	4.5	3.1	3.3	3.8	-	4.8	-	2.0	0.1	0.1	0.3	0.3	152	
COLON	134	0	-	-	-	-	-	-	5.1	-	-	31.8	27.7	22.8	56.3	95.6	71.3	187.0	53.7	0.7	1.6	14.8	5.7	153	
RECTUM	118	0	-	-	-	-	-	-	-	-	-	4.5	27.7	45.6	63.8	80.3	104.5	115.6	47.3	0.7	1.6	12.8	5.0	154	
LIVER	13	0	-	-	-	-	-	-	-	-	-	4.5	3.1	3.3	3.8	3.8	9.5	23.8	5.2	0.1	0.4	1.2	0.5	155	
GALLBLADDER ETC.	24	0	-	-	-	-	-	-	-	-	-	4.5	-	3.3	15.0	15.3	33.3	23.8	9.6	0.3	0.7	2.6	1.0	156	
PANCREAS	50	0	-	-	-	-	-	4.9	-	-	-	-	15.4	6.5	26.3	15.3	66.5	54.4	20.0	0.2	1.2	5.6	2.2	157	
PERITONEUM ETC.	6	0	-	-	-	-	-	-	-	-	-	-	-	-	-	-	9.5	13.6	2.4	0.0	0.0	0.5	0.2	158	
NOSE, SINUSES ETC.	1	0	-	-	-	-	-	-	-	-	-	-	-	-	-	-	-	3.4	0.4	0.0	0.0	0.1	0.0	160	
LARYNX	7	0	-	-	-	-	-	-	5.1	-	-	4.5	-	3.3	3.8	3.8	9.5	-	2.8	0.2	0.2	1.4	0.5	161	
BRONCHUS, TRACHEA	82	0	-	-	-	-	-	-	20.3	20.8	-	4.5	15.4	42.3	52.5	61.2	61.8	64.6	32.9	0.6	1.2	9.8	3.8	162	
PLEURA	1	0	-	-	-	-	-	-	-	-	-	-	-	-	-	-	4.8	-	0.4	0.0	0.0	0.0	0.0	163	
OTHER THORACIC ORGANS	1	0	-	-	-	-	-	-	-	-	-	4.5	-	-	-	-	-	-	0.4	0.0	0.0	0.3	0.1	164	
BONE	6	0	-	-	-	-	-	-	-	-	-	-	-	-	3.8	3.8	9.5	6.8	2.4	0.1	0.1	0.6	0.2	170	
CONNECTIVE TISSUE	11	0	-	-	-	-	-	-	-	-	-	-	6.2	-	3.8	7.6	9.5	10.2	4.4	0.2	0.2	1.4	0.5	171	
MELANOMA OF SKIN	45	0	-	-	-	-	-	4.9	5.1	-	-	-	9.2	-	15.0	15.3	23.8	17.0	18.0	0.8	1.0	10.5	4.1	172	
OTHER SKIN	0	0	-	-	-	-	-	-	-	-	-	-	-	-	-	-	-	-	0.0	0.0	0.0	0.0	0.0	173	
BREAST	506	0	-	-	-	-	-	9.7	35.6	124.7	165.6	227.0	187.9	237.6	322.6	248.6	280.3	268.6	202.8	6.6	9.2	84.2	32.5	174	
UTERUS UNSPEC.	4	0	-	-	-	-	-	-	-	-	-	-	-	-	-	-	9.5	6.8	1.6	0.0	0.0	0.1	0.1	179	
CERVIX UTERI	26	0	-	-	-	-	-	-	-	20.8	18.4	4.5	6.2	3.3	15.0	22.9	14.3	13.6	10.4	0.6	0.6	5.5	2.1	180	
CHORIONEPITHELIOMA	2	0	-	-	-	-	-	-	4.9	20.8	-	-	-	-	-	-	-	-	0.8	0.1	0.1	1.6	0.6	181	
CORPUS UTERI	89	0	-	-	-	-	-	4.9	5.1	-	9.2	27.2	30.8	58.6	48.8	49.7	47.5	57.8	35.7	0.9	1.4	11.9	4.6	182	
OVARY ETC.	110	0	-	-	-	131.6	-	9.7	5.1	-	18.4	40.9	61.6	52.1	45.0	68.8	66.5	51.0	44.1	1.8	2.5	27.9	10.8	183	
OTHER FEMALE GENITAL	14	0	-	-	-	-	-	-	-	-	-	9.1	3.1	-	3.8	-	-	34.0	5.6	0.1	0.1	1.5	0.6	184	
BLADDER	55	0	-	-	-	-	-	-	-	-	-	4.5	12.3	9.8	41.3	38.2	52.3	51.0	22.0	0.3	0.8	6.1	2.4	188	
OTHER URINARY	27	0	-	-	-	-	-	-	-	-	-	9.1	6.2	3.3	15.0	19.1	38.0	17.0	10.8	0.2	0.5	3.3	1.3	189	
EYE	3	0	-	-	-	-	-	-	-	-	-	-	3.1	-	-	3.8	-	3.4	1.2	0.0	0.0	0.3	0.1	190	
BRAIN, NERV.SYSTEM	63	0	-	-	-	-	-	-	-	-	18.4	31.8	27.7	48.8	18.8	42.1	14.3	37.4	25.3	0.7	1.0	9.4	3.6	191-2	
THYROID	22	0	-	-	-	-	41.3	-	10.2	-	18.4	13.6	6.2	9.8	7.5	15.3	4.8	10.2	8.8	0.3	0.4	4.3	1.7	193	
OTHER ENDOCRINE	1	0	-	-	-	-	-	-	-	-	-	4.5	-	-	-	-	-	-	0.4	0.0	0.0	0.3	0.1	194	
LYMPHOSARCOMA ETC.	35	0	-	-	-	-	-	-	-	-	-	4.5	9.2	13.0	22.5	19.1	28.5	34.0	14.0	0.2	0.5	4.0	1.5	200	
HODGKIN'S DISEASE	5	0	-	-	-	-	-	-	-	-	9.2	-	-	3.3	-	3.8	4.8	3.4	2.0	0.1	0.1	1.0	0.4	201	
OTHER RETICULOSES	16	0	-	-	-	-	-	-	-	-	9.2	-	9.2	13.0	7.5	11.5	4.8	6.8	6.4	0.3	0.3	2.4	0.9	202	
MULTIPLE MYELOMA	6	0	-	-	-	-	-	-	-	-	-	-	3.1	3.3	-	3.8	14.3	3.4	2.4	0.0	0.1	0.6	0.2	203	
LYMPHATIC LEUKAEMIA	13	0	-	-	-	-	-	-	-	-	-	4.5	6.2	3.3	7.5	7.6	9.5	30.6	5.2	0.0	0.1	1.0	0.4	204	
MYELOID LEUKAEMIA	21	0	-	-	-	-	-	9.7	-	-	-	-	-	3.3	7.5	7.6	19.0	20.4	8.4	0.2	0.3	3.4	1.3	205	
MONOCYTIC LEUKAEMIA	4	0	-	-	-	-	-	-	-	-	-	-	6.2	-	-	3.8	4.8	-	1.6	0.0	0.1	3.6	1.4	206	
OTHER LEUKAEMIA	3	0	-	-	-	-	-	-	-	-	-	-	-	-	-	7.6	4.8	-	1.2	0.0	0.1	0.3	0.1	207	
LEUKAEMIA, CELL UNSPEC.	7	0	-	-	-	-	-	-	-	-	9.2	4.5	3.1	-	-	3.8	-	13.6	2.8	0.0	0.0	0.8	0.3	208	
PRIMARY SITE UNCERTAIN	81	0	-	-	-	-	-	-	-	20.8	-	4.5	24.6	13.0	26.3	26.8	76.0	125.8	32.5	0.4	1.0	9.2	3.5	PSU	
ALL SITES																			683.9	17.4	28.1	259.1	100.0		
ALL BUT 173	1706	0	-	-	-	131.6	41.3	43.8	101.6	249.5	358.8	512.9	517.6	628.3	885.2	963.7	1178.1	1407.7	683.9	17.4	28.1	259.1	100.0		
Rate from 1 case			200.0	153.8	137.0	131.6	41.3	4.9	5.1	20.8	9.2	4.5	3.1	3.3	3.8	3.8	4.8	3.4							

Note: "Bladder" and "Brain, Nervous System" include benign cases

Table I

Czechoslovakia, Hungary 1972-1981
AVERAGE ANNUAL INCIDENCE PER 100,000 BY AGE GROUP (YEARS) - MALE

SITE	ALL AGES	AGE UNK	0-	5-	10-	15-	20-	25-	30-	35-	40-	45-	50-	55-	60-	65-	70-	75+	CRUDE RATE	CUM. 0-64	CUM. 0-74	ASR WORLD	% TOTAL	ICD (9th)
LIP	19	0	-	-	-	-	-	-	-	-	-	3.9	10.9	11.5	9.5	6.9	10.3	17.7	7.7	0.2	0.3	2.4	0.8	140
TONGUE	3	0	-	-	-	-	-	-	-	-	-	-	-	-	3.2	3.5	-	5.9	1.2	0.1	0.0	0.3	0.1	141
SALIVARY GLAND	7	0	-	-	-	-	-	-	-	-	7.1	-	2.7	-	6.4	-	5.2	11.8	2.8	0.1	0.1	1.2	0.4	142
MOUTH	10	0	-	-	-	-	-	-	-	-	-	-	2.7	-	6.4	6.9	5.2	23.6	4.1	0.0	0.1	1.2	0.4	143-5
OROPHARYNX	0	0	-	-	-	-	-	-	-	-	-	-	-	-	-	-	-	-	0.0	0.0	0.0	0.0	0.0	146
NASOPHARYNX	1	0	-	-	-	-	-	-	-	-	-	-	2.7	-	-	-	-	-	0.4	0.0	0.0	0.0	0.0	147
HYPOPHARYNX	0	0	-	-	-	-	-	-	-	-	-	-	-	-	-	-	-	-	0.0	0.0	0.0	0.0	0.0	148
PHARYNX UNSPEC.	1	0	-	-	-	-	-	-	-	-	-	-	-	-	-	-	5.2	-	0.4	0.0	0.1	0.1	0.0	149
OESOPHAGUS	6	0	-	-	-	-	-	-	-	-	-	-	-	-	-	3.5	15.5	11.8	2.4	0.0	0.1	0.6	0.2	150
STOMACH	118	0	-	-	-	-	-	-	8.3	-	-	15.7	19.0	40.2	54.1	103.7	77.3	170.8	48.0	0.7	1.6	14.9	5.0	151
SMALL INTESTINE	5	0	-	-	-	-	-	7.9	-	-	-	-	-	2.9	-	6.9	5.2	5.9	2.0	0.1	0.1	0.5	0.2	152
COLON	123	0	-	-	-	-	-	-	-	-	-	15.7	13.6	20.1	44.5	107.2	118.5	229.7	50.0	0.5	1.6	14.4	4.8	153
RECTUM	137	0	-	-	-	-	-	-	-	-	7.1	11.8	24.5	34.5	79.5	110.6	128.8	176.7	55.7	0.8	2.0	16.3	5.5	154
LIVER	23	0	-	-	-	-	-	-	-	-	-	-	2.7	2.9	3.2	20.7	30.9	47.1	9.3	0.0	0.3	2.6	0.9	155
GALLBLADDER ETC.	15	0	-	-	-	-	-	-	-	-	-	-	-	-	12.7	6.9	15.5	35.3	6.1	0.5	1.2	1.7	0.6	156
PANCREAS	79	0	-	-	-	-	-	-	-	-	7.1	3.9	21.8	25.9	38.2	72.6	72.1	76.6	32.1	0.5	1.9	9.5	3.2	157
PERITONEUM ETC.	5	0	-	833.3	-	-	-	-	-	-	-	-	-	-	-	3.5	-	17.7	2.0	4.2	4.2	83.8	28.0	158
NOSE, SINUSES ETC.	4	0	-	-	-	-	-	-	-	-	-	-	2.7	-	3.2	3.5	-	5.9	1.6	0.0	0.0	0.6	0.2	160
LARYNX	35	0	-	-	-	-	-	-	-	-	-	3.9	13.6	2.9	19.1	13.8	41.2	64.8	14.2	0.2	0.5	4.1	1.4	161
LUNG	245	0	-	-	-	-	-	-	-	25.3	14.2	19.6	35.3	83.4	108.1	172.8	200.9	418.1	99.6	1.4	3.3	30.5	10.2	162
PLEURA	2	0	-	-	-	-	-	-	-	-	-	-	-	2.9	-	0.2	-	-	0.8	0.0	0.0	0.2	0.1	163
OTHER THORACIC ORGANS	3	0	-	-	-	-	-	-	-	-	-	-	2.7	-	3.2	3.5	-	-	1.2	0.0	0.0	0.4	0.1	164
BONE	6	0	-	-	-	-	-	7.9	-	-	-	-	-	2.9	3.2	3.5	-	11.8	2.4	0.5	0.5	9.2	3.1	170
CONNECTIVE TISSUE	18	0	-	-	-	-	-	15.8	24.9	12.6	7.1	3.9	21.8	5.7	9.5	13.8	15.5	23.6	7.3	0.3	0.6	2.6	0.9	171
MELANOMA OF SKIN	28	0	-	-	-	-	-	-	-	-	-	-	8.2	11.5	9.5	10.4	15.5	11.8	11.4	0.5	0.8	6.8	2.3	172
OTHER SKIN	0	0	-	-	-	-	-	-	-	-	-	-	-	-	-	-	-	-	0.0	0.0	0.0	0.0	0.0	173
BREAST	8	0	-	-	-	-	-	-	-	-	-	3.9	-	-	9.5	6.9	5.2	5.9	3.3	0.1	0.1	1.0	0.3	175
PROSTATE	131	0	-	-	-	-	-	15.8	16.6	25.3	21.3	-	5.4	23.0	47.7	100.2	149.4	282.7	53.2	0.4	1.6	14.7	4.9	185
TESTIS	13	0	-	-	-	-	-	-	-	-	-	3.9	3.9	5.7	3.2	-	5.6	5.9	5.3	0.4	0.4	5.6	1.9	186
PENIS ETC.	1	0	-	-	-	-	-	-	-	-	-	-	-	2.9	-	-	-	-	0.4	0.0	0.0	0.1	0.0	187
BLADDER	180	0	-	-	-	-	-	-	-	37.9	21.3	7.8	51.7	40.2	79.5	127.9	190.6	235.6	73.2	1.2	2.8	23.8	7.9	188
OTHER URINARY	59	0	-	-	-	-	-	-	-	-	-	11.8	13.6	20.1	47.7	44.9	46.4	41.2	24.0	0.5	0.9	7.2	2.4	189
EYE	7	0	-	-	-	-	-	-	-	-	-	3.9	-	2.9	3.2	10.4	5.2	-	2.8	0.0	0.1	0.9	0.3	190
BRAIN, NERV.SYSTEM	55	0	-	-	-	-	-	-	8.3	-	28.4	7.8	13.6	20.1	38.2	34.6	41.2	23.6	22.4	0.7	1.0	9.3	3.1	191-2
THYROID	13	0	-	-	-	-	-	-	-	-	-	11.8	2.7	5.7	6.4	6.9	15.5	-	5.3	0.1	0.2	1.8	0.6	193
OTHER ENDOCRINE	2	0	-	-	-	-	-	-	-	-	-	-	2.7	2.9	-	-	-	-	0.8	0.1	0.1	0.3	0.1	194
LYMPHOSARCOMA ETC.	47	0	-	-	-	-	-	-	-	-	28.4	15.7	19.0	14.4	41.3	13.8	41.2	11.8	19.1	0.6	0.9	7.3	2.4	200
HODGKIN'S DISEASE	6	0	-	-	-	-	-	7.9	-	-	-	-	-	5.7	3.2	3.5	-	5.9	2.4	0.1	0.1	1.2	0.4	201
OTHER RETICULOSES	21	0	-	-	-	-	-	-	-	-	-	-	8.2	11.5	6.4	10.4	36.1	11.8	8.5	0.1	0.4	2.4	0.8	202
MULTIPLE MYELOMA	24	0	-	-	-	-	-	-	-	-	-	-	2.7	11.5	12.7	20.7	25.8	23.6	9.8	0.1	0.4	2.7	0.9	203
LYMPHATIC LEUKAEMIA	25	0	-	-	-	-	-	-	-	-	-	7.8	8.2	2.9	19.1	17.3	20.6	23.6	10.2	0.2	0.4	3.2	1.1	204
MYELOID LEUKAEMIA	19	0	-	-	-	-	-	-	-	-	-	-	2.7	11.5	12.7	6.9	15.5	29.4	7.7	0.1	0.2	2.2	0.7	205
MONOCYTIC LEUKAEMIA	5	0	-	-	-	-	-	-	-	-	-	3.9	2.7	-	6.4	10.4	-	5.9	2.0	0.0	0.1	0.7	0.2	206
OTHER LEUKAEMIA	1	0	-	-	-	-	-	-	-	-	-	-	-	-	-	-	-	5.9	0.4	0.0	0.0	0.2	0.1	207
LEUKAEMIA, CELL UNSPEC.	4	0	-	-	-	-	-	-	-	-	-	-	5.4	-	3.2	6.9	-	5.9	1.6	0.0	0.0	0.5	0.2	208
PRIMARY SITE UNCERTAIN	75	0	-	-	-	-	24.3	-	-	-	-	3.9	19.0	11.5	38.2	34.6	82.4	141.3	30.5	0.5	1.1	10.6	3.5	PSU
ALL SITES	1589	0	2500.0	833.3	-	96.2	24.3	71.2	58.2	101.1	141.8	168.7	323.5	439.8	782.4	1119.9	1437.4	2226.1	645.9	15.2	28.0	299.8	100.0	
ALL BUT 173			2500.0	833.3	-	96.2	24.3	71.2	58.2	101.1	141.8	168.7	323.5	439.8	782.4	1119.9	1437.4	2226.1	645.9	15.2	28.0	299.8	100.0	
Rate from 1 case			833.3	454.5	96.2	96.2	24.3	7.9	8.3	12.6	7.1	3.9	2.7	2.9	3.2	3.5	5.2	5.9						

Note: "Bladder" and "Brain, Nervous System" include benign cases

Table I

Czechoslovakia, Hungary 1972-1981

AVERAGE ANNUAL INCIDENCE PER 100,000 BY AGE GROUP (YEARS) - FEMALE

SITE	ALL AGES	AGES UNK	0-	5-	10-	15-	20-	25-	30-	35-	40-	45-	50-	55-	60-	65-	70-	75+	CRUDE RATE	CUM. 0-64	CUM. 0-74	ASR WORLD	% TOTAL	ASR ICD (9th)
LIP	4	0	-	-	-	-	-	-	-	-	-	3.2	2.4	-	-	-	5.6	-	1.6	0.1	0.1	1.2	0.5	140
TONGUE	0	0	-	-	-	-	-	-	-	-	-	-	-	-	-	-	-	-	0.0	0.0	0.0	0.0	0.0	141
SALIVARY GLAND	1	0	-	-	-	-	-	-	-	-	-	-	-	-	-	8.1	-	-	0.4	0.0	0.1	0.1	0.0	142
MOUTH	8	0	-	-	-	-	-	-	-	13.0	-	3.2	2.4	-	-	-	5.6	-	3.2	0.2	0.1	1.0	0.4	143-5
OROPHARYNX	1	0	-	-	-	-	-	-	-	-	-	-	-	2.9	-	-	-	-	0.4	0.0	0.0	0.1	0.0	146
NASOPHARYNX	0	0	-	-	-	-	-	-	-	-	-	-	-	-	-	-	5.6	14.5	0.0	0.0	0.0	0.0	0.0	147
HYPOPHARYNX	0	0	-	-	-	-	-	-	-	-	-	-	-	-	-	-	-	-	0.0	0.0	0.0	0.0	0.0	148
HARYNX UNSPEC.	0	0	-	-	-	-	-	-	-	-	-	-	-	-	-	-	-	-	0.0	0.0	0.0	0.0	0.0	149
OESOPHAGUS	0	0	-	-	-	-	-	-	-	-	-	-	-	-	-	-	-	-	0.0	0.0	0.0	0.0	0.0	150
STOMACH	70	0	-	-	-	-	-	8.2	-	-	6.7	18.9	11.8	8.7	21.3	48.5	112.6	77.2	27.8	0.4	1.2	9.2	3.6	151
SMALL INTESTINE	5	0	-	-	-	-	-	-	-	-	-	-	2.4	5.8	3.6	-	-	-	2.0	0.1	0.2	0.6	0.2	152
COLON	112	0	-	-	-	107.5	-	-	-	-	-	9.5	18.9	43.3	42.7	68.7	118.2	164.1	44.5	1.1	2.1	22.7	8.8	153
RECTUM	110	0	-	-	-	-	-	-	-	-	6.7	9.5	33.1	52.0	60.5	72.8	50.7	149.6	43.7	0.8	1.4	12.9	5.0	154
LIVER	9	0	-	-	-	-	-	-	-	-	-	-	-	2.9	-	12.1	11.3	14.5	3.6	0.0	0.6	1.0	0.4	155
GALLBLADDER ETC.	39	0	-	-	-	-	-	-	-	-	-	3.2	7.1	8.7	46.2	12.1	39.4	43.4	15.5	0.3	0.7	4.8	1.8	156
PANCREAS	49	0	-	-	-	-	-	-	-	-	-	3.2	9.5	14.4	32.0	32.3	39.4	72.4	19.5	0.3	0.7	5.7	2.2	157
PERITONEUM ETC.	3	0	-	-	-	-	-	-	-	-	-	-	-	-	3.6	4.0	-	4.8	1.2	0.0	0.0	0.4	0.1	158
NOSE, SINUSES ETC.	4	0	-	-	-	-	-	-	-	-	-	-	4.7	-	3.6	-	-	4.8	1.6	0.0	0.2	0.5	0.2	160
LARYNX	10	0	-	-	-	-	-	-	-	-	-	-	2.4	2.9	-	8.1	11.3	9.7	4.0	0.7	1.3	1.4	0.5	161
BRONCHUS, TRACHEA	91	0	-	-	-	-	-	-	8.3	-	-	6.3	28.4	31.8	49.8	44.5	73.2	120.7	36.1	0.0	0.0	11.4	4.4	162
PLEURA	2	0	-	-	-	-	-	-	-	-	6.7	9.5	2.4	-	3.6	-	-	4.8	0.8	0.0	0.0	0.2	0.1	163
OTHER THORACIC ORGANS	0	0	-	-	-	-	-	-	-	-	-	-	-	-	-	-	-	-	0.0	0.0	0.0	0.0	0.0	164
BONE	6	0	-	-	-	-	-	-	-	-	-	3.2	2.4	-	3.6	4.0	-	14.5	2.4	0.0	0.1	0.7	0.3	170
CONNECTIVE TISSUE	6	0	-	-	-	-	-	-	-	-	-	3.2	2.4	2.9	3.6	-	-	9.7	2.4	0.0	0.1	0.8	0.3	171
MELANOMA OF SKIN	36	0	-	-	-	-	-	-	24.8	13.0	13.5	6.3	26.0	11.5	24.9	12.1	11.3	4.8	14.3	0.6	0.7	6.9	2.7	172
OTHER SKIN	0	0	-	-	-	-	-	-	-	-	-	-	-	-	-	-	-	-	0.0	0.0	0.0	0.0	0.0	173
BREAST	533	0	-	-	-	-	16.3	-	41.3	103.6	161.7	176.6	236.7	205.0	256.0	291.0	309.7	328.2	211.6	6.0	9.0	82.1	31.8	174
UTERUS UNSPEC.	5	0	-	-	-	-	-	-	-	-	-	-	2.4	-	3.6	-	-	14.5	2.0	0.0	0.0	0.6	0.2	179
CERVIX UTERI	32	0	-	-	-	-	-	-	8.3	-	-	15.8	16.6	20.2	10.7	12.1	16.9	14.5	12.7	0.4	0.5	4.5	1.7	180
CHORIONEPITHELIOMA	0	0	-	-	-	-	-	-	-	-	-	-	-	-	-	-	-	-	0.0	0.0	0.0	0.0	0.0	181
CORPUS UTERI	106	0	-	-	-	-	-	-	-	-	20.2	15.8	37.9	72.2	53.3	72.8	50.7	72.4	42.1	1.0	1.6	13.7	5.3	182
OVARY ETC.	120	0	-	-	-	-	-	-	-	-	13.5	53.6	49.7	66.4	64.0	60.6	56.3	62.7	47.6	1.3	1.9	16.6	6.4	183
OTHER FEMALE GENITAL	17	0	-	-	-	-	8.2	-	-	-	-	3.2	-	5.8	3.6	12.1	-	48.3	6.7	0.1	0.1	1.9	0.7	184
BLADDER	50	0	-	-	-	-	-	-	-	13.0	-	6.3	7.1	23.1	24.9	32.3	56.3	48.3	19.9	0.4	0.9	7.0	2.7	188
OTHER URINARY	34	0	-	-	-	-	-	-	8.3	-	6.7	9.5	18.9	8.7	7.1	16.2	16.9	48.3	13.5	0.3	0.4	4.3	1.7	189
EYE	6	0	-	-	-	-	-	-	8.3	-	-	-	2.4	2.9	2.4	4.0	-	-	2.4	0.0	0.0	0.9	0.4	190
BRAIN, NERV.SYSTEM	52	0	-	-	-	-	-	16.3	8.3	13.0	-	9.5	9.5	26.0	28.4	28.3	33.8	48.3	20.6	0.6	0.9	8.5	3.3	191-2
THYROID	27	0	-	-	-	-	27.2	16.3	-	25.9	6.7	12.6	9.5	8.7	7.1	16.2	5.6	29.0	10.7	0.4	0.5	5.9	2.3	193
OTHER ENDOCRINE	5	0	-	-	-	-	-	-	8.3	-	-	6.3	4.7	-	3.6	-	-	4.8	2.0	0.1	0.1	1.0	0.4	194
LYMPHOSARCOMA ETC.	37	0	-	-	-	-	-	8.2	-	-	20.2	3.2	7.1	11.5	10.7	24.3	61.9	24.1	14.7	0.3	0.7	5.6	2.2	200
HODGKIN'S DISEASE	9	0	-	-	-	-	-	-	-	-	6.7	-	-	2.9	-	4.0	11.3	14.5	3.6	0.1	0.2	1.8	0.7	201
OTHER RETICULOSES	19	0	-	-	-	-	-	-	-	-	-	3.2	9.5	2.9	7.1	4.0	33.8	19.3	7.5	0.1	0.3	2.2	0.9	202
MULTIPLE MYELOMA	29	0	-	-	-	-	-	-	-	-	-	3.2	4.7	8.7	24.9	16.2	39.4	24.1	11.5	0.2	0.5	3.5	1.4	203
LYMPHATIC LEUKAEMIA	20	0	-	-	-	-	-	-	-	-	-	-	-	11.5	3.6	4.0	16.9	53.1	7.9	0.1	0.2	2.1	0.8	204
MYELOID LEUKAEMIA	16	0	-	-	-	-	-	8.2	-	13.0	6.7	-	2.4	11.5	3.6	8.1	11.3	19.3	6.4	0.3	0.4	4.8	1.9	205
MONOCYTIC LEUKAEMIA	4	0	-	-	-	-	-	-	-	-	-	3.2	-	-	-	4.0	-	4.8	1.6	0.1	0.1	1.1	0.4	206
OTHER LEUKAEMIA	0	0	-	-	-	-	-	-	-	-	-	-	-	-	-	-	-	-	0.0	0.0	0.0	0.0	0.0	207
LEUKAEMIA, CELL UNSPEC.	5	0	-	-	-	-	-	-	-	-	-	-	-	-	-	-	16.9	9.7	2.0	0.0	0.1	0.5	0.2	208
PRIMARY SITE UNCERTAIN	66	0	-	-	-	-	-	-	-	-	-	3.2	7.1	26.0	39.1	44.5	73.2	86.9	26.2	0.4	1.0	7.7	3.0	PSU
ALL SITES	1758	0	-	-	-	107.5	27.2	81.7	115.6	194.3	276.3	403.7	580.0	701.5	842.8	982.2	1295.0	1689.2	698.0	16.7	28.0	257.7	100.0	
ALL BUT 173	1758	0	-	-	-	107.5	27.2	81.7	115.6	194.3	276.3	403.7	580.0	701.5	842.8	982.2	1295.0	1689.2	698.0	16.7	28.0	257.7	100.0	
Rate from 1 case			2500.0	833.3	357.1	107.5	27.2	8.2	8.3	13.0	6.7	3.2	2.4	2.9	3.6	4.0	5.6	4.8						

Note: "Bladder" and "Brain, Nervous System" include benign cases

Table I

America 1972-1981

AVERAGE ANNUAL INCIDENCE PER 100,000 BY AGE GROUP (YEARS) - MALE

SITE	ALL AGES	AGE UNK	0-	5-	10-	15-	20-	25-	30-	35-	40-	45-	50-	55-	60-	65-	70-	75+	CRUDE RATE	CUM. 0-64	CUM. 0-74	ASR WORLD	% ASR TOTAL	ICD (9th)
LIP	2	0	-	-	-	-	-	-	-	-	-	-	-	-	-	-	-	-	1.0	0.1	0.1	0.7	0.3	140
TONGUE	2	0	-	-	-	-	-	-	-	5.3	-	-	-	-	19.7	-	-	-	1.0	0.1	0.1	1.1	0.5	141
SALIVARY GLAND	1	0	-	-	-	-	4.4	-	4.6	-	-	-	-	-	-	-	-	-	0.5	0.0	0.1	0.4	0.2	142
MOUTH	3	0	-	-	-	-	-	-	-	-	5.8	-	-	-	-	27.3	-	52.9	1.4	0.2	0.2	2.2	1.0	143-5
OROPHARYNX	0	0	-	-	-	-	-	-	-	-	-	-	-	-	-	-	-	-	0.0	0.0	0.0	0.0	0.0	146
NASOPHARYNX	0	0	-	-	-	-	-	-	-	-	-	-	-	-	-	-	-	-	0.0	0.0	0.0	0.0	0.0	147
HYPOPHARYNX	0	0	-	-	-	-	-	-	-	-	-	-	-	-	-	-	-	-	0.0	0.0	0.0	0.0	0.0	148
PHARYNX UNSPEC.	0	0	-	-	-	-	-	-	-	-	-	-	-	-	-	-	-	-	0.0	0.0	0.0	0.0	0.0	149
OESOPHAGUS	1	0	-	-	-	-	-	-	-	-	-	-	-	-	-	-	-	-	0.5	0.0	0.0	0.3	0.2	150
STOMACH	19	0	-	-	-	-	-	-	-	-	5.8	19.2	17.8	27.6	39.4	27.3	272.7	158.7	9.1	0.5	2.0	14.2	6.2	151
SMALL INTESTINE	1	0	-	-	-	-	-	-	-	-	-	-	-	-	19.7	-	-	-	0.5	0.1	0.1	0.8	0.3	152
COLON	29	0	-	-	-	-	-	-	13.8	5.3	-	19.2	17.8	13.8	59.1	191.3	90.9	317.5	13.9	0.7	2.1	20.4	8.9	153
RECTUM	26	0	-	-	-	-	-	12.4	9.2	-	5.8	6.4	8.9	55.2	157.5	82.0	181.8	105.8	12.4	1.2	2.5	18.4	8.1	154
LIVER	2	0	-	-	-	-	-	-	-	-	-	6.4	-	-	-	-	-	52.9	1.0	0.0	0.1	1.4	0.6	155
GALLBLADDER ETC.	1	0	-	-	-	-	-	-	-	-	-	-	-	13.8	-	27.3	-	-	0.5	0.0	0.1	0.8	0.4	156
PANCREAS	13	0	-	-	-	-	-	-	4.6	-	5.8	6.4	8.9	82.8	196.9	82.0	181.8	52.9	6.2	0.5	1.8	9.5	4.2	157
PERITONEUM ETC.	2	0	25.3	-	-	-	-	4.1	-	-	5.8	-	44.4	13.8	-	-	-	-	1.0	0.1	0.1	3.0	1.3	158
NOSE, SINUSES ETC.	0	0	-	-	-	-	-	-	-	-	-	-	-	-	-	-	-	-	0.0	0.0	0.0	0.0	0.0	160
LARYNX	3	0	-	-	-	-	-	-	-	-	-	-	-	13.8	39.4	-	-	-	1.4	0.3	0.3	2.1	0.9	161
LUNG	38	0	-	-	-	-	-	-	4.6	21.2	-	25.6	-	82.8	196.9	82.0	181.8	211.6	18.2	1.8	3.1	25.9	11.3	162
PLEURA	0	0	-	-	-	-	-	-	-	-	-	-	-	-	-	-	-	-	0.0	0.0	0.0	0.0	0.0	163
OTHER THORACIC ORGANS	2	0	-	-	-	-	4.4	-	4.6	-	5.8	-	-	-	-	-	-	-	1.0	0.0	0.0	0.7	0.3	164
BONE	1	0	-	-	-	-	-	-	-	-	-	-	-	-	-	-	-	-	0.5	0.1	0.1	0.8	0.3	170
CONNECTIVE TISSUE	6	0	-	-	5.8	-	-	4.1	4.6	-	-	6.4	17.8	13.8	19.7	27.3	-	-	2.9	0.4	0.5	3.3	1.5	171
MELANOMA OF SKIN	15	0	-	-	-	-	-	4.1	13.8	21.2	23.1	12.8	26.7	-	19.7	27.3	-	-	7.2	0.5	0.5	5.4	2.3	172
OTHER SKIN	0	0	-	-	-	-	-	-	-	-	-	-	-	-	19.7	-	-	-	0.0	0.0	0.0	0.0	0.0	173
BREAST	2	0	-	-	-	-	-	-	-	-	-	-	8.9	-	-	-	45.5	-	1.0	0.0	0.3	1.4	0.6	175
PROSTATE	22	0	-	-	-	-	-	-	-	-	-	-	-	55.2	98.4	54.6	227.3	264.6	10.5	0.8	2.2	17.9	7.8	185
TESTIS	16	0	-	-	-	-	22.1	12.4	13.8	15.9	-	6.4	8.9	-	-	-	-	-	7.6	0.4	0.4	5.4	2.3	186
PENIS ETC.	0	0	-	-	-	-	-	-	-	-	-	-	-	-	-	-	-	-	0.0	0.0	0.0	0.0	0.0	187
BLADDER	27	0	12.6	-	-	-	4.4	4.1	4.6	10.6	5.8	-	26.7	13.8	78.7	54.6	363.6	211.6	12.9	0.7	2.8	20.8	9.1	188
OTHER URINARY	9	0	-	-	-	5.2	4.4	-	4.6	5.3	5.8	-	8.9	-	19.7	27.3	-	-	4.3	0.3	0.5	4.4	1.9	189
EYE	0	0	-	-	-	-	-	-	-	-	-	-	-	-	-	-	-	-	0.0	0.0	0.0	0.0	0.0	190
BRAIN, NERV.SYSTEM	18	0	-	15.1	11.5	5.2	-	4.1	4.6	5.3	11.6	6.4	17.8	13.8	-	82.0	45.5	-	8.6	0.6	1.0	9.7	4.2	191-2
THYROID	8	0	-	-	-	-	-	4.1	4.6	10.6	-	6.4	-	-	19.7	-	-	-	3.8	0.2	0.6	3.6	1.6	193
OTHER ENDOCRINE	1	0	12.6	-	-	-	-	8.3	-	-	-	-	26.7	-	-	-	45.5	-	0.5	0.1	0.1	1.5	0.7	194
LYMPHOSARCOMA ETC.	14	0	-	-	-	-	4.4	-	4.6	-	5.8	6.4	17.8	13.8	19.7	54.6	45.5	52.9	6.7	0.4	0.9	8.1	3.6	200
HODGKIN'S DISEASE	11	0	-	-	-	10.5	13.3	-	4.6	5.3	-	12.8	-	13.8	-	54.6	-	-	5.3	0.3	0.3	4.2	1.8	201
OTHER RETICULOSES	10	0	-	-	-	15.7	-	4.1	4.6	10.6	-	12.8	17.8	27.6	19.7	54.6	-	-	4.8	0.4	0.7	5.5	2.4	202
MULTIPLE MYELOMA	4	0	-	-	-	-	-	-	-	-	-	-	-	13.8	-	27.3	-	105.8	1.9	0.1	0.2	3.5	1.5	203
LYMPHATIC LEUKAEMIA	14	0	25.3	7.5	-	5.2	-	4.1	-	-	5.8	6.4	8.9	13.8	19.7	54.6	45.5	52.9	6.7	0.5	1.0	10.7	4.7	204
MYELOID LEUKAEMIA	6	0	-	15.1	-	-	4.4	-	4.6	5.3	5.8	-	-	13.8	19.7	54.6	-	-	2.9	0.2	0.2	3.1	1.3	205
MONOCYTIC LEUKAEMIA	1	0	-	-	-	-	-	-	-	-	-	-	-	-	-	27.3	-	-	0.5	0.0	0.0	0.3	0.1	206
OTHER LEUKAEMIA	1	0	-	-	-	-	-	-	-	-	-	-	-	-	-	-	-	-	0.5	0.0	0.0	0.1	0.1	207
LEUKAEMIA, CELL UNSPEC.	0	0	-	-	-	-	-	-	-	-	-	-	-	-	-	-	-	-	0.0	0.0	0.0	0.0	0.0	208
PRIMARY SITE UNCERTAIN	22	0	-	-	-	-	-	-	-	-	17.3	-	-	13.8	59.1	82.0	136.4	370.4	10.5	0.5	1.6	17.3	7.6	PSU
ALL SITES	353	0	75.8	37.7	17.3	41.8	61.9	49.8	101.1	84.8	115.5	173.1	240.0	400.0	984.3	983.6	1818.2	2010.6	168.7	11.9	25.9	229.0	100.0	
ALL BUT 173	353	0																						
Rate from 1 case			12.63	7.54	5.77	5.23	4.42	4.15	4.60	5.30	5.78	6.41	8.89	13.79	19.69	27.32	45.45	52.91						

Note : "Bladder" and "Brain, Nervous System" include benign cases

Table I

America 1972-1981

AVERAGE ANNUAL INCIDENCE PER 100,000 BY AGE GROUP (YEARS) - FEMALE

SITE	ALL AGES	AGE UNK	0-	5-	10-	15-	20-	25-	30-	35-	40-	45-	50-	55-	60-	65-	70-	75+	CRUDE RATE	CUM. 0-64	CUM. 0-74	ASR WORLD	% ASR TOTAL	ICD (9th)
LIP	0	0	-	-	-	-	-	-	-	-	-	-	-	-	-	-	-	-	0.0	0.0	0.0	0.0	0.0	140
TONGUE	2	0	-	-	-	-	-	3.6	-	-	-	-	-	-	-	-	-	-	0.9	0.1	0.1	0.9	0.4	141
SALIVARY GLAND	0	0	-	-	-	-	-	-	-	-	-	-	-	-	16.0	-	-	-	0.0	0.0	0.1	0.9	0.4	142
MOUTH	1	0	-	-	-	-	-	-	-	-	-	-	-	-	-	19.9	-	-	0.4	0.0	0.1	0.6	0.3	143-5
OROPHARYNX	0	0	-	-	-	-	-	-	-	-	-	12.2	-	-	-	-	-	-	0.0	0.0	0.1	0.6	0.3	146
NASOPHARYNX	2	0	-	-	-	-	-	-	-	-	-	-	-	-	-	-	-	-	0.9	0.1	0.1	0.7	0.3	147
HYPOPHARYNX	0	0	-	-	-	-	-	-	-	-	-	-	-	-	-	-	-	-	0.0	0.0	0.0	0.0	0.0	148
PHARYNX UNSPEC.	0	0	-	-	-	-	-	-	-	-	-	-	-	-	-	-	-	-	0.0	0.0	0.0	0.0	0.0	149
OESOPHAGUS	3	0	-	-	-	-	-	-	-	-	-	-	-	25.4	-	-	28.0	-	1.3	0.1	0.3	1.6	0.7	150
STOMACH	11	0	-	-	-	-	-	-	-	-	5.2	-	-	25.4	16.0	19.9	28.0	161.8	4.9	0.2	0.5	6.4	2.8	151
SMALL INTESTINE	1	0	-	-	-	-	-	-	-	-	-	-	-	-	-	-	-	-	0.4	0.0	0.0	0.4	0.2	152
COLON	33	0	-	-	-	-	-	-	3.8	-	10.3	6.1	43.1	50.9	127.8	39.8	224.1	64.7	14.7	1.2	2.5	17.5	7.8	153
RECTUM	16	0	-	-	-	-	-	-	3.8	-	-	12.2	25.9	63.6	-	39.8	56.0	32.4	7.1	0.5	1.0	7.8	3.5	154
LIVER	2	0	-	-	-	-	-	-	-	-	5.2	6.1	-	-	-	-	-	-	0.9	0.1	0.2	0.7	0.3	155
GALLBLADDER ETC.	5	0	-	-	-	-	-	-	3.8	-	-	-	8.6	-	47.9	-	28.0	64.7	2.2	0.1	0.2	2.5	1.1	156
PANCREAS	7	0	-	-	-	-	-	-	-	-	5.2	-	-	-	-	19.9	28.0	32.4	3.1	0.3	0.5	4.0	1.8	157
PERITONEUM ETC.	1	0	-	-	-	-	-	-	-	-	5.2	-	-	-	-	-	-	-	0.4	0.0	0.0	0.3	0.1	158
NOSE, SINUSES ETC.	0	0	-	-	-	-	-	-	-	-	-	-	-	-	-	-	-	-	0.0	0.0	0.0	0.0	0.0	160
LARYNX	0	0	-	-	-	-	-	-	-	-	-	-	-	-	-	-	-	-	0.0	0.0	0.0	0.0	0.0	161
BRONCHUS, TRACHEA	19	0	-	-	-	-	-	-	-	3.8	-	6.1	17.2	12.7	47.9	59.8	84.0	161.8	8.4	0.4	1.2	10.6	4.7	162
PLEURA	0	0	-	-	-	-	-	3.6	-	-	-	-	-	-	-	-	-	-	0.0	0.0	0.0	0.0	0.0	163
OTHER THORACIC ORGANS	1	0	-	-	-	-	-	-	-	-	-	-	-	-	-	-	-	-	0.4	0.0	0.0	0.3	0.1	164
BONE	4	0	-	-	-	-	-	-	-	-	-	6.1	-	-	-	-	-	-	1.8	0.0	0.3	1.8	0.8	170
CONNECTIVE TISSUE	7	0	-	-	-	-	-	3.6	7.5	4.5	5.2	6.1	-	-	-	39.8	56.0	-	3.1	0.3	0.7	2.6	1.2	171
MELANOMA OF SKIN	22	0	-	-	-	-	4.5	3.6	18.9	18.0	25.9	-	34.5	-	16.0	19.9	-	-	9.8	0.6	0.7	7.4	3.3	172
OTHER SKIN	0	0	-	-	-	5.5	-	-	-	-	-	-	-	-	-	-	-	-	0.4	0.0	0.0	0.0	0.0	173
BREAST	186	0	-	-	-	-	-	7.1	22.6	94.6	186.2	195.8	241.4	152.7	351.4	278.9	196.1	194.2	82.7	6.3	8.6	78.9	35.2	174
UTERUS UNSPEC.	3	0	-	-	-	-	-	-	-	-	5.2	-	17.2	-	-	-	-	-	1.3	0.1	0.1	1.2	0.5	179
CERVIX UTERI	11	0	-	-	-	-	-	-	7.5	-	5.2	18.4	25.9	-	31.9	-	-	-	4.9	0.4	0.4	4.4	2.0	180
CHORIOEPITHELIOMA	2	0	-	-	-	-	4.5	3.6	-	-	5.2	-	-	-	-	-	-	-	0.9	0.0	0.4	1.7	0.7	181
CORPUS UTERI	22	0	-	-	-	-	-	-	3.8	-	15.5	6.1	34.5	38.2	63.9	59.8	56.0	32.4	9.8	0.8	1.4	10.9	4.9	182
OVARY ETC.	23	0	-	-	-	5.5	-	-	3.8	13.5	5.2	18.4	25.9	63.6	31.9	39.8	-	64.7	10.2	0.8	1.0	10.6	4.7	183
OTHER FEMALE GENITAL	1	0	-	-	-	-	-	-	-	-	-	-	-	12.7	-	-	-	-	0.4	0.1	0.1	0.5	0.2	184
BLADDER	5	0	-	-	-	-	-	-	-	-	-	-	8.6	25.4	-	-	28.0	32.4	2.2	0.2	0.3	2.7	1.2	188
OTHER URINARY	6	0	-	-	-	-	-	-	-	-	-	6.1	17.2	-	16.0	19.9	28.0	-	2.7	0.2	0.4	3.0	1.4	189
EYE	0	0	-	-	-	-	-	-	-	-	-	-	-	-	-	-	-	-	0.0	0.0	0.0	0.0	0.0	190
BRAIN, NERV.SYSTEM	16	0	14.8	-	-	-	-	3.6	3.8	4.5	-	24.5	8.6	12.7	31.9	-	28.0	-	7.1	0.6	0.8	8.8	3.9	191-2
THYROID	17	0	-	17.1	-	-	8.9	7.1	18.9	4.5	5.2	18.4	-	38.2	-	19.9	-	32.4	7.6	0.5	0.6	5.9	2.6	193
OTHER ENDOCRINE	2	0	14.8	-	-	-	-	-	-	-	-	-	-	-	-	-	-	-	0.9	0.1	0.1	2.4	1.1	194
LYMPHOSARCOMA ETC.	11	0	-	-	-	-	4.5	-	7.5	-	5.2	6.1	8.6	-	63.9	-	28.0	-	4.9	0.5	0.6	5.0	2.2	200
HODGKIN'S DISEASE	4	0	-	-	-	-	4.5	-	11.3	-	-	12.2	-	12.7	-	-	-	-	1.8	0.3	0.3	1.0	0.5	201
OTHER RETICULOSES	8	0	-	-	-	-	4.5	-	-	4.5	5.2	-	17.2	12.7	-	-	-	-	3.6	0.3	0.3	3.0	1.4	202
MULTIPLE MYELOMA	3	0	-	-	-	-	-	-	3.8	-	-	-	-	-	-	19.9	-	32.4	1.3	0.0	0.1	1.5	0.7	203
LYMPHATIC LEUKAEMIA	9	0	14.8	8.5	-	-	-	-	-	4.5	-	12.2	-	12.7	16.0	-	28.0	64.7	4.0	0.3	0.5	6.4	2.8	204
MYELOID LEUKAEMIA	9	0	-	-	-	-	-	-	3.8	4.5	-	6.1	8.6	12.7	-	39.8	28.0	64.7	4.0	0.1	0.5	4.3	1.9	205
MONOCYTIC LEUKAEMIA	2	0	-	-	-	-	-	-	-	-	-	-	-	-	16.0	-	-	-	0.9	0.1	0.1	0.8	0.3	206
OTHER LEUKAEMIA	1	0	-	-	-	-	4.5	-	-	-	-	-	-	-	-	-	-	-	0.4	0.0	0.0	0.2	0.1	207
LEUKAEMIA, CELL UNSPEC.	0	0	-	-	-	-	-	-	-	-	-	-	-	-	-	-	-	-	0.0	0.0	0.0	0.0	0.0	208
PRIMARY SITE UNCERTAIN	11	0	-	-	-	-	-	3.6	-	-	-	-	17.2	-	-	79.7	28.0	64.7	4.9	0.1	0.7	5.6	2.5	PSU
ALL SITES	489	0	44.4	25.6	-	5.5	35.7	35.6	132.0	153.2	300.1	385.6	560.3	559.8	878.6	816.7	980.4	1100.3	217.5	15.6	24.6	224.0	100.0	
ALL BUT 173																								
Rate from 1 case			14.79	8.53	6.24	5.53	4.47	3.56	3.77	4.50	5.17	6.12	8.62	12.72	15.97	19.92	28.01	32.36						

Note : "Bladder" and "Brain, Nervous System" include benign cases

Table I

All Migrants 1961-1981

AVERAGE ANNUAL INCIDENCE PER 100,000 BY AGE GROUP (YEARS) - MALE

SITE	ALL AGES	AGE UNK	0-	5-	10-	15-	20-	25-	30-	35-	40-	45-	50-	55-	60-	65-	70-	75+	CRUDE RATE	CUM. 0-64	CUM. 0-74	ASR WORLD	% TOTAL	ASR ICD (9th)
LIP	666	0	-	-	-	0.4	0.4	0.8	1.8	1.3	2.7	4.0	5.8	7.0	8.9	11.6	12.2	19.2	4.6	0.2	1.1	2.6	1.3	140
TONGUE	140	0	-	-	0.2	-	-	0.3	0.3	0.8	0.6	0.9	1.2	1.5	1.9	2.8	3.1	3.8	1.0	0.0	0.1	0.5	0.3	141
SALIVARY GLAND	158	0	-	0.4	0.2	0.4	0.5	0.3	0.7	0.3	0.6	0.9	0.9	1.3	2.9	2.6	2.2	3.9	1.1	0.1	0.2	0.7	0.3	142
MOUTH	238	0	-	-	0.2	0.2	0.3	0.3	-	-	0.7	1.3	1.7	2.7	3.4	5.1	4.5	7.4	1.7	0.1	0.4	0.9	0.4	143-5
OROPHARYNX	41	0	-	-	-	-	-	0.4	-	-	0.5	0.3	0.4	0.4	0.8	1.6	1.6	1.4	0.3	0.0	0.1	0.2	0.1	146
NASOPHARYNX	224	0	-	0.4	-	0.4	0.7	0.3	-	0.2	2.5	2.2	2.8	2.1	2.3	2.6	2.1	2.0	1.6	0.1	1.0	1.0	0.5	147
HYPOPHARYNX	87	0	-	-	-	-	-	-	0.3	-	-	0.2	0.3	1.3	1.2	2.7	2.7	2.7	0.6	0.0	0.1	0.3	0.2	148
PHARYNX UNSPEC.	10	0	-	-	-	0.1	-	-	-	-	0.1	-	0.2	-	0.1	0.1	0.3	0.2	0.1	0.0	0.0	0.0	0.0	149
OESOPHAGUS	621	0	-	-	-	-	-	0.1	0.1	0.3	0.9	1.6	2.5	4.0	7.1	11.3	20.9	37.9	4.3	0.1	0.2	2.3	1.1	150
STOMACH	5359	0	-	-	-	-	-	0.8	1.6	4.7	6.4	13.4	23.7	45.3	74.7	112.0	172.8	256.9	37.3	0.9	2.3	19.7	9.6	151
SMALL INTESTINE	130	0	-	1.1	-	-	-	-	-	0.2	0.4	0.6	0.6	1.7	2.4	2.1	3.6	3.9	0.9	0.1	0.1	0.5	0.2	152
COLON	3552	0	-	-	-	-	0.6	0.4	0.2	2.0	4.3	8.7	16.2	26.7	46.7	76.9	122.4	167.0	24.8	0.5	1.5	13.1	6.4	153
RECTUM	3415	0	-	-	0.4	0.3	0.5	1.3	1.8	3.0	4.4	9.0	19.0	26.5	48.7	82.0	104.1	144.4	23.8	0.6	1.5	12.6	6.1	154
LIVER	910	0	1.1	-	-	-	0.1	0.3	0.4	0.7	0.7	2.0	4.8	8.4	13.4	20.3	27.2	40.4	6.3	0.2	0.3	3.3	1.6	155
GALLBLADDER ETC.	715	0	-	-	-	-	-	0.3	0.3	0.5	1.0	1.5	3.5	4.5	9.2	15.5	26.9	33.7	5.0	0.1	0.4	2.7	1.4	156
PANCREAS	2446	0	-	-	-	-	0.2	0.2	0.1	1.3	3.2	6.0	14.6	24.7	34.6	52.7	77.9	100.1	17.0	0.4	1.1	8.9	4.3	157
PERITONEUM ETC.	263	0	2.2	0.4	0.2	-	0.1	0.2	0.2	0.3	0.9	0.7	1.6	1.8	2.6	4.4	6.7	15.6	1.8	0.1	0.1	1.3	0.6	158
NOSE, SINUSES ETC.	142	0	-	-	-	-	-	0.2	0.1	0.5	0.2	0.5	1.0	1.9	1.7	2.8	2.8	4.3	1.0	0.0	0.1	0.6	0.3	160
LARYNX	1530	0	-	-	0.4	0.2	-	0.8	0.7	1.8	4.5	7.8	14.5	19.0	24.4	27.1	37.4	40.5	10.7	0.4	0.7	5.8	2.8	161
LUNG	7576	0	-	-	0.4	0.1	0.3	0.5	1.5	4.0	11.5	24.4	44.6	74.0	115.3	178.6	229.3	272.7	52.8	1.1	3.4	27.8	13.6	162
PLEURA	40	0	-	0.4	-	-	0.1	-	0.1	0.1	0.1	0.1	0.1	0.3	0.3	0.9	1.4	0.9	0.3	0.0	0.1	0.2	0.1	163
OTHER THORACIC ORGANS	99	0	1.1	0.7	0.2	-	0.3	0.3	0.3	0.3	0.9	0.8	0.7	0.7	1.4	1.1	2.8	2.0	0.7	0.0	0.1	0.6	0.3	164
BONE	260	0	-	0.4	0.9	-	1.1	0.3	0.5	0.6	0.8	1.1	1.4	1.8	2.9	4.0	5.5	7.9	1.8	0.1	0.3	1.3	0.6	170
CONNECTIVE TISSUE	390	0	1.1	-	0.6	2.5	0.5	1.0	1.6	2.4	1.8	1.9	3.3	4.2	4.8	5.4	6.2	7.2	2.7	0.2	0.3	1.8	1.4	171
MELANOMA OF SKIN	677	0	-	-	-	0.4	1.5	1.6	3.0	2.8	2.8	5.0	4.9	7.4	8.6	10.0	12.2	10.6	4.7	0.2	0.8	2.8	1.4	172
OTHER SKIN	0	0	-	-	-	-	-	-	-	-	-	-	-	-	-	-	-	-	0.0	0.0	0.0	0.0	0.0	173
BREAST	252	0	-	-	-	-	-	0.2	-	0.2	0.7	1.4	1.6	2.1	3.7	6.9	5.3	8.6	1.8	0.0	0.1	0.9	0.5	175
PROSTATE	4314	0	-	-	-	-	-	-	-	-	-	1.1	1.1	18.1	48.3	91.7	174.0	305.7	30.1	0.0	1.7	15.4	7.5	185
TESTIS	313	0	1.1	0.4	-	-	0.2	1.1	0.2	3.3	3.3	2.1	2.1	0.9	1.4	1.3	1.2	2.7	2.2	0.1	0.1	1.8	0.9	186
PENIS ETC.	43	0	-	-	-	-	-	-	-	-	0.2	0.2	0.2	0.4	0.7	1.1	1.4	1.1	0.3	0.0	0.0	0.2	0.1	187
BLADDER	5597	0	1.1	1.1	-	0.7	1.5	1.3	3.4	6.0	10.2	16.3	34.5	53.2	82.7	126.2	164.8	203.5	39.0	1.1	2.5	21.0	10.2	188
OTHER URINARY	1768	0	1.1	-	0.2	0.1	0.7	0.4	1.2	1.7	3.8	6.9	11.5	18.8	28.6	42.4	46.6	50.2	12.3	0.4	0.8	6.7	3.3	189
EYE	184	0	-	1.1	-	-	0.1	0.2	0.1	0.6	0.5	0.8	1.2	1.9	3.8	4.0	4.8	3.1	1.3	0.0	0.1	0.7	0.3	190
BRAIN, NERV.SYSTEM	2133	0	4.3	7.8	3.9	3.9	4.3	6.1	7.6	9.4	11.8	15.7	19.4	22.2	28.1	31.3	32.8	23.9	14.9	0.7	1.0	10.5	5.1	191-2
THYROID	484	0	-	-	0.4	1.0	2.1	2.4	2.3	3.2	1.6	3.3	3.1	3.5	5.6	7.2	9.5	7.2	3.4	0.1	1.2	2.2	1.1	193
OTHER ENDOCRINE	83	0	1.1	-	0.2	-	-	0.2	0.2	0.4	0.4	0.5	1.2	1.4	1.0	1.1	1.0	0.9	0.6	0.0	0.1	0.5	0.2	194
LYMPHOSARCOMA ETC.	1566	0	1.1	0.7	1.5	2.5	2.4	2.5	3.4	4.6	6.4	6.8	12.2	13.0	22.8	26.0	33.8	45.2	10.9	0.4	0.7	6.6	3.2	200
HODGKIN'S DISEASE	440	0	1.1	0.7	0.6	2.1	2.4	2.5	2.9	2.8	1.4	2.8	2.7	6.6	4.8	4.8	4.5	6.3	3.1	0.2	0.2	2.3	1.1	201
OTHER RETICULOSES	612	0	-	-	0.4	0.6	0.5	0.4	1.0	1.6	2.7	2.9	4.1	5.9	8.5	12.4	14.7	16.0	4.3	0.2	0.3	2.4	1.3	202
MULTIPLE MYELOMA	706	0	-	-	0.2	-	0.1	0.1	0.1	0.8	1.0	1.5	3.3	6.8	13.1	14.9	19.3	28.9	4.9	0.1	0.3	2.6	1.3	203
LYMPHATIC LEUKAEMIA	985	0	3.2	1.5	0.9	1.3	0.6	0.6	0.7	0.6	2.2	2.3	5.4	9.1	14.9	19.7	28.8	45.2	6.9	0.2	0.5	4.3	2.1	204
MYELOID LEUKAEMIA	678	0	2.2	1.5	0.7	1.0	1.3	0.6	1.9	2.0	2.5	3.4	4.7	6.6	7.8	11.2	21.6	27.3	4.7	0.3	0.5	3.2	1.6	205
MONOCYTIC LEUKAEMIA	135	0	-	-	0.4	0.1	0.2	0.2	-	0.7	0.2	0.4	0.7	1.2	1.2	3.2	4.0	6.5	0.9	0.1	0.1	0.5	0.3	206
OTHER LEUKAEMIA	26	0	-	-	-	0.1	0.1	-	0.1	0.1	0.1	0.2	0.2	-	0.2	0.3	0.5	1.3	0.2	0.0	0.1	0.1	0.1	207
LEUKAEMIA, CELL UNSPEC.	261	0	2.2	1.1	0.9	0.6	0.2	0.3	0.5	0.6	0.6	1.4	1.9	1.7	2.8	3.7	5.3	11.8	1.8	0.1	0.1	1.5	0.7	208
PRIMARY SITE UNCERTAIN	2710	0	-	0.4	-	0.7	1.2	0.9	1.5	2.2	4.7	7.6	11.0	20.3	34.6	53.0	82.4	144.4	18.9	0.4	1.1	10.1	4.9	PSU
ALL SITES	52979	0	23.8	18.9	12.6	22.2	27.5	32.7	49.7	70.3	107.5	172.7	295.6	460.9	735.0	1097.1	1535.7	2112.9	369.2	10.1	23.3	205.2	100.0	
ALL BUT 173	52979	0	23.8	18.9	12.6	22.2	27.5	32.7	49.7	70.3	107.5	172.7	295.6	460.9	735.0	1097.1	1535.7	2112.9	369.2	10.1	23.3	205.2	100.0	
Rate from 1 case			1.080	0.370	0.185	0.112	0.092	0.084	0.084	0.089	0.083	0.081	0.079	0.082	0.095	0.117	0.172	0.179						

Note : "Bladder" and "Brain, Nervous System" include benign cases

Table I

All Migrants 1961-1981

AVERAGE ANNUAL INCIDENCE PER 100,000 BY AGE GROUP (YEARS) - FEMALE

SITE	ALL AGES	AGE UNK	0-	5-	10-	15-	20-	25-	30-	35-	40-	45-	50-	55-	60-	65-	70-	75+	CRUDE RATE	CUM. 0-64	CUM. 0-74	ASR WORLD	% ASR TOTAL	ICD (9th)
LIP	145	0	-	-	-	-	-	0.1	0.1	0.2	0.7	0.6	0.8	1.5	1.4	2.5	4.5	4.3	1.0	0.0	0.1	0.5	0.2	140
TONGUE	118	0	-	-	-	-	0.1	0.1	0.1	0.2	0.2	0.7	0.5	0.4	2.1	1.6	3.3	4.8	0.8	0.0	0.1	0.4	0.2	141
SALIVARY GLAND	164	0	-	-	0.4	0.6	0.8	0.4	0.5	0.2	0.9	0.5	0.8	1.4	2.4	3.2	2.5	2.6	1.1	0.0	0.1	0.7	0.3	142
MOUTH	139	0	-	-	-	-	-	0.2	-	0.5	0.7	0.4	0.4	1.4	2.1	2.0	1.7	5.6	0.9	0.0	0.1	0.5	0.2	143-5
OROPHARYNX	28	0	-	-	-	-	-	-	-	0.1	0.2	0.2	0.3	0.4	0.2	0.7	0.8	0.2	0.2	0.0	0.0	0.1	0.1	146
NASOPHARYNX	101	0	-	-	0.6	0.1	0.1	0.8	0.2	0.1	0.2	0.9	0.3	0.4	0.2	0.7	0.8	1.2	0.7	0.0	0.1	0.5	0.2	147
HYPOPHARYNX	40	0	-	-	-	0.1	0.2	0.1	-	-	0.1	0.3	0.3	0.7	0.7	0.5	0.3	1.5	0.3	0.0	0.0	0.1	0.1	148
PHARYNX UNSPEC.	6	0	-	-	-	-	0.1	-	-	-	-	0.1	-	-	0.1	-	-	0.5	0.0	0.0	0.0	0.0	0.0	149
OESOPHAGUS	484	0	-	-	-	-	-	0.2	0.1	0.4	0.9	0.9	2.2	3.9	6.0	8.1	11.8	26.1	3.3	0.1	0.2	1.7	0.8	150
STOMACH	3409	0	-	0.4	0.2	0.1	0.3	1.1	2.0	3.5	6.7	10.2	14.9	26.7	42.5	61.1	94.2	158.3	23.1	0.5	1.3	11.9	5.7	151
SMALL INTESTINE	102	0	-	-	-	-	-	-	0.2	0.1	0.2	0.6	0.9	1.1	1.9	2.0	2.8	1.4	0.7	0.0	0.1	0.4	0.2	152
COLON	3514	0	-	0.4	-	0.6	0.5	1.2	2.3	4.1	5.5	9.6	18.7	30.5	44.6	71.3	97.4	140.4	23.8	0.6	1.3	12.4	5.9	153
RECTUM	3101	0	-	-	0.4	0.1	0.6	1.2	1.5	4.1	4.5	11.2	21.5	31.9	43.4	61.7	81.8	98.4	21.0	0.6	1.3	11.0	5.2	154
LIVER	556	0	-	-	-	-	-	0.2	0.5	0.2	0.7	1.5	2.2	3.6	7.0	9.6	16.5	28.6	3.8	0.1	0.2	1.9	0.9	155
GALLBLADDER ETC.	1696	0	-	-	0.2	0.1	0.1	0.3	0.3	0.8	1.7	3.2	8.1	15.5	25.6	33.7	52.6	67.6	11.5	0.3	0.7	5.8	2.8	156
PANCREAS	1802	0	-	-	0.2	-	0.2	0.5	0.2	0.4	2.1	4.1	9.8	14.4	27.8	31.9	54.1	77.2	12.2	0.3	0.7	6.2	3.0	157
PERITONEUM ETC.	419	0	-	0.4	-	-	0.3	0.6	0.1	0.1	0.7	1.1	1.3	2.8	4.0	5.7	10.8	26.7	2.8	0.1	0.1	1.5	0.7	158
NOSE, SINUSES ETC.	94	0	-	-	-	-	0.1	0.1	0.2	-	-	0.2	-	0.9	1.0	1.6	3.7	3.7	0.6	0.0	0.1	0.5	0.2	160
LARYNX	136	0	-	0.4	-	0.1	-	0.1	0.2	0.2	1.3	0.9	1.3	1.4	1.9	2.5	3.7	2.3	0.9	0.0	0.1	0.5	0.2	161
BRONCHUS, TRACHEA	2539	0	-	-	-	0.3	0.3	0.8	2.3	3.4	3.8	10.7	15.6	25.8	36.2	49.5	64.4	88.9	17.2	0.5	1.1	9.0	4.3	162
PLEURA	28	0	-	-	-	-	0.1	0.1	0.1	-	-	0.4	0.2	0.2	-	-	0.5	1.2	0.2	0.0	0.0	0.2	0.1	163
OTHER THORACIC ORGANS	74	0	-	0.4	0.4	0.1	0.6	1.1	0.1	0.2	0.3	-	0.4	0.7	0.6	0.6	1.5	1.2	0.6	0.5	0.0	0.4	0.2	164
BONE	225	0	1.2	0.4	0.6	1.2	0.7	0.9	0.8	0.7	0.5	0.9	1.3	1.6	1.1	2.0	2.5	4.2	7.1	1.5	0.1	0.1	1.4	0.6	170
CONNECTIVE TISSUE	340	0	-	2.3	0.2	0.7	0.9	1.1	1.4	1.3	1.4	1.3	2.0	2.2	2.7	3.9	5.9	5.9	5.9	2.3	0.1	0.2	1.7	0.7	171
MELANOMA OF SKIN	884	0	-	-	0.4	0.5	1.9	1.7	4.3	4.7	5.6	7.3	8.5	7.4	10.3	10.8	13.7	10.7	6.0	0.3	0.4	3.6	1.7	172
OTHER SKIN	0	0	-	-	-	-	0.3	0.2	0.1	0.2	0.1	0.4	0.4	0.6	0.6	1.5	-	0.6	0.0	0.0	0.0	0.0	0.0	173
BREAST	14685	0	-	-	0.6	0.4	1.8	8.7	26.3	52.6	97.2	133.9	144.2	168.2	197.8	208.5	224.3	202.6	99.4	4.2	6.3	56.2	26.7	174
UTERUS UNSPEC.	156	0	-	-	-	-	-	0.1	0.1	0.2	0.2	0.5	1.0	1.2	1.3	2.9	2.5	9.4	1.1	0.0	0.0	0.5	0.3	179
CERVIX UTERI	1162	0	-	-	-	0.1	0.8	1.1	3.5	5.6	10.6	12.0	13.1	12.5	13.6	11.4	13.0	14.4	7.9	0.4	0.5	4.6	2.2	180
CHORIONEPITHELIOMA	58	0	-	-	-	-	0.6	0.9	0.5	3.3	0.7	0.8	0.4	0.4	0.1	-	-	-	0.4	0.0	0.0	0.2	0.1	181
CORPUS UTERI	2651	0	-	-	0.2	0.4	0.5	0.9	1.5	3.3	7.7	17.2	29.3	37.6	41.6	47.7	45.6	40.3	18.0	0.7	1.2	9.7	4.6	182
OVARY ETC.	3185	0	1.2	-	0.6	1.2	1.4	2.2	2.7	6.8	13.0	26.9	34.7	39.1	44.7	51.1	52.3	48.2	21.6	0.9	1.4	12.3	5.8	183
OTHER FEMALE GENITAL	492	0	-	-	-	-	-	0.1	2.7	0.2	0.9	1.4	2.4	4.0	6.3	9.1	12.5	23.8	3.3	0.1	0.2	1.7	0.8	184
BLADDER	1264	0	-	-	0.2	0.1	0.2	0.6	0.3	1.0	1.5	4.1	7.6	12.6	18.9	22.8	37.0	44.2	8.6	0.2	0.5	4.4	2.1	188
OTHER URINARY	1021	0	1.2	0.8	-	-	0.3	0.7	0.3	1.3	2.6	4.6	7.4	11.4	14.9	18.0	27.8	26.7	6.9	0.2	0.5	3.9	1.8	189
EYE	163	0	-	0.4	0.2	-	0.4	0.2	0.2	0.5	0.7	1.2	1.4	2.0	2.8	2.3	2.2	2.2	1.1	0.1	0.1	0.7	0.3	190
BRAIN, NERV.SYSTEM	2035	0	3.5	2.3	3.7	3.8	2.5	3.8	5.1	8.2	10.4	16.4	20.8	23.4	26.6	28.8	26.0	20.8	13.8	0.7	0.9	9.1	4.3	191-2
THYROID	1280	0	-	0.4	1.2	3.7	6.3	8.1	9.4	6.6	7.3	8.8	7.7	11.4	10.8	15.0	13.2	16.1	8.7	0.4	0.5	5.9	2.8	193
OTHER ENDOCRINE	58	0	2.3	-	-	-	0.3	0.4	0.3	0.4	0.2	0.7	0.4	0.4	0.5	0.5	0.7	1.2	0.4	0.0	0.0	0.5	0.2	194
LYMPHOSARCOMA ETC.	1263	0	1.2	0.4	0.2	1.2	1.8	1.9	2.7	2.6	3.7	6.2	7.8	12.4	16.8	21.8	28.6	33.4	8.6	0.3	0.5	5.0	2.4	200
HODGKIN'S DISEASE	396	0	2.3	-	0.8	1.3	2.5	2.7	2.3	2.9	2.4	2.7	2.1	3.5	6.3	3.3	4.3	4.6	2.7	0.1	0.2	2.0	1.0	201
OTHER RETICULOSES	525	0	-	-	0.6	0.7	0.7	0.9	0.6	2.9	1.5	2.8	3.5	5.3	6.8	7.0	8.3	12.3	13.9	3.6	0.1	0.2	2.0	1.0	202
MULTIPLE MYELOMA	581	0	-	-	-	-	-	0.2	0.2	0.4	0.7	1.3	3.2	6.8	8.4	12.9	14.5	20.7	3.9	0.1	0.2	2.0	1.0	203
LYMPHATIC LEUKAEMIA	736	0	3.5	2.7	2.0	1.0	0.6	0.5	0.5	1.0	0.9	2.4	3.5	6.6	10.1	12.9	16.7	29.2	5.0	0.2	0.3	3.5	1.6	204
MYELOID LEUKAEMIA	545	0	-	0.8	0.6	1.3	1.0	0.9	0.9	1.8	1.8	3.0	3.9	5.1	6.3	7.1	9.8	14.7	3.7	0.1	0.2	2.3	1.1	205
MONOCYTIC LEUKAEMIA	125	0	-	-	0.2	0.1	1.0	1.3	0.3	0.3	0.4	0.8	0.7	1.2	1.3	0.8	1.8	3.6	0.8	0.0	0.1	0.5	0.2	206
OTHER LEUKAEMIA	38	0	-	-	-	-	0.2	0.2	0.2	0.2	0.2	-	0.2	0.3	0.2	0.9	0.5	1.9	0.3	0.0	0.0	0.1	0.1	207
LEUKAEMIA, CELL UNSPEC.	239	0	2.3	0.4	-	0.5	0.2	0.2	0.6	-	0.6	0.8	2.0	1.5	2.4	3.3	4.5	10.7	1.6	0.1	0.1	1.2	0.6	208
PRIMARY SITE UNCERTAIN	2826	0	-	-	0.8	0.2	0.9	1.0	1.9	1.8	4.4	7.1	14.4	22.6	34.9	48.0	75.9	137.3	19.1	0.4	1.1	9.9	4.7	PSU
ALL SITES																								
ALL BUT 173	55628	0	18.5	11.3	15.2	21.1	30.4	46.9	77.6	125.0	208.5	324.4	427.3	565.7	738.8	909.8	1157.1	1485.4	376.7	13.1	23.4	210.6	100.0	
Rate from 1 case			1.159	0.389	0.195	0.119	0.094	0.083	0.081	0.082	0.077	0.075	0.075	0.082	0.094	0.115	0.167	0.154						

Note: "Bladder" and "Brain, Nervous System" include benign cases

Table I

Born in Israel 1961-1981
AVERAGE ANNUAL INCIDENCE PER 100,000 BY AGE GROUP (YEARS) - MALE

SITE	ALL AGES	AGE UNK	0-	5-	10-	15-	20-	25-	30-	35-	40-	45-	50-	55-	60-	65-	70-	75+	CRUDE RATE	CUM. 0-64	CUM. 0-74	ASR WORLD	% ASR TOTAL	ICD (9th)
LIP	132	0	-	-	-	0.3	0.9	1.6	3.4	6.8	7.9	6.4	8.7	6.7	13.9	17.6	35.1	9.0	1.0	0.3	0.5	4.4	2.4	140
TONGUE	18	0	-	-	-	0.1	0.2	0.1	0.6	0.4	0.4	1.4	1.1	1.7	2.3	-	4.4	13.5	0.1	0.1	0.1	0.8	0.4	141
SALIVARY GLAND	34	0	-	-	-	0.3	0.1	0.1	0.6	0.3	2.2	0.7	3.2	5.0	2.3	5.9	-	9.0	0.3	0.1	0.1	1.0	0.6	142
MOUTH	29	0	0.1	-	0.2	0.1	0.1	0.1	0.2	0.3	0.4	3.6	2.2	1.7	7.0	14.7	8.8	9.0	0.2	0.1	0.1	1.5	0.8	143-5
OROPHARYNX	6	0	0.0	0.0	0.0	0.1	0.1	0.1	0.2	-	0.4	-	-	-	-	-	-	4.5	0.0	0.0	0.0	0.1	0.1	146
NASOPHARYNX	47	0	0.0	0.1	0.2	0.1	0.1	0.2	0.2	0.9	1.8	2.8	2.2	3.3	9.3	-	4.4	4.5	0.3	0.3	0.6	1.3	0.7	147
HYPOPHARYNX	6	0	-	-	-	0.1	0.4	0.2	-	-	0.4	-	1.1	-	2.3	2.9	-	-	0.0	0.0	0.1	0.3	0.2	148
PHARYNX UNSPEC.	0	0	-	-	-	0.4	-	-	-	-	-	-	-	-	-	-	-	-	0.0	0.0	0.0	0.0	0.0	149
OESOPHAGUS	29	0	-	-	-	-	-	-	-	-	0.9	-	1.1	6.7	2.3	14.7	17.6	49.3	0.2	0.1	0.2	2.3	1.2	150
STOMACH	199	0	-	0.0	-	-	-	0.4	0.8	0.3	6.6	10.0	16.2	28.3	44.1	126.0	92.2	170.4	1.5	0.5	1.6	14.0	7.6	151
SMALL INTESTINE	11	0	-	0.1	-	0.1	0.1	0.4	-	2.5	0.4	0.7	-	-	2.3	-	-	-	0.1	0.1	0.1	0.2	0.2	152
COLON	181	0	-	-	0.1	0.1	0.3	0.7	1.4	2.3	7.0	9.3	16.2	25.0	51.1	64.5	109.7	112.1	1.4	0.6	1.4	11.5	6.3	153
RECTUM	169	0	-	-	0.0	0.2	0.1	0.5	0.6	2.5	6.2	11.4	22.7	26.6	53.4	70.3	65.8	80.7	1.3	0.6	1.3	10.7	5.8	154
LIVER	31	0	0.2	0.1	0.0	0.2	0.1	-	-	0.3	1.3	-	1.1	-	2.3	2.9	8.8	31.4	0.2	0.0	0.1	1.2	0.7	155
GALLBLADDER ETC.	25	0	-	-	-	-	0.2	-	-	0.3	0.9	5.0	4.3	3.3	7.0	8.8	17.6	26.9	0.2	0.0	0.1	1.9	1.0	156
PANCREAS	99	0	0.7	-	0.1	-	-	0.1	0.2	0.6	2.2	0.7	9.7	18.3	30.2	52.7	61.4	58.3	0.7	0.3	0.9	6.9	3.8	157
PERITONEUM ETC.	36	0	0.3	0.1	0.1	0.2	0.1	0.5	0.2	0.9	0.4	0.7	3.2	3.3	53.4	8.8	8.8	13.5	0.3	0.0	0.1	1.2	0.7	158
NOSE, SINUSES ETC.	19	0	0.1	0.0	0.1	0.1	-	0.1	0.2	0.3	1.8	0.7	-	-	-	2.9	4.4	4.5	0.1	0.1	0.1	0.7	0.4	160
LARYNX	78	0	-	0.0	-	-	0.1	-	0.4	0.4	2.2	6.4	11.9	16.7	13.9	29.3	61.4	22.4	0.6	0.3	0.7	5.0	2.7	161
LUNG	303	0	-	0.0	-	0.1	0.3	0.3	1.4	4.6	8.8	15.7	33.5	63.3	90.5	131.9	162.4	174.9	2.3	1.1	2.6	20.4	11.1	162
PLEURA	4	0	-	-	0.1	-	-	-	-	-	-	-	-	-	-	-	4.4	-	0.0	0.0	0.0	0.1	0.1	163
OTHER THORACIC ORGANS	43	0	0.4	0.1	0.1	0.3	-	0.8	0.4	0.9	-	2.1	3.2	-	-	8.8	4.4	4.5	0.3	0.1	0.1	0.8	0.4	164
BONE	159	0	0.2	0.5	1.7	2.7	1.4	-	0.4	1.2	1.3	0.7	2.2	3.3	2.3	2.9	4.4	4.5	1.2	0.6	0.7	1.5	0.8	170
CONNECTIVE TISSUE	107	0	0.5	0.4	0.4	0.6	1.2	1.2	1.2	2.5	0.9	2.8	4.3	1.7	2.3	5.9	13.2	9.0	0.8	0.4	0.6	1.8	1.0	171
MELANOMA OF SKIN	269	0	0.2	-	0.2	0.8	1.8	5.1	10.0	12.3	14.5	17.1	15.1	6.7	7.0	8.8	4.4	9.0	2.0	0.5	0.9	5.7	3.1	172
OTHER SKIN	0	0	-	-	-	-	-	-	-	-	-	-	-	-	-	-	-	-	0.0	0.0	0.0	0.0	0.0	173
BREAST	11	0	-	-	-	-	-	-	-	0.6	0.9	0.7	-	-	-	5.9	8.8	9.0	0.1	0.0	0.1	0.7	0.4	175
PROSTATE	220	0	0.1	-	0.1	-	-	-	-	-	-	0.7	8.7	35.0	48.8	134.8	188.7	318.4	1.6	0.5	2.1	18.1	9.8	185
TESTIS	168	0	0.4	0.2	-	1.2	2.7	4.5	5.4	4.0	-	2.8	1.1	-	-	-	-	13.5	1.3	1.0	1.0	1.9	1.0	186
PENIS ETC.	8	0	-	-	-	0.2	0.1	0.1	0.4	-	-	-	-	1.7	-	-	-	-	0.1	0.0	0.0	0.1	0.1	187
BLADDER	327	0	0.1	0.0	-	0.2	1.5	1.1	2.4	5.5	9.2	11.4	30.3	41.6	85.9	123.1	171.2	228.7	2.4	0.9	2.4	20.3	11.0	188
OTHER URINARY	132	0	1.3	0.4	0.3	0.1	0.4	1.1	0.4	1.5	4.4	4.3	11.9	6.7	9.3	17.6	13.2	44.8	1.0	0.2	0.4	3.9	2.1	189
EYE	51	0	0.9	0.1	0.1	-	0.1	0.1	-	0.6	1.8	0.7	1.1	5.0	4.6	-	-	9.0	0.4	0.1	0.1	1.0	0.5	190
BRAIN, NERV.SYSTEM	370	0	2.2	2.6	2.0	2.3	1.8	2.4	3.6	6.4	5.3	7.8	8.7	18.3	13.9	20.5	17.6	17.9	2.8	0.4	0.6	5.7	3.1	191-2
THYROID	114	0	-	0.1	0.2	0.5	1.6	1.8	3.8	3.1	2.6	7.1	8.7	6.7	2.3	-	4.4	4.5	0.8	0.4	0.5	2.3	1.3	193
OTHER ENDOCRINE	66	0	1.3	0.4	0.1	0.1	0.4	0.1	0.4	0.6	0.4	-	3.3	-	-	-	4.4	13.5	0.5	0.1	0.1	0.8	0.4	194
LYMPHOSARCOMA ETC.	350	0	2.1	2.7	1.5	1.8	1.7	1.8	3.6	3.4	6.2	10.7	11.9	21.6	16.3	26.4	21.9	26.9	2.6	0.4	0.7	6.4	3.5	200
HODGKIN'S DISEASE	226	0	0.3	0.9	1.2	2.1	3.2	3.8	2.6	3.1	3.5	2.8	7.6	5.0	4.6	11.7	13.2	4.5	1.7	0.4	0.3	3.3	1.8	201
OTHER RETICULOSES	144	0	0.9	-	0.4	0.9	0.7	1.3	2.2	1.5	3.5	7.1	6.5	6.7	4.6	14.7	21.9	22.4	1.1	0.4	0.5	3.3	1.8	202
MULTIPLE MYELOMA	42	0	-	-	-	-	0.1	0.1	0.2	1.8	0.9	4.3	5.4	6.7	7.0	20.5	17.6	4.5	0.3	0.1	0.3	2.3	1.3	203
LYMPHATIC LEUKAEMIA	247	0	2.4	1.9	1.6	1.6	1.0	0.5	0.4	1.5	1.8	2.8	2.2	5.0	25.5	38.1	17.6	31.4	1.8	0.2	0.5	4.7	2.5	204
MYELOID LEUKAEMIA	158	0	0.9	0.6	0.8	0.8	1.2	0.9	1.4	2.5	3.1	3.6	4.3	1.7	20.9	17.6	13.2	31.4	1.2	0.2	0.4	3.7	2.0	205
MONOCYTIC LEUKAEMIA	20	0	0.3	-	0.1	0.1	-	0.1	-	-	-	0.7	-	-	2.3	5.9	-	-	0.1	0.0	0.1	0.4	0.2	206
OTHER LEUKAEMIA	8	0	0.0	-	0.0	0.1	0.1	-	0.1	-	-	-	-	-	-	-	4.4	4.5	0.0	0.0	0.0	0.2	0.1	207
LEUKAEMIA, CELL UNSPEC.	104	0	1.2	0.8	0.6	0.2	0.3	0.2	0.6	-	0.9	0.7	-	5.0	-	8.8	13.2	13.5	0.8	0.1	0.2	1.4	0.8	208
PRIMARY SITE UNCERTAIN	175	0	0.4	0.2	-	0.3	0.7	1.5	1.8	3.4	5.7	5.7	11.9	15.0	18.6	35.2	57.1	161.4	1.3	0.3	0.8	8.6	4.7	PSU
ALL SITES																								
ALL BUT 173	4975	0	16.8	12.8	12.3	19.3	24.4	35.7	51.0	81.9	120.6	171.6	281.3	404.6	608.3	1060.8	1281.5	1775.6	37.0	9.2	20.9	184.0	100.0	
Rate from 1 case			0.033	0.038	0.045	0.056	0.074	0.110	0.199	0.307	0.440	0.712	1.082	1.665	2.322	2.930	4.389	4.484						

Note : "Bladder" and "Brain, Nervous System" include benign cases

Table I

Born in Israel 1961-1981
AVERAGE ANNUAL INCIDENCE PER 100,000 BY AGE GROUP (YEARS) - FEMALE

SITE	ALL AGES	AGE UNK	0-	5-	10-	15-	20-	25-	30-	35-	40-	45-	50-	55-	60-	65-	70-	75+	CRUDE RATE	CUM. 0-64	CUM. 0-74	ASR WORLD	% TOTAL	ICD (9th)
LIP	23	0	0.0	-	0.0	-	-	-	-	-	-	2.8	-	3.2	4.4	2.7	7.9	3.7	0.2	0.1	0.1	1.0	0.5	140
TONGUE	11	0	-	-	-	-	-	-	0.4	0.3	1.3	-	2.1	-	2.2	5.4	7.9	11.1	0.2	0.0	0.1	0.6	0.4	141
SALIVARY GLAND	30	0	0.0	0.0	0.1	0.1	-	-	0.6	1.2	-	1.4	2.1	-	2.2	5.4	-	-	0.2	0.0	0.1	0.7	0.3	142
MOUTH	24	0	0.0	-	0.1	-	0.5	0.6	-	0.6	-	0.7	3.1	-	2.2	2.7	3.9	7.4	0.2	0.0	0.1	0.7	0.4	143-5
OROPHARYNX	3	0	-	-	-	0.1	0.1	-	-	-	-	-	-	-	-	-	-	-	0.0	0.0	0.0	0.0	0.0	146
NASOPHARYNX	19	0	0.0	-	0.1	-	0.1	0.1	-	0.3	2.6	-	1.0	-	-	-	7.9	-	0.1	0.0	0.1	0.5	0.3	147
HYPOPHARYNX	6	0	-	-	-	0.2	-	-	-	-	-	0.7	-	-	2.2	2.7	-	-	0.1	0.0	0.0	0.4	0.2	148
PHARYNX UNSPEC.	0	0	-	-	-	-	-	-	-	-	0.4	1.4	-	-	-	8.1	7.9	7.4	0.0	0.0	0.0	0.0	0.0	149
OESOPHAGUS	23	0	-	-	-	-	-	-	-	-	-	0.7	2.1	-	-	8.1	19.7	33.3	0.2	0.0	0.2	1.6	0.8	150
STOMACH	139	0	0.0	-	-	-	-	0.3	1.0	3.4	4.3	11.0	8.3	13.0	19.6	48.3	67.0	114.6	1.1	0.3	0.9	8.0	4.1	151
SMALL INTESTINE	11	0	-	-	-	-	-	0.3	-	0.4	0.9	0.7	-	-	2.2	5.4	-	-	0.1	0.0	0.0	0.4	0.2	152
COLON	194	0	0.0	0.1	0.1	0.4	0.3	1.6	1.2	3.7	4.8	9.0	24.9	19.5	39.2	69.8	63.0	96.1	1.5	0.5	1.2	10.2	5.3	153
RECTUM	159	0	-	-	0.1	0.1	0.2	0.6	2.2	4.6	4.3	11.0	17.6	32.5	32.7	37.6	39.4	81.3	1.2	0.5	0.9	8.4	4.3	154
LIVER	36	0	0.2	0.0	0.0	0.2	0.2	-	-	-	1.7	1.4	1.0	3.2	4.4	10.7	15.8	18.5	0.3	0.1	0.2	1.5	0.8	155
GALLBLADDER ETC.	45	0	-	0.0	-	-	-	0.1	-	3.4	0.4	2.1	3.1	-	8.7	34.9	35.4	25.9	0.4	0.1	0.3	3.0	1.6	156
PANCREAS	72	0	-	-	-	-	-	-	1.2	3.7	0.4	3.5	5.2	11.4	17.4	34.9	35.4	59.2	0.6	0.2	0.5	4.7	2.4	157
PERITONEUM ETC.	28	0	0.2	-	0.1	0.1	-	-	-	4.6	0.4	1.4	1.0	-	2.2	10.7	7.9	7.4	0.2	0.0	0.1	0.9	0.5	158
NOSE, SINUSES ETC.	6	0	0.0	0.0	0.0	-	-	-	-	-	-	-	-	-	-	2.7	-	-	0.0	0.0	0.0	0.2	0.1	160
LARYNX	11	0	-	-	-	-	-	0.1	1.0	-	0.3	0.7	1.0	3.2	-	2.7	7.9	11.1	0.1	0.0	0.0	0.6	0.3	161
BRONCHUS, TRACHEA	109	0	0.0	-	-	0.1	0.1	0.3	-	1.5	2.2	8.3	12.4	19.5	15.2	51.0	55.1	44.4	0.8	0.3	0.8	6.4	3.3	162
PLEURA	3	0	-	-	-	-	-	0.2	-	-	4.8	-	-	-	2.2	-	-	-	0.0	0.0	0.0	0.4	0.3	163
OTHER THORACIC ORGANS	24	0	0.5	0.1	-	0.1	-	-	-	-	0.4	0.7	-	1.6	-	-	-	3.7	0.2	0.0	0.0	0.4	0.2	164
BONE	101	0	0.4	0.6	1.3	1.1	0.9	0.2	1.6	1.2	0.4	0.7	-	-	2.2	2.7	-	-	0.8	0.1	0.2	2.1	0.4	170
CONNECTIVE TISSUE	118	0	0.9	0.5	0.5	0.7	1.2	0.5	1.6	1.5	1.7	4.8	-	3.2	4.4	16.1	7.9	7.4	0.9	0.1	0.3	2.1	1.1	171
MELANOMA OF SKIN	414	0	-	0.2	0.3	1.4	4.0	8.5	13.6	18.9	17.0	25.5	15.5	17.9	13.1	10.7	11.8	14.8	3.2	0.7	0.8	8.6	4.4	172
OTHER SKIN	0	0	-	-	-	-	-	-	-	-	-	-	-	-	-	-	-	-	0.0	0.0	0.0	0.0	0.0	173
BREAST	1505	0	0.0	0.1	-	0.3	1.2	9.2	33.4	63.8	117.4	166.4	179.2	138.0	185.1	206.8	200.9	166.4	11.7	4.5	6.5	59.2	30.5	174
UTERUS UNSPEC.	15	0	-	0.0	-	-	-	-	0.2	0.3	0.3	2.1	2.1	3.2	2.2	-	3.9	7.4	0.1	0.1	0.1	0.7	0.4	179
CERVIX UTERI	116	0	-	-	-	0.1	0.2	0.9	2.8	3.7	7.8	14.5	14.5	11.4	10.9	5.4	-	22.2	0.9	0.3	0.5	4.4	2.3	180
CHORIOEPITHELIOMA	20	0	-	-	-	0.1	0.5	0.7	0.8	0.6	-	0.7	-	-	-	-	-	-	0.2	0.0	0.0	0.1	0.1	181
CORPUS UTERI	180	0	-	-	-	0.1	0.2	0.3	1.6	3.4	8.7	14.5	22.8	56.8	56.6	45.7	43.3	11.1	1.4	0.8	1.3	9.9	5.1	182
OVARY ETC.	281	0	-	0.2	0.8	1.3	0.9	1.1	2.8	7.3	15.7	16.6	32.1	35.7	54.4	40.3	35.4	55.5	2.2	0.8	1.2	11.2	5.7	183
OTHER FEMALE GENITAL	35	0	0.1	-	-	0.2	-	0.2	0.2	0.3	-	2.1	3.1	1.6	6.5	13.4	23.6	18.5	0.3	0.1	0.3	1.9	1.0	184
BLADDER	91	0	-	-	0.0	0.3	0.2	0.8	0.8	1.2	3.5	4.1	10.4	9.7	10.9	18.8	47.3	55.5	0.7	0.2	0.5	4.6	2.4	188
OTHER URINARY	121	0	1.6	0.6	0.2	0.1	0.2	0.1	0.6	0.6	1.7	4.1	9.3	11.4	8.7	13.4	31.5	14.8	0.9	0.2	0.4	3.3	1.7	189
EYE	54	0	1.0	0.1	0.0	-	-	0.1	0.2	0.2	0.9	-	3.1	1.6	4.4	2.7	3.9	3.7	0.4	0.1	0.1	0.9	0.5	190
BRAIN, NERV.SYSTEM	300	0	2.1	2.3	1.7	2.1	1.5	1.8	2.2	4.9	4.3	9.0	6.2	9.7	15.2	8.1	11.8	11.1	2.3	0.3	0.4	4.3	2.2	191-2
THYROID	273	0	-	0.1	0.7	1.2	3.9	6.1	7.1	9.2	11.3	10.4	7.3	6.5	6.5	10.7	11.8	14.8	2.1	0.4	0.5	5.0	2.6	193
OTHER ENDOCRINE	46	0	0.9	0.3	0.0	0.1	0.1	-	0.4	0.9	0.9	-	-	1.6	2.2	2.7	-	-	0.4	0.0	0.0	0.5	0.2	194
LYMPHOSARCOMA ETC.	202	0	1.1	0.6	0.6	1.2	1.5	1.1	2.8	1.2	4.8	3.5	12.4	19.5	8.7	24.2	47.3	29.6	1.6	0.3	0.7	5.3	2.7	200
HODGKIN'S DISEASE	201	0	0.1	0.6	1.4	2.2	3.0	4.4	2.8	2.4	1.7	3.5	2.1	1.6	4.4	2.7	3.9	11.1	1.6	0.2	0.2	2.1	1.2	201
OTHER RETICULOSES	90	0	0.6	0.3	0.2	0.5	0.8	1.0	1.4	0.9	0.9	2.8	3.1	3.2	5.4	13.4	11.8	14.8	0.7	0.2	0.4	2.1	1.1	202
MULTIPLE MYELOMA	37	0	-	-	-	0.3	-	0.1	0.2	0.3	-	-	2.8	6.5	8.7	24.2	19.7	22.2	0.3	0.1	0.3	2.5	1.3	203
LYMPHATIC LEUKAEMIA	170	0	2.3	1.2	1.2	0.9	0.2	0.2	1.6	0.9	0.4	4.1	4.1	4.9	6.5	10.7	7.9	18.5	1.3	0.1	0.3	2.2	1.1	204
MYELOID LEUKAEMIA	117	0	0.6	0.5	0.5	0.6	1.2	1.6	1.6	1.5	1.7	3.5	2.1	6.5	4.4	10.7	19.7	7.4	0.9	0.2	0.3	2.2	1.2	205
MONOCYTIC LEUKAEMIA	23	0	0.2	0.1	0.1	0.3	0.2	0.3	0.2	0.3	0.4	0.7	-	-	4.4	-	7.9	-	0.2	0.0	0.1	0.5	0.2	206
OTHER LEUKAEMIA	4	0	-	-	-	-	0.1	-	-	-	-	-	-	-	-	-	-	-	0.0	0.0	0.0	0.1	0.0	207
LEUKAEMIA, CELL UNSPEC.	71	0	0.9	0.4	0.6	0.3	-	0.1	0.4	0.3	0.4	1.4	2.1	3.2	2.2	-	3.9	7.4	0.6	0.1	0.1	1.0	0.5	208
PRIMARY SITE UNCERTAIN	162	0	0.2	-	0.1	0.3	0.5	1.0	2.0	2.1	3.0	8.3	14.5	13.0	26.1	34.9	67.0	114.6	1.3	0.4	0.9	8.1	4.2	PSU
ALL SITES	5723	0	14.6	9.3	11.0	16.7	24.5	45.7	88.7	146.7	229.2	359.0	434.0	477.2	603.1	859.5	1016.2	1146.1	44.6	12.3	21.7	194.1	100.0	
ALL BUT 173																									
Rate from 1 case			0.035	0.040	0.047	0.059	0.078	0.115	0.202	0.305	0.435	0.690	1.036	1.623	2.177	2.686	3.939	3.697						

Note: "Bladder" and "Brain, Nervous System" include benign cases

Table I

All Jews 1961-1981

AVERAGE ANNUAL INCIDENCE PER 100,000 BY AGE GROUP (YEARS) - MALE

SITE	ALL AGES	AGE UNK	0-	5-	10-	15-	20-	25-	30-	35-	40-	45-	50-	55-	60-	65-	70-	75+	CRUDE RATE	CUM. 0-64	CUM. 0-74	ASR WORLD	% TOTAL	ASR ICD (9th)
LIP	798	0	-	-	0.0	0.3	0.7	1.2	2.2	2.6	3.5	4.2	6.0	7.0	9.1	11.8	13.1	18.8	2.9	0.2	0.3	2.9	1.4	140
TONGUE	158	0	-	-	-	0.1	0.3	0.2	0.2	0.2	0.6	0.9	1.2	1.5	1.9	2.7	3.2	4.1	0.6	0.0	0.1	0.6	0.3	141
SALIVARY GLAND	192	0	-	0.0	0.2	0.1	0.3	0.2	0.6	0.2	1.0	0.0	1.0	1.5	2.7	2.7	2.2	4.1	0.7	0.1	0.1	0.7	0.3	142
MOUTH	267	0	0.1	-	0.0	0.0	0.2	0.1	0.1	0.5	0.6	1.4	1.8	2.7	3.6	5.5	4.6	7.2	1.0	0.1	0.1	0.9	0.5	143-5
OROPHARYNX	47	0	0.0	-	0.0	0.0	0.0	0.0	0.0	0.2	0.2	0.2	0.4	0.4	0.7	0.4	1.5	1.6	0.2	0.0	0.0	0.2	0.1	146
NASOPHARYNX	271	0	0.0	0.1	0.1	0.4	0.6	-	0.6	0.9	2.4	2.3	2.6	2.1	2.6	2.5	2.2	2.1	1.0	0.1	0.1	1.0	0.5	147
HYPOPHARYNX	93	0	-	-	-	-	-	0.1	-	-	0.2	0.1	0.4	1.3	1.3	2.7	2.0	2.6	0.3	0.0	0.0	0.5	0.2	148
PHARYNX UNSPEC.	10	0	-	-	-	0.0	-	-	-	0.1	0.1	-	0.1	-	0.1	0.1	0.3	0.2	0.0	0.0	0.0	0.0	0.0	149
OESOPHAGUS	650	0	-	-	-	-	-	-	-	-	-	1.5	2.4	4.1	6.9	11.4	20.7	38.3	2.3	0.1	0.2	2.3	1.1	150
STOMACH	5558	0	-	0.1	-	-	0.0	0.0	1.4	4.2	6.4	13.1	23.2	44.5	73.5	112.5	169.7	253.6	20.0	0.8	2.2	19.3	9.5	151
SMALL INTESTINE	141	0	0.1	0.1	-	0.0	-	0.0	0.1	0.2	0.4	0.6	0.5	0.9	2.4	1.8	3.5	3.8	0.5	0.0	0.1	0.5	0.2	152
COLON	3733	0	-	-	0.1	0.0	0.5	1.7	1.4	2.9	4.7	8.8	16.2	26.6	46.9	76.4	121.9	164.9	13.4	0.5	1.5	13.0	6.4	153
RECTUM	3584	0	-	0.1	0.0	0.1	0.3	1.0	1.4	2.1	4.7	9.3	19.2	26.5	48.9	81.6	102.7	142.0	12.9	0.6	1.5	12.5	6.1	154
LIVER	941	0	0.2	-	0.1	0.1	0.1	0.2	0.3	0.6	0.8	1.8	4.6	8.0	13.0	19.6	26.5	40.0	3.4	0.1	0.4	3.3	1.6	155
GALLBLADDER ETC.	740	0	0.0	-	-	-	0.1	0.0	0.2	0.5	1.0	1.4	3.5	4.4	9.1	15.3	26.5	33.5	2.7	0.1	0.3	2.6	1.3	156
PANCREAS	2545	0	-	-	-	0.0	0.2	0.3	0.3	4.1	3.0	5.9	14.3	24.4	34.4	52.7	77.3	98.5	9.2	0.4	1.1	8.8	4.3	157
PERITONEUM ETC.	299	0	0.3	0.1	0.1	0.1	0.1	0.0	0.4	2.1	0.1	0.7	1.7	1.9	2.5	4.6	6.8	15.5	1.1	0.0	0.1	1.1	0.5	158
NOSE, SINUSES ETC.	161	0	-	0.0	0.1	0.0	-	0.1	0.1	0.5	0.5	0.9	1.0	2.0	1.6	2.8	2.8	4.3	0.6	0.0	0.1	0.6	0.3	160
LARYNX	1608	0	-	-	-	-	0.1	0.0	0.6	1.7	4.1	7.7	14.4	18.9	24.0	27.2	38.3	39.9	5.8	0.4	0.7	5.7	2.8	161
LUNG	7879	0	-	0.1	0.0	0.1	0.2	0.1	1.5	4.1	11.1	23.5	43.9	73.5	114.4	176.8	226.8	269.0	28.4	1.4	3.4	27.4	13.5	162
PLEURA	44	0	-	-	0.1	-	-	0.5	1.7	1.1	0.1	0.2	0.2	0.3	0.3	0.9	1.5	0.9	0.2	0.0	0.0	0.2	0.1	163
OTHER THORACIC ORGANS	142	0	0.4	0.1	0.0	0.1	-	0.0	0.4	0.6	0.2	0.9	1.7	0.7	1.4	1.3	2.8	2.1	0.5	0.0	0.1	0.5	0.3	164
BONE	419	0	0.2	0.5	1.6	2.6	1.4	0.8	0.5	0.5	0.9	1.1	1.5	1.9	2.4	3.9	5.5	7.8	1.5	0.1	0.1	1.5	0.7	170
CONNECTIVE TISSUE	497	0	0.5	0.3	0.4	0.9	0.9	1.1	1.5	2.4	1.7	2.0	3.4	4.1	2.7	5.4	6.5	7.2	1.8	0.1	0.2	1.8	0.9	171
MELANOMA OF SKIN	946	0	0.2	-	0.2	0.7	1.6	3.1	5.1	5.0	5.8	6.3	5.6	7.4	8.5	10.0	11.9	10.5	3.4	0.2	0.4	3.5	1.7	172
OTHER SKIN	0	0	-	-	-	-	-	-	-	-	-	-	-	-	-	-	-	-	0.0	0.0	0.0	0.0	0.0	173
BREAST	263	0	-	-	-	-	-	0.1	-	0.3	0.8	1.3	1.5	2.0	3.6	6.8	5.5	8.6	0.9	0.0	0.1	0.9	0.5	175
PROSTATE	4534	0	0.1	0.0	0.1	-	0.1	0.0	0.1	0.2	0.3	1.1	5.1	18.9	48.3	93.4	174.5	306.2	16.3	0.4	1.7	15.5	7.6	185
TESTIS	481	0	0.4	0.1	0.0	1.2	2.3	4.0	4.7	3.9	3.1	2.2	1.5	0.9	1.4	1.2	1.2	3.1	1.7	0.1	0.1	1.8	0.9	186
PENIS ETC.	51	0	-	-	-	0.1	0.0	0.0	0.1	-	0.1	0.2	0.2	0.5	0.6	1.0	1.3	1.0	0.2	0.0	0.0	0.2	0.1	187
BLADDER	5924	0	0.1	0.1	0.3	0.3	1.5	1.2	3.1	5.9	10.1	15.8	34.2	52.7	82.8	126.1	165.1	204.4	21.3	1.0	2.5	20.7	10.2	188
OTHER URINARY	1900	0	1.2	0.3	0.1	0.1	0.5	0.7	0.9	1.7	3.9	6.6	11.6	18.2	27.9	41.4	45.3	50.0	6.8	0.4	0.8	6.7	3.3	189
EYE	235	0	0.9	-	-	-	0.5	0.1	0.1	0.1	0.7	0.8	1.2	2.0	3.8	3.8	4.6	3.3	0.8	0.1	0.1	0.8	0.4	190
BRAIN, NERV.SYSTEM	2503	0	2.3	3.1	2.3	2.9	1.8	4.5	6.4	8.8	10.8	14.9	18.7	22.0	27.6	30.9	32.2	23.6	9.0	0.6	1.0	9.0	4.5	191-2
THYROID	598	0	-	0.1	0.3	0.7	1.8	2.1	2.8	3.2	3.7	3.7	3.5	3.6	5.5	7.0	9.3	7.1	2.2	0.2	0.2	2.2	1.1	193
OTHER ENDOCRINE	149	0	1.2	0.4	0.1	-	0.1	0.1	0.1	0.5	0.4	0.4	1.1	1.5	0.9	1.0	1.2	1.4	0.5	0.0	0.0	0.5	0.3	194
LYMPHOSARCOMA ETC.	1916	0	2.1	2.5	1.5	2.0	2.0	2.2	3.4	4.3	6.4	7.2	12.2	13.4	22.6	26.0	33.3	44.5	6.9	0.4	0.7	6.8	3.4	200
HODGKIN'S DISEASE	666	0	0.9	0.4	1.1	2.9	2.6	3.1	2.8	2.8	1.6	2.7	3.1	4.5	4.7	5.0	4.8	6.2	2.4	0.2	0.2	2.4	1.2	201
OTHER RETICULOSES	756	0	0.9	-	0.4	0.1	0.8	1.4	1.4	1.1	2.0	3.4	4.3	5.9	8.3	12.5	14.9	16.2	2.7	0.1	0.4	2.7	0.9	202
MULTIPLE MYELOMA	748	0	-	-	0.0	0.1	0.1	0.1	0.1	1.0	1.0	1.8	3.5	6.8	12.9	15.1	19.2	27.9	2.7	0.1	0.3	2.6	1.3	203
LYMPHATIC LEUKAEMIA	1232	0	2.4	1.9	1.0	1.5	0.5	0.8	0.6	0.8	2.1	2.3	5.2	8.9	15.3	20.4	28.4	37.1	4.4	0.2	0.5	4.3	2.1	204
MYELOID LEUKAEMIA	836	0	0.9	0.7	0.9	0.9	1.2	1.1	1.8	2.1	2.6	3.4	4.7	6.4	8.3	11.4	12.8	22.1	3.0	0.2	0.3	3.0	1.5	205
MONOCYTIC LEUKAEMIA	155	0	0.3	-	0.1	0.1	0.1	0.1	-	0.1	0.1	0.1	0.4	0.6	1.0	3.3	3.8	6.2	0.6	0.0	0.0	0.5	0.3	206
OTHER LEUKAEMIA	34	0	0.0	0.8	0.0	0.1	0.1	0.3	0.5	0.1	0.1	0.2	0.1	0.2	0.3	0.2	0.7	1.4	0.1	0.0	0.0	0.1	0.1	207
LEUKAEMIA, CELL UNSPEC.	365	0	1.2	-	0.7	0.6	0.2	0.3	-	0.5	0.5	1.2	1.8	1.9	2.6	3.9	5.6	11.9	1.3	0.1	0.1	1.3	0.6	208
PRIMARY SITE UNCERTAIN	2885	0	0.4	0.2	-	0.4	0.9	1.2	1.6	2.5	4.9	7.4	11.0	20.0	34.0	52.3	81.5	145.1	10.4	0.4	1.1	10.1	5.0	PSU
ALL SITES	57954	0	17.0	13.3	12.3	20.3	25.8	34.0	50.1	72.9	109.6	172.6	294.6	458.2	730.0	1095.8	1526.1	2099.9	208.6	10.1	23.2	203.0	100.0	
ALL BUT 173	57954	0	17.0	13.3	12.3	20.3	25.8	34.0	50.1	72.9	109.6	172.6	294.6	458.2	730.0	1095.8	1526.1	2099.9						
Rate from 10 cases			0.319	0.345	0.360	0.372	0.409	0.477	0.590	0.690	0.698	0.729	0.736	0.785	0.913	1.122	1.659	1.725						

Note : "Bladder" and "Brain, Nervous System" include benign cases

Table I

All Jews 1961-1981

AVERAGE ANNUAL INCIDENCE PER 100,000 BY AGE GROUP (YEARS) - FEMALE

SITE	ALL AGES	AGE UNK	0-	5-	10-	15-	20-	25-	30-	35-	40-	45-	50-	55-	60-	65-	70-	75+	CRUDE RATE	CUM. 0-64	CUM. 0-74	ASR WORLD	% TOTAL	ASR ICD	ICD (9th)
LIP	168	0	0.0	-	-	-	0.0	0.0	0.0	0.3	0.4	0.8	0.8	0.8	1.6	1.5	2.5	4.6	4.3	0.6	0.0	0.1	0.6	0.3	0.6	140
TONGUE	129	0	-	-	0.0	-	0.0	0.0	0.1	0.1	0.1	0.3	0.6	0.6	1.3	0.4	2.1	1.8	3.5	5.0	0.5	0.0	0.1	0.4	0.2	141
SALIVARY GLAND	194	0	0.0	0.0	0.2	-	0.6	0.5	0.5	0.5	0.3	0.6	0.6	1.3	1.3	2.4	3.3	2.4	2.5	0.7	0.0	0.1	0.7	0.3	142
MOUTH	163	0	0.0	0.1	0.1	0.1	0.1	0.1	0.2	0.5	1.0	0.4	1.0	2.0	2.4	2.0	3.3	1.8	5.6	0.6	0.0	0.1	0.6	0.3	143-5
OROPHARYNX	31	0	0.0	-	-	-	-	-	-	-	0.2	0.1	0.1	0.0	0.8	0.4	2.0	0.8	0.1	0.1	0.0	0.0	0.1	0.1	146
NASOPHARYNX	120	0	0.0	-	0.2	0.2	0.6	0.1	0.2	0.6	0.7	0.9	0.8	1.0	0.7	2.0	0.4	1.1	1.2	0.4	0.1	0.2	0.4	0.2	147
HYPOPHARYNX	46	0	-	-	-	-	0.0	0.5	-	0.2	0.2	0.2	0.0	0.3	0.0	0.7	0.8	1.1	1.5	0.2	0.0	0.0	0.2	0.1	148
PHARYNX UNSPEC.	6	0	-	-	-	-	-	0.0	-	-	-	-	-	0.1	0.1	0.1	0.0	0.3	0.4	0.0	0.0	0.0	0.0	0.0	149
OESOPHAGUS	507	0	-	-	-	-	-	0.1	0.1	0.1	0.7	0.9	2.2	3.9	5.8	8.1	12.1	26.4	1.8	0.1	0.2	1.6	0.8	150
STOMACH	3548	0	0.0	0.0	-	-	-	0.8	1.7	3.4	6.3	10.3	14.5	26.1	41.5	60.5	93.1	156.5	12.9	0.5	1.3	11.6	5.6	151
SMALL INTESTINE	113	0	-	-	-	-	0.0	0.1	0.5	0.5	0.3	0.6	0.8	1.3	1.9	2.1	2.7	1.3	0.4	0.0	0.1	0.4	0.2	152
COLON	3708	0	0.0	0.1	0.1	0.5	0.4	1.4	2.0	4.0	5.4	9.6	19.2	30.0	44.3	71.2	96.0	138.6	13.4	0.6	1.4	12.2	5.8	153
RECTUM	3260	0	0.2	0.1	0.1	0.1	0.4	1.0	1.7	4.2	4.5	11.2	21.2	31.9	43.0	60.7	80.0	97.7	11.8	0.6	1.3	10.8	5.2	154
LIVER	592	0	0.2	-	0.2	0.2	0.1	0.2	0.3	0.2	0.6	1.5	2.1	3.6	6.9	9.7	16.5	28.2	2.1	0.1	0.2	1.9	0.9	155
GALLBLADDER ETC.	1741	0	-	0.0	-	-	0.6	0.1	0.1	0.5	1.7	3.1	7.8	14.7	24.9	33.8	51.9	66.0	6.3	0.3	0.7	5.7	2.7	156
PANCREAS	1874	0	0.0	0.1	-	0.1	-	0.1	0.3	0.8	1.8	4.0	9.5	14.3	27.4	32.0	53.4	76.5	6.8	0.3	0.7	6.1	2.9	157
PERITONEUM ETC.	447	0	0.2	0.1	0.1	-	0.2	0.1	0.1	0.1	0.7	1.2	1.3	2.7	3.9	5.9	10.7	25.9	1.6	0.1	0.1	1.5	0.7	158
NOSE, SINUSES ETC.	100	0	0.0	0.0	-	0.0	-	0.0	0.3	-	0.1	0.4	0.1	0.1	1.0	1.5	1.3	3.6	0.4	0.0	0.0	0.3	0.2	160
LARYNX	147	0	-	-	-	-	0.2	0.0	1.0	0.3	1.9	-	0.5	0.2	1.8	2.5	3.5	2.7	0.5	0.0	0.1	0.5	0.2	161
BRONCHUS, TRACHEA	2648	0	0.0	0.1	0.1	-	0.2	0.6	-	1.9	3.2	10.5	15.4	25.5	35.3	49.5	64.1	87.2	9.6	1.0	2.0	8.8	4.2	162
PLEURA	31	0	-	-	-	0.0	0.2	0.1	0.1	0.1	-	0.4	0.2	0.2	-	0.4	0.5	1.2	0.1	0.0	0.0	0.1	0.1	163
OTHER THORACIC ORGANS	98	0	0.4	0.1	-	0.1	0.3	0.1	0.2	0.3	0.3	1.2	0.6	0.6	0.6	1.4	1.1	0.7	0.4	0.0	0.1	0.3	0.2	164
BONE	326	0	0.4	0.5	1.2	1.1	0.8	0.6	1.0	0.8	0.5	1.2	1.5	1.1	2.0	2.5	4.0	6.8	1.2	0.1	0.1	1.1	0.5	170
CONNECTIVE TISSUE	458	0	0.2	0.5	0.4	0.7	1.1	0.8	1.0	1.4	1.4	2.3	2.1	2.7	3.9	6.3	6.5	5.9	1.7	0.3	0.5	1.6	0.8	171
MELANOMA OF SKIN	1298	0	-	0.2	0.3	1.1	3.0	4.6	6.9	7.7	7.3	9.1	9.0	7.9	10.4	10.8	13.6	10.8	4.7	0.3	0.5	4.6	2.2	172
OTHER SKIN	0	0	-	-	-	-	-	-	-	-	-	-	-	-	-	-	-	-	0.0	0.0	0.0	0.0	0.0	173
BREAST	16190	0	0.0	0.1	0.1	0.3	1.5	8.9	28.3	55.0	100.3	137.1	146.5	166.7	197.3	208.4	223.3	201.2	58.6	4.2	6.4	56.7	27.1	174
UTERUS UNSPEC.	171	0	-	-	-	-	-	-	0.1	0.2	0.3	0.6	1.1	1.3	1.4	2.8	2.6	9.3	0.6	0.0	0.1	0.6	0.3	179
CERVIX UTERI	1278	0	-	-	-	-	0.5	0.6	3.3	5.2	10.2	12.2	13.2	12.4	13.5	11.1	13.3	14.7	4.6	0.4	0.5	4.5	2.2	180
CHORIONEPTHELIOMA	78	0	-	-	-	0.2	0.3	0.9	0.7	0.5	0.5	0.7	0.3	0.1	0.1	-	-	-	0.3	0.0	0.0	0.3	0.1	181
CORPUS UTERI	2831	0	-	-	-	-	0.3	0.7	1.6	3.3	7.8	17.0	28.9	38.5	42.3	47.7	45.5	39.1	10.3	0.7	1.2	9.7	4.6	182
OVARY ETC.	3466	0	0.1	0.2	0.8	1.3	1.1	1.7	2.8	6.9	13.4	25.9	34.5	38.9	45.1	50.6	51.6	48.5	12.6	0.9	1.4	12.0	5.7	183
OTHER FEMALE GENITAL	527	0	0.1	-	-	0.2	0.3	0.1	0.1	0.3	0.8	1.4	2.4	3.9	6.3	9.2	12.9	23.6	1.9	0.1	0.2	1.7	0.8	184
BLADDER	1355	0	-	-	-	0.2	0.2	0.7	0.5	1.0	1.8	4.1	7.8	12.5	18.6	22.7	37.4	44.6	4.9	0.2	0.5	4.5	2.1	188
OTHER URINARY	1142	0	1.5	0.6	0.2	0.0	0.2	0.4	0.4	1.2	2.4	4.5	7.5	11.4	14.6	17.8	28.0	26.2	4.1	0.2	0.5	3.9	1.8	189
EYE	217	0	1.0	0.1	0.1	0.0	0.3	0.1	0.4	0.6	0.7	1.1	1.5	2.0	2.9	2.3	2.2	2.2	0.8	0.2	0.3	0.8	0.4	190
BRAIN, NERV.SYSTEM	2335	0	2.1	2.3	2.1	2.6	1.9	3.0	4.3	7.5	9.5	15.7	19.8	22.8	26.1	28.0	25.4	20.5	8.5	0.6	0.9	8.2	3.9	191-2
THYROID	1553	0	-	0.1	0.1	2.1	5.0	7.2	8.7	7.1	7.9	15.0	7.7	11.2	10.7	14.9	13.1	16.0	5.6	0.4	0.9	5.5	2.6	193
OTHER ENDOCRINE	104	0	0.9	0.3	0.0	0.2	0.2	0.2	0.3	0.3	0.2	0.6	0.3	0.3	0.5	0.6	0.6	1.2	0.4	0.0	0.0	0.4	0.2	194
LYMPHOSARCOMA ETC.	1465	0	1.1	0.6	0.5	1.2	1.6	1.6	2.8	2.3	3.9	5.9	8.1	12.7	16.4	21.9	29.4	33.2	5.3	0.3	0.6	5.0	2.4	200
HODGKIN'S DISEASE	597	0	0.0	0.5	1.3	1.9	2.8	3.4	3.2	0.9	2.7	2.5	2.1	2.7	3.5	3.3	4.3	4.9	2.2	0.2	0.2	2.1	1.0	201
OTHER RETICULOSES	615	0	0.6	0.3	0.3	0.6	1.1	1.0	0.9	0.4	1.4	2.8	3.5	5.2	6.9	8.5	12.3	13.9	2.2	0.1	0.2	2.1	1.0	202
MULTIPLE MYELOMA	618	0	-	-	-	0.2	0.7	0.0	0.1	0.3	0.6	1.4	3.2	6.8	8.4	13.3	14.7	20.8	2.2	0.1	0.2	2.0	1.0	203
LYMPHATIC LEUKAEMIA	906	0	2.4	1.3	1.3	0.9	0.4	0.4	0.4	1.0	0.8	2.2	3.6	6.5	9.9	12.8	16.3	28.8	3.3	0.3	0.3	3.1	1.5	204
MYELOID LEUKAEMIA	662	0	0.5	0.5	0.5	0.8	1.1	1.3	1.1	2.5	1.8	3.1	3.8	5.1	6.0	7.3	10.2	14.4	2.4	0.2	0.3	2.3	1.1	205
MONOCYTIC LEUKAEMIA	148	0	0.2	-	-	0.5	0.0	0.1	0.3	0.3	0.3	0.6	0.6	1.2	1.4	2.4	2.1	3.4	0.5	0.0	0.1	0.5	0.2	206
OTHER LEUKAEMIA	42	0	0.0	-	-	0.1	-	0.1	0.0	0.1	0.1	-	0.2	0.2	0.2	0.0	0.2	1.8	0.2	0.0	0.0	0.1	0.1	207
LEUKAEMIA, CELL UNSPEC.	310	0	0.9	0.4	0.6	0.4	0.1	0.3	0.5	0.3	0.6	0.8	2.0	1.6	2.4	3.2	4.5	10.5	1.1	0.1	0.1	1.1	0.5	208
PRIMARY SITE UNCERTAIN	2988	0	0.2	-	0.3	0.3	0.7	1.0	2.0	1.9	4.2	7.2	14.4	22.2	34.5	47.4	75.6	136.4	10.8	0.4	1.1	9.8	4.7	PSU
ALL SITES																								
ALL BUT 173	61351	0	14.7	9.5	11.8	18.1	27.2	46.4	80.8	129.6	211.6	327.8	427.8	561.5	733.2	907.7	1151.3	1471.8	222.2	13.0	23.3	209.1	100.0	
Rate from 10 cases			0.337	0.363	0.380	0.395	0.427	0.482	0.577	0.649	0.658	0.679	0.696	0.780	0.903	1.101	1.598	1.482						

Note : "Bladder" and "Brain, Nervous System" include benign cases

TABLE II

Number of cases, sex ratios, and proportional incidence ratios (with 95% confidence intervals), by topographical site, sex, and region of birth (1961–1981)

84

TABLE II. Number of Cases, Sex Ratios, and Proportional Incidence Ratios (with 95% Confidence Intervals), by Topographical Site, Sex, and Region of Birth (1961-1981)

All Sites (ICD-9 140-208, excl. 173) (a)

Region	Number of Cases and Ratios				Proportional Incidence Ratios (PIR)		
	Male	Female	Total	M/F	Male	Female	Both Sexes
Asia	7477	7129	14606	1.05	100	100	100
Turkey	1719	1576	3295	1.09	100	100	100
Syria, Lebanon	409	485	894	0.84	100	100	100
Iraq	2718	2522	5240	1.08	100	100	100
Yemen	1069	1001	2070	1.07	100	100	100
Iran	1053	871	1924	1.21	100	100	100
India	157	222	379	0.71	100	100	100
Africa	5861	5362	11223	1.09	100	100	100
Morocco	3166	2642	5808	1.20	100	100	100
Algeria, Tunisia	1298	1172	2470	1.11	100	100	100
Libya	612	575	1187	1.06	100	100	100
Egypt	726	875	1601	0.83	100	100	100
Europe and America	39641	43137	82778	0.92	100	100	100
USSR	5722	6554	12276	0.87	100	100	100
Poland	13785	13471	27256	1.02	100	100	100
Romania	10439	12383	22822	0.84	100	100	100
Bulgaria	1963	1781	3744	1.10	100	100	100
Greece	595	455	1050	1.31	100	100	100
Germany, Austria	2564	3108	5672	0.82	100	100	100
Czechoslovakia	1338	1334	2672	1.00	100	100	100
Hungary	1406	1645	3051	0.85	100	100	100
North & West Europe	983	1293	2276	0.76	100	100	100
North America	218	310	528	0.70	100	100	100
South America	228	335	563	0.68	100	100	100
All Migrants	52979	55628	108607	0.95	100	100	100
Born in Israel	4975	5723	10698	0.87	100	100	100
All Jews	57954	61351	119305	0.94	100	100	100

(a) Includes benign bladder and CNS tumours

TABLE II. Number of Cases, Sex Ratios, and Proportional Incidence Ratios (with 95% Confidence Intervals), by Topographical Site, Sex, and Region of Birth (1961-1981)

Lip, Oral cavity, Pharynx (ICD-9 140-149)

Region	Number of Cases and Ratios				Proportional Incidence Ratios (PIR)					
	Male	Female	Total	M/F	Male		Female		Both Sexes	
Asia	230	132	362	1.74	81	92 105	108	130 154	93	103 114
Turkey	36	15	51	2.40	46	66 92	40	71 117	50	67 89
Syria,Lebanon	17	5	22	3.40	74	127 203	24	76 177	69	110 167
Iraq	69	46	115	1.50	58	75 95	92	125 167	74	89 107
Yemen	43	26	69	1.65	88	121 163	120	183 268	108	139 176
Iran	24	12	36	2.00	43	67 100	46	89 156	51	73 101
India	18	17	35	1.06	184	311 491	306	526 842	270	388 540
Africa	253	113	366	2.24	102	116 131	116	141 170	111	123 136
Morocco	155	71	226	2.18	112	132 154	137	175 221	125	143 163
Algeria,Tunisia	61	28	89	2.18	94	123 158	107	161 233	107	133 164
Libya	17	7	24	2.43	44	76 122	33	82 168	50	78 115
Egypt	16	5	21	3.20	35	62 100	13	41 97	34	55 84
Europe and America	1081	496	1577	2.18	88	93 99	80	87 95	87	91 96
USSR	165	96	261	1.72	91	107 124	89	110 134	95	108 122
Poland	370	173	543	2.14	84	93 103	85	99 115	87	95 103
Romania	291	113	404	2.58	84	95 106	56	69 82	77	86 94
Bulgaria	40	14	54	2.86	50	71 96	32	59 99	50	67 88
Greece	8	8	16	1.00	20	46 91	57	133 262	39	68 111
Germany,Austria	82	35	117	2.34	82	103 128	59	85 119	80	97 116
Czechoslovakia	39	10	49	3.90	66	93 128	28	58 106	61	83 109
Hungary	37	19	56	1.95	63	89 123	53	87 137	67	88 115
North & West Europe	29	16	45	1.81	60	89 128	52	91 148	66	90 120
North America	4	4	8	1.00	13	47 119	24	88 226	26	61 120
South America	5	2	7	2.50	16	49 114	4	40 144	18	46 95
All Migrants	1564	741	2305	2.11	91	96 101	92	99 106	93	97 101
Born in Israel	272	116	388	2.34	115	130 146	91	110 132	111	123 136
All Jews	1836	857	2693	2.14		100		100		100

Table II

85

TABLE II. Number of Cases, Sex Ratios, and Proportional Incidence Ratios (with 95% Confidence Intervals), by Topographical Site, Sex, and Region of Birth (1961-1981)

Nasopharynx (ICD-9 147)

Region	Number of Cases and Ratios				Proportional Incidence Ratios (PIR)								
	Male	Female	Total	M/F	Male			Female			Both Sexes		
Asia	56	25	81	2.24	112	149	193	105	163	240	121	153	190
Turkey	4	4	8	1.00	14	52	134	41	153	391	34	78	153
Syria,Lebanon	2	1	3	2.00	11	100	359	1	109	606	21	103	300
Iraq	15	5	20	3.00	59	106	175	28	86	200	61	100	155
Yemen	21	10	31	2.10	240	388	592	230	481	884	281	413	587
Iran	6	2	8	3.00	38	105	229	9	84	302	43	99	195
India	3	1	4	3.00	64	321	937	2	184	***	73	271	693
Africa	98	44	142	2.23	220	271	330	230	317	425	239	283	334
Morocco	60	34	94	1.76	232	305	392	313	452	632	279	345	423
Algeria,Tunisia	27	9	36	3.00	213	323	470	141	310	588	224	320	443
Libya	7	0	7	---	76	189	389	0	0	253	54	136	280
Egypt	4	1	5	4.00	26	98	250	1	56	313	27	85	199
Europe and America	70	32	102	2.19	37	47	60	33	48	68	39	48	58
USSR	10	4	14	2.50	27	56	103	11	42	106	28	51	85
Poland	27	12	39	2.25	36	55	80	31	61	106	40	57	77
Romania	24	8	32	3.00	38	60	89	18	42	83	37	54	76
Bulgaria	5	2	7	2.50	23	70	163	9	76	274	29	72	147
Greece	1	0	1	---	1	45	252	0	0	506	0	34	190
Germany,Austria	0	1	1	0.00	0	0	34	0	21	117	0	6	36
Czechoslovakia	1	0	1	---	0	17	97	0	0	164	0	13	70
Hungary	0	1	1	0.00	0	0	67	0	38	212	0	12	69
North & West Europe	1	2	3	0.50	0	20	114	9	82	297	8	41	120
North America	0	1	1	0.00	0	0	234	2	132	733	1	43	239
South America	0	1	1	0.00	0	0	196	1	110	613	0	36	200
All Migrants	224	101	325	2.22	88	101	115	86	106	129	91	102	114
Born in Israel	47	19	66	2.47	71	96	128	47	78	121	70	90	115
All Jews	271	120	391	2.26		100			100			100	

TABLE II. Number of Cases, Sex Ratios, and Proportional Incidence Ratios (with 95% Confidence Intervals), by Topographical Site, Sex, and Region of Birth (1961–1981)

Oesophagus (ICD-9 150)

Region	Number of Cases and Ratios				Proportional Incidence Ratios (PIR)		
	Male	Female	Total	M/F	Male	Female	Both Sexes
Asia	116	111	227	1.05	112 135 162	164 199 239	140 160 182
Turkey	16	4	20	4.00	46 80 131	8 29 74	36 59 91
Syria,Lebanon	1	1	2	1.00	0 21 116	0 25 142	3 23 83
Iraq	30	12	42	2.50	64 95 136	32 63 110	60 83 112
Yemen	24	32	56	0.75	122 190 283	272 398 562	205 271 352
Iran	32	40	72	0.80	186 273 385	482 675 919	319 408 513
India	11	17	28	0.65	353 707 ***	682 1171 ***	619 931 ***
Africa	54	37	91	1.46	69 92 120	73 104 144	78 96 118
Morocco	34	26	60	1.31	75 108 151	103 157 230	95 125 161
Algeria,Tunisia	8	4	12	2.00	27 62 122	13 50 127	29 57 100
Libya	7	4	11	1.75	44 110 226	27 102 260	53 107 191
Egypt	5	3	8	1.67	21 66 154	9 47 136	25 57 112
Europe and America	451	336	787	1.34	86 95 104	77 86 95	84 91 97
USSR	82	81	163	1.01	89 112 139	101 127 158	101 119 139
Poland	206	121	327	1.70	109 125 143	85 102 122	103 116 129
Romania	106	95	201	1.12	69 84 102	66 82 100	72 83 95
Bulgaria	10	5	15	2.00	20 41 76	9 29 68	20 36 60
Greece	2	1	3	2.00	3 28 100	0 25 141	5 27 78
Germany,Austria	13	13	26	1.00	23 44 75	24 45 77	29 44 65
Czechoslovakia	6	0	6	---	15 40 87	0 0 34	8 23 50
Hungary	8	0	8	---	20 47 93	0 0 24	11 25 49
North & West Europe	14	15	29	0.93	69 127 213	82 147 242	91 137 196
North America	0	2	2	0.00	0 0 193	11 99 357	6 51 184
South America	1	1	2	1.00	1 54 301	1 58 320	6 56 201
All Migrants	621	484	1105	1.28	92 100 108	91 100 109	94 100 106
Born in Israel	29	23	52	1.26	68 102 147	62 97 146	75 100 131
All Jews	650	507	1157	1.28	100	100	100

TABLE II. Number of Cases, Sex Ratios, and Proportional Incidence Ratios (with 95% Confidence Intervals), by Topographical Site, Sex, and Region of Birth (1961-1981)

Stomach (ICD-9 151)

Region	Number of Cases and Ratios				Proportional Incidence Ratios (PIR)		
	Male	Female	Total	M/F	Male	Female	Both Sexes
Asia	**710**	**453**	**1163**	**1.57**	91 **98** 106	104 **115** 126	98 **104** 110
Turkey	209	131	340	1.60	107 **123** 141	113 **136** 161	114 **127** 142
Syria,Lebanon	28	29	57	0.97	47 **70** 101	70 **104** 150	64 **84** 109
Iraq	175	104	279	1.68	57 **67** 78	63 **77** 93	62 **70** 79
Yemen	121	87	208	1.39	96 **116** 139	123 **154** 190	112 **129** 148
Iran	145	70	215	2.07	124 **147** 173	127 **163** 206	132 **152** 174
India	8	10	18	0.80	24 **56** 111	45 **93** 171	43 **72** 114
Africa	**468**	**328**	**796**	**1.43**	81 **89** 97	113 **126** 141	94 **101** 108
Morocco	258	160	418	1.61	80 **91** 102	112 **131** 153	93 **103** 113
Algeria,Tunisia	109	92	201	1.18	78 **95** 114	126 **157** 192	100 **116** 133
Libya	34	27	61	1.26	42 **60** 84	62 **94** 137	55 **72** 92
Egypt	61	48	109	1.27	69 **90** 116	77 **104** 138	79 **96** 116
Europe and America	**4181**	**2628**	**6809**	**1.59**	100 **103** 106	93 **97** 101	98 **101** 103
USSR	696	465	1161	1.50	107 **116** 125	97 **107** 117	106 **112** 119
Poland	1483	774	2257	1.92	99 **105** 110	88 **94** 101	97 **101** 105
Romania	1194	853	2047	1.40	106 **112** 119	100 **107** 115	105 **110** 115
Bulgaria	198	156	354	1.27	85 **98** 112	113 **133** 155	99 **111** 123
Greece	36	23	59	1.57	41 **59** 81	53 **83** 125	51 **66** 86
Germany,Austria	181	122	303	1.48	61 **70** 81	51 **62** 74	59 **67** 75
Czechoslovakia	124	46	170	2.70	77 **93** 111	44 **61** 81	69 **81** 94
Hungary	114	87	201	1.31	66 **80** 96	67 **84** 103	70 **81** 93
North & West Europe	94	64	158	1.47	80 **99** 121	68 **89** 113	80 **95** 111
North America	11	6	17	1.83	32 **64** 115	15 **41** 88	31 **53** 85
South America	13	8	21	1.63	40 **76** 130	25 **59** 117	42 **69** 105
All Migrants	**5359**	**3409**	**8768**	**1.57**	98 **101** 104	98 **101** 105	99 **101** 103
Born in Israel	199	139	338	1.43	67 **78** 89	63 **75** 88	69 **77** 85
All Jews	**5558**	**3548**	**9106**	**1.57**	**100**	**100**	**100**

TABLE II. Number of Cases, Sex Ratios, and Proportional Incidence Ratios (with 95% Confidence Intervals), by Topographical Site, Sex, and Region of Birth (1961–1981)

Colon and Rectum (ICD-9 153,154)

Region	Number of Cases and Ratios				Proportional Incidence Ratios (PIR)								
	Male	Female	Total	M/F	Male			Female			Both Sexes		
Asia	634	633	1267	1.00	62	67	72	75	82	88	69	73	78
Turkey	159	181	340	0.88	60	71	83	83	96	111	74	83	92
Syria,Lebanon	43	45	88	0.96	59	82	111	60	82	110	66	82	101
Iraq	197	197	394	1.00	50	57	66	64	74	85	58	65	71
Yemen	126	95	221	1.33	77	92	110	70	86	105	78	90	102
Iran	58	56	114	1.04	34	45	58	49	65	85	44	53	63
India	8	9	17	0.89	18	42	83	19	41	77	24	41	66
Africa	446	402	848	1.11	57	63	69	68	75	83	64	68	73
Morocco	227	186	413	1.22	52	60	68	63	73	85	59	65	72
Algeria,Tunisia	99	94	193	1.05	52	64	78	64	79	97	61	71	81
Libya	49	39	88	1.26	48	65	87	48	67	92	53	66	81
Egypt	68	73	141	0.93	59	76	96	61	77	97	64	77	90
Europe and America	5887	5580	11467	1.06	108	111	114	103	106	109	107	109	111
USSR	830	921	1751	0.90	99	106	114	104	111	118	104	109	114
Poland	2380	2003	4383	1.19	123	128	133	117	122	128	122	125	129
Romania	1342	1360	2702	0.99	91	96	102	84	89	94	89	93	96
Bulgaria	258	220	478	1.17	86	98	110	86	99	113	90	98	108
Greece	53	54	107	0.98	50	67	87	75	100	130	66	80	97
Germany,Austria	370	394	764	0.94	99	110	121	94	104	115	99	107	114
Czechoslovakia	213	152	365	1.40	105	121	138	85	100	117	100	111	123
Hungary	191	188	379	1.02	88	102	117	81	94	108	88	98	108
North & West Europe	120	177	297	0.68	80	96	115	105	123	142	98	110	124
North America	36	25	61	1.44	108	154	214	54	83	123	88	115	147
South America	33	37	70	0.89	96	140	196	91	129	178	104	134	169
All Migrants	6967	6615	13582	1.05	98	100	103	98	101	103	99	100	102
Born in Israel	350	353	703	0.99	87	97	107	81	90	100	86	93	100
All Jews	7317	6968	14285	1.05		100			100			100	

TABLE II. Number of Cases, Sex Ratios, and Proportional Incidence Ratios (with 95% Confidence Intervals), by Topographical Site, Sex, and Region of Birth (1961-1981)

Liver (ICD-9 155)

Region	Number of Cases and Ratios				Proportional Incidence Ratios (PIR)		
	Male	Female	Total	M/F	Male	Female	Both Sexes
Asia	**165**	**80**	**245**	**2.06**	117 **137** 160	98 **124** 154	117 **133** 150
Turkey	25	17	42	1.47	57 **88** 130	62 **107** 171	68 **95** 128
Syria,Lebanon	5	4	9	1.25	24 **76** 177	24 **89** 227	37 **81** 154
Iraq	48	20	68	2.40	82 **111** 147	56 **91** 141	81 **104** 132
Yemen	55	26	81	2.12	240 **319** 415	183 **281** 411	243 **306** 380
Iran	20	6	26	3.33	74 **121** 186	31 **84** 183	72 **110** 161
India	4	4	8	1.00	45 **166** 426	63 **233** 595	84 **194** 382
Africa	**131**	**60**	**191**	**2.18**	122 **146** 173	110 **144** 186	125 **145** 167
Morocco	76	39	115	1.95	123 **156** 196	141 **199** 272	139 **169** 202
Algeria,Tunisia	26	14	40	1.86	87 **133** 195	81 **149** 249	99 **138** 188
Libya	18	4	22	4.50	112 **189** 299	23 **87** 221	98 **156** 236
Egypt	10	3	13	3.33	42 **88** 162	8 **41** 120	37 **70** 119
Europe and America	**614**	**416**	**1030**	**1.48**	84 **91** 98	84 **93** 103	86 **92** 97
USSR	89	67	156	1.33	72 **89** 110	71 **92** 117	77 **90** 106
Poland	137	124	261	1.10	48 **58** 68	77 **92** 110	62 **70** 79
Romania	268	166	434	1.61	134 **151** 170	107 **126** 146	127 **140** 154
Bulgaria	36	10	46	3.60	75 **107** 148	24 **51** 94	63 **87** 115
Greece	10	7	17	1.43	47 **98** 180	62 **155** 320	67 **116** 185
Germany,Austria	22	17	39	1.29	32 **51** 77	30 **52** 83	36 **51** 70
Czechoslovakia	15	5	20	3.00	37 **67** 110	13 **41** 95	35 **57** 89
Hungary	18	7	25	2.57	44 **75** 119	16 **41** 84	39 **61** 90
North & West Europe	13	6	19	2.17	43 **82** 140	19 **51** 112	41 **69** 108
North America	1	0	1	---	0 **33** 183	0 **0** 152	0 **18** 102
South America	1	2	3	0.50	0 **34** 187	11 **98** 355	12 **60** 175
All Migrants	**910**	**556**	**1466**	**1.64**	96 **103** 109	92 **101** 109	97 **102** 107
Born in Israel	**31**	**36**	**67**	**0.86**	39 **58** 82	64 **92** 127	56 **72** 92
All Jews	**941**	**592**	**1533**	**1.59**	**100**	**100**	**100**

Table II

TABLE II. Number of Cases, Sex Ratios, and Proportional Incidence Ratios (with 95% Confidence Intervals), by Topographical Site, Sex, and Region of Birth (1961-1981)

Gallbladder, etc. (ICD-9 156)

Region	Number of Cases and Ratios				Proportional Incidence Ratios (PIR)					
	Male	Female	Total	M/F	Male			Female		Both Sexes
Asia	110	167	277	0.66	94	114	138	76	89 103	86 97 109
Turkey	26	31	57	0.84	75	115	168	44	65 92	61 81 105
Syria,Lebanon	4	22	26	0.18	20	75	193	102	163 247	90 138 203
Iraq	26	49	75	0.53	49	75	109	57	77 102	60 76 96
Yemen	26	34	60	0.76	122	187	273	88	127 177	112 147 189
Iran	21	21	42	1.00	99	160	244	65	106 161	92 127 172
India	4	4	8	1.00	58	215	550	21	77 198	49 114 224
Africa	96	149	245	0.64	113	139	170	102	121 142	112 127 144
Morocco	49	103	152	0.48	98	132	175	147	179 218	136 161 189
Algeria,Tunisia	21	17	38	1.24	86	139	213	36	61 98	63 89 122
Libya	13	17	30	0.76	94	176	301	73	126 202	97 144 205
Egypt	13	10	23	1.30	78	146	250	21	44 81	46 73 109
Europe and America	509	1380	1889	0.37	86	94	103	97	102 108	95 100 104
USSR	66	147	213	0.45	63	82	104	57	68 79	62 71 82
Poland	188	447	635	0.42	86	100	115	97	106 117	96 104 113
Romania	169	565	734	0.30	101	119	138	132	144 156	127 137 147
Bulgaria	20	35	55	0.57	45	73	114	42	61 84	49 65 84
Greece	6	9	15	0.67	27	74	161	30	65 123	38 68 113
Germany,Austria	17	47	64	0.36	29	50	80	35	48 64	37 49 62
Czechoslovakia	17	36	53	0.47	56	96	154	67	95 132	72 96 125
Hungary	16	44	60	0.36	48	84	136	63	86 116	65 85 110
North & West Europe	5	31	36	0.16	13	40	93	59	87 124	52 75 104
North America	2	6	8	0.33	10	88	319	32	87 189	38 87 172
South America	0	0	0	---	0	0	165	0	0 61	0 0 45
All Migrants	715	1696	2411	0.42	94	101	109	97	102 107	98 102 106
Born in Israel	25	45	70	0.56	48	74	109	43	59 79	49 63 80
All Jews	740	1741	2481	0.43		100			100	100

TABLE II. Number of Cases, Sex Ratios, and Proportional Incidence Ratios (with 95% Confidence Intervals), by Topographical Site, Sex, and Region of Birth (1961-1981)

Pancreas (ICD-9 157)

Region	Number of Cases and Ratios				Proportional Incidence Ratios (PIR)					
	Male	Female	Total	M/F	Male		Female		Both Sexes	
Asia	314	244	558	1.29	86	96 107	105	120 136	97	105 114
Turkey	61	50	111	1.22	60	78 100	72	98 129	71	86 103
Syria,Lebanon	15	13	28	1.15	47	83 138	48	90 154	57	86 125
Iraq	111	94	205	1.18	78	94 114	110	136 167	95	110 126
Yemen	64	42	106	1.52	105	136 174	104	144 195	114	139 168
Iran	48	28	76	1.71	79	107 142	86	129 187	90	114 143
India	4	5	9	0.80	16	60 153	29	90 210	34	73 139
Africa	196	140	336	1.40	68	79 91	89	105 124	79	88 98
Morocco	89	62	151	1.44	53	66 81	77	100 128	65	77 90
Algeria,Tunisia	48	34	82	1.41	66	89 119	79	114 159	78	98 122
Libya	35	21	56	1.67	92	132 184	88	143 219	103	136 177
Egypt	24	22	46	1.09	49	76 114	57	91 137	60	83 110
Europe and America	1936	1418	3354	1.37	100	104 109	93	98 103	98	101 105
USSR	281	189	470	1.49	93	105 118	70	81 93	85	94 103
Poland	722	449	1171	1.61	102	110 119	91	100 110	100	106 112
Romania	526	469	995	1.12	99	108 118	101	111 121	103	110 117
Bulgaria	71	54	125	1.31	60	77 98	65	87 113	68	81 97
Greece	20	16	36	1.25	44	71 110	61	108 175	59	84 116
Germany,Austria	110	93	203	1.18	76	92 111	71	88 108	78	90 104
Czechoslovakia	63	44	107	1.43	77	100 129	78	108 145	85	103 125
Hungary	70	46	116	1.52	83	107 135	61	84 112	79	96 115
North & West Europe	41	30	71	1.37	67	94 127	53	78 112	68	87 109
North America	3	8	11	0.38	8	38 111	46	106 208	35	71 127
South America	12	3	15	4.00	78	152 265	9	46 134	58	104 171
All Migrants	2446	1802	4248	1.36	97	101 105	96	101 106	98	101 104
Born in Israel	99	72	171	1.38	70	86 105	66	84 106	73	85 99
All Jews	2545	1874	4419	1.36		100		100		100

TABLE II. Number of Cases, Sex Ratios, and Proportional Incidence Ratios (with 95% Confidence Intervals), by Topographical Site, Sex, and Region of Birth (1961–1981)

Larynx (ICD-9 161)

Region	Number of Cases and Ratios				Proportional Incidence Ratios (PIR)							
	Male	Female	Total	M/F	Male			Female			Both Sexes		
Asia	**272**	**34**	**306**	**8.00**	114	**129**	145	140	**202**	282	120	**134**	150
Turkey	84	4	88	21.00	134	**169**	209	28	**103**	264	131	**164**	202
Syria,Lebanon	20	3	23	6.67	106	**174**	268	51	**255**	744	115	**181**	272
Iraq	97	16	113	6.06	104	**129**	157	156	**273**	443	115	**139**	167
Yemen	20	0	20	—	40	**66**	102	0	**0**	156	37	**61**	94
Iran	26	6	32	4.33	59	**90**	132	112	**307**	668	71	**104**	146
India	11	3	14	3.67	113	**227**	406	113	**563**	***	142	**260**	437
Africa	**245**	**18**	**263**	**13.61**	122	**139**	158	85	**144**	228	123	**139**	157
Morocco	130	9	139	14.44	113	**136**	161	68	**148**	281	115	**136**	161
Algeria,Tunisia	49	3	52	16.33	95	**128**	169	22	**111**	325	95	**127**	166
Libya	32	3	35	10.67	118	**172**	243	45	**223**	650	122	**175**	244
Egypt	32	3	35	10.67	101	**147**	208	28	**139**	407	102	**146**	204
Europe and America	**1013**	**84**	**1097**	**12.06**	84	**90**	95	62	**78**	97	83	**89**	94
USSR	116	14	130	8.29	63	**76**	92	47	**86**	145	65	**77**	92
Poland	337	18	355	18.72	75	**84**	93	31	**52**	83	73	**81**	90
Romania	291	21	312	13.86	87	**98**	110	42	**69**	105	85	**95**	107
Bulgaria	76	3	79	25.33	109	**138**	173	14	**69**	200	105	**133**	166
Greece	32	2	34	16.00	128	**187**	264	20	**175**	631	129	**186**	260
Germany,Austria	43	11	54	3.91	41	**56**	76	71	**143**	256	48	**64**	84
Czechoslovakia	25	4	29	6.25	40	**61**	90	32	**119**	304	44	**65**	94
Hungary	44	7	51	6.29	79	**109**	147	69	**172**	353	86	**115**	151
North & West Europe	28	2	30	14.00	65	**98**	142	7	**63**	229	64	**95**	135
North America	3	0	3	—	11	**53**	154	0	**0**	522	9	**47**	137
South America	2	0	2	—	4	**33**	118	0	**0**	479	3	**29**	105
All Migrants	**1530**	**136**	**1666**	**11.25**	96	**101**	106	83	**99**	117	96	**101**	106
Born in Israel	**78**	**11**	**89**	**7.09**	69	**87**	108	55	**110**	198	72	**89**	110
All Jews	**1608**	**147**	**1755**	**10.94**		**100**			**100**			**100**	

TABLE II. Number of Cases, Sex Ratios, and Proportional Incidence Ratios (with 95% Confidence Intervals), by Topographical Site, Sex, and Region of Birth (1961-1981)

Lung (ICD-9 162)

Region	Number of Cases and Ratios				Proportional Incidence Ratios (PIR)								
	Male	Female	Total	M/F	Male			Female			Both Sexes		
Asia	1172	347	1519	3.38	109	**116**	123	106	**118**	131	111	**117**	123
Turkey	334	74	408	4.51	124	**138**	154	81	**103**	130	118	**130**	143
Syria,Lebanon	77	23	100	3.35	109	**138**	173	70	**110**	166	106	**131**	159
Iraq	503	143	646	3.52	127	**139**	152	121	**143**	169	129	**140**	151
Yemen	80	41	121	1.95	44	**55**	69	71	**98**	134	54	**65**	78
Iran	125	41	166	3.05	75	**91**	108	92	**128**	173	83	**98**	114
India	22	11	33	2.00	65	**103**	156	65	**131**	234	76	**111**	156
Africa	853	183	1036	4.66	102	**109**	116	78	**91**	105	99	**105**	112
Morocco	479	98	577	4.89	103	**112**	123	84	**103**	126	102	**111**	120
Algeria,Tunisia	184	32	216	5.75	94	**109**	126	49	**72**	101	88	**101**	115
Libya	78	17	95	4.59	74	**94**	117	45	**78**	125	73	**91**	111
Egypt	103	32	135	3.22	85	**104**	126	61	**89**	126	84	**100**	118
Europe and America	5551	2009	7560	2.76	95	**97**	100	95	**100**	104	96	**98**	100
USSR	738	340	1078	2.17	84	**91**	97	96	**107**	120	90	**95**	101
Poland	1777	573	2350	3.10	84	**88**	92	83	**91**	98	85	**88**	92
Romania	1604	628	2232	2.55	102	**107**	113	100	**108**	117	103	**107**	112
Bulgaria	375	64	439	5.86	121	**134**	148	58	**76**	97	109	**120**	132
Greece	103	14	117	7.36	98	**120**	145	37	**67**	113	91	**110**	131
Germany,Austria	326	130	456	2.51	79	**88**	98	75	**89**	106	81	**89**	97
Czechoslovakia	165	63	228	2.62	72	**84**	98	82	**107**	137	78	**89**	102
Hungary	219	73	292	3.00	94	**108**	124	75	**96**	120	93	**105**	118
North & West Europe	135	65	200	2.08	83	**99**	117	91	**117**	150	90	**104**	120
North America	16	17	33	0.94	36	**64**	103	87	**149**	239	62	**90**	127
South America	31	7	38	4.43	83	**122**	173	26	**65**	134	74	**105**	144
All Migrants	7576	2539	10115	2.98	99	**101**	103	97	**101**	105	99	**101**	103
Born in Israel	303	109	412	2.78	73	**82**	92	64	**78**	94	73	**81**	89
All Jews	7879	2648	10527	2.98		**100**			**100**			**100**	

TABLE II. Number of Cases, Sex Ratios, and Proportional Incidence Ratios (with 95% Confidence Intervals), by Topographical Site, Sex, and Region of Birth (1961-1981)

Melanoma of skin (ICD-9 172)

Region	Number of Cases and Ratios				Proportional Incidence Ratios (PIR)					
	Male	Female	Total	M/F	Male		Female		Both Sexes	
Asia	**56**	**46**	**102**	**1.22**	31	**41** 53	19	**26** 35	27	**33** 40
Turkey	21	16	37	1.31	47	**76** 116	30	**53** 87	45	**64** 89
Syria,Lebanon	4	0	4	---	15	**56** 142	0	**0** 35	6	**23** 58
Iraq	18	19	37	0.95	20	**35** 55	17	**29** 45	22	**31** 43
Yemen	3	3	6	1.00	3	**16** 46	2	**12** 36	5	**14** 30
Iran	1	4	5	0.25	0	**5** 28	4	**15** 38	3	**11** 25
India	2	0	2	---	7	**59** 212	0	**0** 63	2	**22** 78
Africa	**33**	**53**	**86**	**0.62**	18	**26** 37	26	**34** 45	25	**31** 38
Morocco	12	20	32	0.60	9	**18** 31	15	**25** 38	15	**22** 31
Algeria,Tunisia	3	7	10	0.43	2	**10** 29	8	**21** 43	7	**16** 29
Libya	2	5	7	0.40	2	**16** 57	10	**30** 69	10	**24** 49
Egypt	16	11	27	1.45	61	**107** 174	27	**55** 98	51	**77** 112
Europe and America	**588**	**785**	**1373**	**0.75**	103	**112** 122	99	**107** 114	103	**109** 115
USSR	80	104	184	0.77	95	**120** 149	80	**98** 119	92	**107** 123
Poland	180	266	446	0.68	91	**106** 122	107	**122** 137	104	**115** 126
Romania	127	180	307	0.71	75	**90** 107	73	**85** 99	77	**87** 97
Bulgaria	30	27	57	1.11	78	**116** 165	59	**90** 131	77	**102** 132
Greece	10	6	16	1.67	61	**128** 235	28	**76** 166	58	**102** 166
Germany,Austria	72	78	150	0.92	151	**192** 242	116	**147** 183	140	**166** 195
Czechoslovakia	27	35	62	0.77	92	**140** 204	99	**142** 197	108	**141** 181
Hungary	18	18	36	1.00	57	**96** 152	37	**63** 99	53	**76** 105
North & West Europe	16	27	43	0.59	54	**94** 153	65	**98** 143	70	**97** 130
North America	10	13	23	0.77	83	**173** 318	77	**145** 248	99	**156** 234
South America	12	16	28	0.75	79	**153** 268	81	**143** 232	98	**147** 212
All Migrants	**677**	**884**	**1561**	**0.77**	80	**86** 93	78	**83** 89	80	**84** 89
Born in Israel	**269**	**414**	**683**	**0.65**	150	**169** 191	161	**178** 196	162	**175** 188
All Jews	**946**	**1298**	**2244**	**0.73**		**100**		**100**		**100**

TABLE II. Number of Cases, Sex Ratios, and Proportional Incidence Ratios (with 95% Confidence Intervals), by Topographical Site, Sex, and Region of Birth (1961-1981)

Breast (ICD-9 174 (female) or 175 (male))

Region	Number of Cases and Ratios				Proportional Incidence Ratios (PIR) and Intervals								
	Male	Female	Total	F/M	Male			Female			Both Sexes		
Asia	26	1795	1821	69.04	49	75	110	86	90	95	86	90	94
Turkey	5	412	417	82.40	20	62	144	89	98	108	89	98	108
Syria,Lebanon	2	147	149	73.50	12	105	377	92	109	128	92	109	128
Iraq	8	695	703	86.88	28	64	127	89	96	103	89	96	103
Yemen	3	166	169	55.33	12	60	176	51	60	70	51	60	70
Iran	5	192	197	38.40	34	106	248	68	79	90	68	79	91
India	0	46	46	0.00	0	0	494	51	70	93	50	69	92
Africa	26	1360	1386	52.31	62	95	138	82	87	92	82	87	92
Morocco	12	517	529	43.08	41	80	140	61	67	73	62	67	73
Algeria,Tunisia	4	310	314	77.50	18	67	171	81	91	102	81	90	101
Libya	5	166	171	33.20	56	173	403	85	100	116	86	101	117
Egypt	5	325	330	65.00	47	146	341	114	127	142	114	127	142
Europe and America	200	11530	11730	57.65	93	107	123	101	103	105	101	103	105
USSR	27	1581	1608	58.56	68	103	149	94	98	103	94	98	103
Poland	71	3478	3549	48.99	84	108	136	94	97	101	94	98	101
Romania	49	3175	3224	64.80	74	100	132	96	100	103	96	100	103
Bulgaria	10	519	529	51.90	52	109	201	105	115	125	105	115	125
Greece	3	140	143	46.67	22	108	315	96	114	134	96	114	134
Germany,Austria	17	976	993	57.41	81	140	224	113	121	129	114	121	129
Czechoslovakia	7	419	426	59.86	43	107	221	101	111	122	101	111	122
Hungary	8	493	501	61.63	51	120	236	105	115	126	105	115	126
North & West Europe	5	383	388	76.60	35	108	253	95	106	117	95	106	117
North America	2	116	118	58.00	25	223	806	105	127	152	106	128	153
South America	0	128	128	0.00	0	0	404	96	115	137	96	115	136
All Migrants	252	14685	14937	58.27	89	101	115	98	99	101	98	99	101
Born in Israel	11	1505	1516	136.82	39	77	138	102	108	113	102	107	113
All Jews	263	16190	16453	61.56		100			100			100	

TABLE II. Number of Cases, Sex Ratios, and Proportional Incidence Ratios (with 95% Confidence Intervals), by Topographical Site, Sex, and Region of Birth (1961-1981)

Cervix uteri (ICD-9 180)

Region	Number of Cases and Ratios				Proportional Incidence Ratios (PIR)		
	Male	Female	Total	M/F	Male	Female	Both Sexes
Asia	**0**	**164**	**164**	**0.00**		86 **101** 118	
Turkey	0	24	24	0.00		47 **74** 110	
Syria,Lebanon	0	11	11	0.00		51 **102** 183	
Iraq	0	77	77	0.00		101 **127** 159	
Yemen	0	17	17	0.00		44 **75** 120	
Iran	0	8	8	0.00		17 **38** 76	
India	0	14	14	0.00		138 **253** 424	
Africa	**0**	**308**	**308**	**0.00**		209 **234** 262	
Morocco	0	196	196	0.00		259 **299** 344	
Algeria,Tunisia	0	60	60	0.00		160 **210** 270	
Libya	0	22	22	0.00		99 **157** 238	
Egypt	0	27	27	0.00		86 **130** 189	
Europe and America	**0**	**690**	**690**	**0.00**		75 **81** 87	
USSR	0	101	101	0.00		69 **85** 103	
Poland	0	158	158	0.00		50 **59** 69	
Romania	0	260	260	0.00		95 **107** 121	
Bulgaria	0	26	26	0.00		49 **76** 111	
Greece	0	7	7	0.00		30 **74** 152	
Germany,Austria	0	46	46	0.00		54 **74** 99	
Czechoslovakia	0	24	24	0.00		51 **80** 119	
Hungary	0	27	27	0.00		54 **82** 119	
North & West Europe	0	16	16	0.00		31 **55** 90	
North America	0	5	5	0.00		21 **64** 150	
South America	0	8	8	0.00		35 **80** 158	
All Migrants	**0**	**1162**	**1162**	**0.00**		95 **101** 107	
Born in Israel	**0**	**116**	**116**	**0.00**		75 **91** 109	
All Jews	**0**	**1278**	**1278**	**0.00**		**100**	

TABLE II. Number of Cases, Sex Ratios, and Proportional Incidence Ratios (with 95% Confidence Intervals), by Topographical Site, Sex, and Region of Birth (1961-1981)

Corpus uteri (ICD-9 182)

Region	Number of Cases and Ratios				Proportional Incidence Ratios (PIR)		
	Male	Female	Total	M/F	Male	Female	Both Sexes
Asia	**0**	**241**	**241**	**0.00**		**66 75 85**	
Turkey	0	63	63	0.00		65 85 108	
Syria, Lebanon	0	16	16	0.00		40 70 114	
Iraq	0	97	97	0.00		70 87 106	
Yemen	0	16	16	0.00		20 35 58	
Iran	0	15	15	0.00		23 41 67	
India	0	9	9	0.00		39 86 164	
Africa	**0**	**214**	**214**	**0.00**		**76 87 100**	
Morocco	0	92	92	0.00		62 77 95	
Algeria, Tunisia	0	41	41	0.00		56 78 106	
Libya	0	27	27	0.00		69 105 153	
Egypt	0	51	51	0.00		88 118 156	
Europe and America	**0**	**2196**	**2196**	**0.00**		**101 105 110**	
USSR	0	323	323	0.00		94 106 118	
Poland	0	649	649	0.00		88 95 102	
Romania	0	631	631	0.00		100 108 117	
Bulgaria	0	85	85	0.00		83 104 128	
Greece	0	21	21	0.00		58 94 144	
Germany, Austria	0	177	177	0.00		103 120 139	
Czechoslovakia	0	86	86	0.00		101 127 156	
Hungary	0	85	85	0.00		87 108 134	
North & West Europe	0	82	82	0.00		103 130 161	
North America	0	15	15	0.00		61 108 179	
South America	0	17	17	0.00		65 111 178	
All Migrants	**0**	**2651**	**2651**	**0.00**		**96 100 104**	
Born in Israel	**0**	**180**	**180**	**0.00**		**87 101 117**	
All Jews	**0**	**2831**	**2831**	**0.00**		**100**	

TABLE II. Number of Cases, Sex Ratios, and Proportional Incidence Ratios (with 95% Confidence Intervals), by Topographical Site, Sex, and Region of Birth (1961-1981)

Ovary, etc. (ICD-9 183)

Region	Number of Cases and Ratios				Proportional Incidence Ratios (PIR)		
	Male	Female	Total	M/F	Male	Female	Both Sexes
Asia	0	**341**	341	0.00		75 **84** 93	
Turkey	0	95	95	0.00		86 **107** 131	
Syria,Lebanon	0	14	14	0.00		27 **50** 84	
Iraq	0	123	123	0.00		71 **86** 102	
Yemen	0	41	41	0.00		52 **72** 98	
Iran	0	30	30	0.00		41 **61** 87	
India	0	12	12	0.00		46 **90** 157	
Africa	0	**188**	188	**0.00**		51 **59** 69	
Morocco	0	96	96	0.00		50 **61** 75	
Algeria,Tunisia	0	28	28	0.00		28 **41** 60	
Libya	0	23	23	0.00		44 **69** 103	
Egypt	0	40	40	0.00		54 **76** 104	
Europe and America	0	**2656**	2656	**0.00**		104 **109** 113	
USSR	0	358	358	0.00		90 **100** 111	
Poland	0	817	817	0.00		97 **104** 111	
Romania	0	788	788	0.00		107 **114** 123	
Bulgaria	0	114	114	0.00		97 **117** 141	
Greece	0	28	28	0.00		71 **106** 153	
Germany,Austria	0	208	208	0.00		103 **119** 136	
Czechoslovakia	0	102	102	0.00		103 **126** 153	
Hungary	0	108	108	0.00		96 **117** 141	
North & West Europe	0	81	81	0.00		84 **106** 132	
North America	0	13	13	0.00		38 **72** 123	
South America	0	18	18	0.00		52 **87** 138	
All Migrants	0	**3185**	3185	**0.00**		97 **100** 104	
Born in Israel	0	**281**	281	**0.00**		84 **95** 107	
All Jews	0	**3466**	3466	**0.00**		**100**	

TABLE II. Number of Cases, Sex Ratios, and Proportional Incidence Ratios (with 95% Confidence Intervals), by Topographical Site, Sex, and Region of Birth (1961-1981)

Prostate (ICD-9 185)

Region	Number of Cases and Ratios				Proportional Incidence Ratios (PIR)		
	Male	Female	Total	M/F	Male	Female	Both Sexes
Asia	661	0	661	—	104 **113** 122		
Turkey	128	0	128	—	78 **93** 111		
Syria, Lebanon	38	0	38	—	82 **116** 159		
Iraq	315	0	315	—	131 **146** 164		
Yemen	60	0	60	—	53 **70** 90		
Iran	89	0	89	—	89 **111** 137		
India	12	0	12	—	65 **126** 220		
Africa	509	0	509	—	127 **139** 151		
Morocco	279	0	279	—	127 **143** 161		
Algeria, Tunisia	95	0	95	—	96 **118** 145		
Libya	62	0	62	—	119 **155** 199		
Egypt	69	0	69	—	110 **142** 179		
Europe and America	3144	0	3144	—	89 **92** 95		
USSR	539	0	539	—	90 **98** 107		
Poland	1012	0	1012	—	81 **86** 91		
Romania	731	0	731	—	75 **81** 87		
Bulgaria	206	0	206	—	102 **117** 134		
Greece	70	0	70	—	106 **136** 172		
Germany, Austria	237	0	237	—	101 **116** 131		
Czechoslovakia	93	0	93	—	73 **91** 111		
Hungary	106	0	106	—	72 **88** 106		
North & West Europe	81	0	81	—	86 **108** 135		
North America	15	0	15	—	71 **127** 210		
South America	11	0	11	—	52 **105** 188		
All Migrants	4314	0	4314	—	96 **99** 102		
Born in Israel	220	0	220	—	115 **132** 151		
All Jews	4534	0	4534	—	**100**		

TABLE II. Number of Cases, Sex Ratios, and Proportional Incidence Ratios (with 95% Confidence Intervals), by Topographical Site, Sex, and Region of Birth (1961-1981)

Testis (ICD-9 186)

Region	Number of Cases and Ratios				Proportional Incidence Ratios (PIR)		
	Male	Female	Total	M/F	Male	Female	Both Sexes
Asia	53	0	53	---	55 73 96		
Turkey	13	0	13	---	58 109 186		
Syria,Lebanon	3	0	3	---	17 84 245		
Iraq	17	0	17	---	34 58 93		
Yemen	5	0	5	---	17 51 120		
Iran	8	0	8	---	29 68 133		
India	4	0	4	---	60 222 567		
Africa	30	0	30	---	28 42 60		
Morocco	6	0	6	---	6 16 35		
Algeria,Tunisia	11	0	11	---	30 60 108		
Libya	3	0	3	---	9 44 129		
Egypt	7	0	7	---	35 89 183		
Europe and America	230	0	230	---	111 127 144		
USSR	24	0	24	---	66 102 152		
Poland	49	0	49	---	76 103 136		
Romania	62	0	62	---	93 121 155		
Bulgaria	7	0	7	---	30 75 155		
Greece	5	0	5	---	64 198 461		
Germany,Austria	19	0	19	---	83 138 216		
Czechoslovakia	12	0	12	---	99 192 335		
Hungary	11	0	11	---	84 168 300		
North & West Europe	14	0	14	---	93 170 285		
North America	6	0	6	---	50 136 297		
South America	15	0	15	---	139 248 409		
All Migrants	313	0	313	---	86 96 108		
Born in Israel	168	0	168	---	92 108 125		
All Jews	481	0	481	---	100		

TABLE II. Number of Cases, Sex Ratios, and Proportional Incidence Ratios (with 95% Confidence Intervals), by Topographical Site, Sex, and Region of Birth (1961-1981)

Bladder (ICD-9 188) (b)

Region	Number of Cases and Ratios				Proportional Incidence Ratios (PIR)								
	Male	Female	Total	M/F	Male			Female			Both Sexes		
Asia	**704**	**166**	**870**	**4.24**	85	**92**	99	94	**110**	129	89	**95**	101
Turkey	194	49	243	3.96	93	**107**	123	99	**134**	178	98	**112**	127
Syria,Lebanon	41	11	52	3.73	70	**97**	132	52	**104**	187	74	**99**	129
Iraq	238	42	280	5.67	76	**86**	98	59	**82**	111	76	**86**	96
Yemen	65	21	86	3.10	46	**59**	75	61	**99**	151	52	**65**	81
Iran	106	25	131	4.24	82	**100**	122	97	**149**	220	90	**107**	127
India	5	1	6	5.00	10	**31**	72	0	**23**	129	11	**29**	64
Africa	**739**	**101**	**840**	**7.32**	115	**123**	133	80	**98**	119	112	**120**	128
Morocco	427	42	469	10.17	120	**132**	145	62	**85**	115	115	**126**	138
Algeria,Tunisia	178	34	212	5.24	117	**136**	158	103	**148**	207	120	**138**	158
Libya	58	12	70	4.83	70	**92**	119	55	**106**	186	74	**94**	119
Egypt	71	13	84	5.46	74	**94**	119	38	**71**	122	72	**90**	111
Europe and America	**4154**	**997**	**5151**	**4.17**	95	**98**	101	91	**97**	103	95	**98**	101
USSR	567	158	725	3.59	86	**94**	102	83	**97**	114	88	**95**	102
Poland	1369	308	1677	4.44	87	**92**	97	86	**96**	108	88	**93**	97
Romania	1071	256	1327	4.18	91	**97**	103	76	**86**	98	89	**94**	100
Bulgaria	222	55	277	4.04	93	**107**	122	96	**128**	166	98	**110**	124
Greece	83	12	95	6.92	104	**131**	162	58	**113**	198	104	**128**	157
Germany,Austria	331	98	429	3.38	108	**121**	134	108	**132**	161	112	**123**	135
Czechoslovakia	159	24	183	6.63	93	**110**	128	52	**81**	120	90	**105**	121
Hungary	162	47	209	3.45	92	**108**	126	89	**121**	160	96	**111**	127
North & West Europe	112	20	132	5.60	90	**109**	132	43	**71**	110	85	**101**	120
North America	19	2	21	9.50	57	**95**	148	4	**34**	124	50	**81**	124
South America	13	5	18	2.60	33	**62**	106	30	**92**	214	40	**68**	108
All Migrants	**5597**	**1264**	**6861**	**4.43**	97	**100**	103	93	**99**	104	97	**100**	102
Born in Israel	**327**	**91**	**418**	**3.59**	89	**100**	111	97	**120**	147	94	**103**	114
All Jews	**5924**	**1355**	**7279**	**4.37**		**100**			**100**			**100**	

(b) Includes benign tumours (ICD-9 223.3, 233.7, 236.7)

TABLE II. Number of Cases, Sex Ratios, and Proportional Incidence Ratios (with 95% Confidence Intervals), by Topographical Site, Sex, and Region of Birth (1961-1981)

Kidney & other urinary (ICD-9 189)

Region	Number of Cases and Ratios				Proportional Incidence Ratios (PIR)						
	Male	Female	Total	M/F	Male		Female		Both Sexes		
Asia	213	125	338	1.70	77	89 102	85	103 122	84	94	104
Turkey	49	35	84	1.40	64	86 114	85	122 170	78	98	122
Syria,Lebanon	12	5	17	2.40	47	91 159	19	58 135	45	78	125
Iraq	97	52	149	1.87	92	113 138	93	125 163	99	117	137
Yemen	22	14	36	1.57	41	65 98	45	82 138	49	71	98
Iran	22	10	32	2.20	41	66 100	34	71 130	46	67	95
India	0	4	4	0.00	0	0 68	28	105 270	12	44	112
Africa	139	89	228	1.56	60	71 84	81	101 124	70	80	92
Morocco	82	41	123	2.00	61	77 96	69	96 130	69	82	98
Algeria,Tunisia	27	23	50	1.17	42	64 92	76	120 179	60	81	107
Libya	10	11	21	0.91	23	49 90	59	118 211	44	71	108
Egypt	19	14	33	1.36	47	78 122	50	92 154	58	84	117
Europe and America	1416	807	2223	1.75	103	108 114	93	100 107	101	105	110
USSR	211	114	325	1.85	101	116 133	76	92 110	95	106	119
Poland	569	295	864	1.93	113	123 133	103	116 130	112	120	129
Romania	312	220	532	1.42	81	91 102	83	96 109	85	93	101
Bulgaria	47	25	72	1.88	55	74 99	49	76 112	58	75	94
Greece	14	7	21	2.00	39	72 120	33	83 171	46	75	115
Germany,Austria	95	49	144	1.94	90	111 135	63	85 113	85	100	118
Czechoslovakia	60	26	86	2.31	100	130 168	70	107 157	98	122	151
Hungary	53	33	86	1.61	86	114 150	75	108 152	90	112	138
North & West Europe	30	18	48	1.67	63	93 132	46	78 123	64	87	115
North America	8	4	12	2.00	49	113 223	20	74 190	50	96	168
South America	5	7	12	0.71	23	70 164	55	136 281	51	98	171
All Migrants	1768	1021	2789	1.73	97	102 106	94	101 107	97	101	105
Born in Israel	132	121	253	1.09	70	83 99	79	95 114	78	89	100
All Jews	1900	1142	3042	1.66		100		100		100	

TABLE II. Number of Cases, Sex Ratios, and Proportional Incidence Ratios (with 95% Confidence Intervals), by Topographical Site, Sex, and Region of Birth (1961-1981)

Nervous system (ICD-9 191,192) (c)

Region	Number of Cases and Ratios				Proportional Incidence Ratios (PIR)								
	Male	Female	Total	M/F	Male			Female			Both Sexes		
Asia	**339**	**337**	**676**	**1.01**	95	**106**	118	112	**125**	139	106	**115**	123
Turkey	58	66	124	0.88	65	**85**	110	96	**124**	157	85	**102**	122
Syria,Lebanon	18	20	38	0.90	62	**105**	166	68	**111**	172	77	**108**	149
Iraq	120	127	247	0.94	84	**102**	122	109	**131**	156	101	**115**	130
Yemen	49	49	98	1.00	81	**110**	145	98	**132**	175	97	**120**	146
Iran	64	52	116	1.23	100	**130**	167	103	**139**	182	111	**134**	161
India	7	11	18	0.64	34	**86**	176	59	**118**	211	61	**103**	162
Africa	**303**	**282**	**585**	**1.07**	89	**100**	112	109	**123**	139	101	**110**	120
Morocco	148	136	284	1.09	76	**90**	106	96	**114**	135	89	**100**	113
Algeria,Tunisia	76	66	142	1.15	86	**109**	136	106	**137**	175	102	**121**	142
Libya	32	33	65	0.97	73	**107**	151	96	**140**	196	94	**121**	154
Egypt	42	45	87	0.93	87	**121**	163	98	**134**	180	102	**127**	157
Europe and America	**1491**	**1416**	**2907**	**1.05**	103	**108**	114	94	**99**	104	100	**103**	107
USSR	218	239	457	0.91	108	**124**	141	101	**115**	130	108	**119**	130
Poland	539	467	1006	1.15	106	**116**	126	94	**103**	113	103	**109**	116
Romania	371	359	730	1.03	91	**101**	112	80	**89**	99	88	**95**	102
Bulgaria	44	59	103	0.75	48	**66**	89	80	**105**	136	69	**84**	102
Greece	18	16	34	1.13	52	**87**	138	59	**103**	167	65	**94**	132
Germany,Austria	90	96	186	0.94	75	**93**	114	77	**95**	116	81	**94**	108
Czechoslovakia	64	47	111	1.36	96	**124**	159	73	**99**	131	92	**112**	135
Hungary	55	68	123	0.81	84	**111**	145	98	**126**	159	99	**119**	142
North & West Europe	47	34	81	1.38	83	**112**	149	49	**71**	99	72	**90**	112
North America	15	11	26	1.36	59	**106**	174	41	**81**	146	61	**94**	138
South America	12	13	25	0.92	38	**74**	130	45	**85**	145	51	**79**	117
All Migrants	**2133**	**2035**	**4168**	**1.05**	102	**106**	111	101	**106**	110	103	**106**	109
Born in Israel	**370**	**300**	**670**	**1.23**	67	**74**	82	66	**74**	83	69	**74**	80
All Jews	**2503**	**2335**	**4838**	**1.07**		**100**			**100**			**100**	

(c) Includes benign tumours (ICD-9 225, 237.5)

TABLE II. Number of Cases, Sex Ratios, and Proportional Incidence Ratios (with 95% Confidence Intervals), by Topographical Site, Sex, and Region of Birth (1961-1981)

Thyroid (ICD-9 193)

Region	Number of Cases and Ratios				Proportional Incidence Ratios (PIR)								
	Male	Female	Total	M/F	Male			Female			Both Sexes		
Asia	111	299	410	0.37	109	133	160	127	142	159	126	139	154
Turkey	18	35	53	0.51	63	107	169	70	100	140	77	103	134
Syria,Lebanon	2	11	13	0.18	5	45	164	46	92	165	42	80	136
Iraq	45	126	171	0.36	103	142	189	131	158	188	131	153	178
Yemen	18	46	64	0.39	91	154	243	115	157	210	120	156	200
Iran	26	63	89	0.41	134	205	300	143	186	237	153	191	235
India	2	5	7	0.40	11	98	353	23	72	167	31	78	160
Africa	61	232	293	0.26	60	78	100	108	123	140	98	110	123
Morocco	25	142	167	0.18	39	60	88	120	142	168	101	118	137
Algeria,Tunisia	15	49	64	0.31	45	80	133	88	119	158	83	107	137
Libya	8	24	32	0.33	45	104	205	75	117	175	78	114	161
Egypt	11	15	26	0.73	61	122	218	36	64	106	53	81	118
Europe and America	312	749	1061	0.42	86	96	107	82	88	95	85	90	96
USSR	47	117	164	0.40	80	109	145	78	94	113	84	98	114
Poland	100	226	326	0.44	77	95	115	79	91	104	82	92	103
Romania	85	228	313	0.37	77	97	120	82	93	106	84	94	105
Bulgaria	9	29	38	0.31	26	57	108	56	84	121	54	76	104
Greece	3	2	5	1.50	13	64	186	3	23	82	12	37	86
Germany,Austria	20	47	67	0.43	54	88	136	57	77	102	62	80	102
Czechoslovakia	13	24	37	0.54	60	112	192	56	87	129	67	95	130
Hungary	14	20	34	0.70	66	121	203	37	60	93	53	76	106
North & West Europe	8	24	32	0.33	33	76	150	48	75	112	52	75	106
North America	4	11	15	0.36	28	105	270	51	102	183	58	103	170
South America	8	12	20	0.67	70	163	322	47	92	160	68	111	172
All Migrants	484	1280	1764	0.38	91	99	109	97	103	109	97	102	107
Born in Israel	114	273	387	0.42	85	103	124	79	89	100	84	93	102
All Jews	598	1553	2151	0.39		100			100			100	

TABLE II. Number of Cases, Sex Ratios, and Proportional Incidence Ratios (with 95% Confidence Intervals), by Topographical Site, Sex, and Region of Birth (1961–1981)

Non-Hodgkin lymphoma (200 and 202)

Region	Number of Cases and Ratios				Proportional Incidence Ratios (PIR)								
	Male	Female	Total	M/F	Male			Female			Both Sexes		
Asia	**335**	**285**	**620**	**1.18**	90	**100**	111	107	**121**	136	100	**109**	117
Turkey	52	59	111	0.88	53	**71**	94	89	**116**	150	74	**90**	108
Syria, Lebanon	16	18	34	0.89	51	**89**	144	68	**115**	182	70	**101**	141
Iraq	126	90	216	1.40	86	**103**	122	87	**108**	133	92	**105**	120
Yemen	57	52	109	1.10	92	**121**	157	118	**157**	206	112	**136**	164
Iran	63	43	106	1.47	96	**125**	160	100	**138**	186	106	**130**	157
India	7	11	18	0.64	36	**90**	185	74	**148**	265	70	**118**	187
Africa	**298**	**198**	**496**	**1.51**	91	**103**	115	94	**108**	125	96	**105**	115
Morocco	165	109	274	1.51	89	**105**	122	97	**118**	143	97	**110**	124
Algeria, Tunisia	63	42	105	1.50	73	**95**	122	76	**106**	143	81	**99**	120
Libya	29	24	53	1.21	66	**99**	142	79	**123**	183	81	**108**	142
Egypt	37	20	57	1.85	76	**108**	149	44	**71**	110	69	**92**	119
Europe and America	**1545**	**1305**	**2850**	**1.18**	93	**98**	103	89	**95**	100	93	**96**	100
USSR	227	217	444	1.05	92	**105**	119	89	**102**	116	94	**103**	113
Poland	522	397	919	1.31	89	**97**	106	84	**93**	102	89	**95**	102
Romania	407	350	757	1.16	88	**97**	107	79	**88**	98	86	**93**	100
Bulgaria	64	54	118	1.19	64	**83**	106	71	**95**	124	73	**88**	106
Greece	21	19	40	1.11	55	**89**	137	79	**132**	206	75	**106**	144
Germany, Austria	114	91	205	1.25	89	**108**	130	74	**92**	113	87	**100**	115
Czechoslovakia	61	40	101	1.52	84	**110**	141	69	**96**	131	85	**104**	127
Hungary	54	56	110	0.96	72	**96**	125	81	**107**	139	83	**101**	122
North & West Europe	39	43	82	0.91	63	**89**	122	75	**103**	139	76	**96**	119
North America	15	11	26	1.36	63	**112**	185	51	**103**	184	70	**108**	158
South America	12	11	23	1.09	43	**84**	147	49	**99**	178	58	**91**	136
All Migrants	**2178**	**1788**	**3966**	**1.22**	95	**99**	103	95	**99**	104	96	**99**	102
Born in Israel	**494**	**292**	**786**	**1.69**	96	**105**	115	92	**104**	117	98	**105**	112
All Jews	**2672**	**2080**	**4752**	**1.28**		**100**			**100**			**100**	

TABLE II. Number of Cases, Sex Ratios, and Proportional Incidence Ratios (with 95% Confidence Intervals), by Topographical Site, Sex, and Region of Birth (1961-1981)

Hodgkin's disease (ICD-9 201)

Region	Number of Cases and Ratios				Proportional Incidence Ratios (PIR)		
	Male	Female	Total	M/F	Male	Female	Both Sexes
Asia	103	67	170	1.54	99 122 148	66 86 109	89 104 121
Turkey	12	9	21	1.33	40 77 134	36 79 151	48 78 119
Syria,Lebanon	9	4	13	2.25	96 211 401	26 98 250	83 156 266
Iraq	39	26	65	1.50	85 120 164	57 87 128	81 104 133
Yemen	17	9	26	1.89	88 151 242	38 84 160	77 118 173
Iran	21	13	34	1.62	90 145 222	48 90 154	81 118 164
India	3	2	5	1.50	29 146 427	8 73 263	34 104 243
Africa	84	68	152	1.24	79 99 122	70 90 114	80 95 111
Morocco	47	36	83	1.31	74 101 135	59 85 117	74 93 116
Algeria,Tunisia	17	16	33	1.06	48 83 133	57 101 163	63 91 128
Libya	9	5	14	1.80	50 110 209	20 62 145	47 86 145
Egypt	9	7	16	1.29	46 100 190	35 88 181	54 94 153
Europe and America	253	261	514	0.97	76 86 97	87 98 111	84 92 100
USSR	27	48	75	0.56	45 69 100	87 119 157	74 94 118
Poland	78	65	143	1.20	67 85 106	68 88 112	73 86 102
Romania	70	73	143	0.96	68 88 111	74 95 119	77 91 107
Bulgaria	14	14	28	1.00	55 100 168	72 132 222	76 114 165
Greece	4	3	7	1.33	25 94 241	22 108 314	40 100 205
Germany,Austria	19	15	34	1.27	55 92 143	44 79 131	59 86 120
Czechoslovakia	6	6	12	1.00	21 58 127	26 71 155	33 64 112
Hungary	7	13	20	0.54	27 67 137	67 126 215	59 96 148
North & West Europe	11	14	25	0.79	51 103 184	70 128 214	75 115 170
North America	9	2	11	4.50	82 180 342	5 47 171	59 119 213
South America	5	4	9	1.25	28 85 199	22 80 206	38 83 158
All Migrants	440	396	836	1.11	86 95 104	85 94 104	88 94 101
Born in Israel	226	201	427	1.12	98 112 128	98 114 130	102 113 124
All Jews	666	597	1263	1.12	100	100	100

TABLE II. Number of Cases, Sex Ratios, and Proportional Incidence Ratios (with 95% Confidence Intervals), by Topographical Site, Sex, and Region of Birth (1961–1981)

Multiple myeloma (ICD-9 203)

Region	Number of Cases and Ratios				Proportional Incidence Ratios (PIR)								
	Male	Female	Total	M/F	Male			Female			Both Sexes		
Asia	124	86	210	1.44	107	129	154	102	128	158	112	128	147
Turkey	23	12	35	1.92	64	100	150	37	71	125	61	88	122
Syria, Lebanon	6	6	12	1.00	41	113	246	45	124	270	61	118	207
Iraq	37	31	68	1.19	75	107	148	93	137	194	92	119	151
Yemen	25	16	41	1.56	117	181	267	95	167	271	126	175	238
Iran	22	9	31	2.44	105	167	254	58	126	239	104	153	217
India	3	3	6	1.00	31	152	444	32	157	459	56	154	336
Africa	68	81	149	0.84	71	91	116	141	178	221	105	124	146
Morocco	24	45	69	0.53	38	59	88	153	210	281	87	112	141
Algeria, Tunisia	15	13	28	1.15	52	93	153	68	128	219	71	106	154
Libya	13	11	24	1.18	89	166	285	112	224	401	121	189	281
Egypt	16	12	28	1.33	96	169	274	74	143	250	104	157	226
Europe and America	514	414	928	1.24	87	95	104	79	87	96	86	91	97
USSR	71	76	147	0.93	72	92	116	79	101	126	81	96	113
Poland	178	142	320	1.25	80	93	108	80	94	111	84	94	105
Romania	120	107	227	1.12	70	85	102	64	78	94	71	82	93
Bulgaria	23	13	36	1.77	55	87	130	35	65	111	54	77	107
Greece	10	7	17	1.43	59	123	226	57	143	295	76	130	209
Germany, Austria	39	15	54	2.60	80	112	153	25	44	72	59	78	102
Czechoslovakia	21	21	42	1.00	71	114	175	95	153	234	94	131	177
Hungary	17	16	33	1.06	52	89	143	51	89	144	61	89	125
North & West Europe	18	8	26	2.25	82	139	220	27	62	122	66	101	147
North America	1	2	3	0.50	1	40	225	9	80	288	12	60	176
South America	5	3	8	1.67	66	205	477	26	130	379	72	168	331
All Migrants	706	581	1287	1.22	92	99	107	91	99	107	94	99	105
Born in Israel	42	37	79	1.14	81	112	152	92	130	179	95	120	150
All Jews	748	618	1366	1.21		100			100			100	

TABLE II. Number of Cases, Sex Ratios, and Proportional Incidence Ratios (with 95% Confidence Intervals), by Topographical Site, Sex, and Region of Birth (1961-1981)

Lymphatic leukaemia (ICD-9 204)

Region	Number of Cases and Ratios				Proportional Incidence Ratios (PIR)					
	Male	Female	Total	M/F	Male		Female		Both Sexes	
Asia	**128**	**114**	**242**	**1.12**	76	**91** 108	106	**129** 155	93	**105** 120
Turkey	20	24	44	0.83	38	**63** 97	77	**120** 178	61	**85** 113
Syria,Lebanon	10	12	22	0.83	62	**130** 239	100	**193** 337	99	**158** 240
Iraq	43	33	76	1.30	61	**85** 114	76	**111** 156	74	**95** 118
Yemen	23	23	46	1.00	75	**118** 177	119	**188** 281	106	**145** 193
Iran	18	16	34	1.13	50	**84** 132	80	**139** 226	71	**103** 144
India	3	1	4	3.00	19	**97** 282	0	**36** 198	18	**68** 173
Africa	**104**	**56**	**160**	**1.86**	74	**91** 110	64	**84** 109	75	**88** 103
Morocco	57	30	87	1.90	69	**91** 118	59	**87** 124	72	**90** 111
Algeria,Tunisia	28	15	43	1.87	73	**111** 160	60	**107** 176	79	**109** 147
Libya	9	4	13	2.25	35	**77** 146	16	**60** 153	38	**71** 121
Egypt	9	6	15	1.50	30	**66** 125	22	**59** 129	35	**63** 104
Europe and America	**753**	**566**	**1319**	**1.33**	94	**101** 109	92	**100** 109	95	**101** 106
USSR	115	93	208	1.24	88	**107** 128	82	**102** 125	91	**104** 120
Poland	237	191	428	1.24	81	**92** 104	96	**111** 128	90	**99** 109
Romania	207	149	356	1.39	92	**106** 121	77	**91** 106	89	**99** 110
Bulgaria	27	24	51	1.13	49	**74** 108	65	**101** 151	63	**85** 112
Greece	11	5	16	2.20	49	**99** 177	28	**86** 200	54	**94** 153
Germany,Austria	62	37	99	1.68	100	**130** 166	64	**91** 126	91	**112** 137
Czechoslovakia	22	12	34	1.83	55	**88** 133	39	**75** 131	57	**83** 116
Hungary	33	28	61	1.18	86	**125** 176	87	**132** 190	98	**128** 165
North & West Europe	20	11	31	1.82	65	**106** 164	34	**68** 122	60	**89** 126
North America	10	8	18	1.25	85	**178** 328	82	**189** 373	109	**183** 290
South America	5	2	7	2.50	33	**102** 238	6	**57** 207	33	**84** 172
All Migrants	985	736	1721	1.34	92	**98** 105	95	**102** 110	95	**100** 105
Born in Israel	247	170	417	1.45	94	**107** 121	78	**92** 107	91	**100** 110
All Jews	1232	906	2138	1.36		**100**		**100**		**100**

TABLE II. Number of Cases, Sex Ratios, and Proportional Incidence Ratios (with 95% Confidence Intervals), by Topographical Site, Sex, and Region of Birth (1961-1981)

Myeloid leukaemia (ICD-9 205)

Region	Number of Cases and Ratios				Proportional Incidence Ratios (PIR)								
	Male	Female	Total	M/F	Male			Female			Both Sexes		
Asia	123	91	214	1.35	96	116	139	95	118	145	102	117	134
Turkey	19	20	39	0.95	51	84	131	80	132	203	73	103	141
Syria,Lebanon	3	4	7	0.75	11	53	154	22	81	208	26	66	136
Iraq	55	38	93	1.45	106	141	183	97	137	188	112	139	171
Yemen	19	6	25	3.17	77	128	200	21	56	122	63	98	144
Iran	14	15	29	0.93	47	87	146	76	136	225	72	107	154
India	5	4	9	1.25	66	206	481	43	161	411	84	183	348
Africa	85	62	147	1.37	74	93	115	75	98	125	80	95	111
Morocco	38	30	68	1.27	54	76	105	61	90	129	64	82	104
Algeria,Tunisia	23	15	38	1.53	69	109	164	62	111	183	78	110	151
Libya	8	6	14	1.33	37	87	171	32	88	191	48	87	146
Egypt	15	11	26	1.36	78	140	231	61	123	221	87	133	194
Europe and America	470	392	862	1.20	88	97	106	87	97	107	91	97	104
USSR	74	59	133	1.25	86	110	138	72	95	122	86	102	121
Poland	149	111	260	1.34	77	91	107	75	91	109	80	91	103
Romania	113	118	231	0.96	72	88	105	84	101	121	82	94	107
Bulgaria	15	16	31	0.94	35	63	104	55	96	156	52	77	109
Greece	7	3	10	2.33	39	96	199	14	71	208	42	87	160
Germany,Austria	41	33	74	1.24	91	126	171	78	113	159	94	120	151
Czechoslovakia	15	11	26	1.36	50	90	148	44	89	159	58	89	131
Hungary	27	18	45	1.50	103	156	227	68	115	182	100	137	183
North & West Europe	13	4	17	3.25	51	95	163	8	31	79	37	64	102
North America	6	10	16	0.60	51	138	301	130	273	501	114	200	325
South America	3	3	6	1.00	13	64	187	15	75	219	25	69	150
All Migrants	678	545	1223	1.24	92	99	107	92	100	109	94	100	105
Born in Israel	158	117	275	1.35	88	103	120	83	100	120	90	102	115
All Jews	836	662	1498	1.26		100			100			100	

TABLE III

Number of cases, age-standardized incidence rates (all ages) and standardized incidence ratios (with 95% confidence intervals), by topographical site, sex, region of birth, and period of diagnosis

TABLE III. Number of cases, Age Standardized Incidence Rates (All Ages) and Standardized Incidence Ratios (with 95% Confidence Intervals), by Topographical Site, Sex, Region of Birth, and Period of Diagnosis

MALES All Sites (ICD-9 140-208, excl. 173) (a)

Region	Number of Cases					ASR (World)		Standardized Incidence Ratios (SIR)					
	61-66	67-71	72-76	77-81	All Yrs	1961-1981	All Yrs	1961-66	1967-71	1972-76	1977-81	All Years	
Asia	1563	1587	2001	2326	7477	159.4	167.1 174.9	68 **72** 75	69 **73** 77	76 **80** 83	79 **83** 86	76 **77** 79
Turkey	381	376	495	467	1719	207.3	239.9 272.5	105 **116** 128	104 **116** 128	104 **113** 124	87 **96** 105	104 **109** 114
Iraq	609	532	710	867	2718	145.8	151.7 157.6	68 **74** 80	62 **68** 74	70 **76** 81	78 **84** 89	73 **76** 79
Yemen	224	272	243	330	1069	97.4	103.8 110.2	42 **48** 55	53 **60** 68	40 **45** 51	49 **55** 61	49 **52** 55
Iran	202	228	304	319	1053	173.4	187.4 201.5	80 **92** 106	84 **97** 110	79 **89** 100	72 **81** 90	83 **88** 94
India			46	65	111	102.8	142.6 182.3			45 **61** 82	51 **66** 84	52 **64** 77
Africa	1084	1247	1600	1930	5861	173.9	178.6 183.4	82 **87** 92	81 **85** 90	86 **90** 95	90 **94** 98	87 **90** 92
Morocco,Algeria,Tunisia	818	944	1221	1481	4464	178.7	184.3 189.9	89 **96** 102	84 **90** 96	85 **90** 95	90 **94** 99	90 **92** 95
Libya	121	146	159	186	612	142.5	155.1 167.7	54 **66** 78	65 **71** 91	70 **82** 96	73 **85** 98	72 **78** 84
Egypt	136	145	201	244	726	151.8	165.2 178.5	58 **69** 82	60 **71** 83	78 **90** 103	80 **91** 104	76 **81** 87
Europe and America	8163	8193	10599	12686	39641	220.2	223.2 226.2	106 **108** 110	101 **103** 106	105 **107** 110	111 **113** 115	107 **108** 110
USSR,Poland,Romania	6020	6146	8025	9755	29946	215.9	219.9 223.8	102 **105** 108	98 **101** 103	103 **105** 108	111 **113** 115	105 **107** 108
USSR,Poland			5270	6632	11902	212.7	218.6 224.5			98 **101** 104	106 **109** 112	103 **105** 107
Romania			2755	3123	5878	231.4	239.0 246.6			111 **116** 120	118 **122** 126	116 **119** 122
Bulgaria,Greece	658	569	622	709	2558	241.2	255.6 270.0	137 **148** 160	106 **115** 125	107 **116** 126	117 **126** 136	121 **126** 131
Germ.,Aust.,Czech.,Hung.	1138	1123	1421	1626	5308	207.3	217.3 227.3	106 **113** 119	100 **106** 112	96 **101** 106	98 **103** 108	102 **105** 108
Germany,Austria			685	773	1458	197.5	215.9 234.2			93 **100** 108	94 **102** 109	96 **101** 106
Czechoslovakia,Hungary			736	853	1589	133.1	301.9 470.7			95 **102** 109	97 **104** 111	98 **103** 108
America			132	221	353	202.8	228.9 254.9			91 **109** 129	102 **117** 133	102 **114** 126
All Migrants	10810	11027	14200	16942	52979	203.0	205.2 207.4	97 **98** 100	94 **95** 97	99 **100** 102	104 **105** 107	100 **100** 101
Born in Israel	855	957	1375	1788	4975	176.9	184.0 191.1	86 **92** 98	86 **91** 97	94 **99** 104	94 **98** 103	93 **96** 98
All Jews	11665	11984	15575	18730	57954	201.4	203.0 204.7	96 **98** 100	93 **95** 97	99 **100** 102	103 **105** 106	**100**

(a) Includes benign bladder and CNS tumours

TABLE III. Number of cases, Age Standardized Incidence Rates (All Ages) and Standardized Incidence Ratios (with 95% Confidence Intervals), by Topographical Site, Sex, Region of Birth, and Period of Diagnosis

FEMALES All Sites (ICD-9 140-208, excl. 173) (a)

Region	Number of Cases					ASR (World)		Standardized Incidence Ratios (SIR)											
	61-66	67-71	72-76	77-81	All Yrs	1961-1981	All Yrs	1961 - 66		1967 - 71		1972 - 76		1977 - 81		All Years	
Asia	1419	1553	1894	2263	7129	144.6	156.4	58	**61** 65	64	**67** 71	68	**71** 74	72	**75** 78	63	**69** 71
Turkey	332	358	463	423	1576	161.8	179.2	70	**78** 87	78	**87** 97	82	**90** 99	69	**76** 84	79	**83** 87
Iraq	538	540	653	791	2522	137.3	148.9	60	**65** 71	63	**68** 74	63	**68** 73	68	**73** 78	66	**69** 71
Yemen	215	215	250	321	1001	91.7	104.5	39	**44** 51	39	**45** 52	39	**44** 50	45	**50** 56	43	**46** 49
Iran	152	200	229	290	871	139.1	166.3	59	**70** 82	70	**81** 93	59	**67** 77	62	**70** 79	67	**71** 76
India			64	84	148	125.2	175.8					54	**70** 89	58	**73** 90	60	**72** 84
Africa	983	1102	1457	1820	5362	139.1	147.6	64	**68** 73	61	**65** 68	66	**70** 73	71	**74** 78	68	**70** 72
Morocco,Algeria,Tunisia	670	785	1051	1308	3814	133.0	142.5	63	**68** 74	59	**64** 68	62	**66** 70	66	**70** 74	65	**67** 70
Libya	123	109	149	194	575	117.8	139.2	50	**60** 72	42	**51** 62	53	**63** 74	62	**72** 83	57	**62** 68
Egypt	183	191	228	273	875	153.5	175.6	63	**74** 85	65	**75** 87	73	**84** 95	77	**87** 98	75	**80** 86
Europe and America	9060	9425	11570	13082	43137	238.4	244.3	111	**113** 115	114	**117** 119	113	**115** 117	114	**115** 117	114	**115** 116
USSR,Poland,Romania	6783	7010	8677	9938	32408	237.5	244.8	111	**113** 116	113	**115** 118	112	**114** 117	114	**116** 118	114	**115** 116
USSR,Poland			5422	6438	11860	231.9	243.4					108	**111** 114	110	**113** 116	110	**112** 114
Romania			3255	3500	6755	246.3	262.0					116	**120** 124	118	**122** 126	118	**121** 124
Bulgaria,Greece	564	539	577	556	2236	204.6	228.8	109	**118** 128	94	**103** 112	94	**102** 110	87	**95** 103	99	**104** 108
Germ.,Aust.,Czech.,Hung.	1283	1340	1644	1820	6087	235.4	242.1	109	**115** 121	118	**124** 131	108	**113** 119	111	**116** 121	114	**117** 120
Germany,Austria			808	898	1706	230.4	259.1					100	**108** 115	105	**113** 120	105	**110** 116
Czechoslovakia,Hungary			836	922	1758	233.9	257.7					111	**119** 127	112	**119** 125	113	**119** 125
America			186	303	489	202.7	223.9					94	**109** 126	99	**111** 124	101	**110** 121
All Migrants	11462	12080	14921	17165	55628	208.5	212.8	96	**97** 99	98	**100** 102	99	**101** 102	101	**102** 104	99	**100** 101
Born in Israel	897	1084	1564	2178	5723	187.5	200.7	84	**90** 96	89	**94** 100	94	**99** 104	97	**101** 106	95	**97** 100
All Jews	12359	13164	16485	19343	61351	207.5	210.8	95	**97** 98	98	**100** 101	99	**100** 102	101	**102** 104		**100**

(a) Includes benign bladder and CNS tumours

Table III

113

TABLE III. Number of cases, Age Standardized Incidence Rates (All Ages) and Standardized Incidence Ratios (with 95% Confidence Intervals), by Topographical Site, Sex, Region of Birth, and Period of Diagnosis

MALES   Lip, Oral cavity, Pharynx   (ICD-9   140-149)

Region	Number of Cases					ASR (World)		Standardized Incidence Ratios (SIR)										
	61-66	67-71	72-76	77-81	All Yrs	1961-1981	All Yrs	1961 - 66			1967 - 71			1972 - 76			1977 - 81			All Years		
Asia	51	47	51	81	230	4.3	6.0	52	70	92	48	66	88	47	63	83	73	92	114	64	73	84
Turkey	9	13	7	7	36	3.1	6.2	36	80	151	64	120	204	20	51	105	19	48	98	50	71	98
Iraq	22	7	16	24	69	3.0	5.0	50	79	120	11	27	55	30	53	86	47	73	109	46	59	75
Yemen	8	9	13	13	43	3.1	6.2	22	51	101	28	61	115	41	78	133	38	71	122	48	66	88
Iran	6	7	3	8	24	2.7	4.8	28	77	168	34	84	173	5	27	79	27	63	123	38	60	89
India			4	9	13	6.1	14.3							38	140	358	113	248	472	107	200	343
Africa	59	53	53	88	253	6.0	7.7	93	123	158	73	97	127	62	82	108	97	121	149	93	105	119
Morocco,Algeria,Tunisia	49	45	40	82	216	6.7	8.8	107	145	192	81	111	149	58	81	110	116	146	181	105	120	137
Libya	5	4	4	4	17	2.1	4.1	25	77	179	17	62	159	16	59	151	14	53	136	36	62	100
Egypt	3	4	7	2	16	1.7	3.5	8	41	119	15	55	140	35	87	180	3	22	81	29	51	82
Europe and America	281	214	274	312	1081	6.1	7.0	100	113	127	77	89	102	86	98	110	93	104	116	95	101	107
USSR,Poland,Romania	217	167	196	246	826	6.1	7.2	102	117	133	79	92	107	80	93	107	96	109	124	96	103	110
USSR,Poland			129	158	287	5.6	7.6							76	91	108	87	102	119	86	97	108
Romania			67	88	155	5.3	7.5							75	97	124	100	125	154	95	111	130
Bulgaria,Greece	11	9	15	13	48	3.6	6.7	39	79	141	28	61	115	55	98	162	45	85	146	60	81	107
Germ.,Aust.,Czech.,Hung.	44	26	46	42	158	5.7	9.4	89	122	164	49	76	111	82	113	150	72	99	134	88	103	120
Germany,Austria			24	23	47	5.1	7.8							78	122	182	72	114	171	87	118	157
Czechoslovakia,Hungary			22	19	41	3.6	5.3							65	104	157	52	86	134	68	95	129
America			4	4	8	0.9	4.3							22	81	207	15	54	139	28	65	128
All Migrants	391	314	378	481	1564	6.0	6.7	96	106	117	76	86	96	80	89	98	95	104	114	92	96	101
Born in Israel	54	60	51	107	272	7.8	10.8	119	158	206	111	145	187	65	88	115	110	134	162	113	127	144
All Jews	445	374	429	588	1836	6.3	6.9	100	110	121	83	92	101	81	89	98	100	109	118		100	

TABLE III. Number of cases, Age Standardized Incidence Rates (All Ages)
and Standardized Incidence Ratios (with 95% Confidence Intervals),
by Topographical Site, Sex, Region of Birth, and Period of Diagnosis

FEMALES Lip, Oral cavity, Pharynx (ICD-9 140-149)

Region	Number of Cases					ASR (World)		Standardized Incidence Ratios (SIR)					
	61-66	67-71	72-76	77-81	All Yrs	1961-1981	All Yrs	1961-66	1967-71	1972-76	1977-81	All Years	
Asia	39	24	32	37	132	2.2	2.7	85 119 163	48 74 111	60 87 123	64 91 126	78 93 110	
Turkey	4	1	5	5	15	0.8	1.6	19 69 176	0 18 100	23 72 169	22 68 159	33 58 96	
Iraq	12	14	8	12	46	1.8	2.6	52 101 176	68 124 208	26 60 118	43 83 144	66 90 120	
Yemen	11	4	5	6	26	1.5	2.5	80 160 287	16 61 156	21 65 153	26 71 154	58 88 129	
Iran	3	3	3	3	12	0.9	2.0	19 93 272	17 83 242	12 62 181	11 53 154	36 69 121	
India			5	5	10	3.5	10.0			120 373 871	98 305 712	161 336 617	
Africa	26	30	24	33	113	2.3	2.8	79 122 178	81 120 172	51 80 119	67 97 136	84 102 123	
Morocco,Algeria,Tunisia	23	27	20	29	99	2.6	3.3	99 156 234	98 148 216	53 87 135	74 111 159	98 121 147	
Libya	2	1	1	3	7	0.4	1.5	8 68 245	0 33 185	0 30 170	17 83 243	22 55 112	
Egypt	1	2	2	0	5	0.1	1.2	0 28 157	6 56 204	6 54 195	0 0 88	11 33 78	
Europe and America	110	91	137	158	496	2.5	2.7	85 103 124	69 85 105	87 103 122	90 106 124	92 100 109	
USSR,Poland,Romania	88	66	107	121	382	2.5	2.8	89 111 137	64 83 105	88 107 130	89 107 128	93 103 114	
USSR,Poland			74	83	157	2.4	2.9			91 116 146	88 111 137	96 113 132	
Romania			33	38	71	2.0	2.9			63 92 129	71 101 139	75 96 122	
Bulgaria,Greece	3	8	4	7	22	1.2	2.6	9 47 137	49 115 226	14 53 137	36 91 188	48 77 117	
Germ.,Aust.,Czech.,Hung.	13	12	18	21	64	1.8	2.4	46 86 148	43 84 147	56 95 150	64 103 158	72 93 119	
Germany,Austria			11	14	25	1.9	3.9			56 112 200	74 135 226	80 124 182	
Czechoslovakia,Hungary			7	7	14	0.6	2.4			31 77 158	28 70 145	40 73 123	
America			2	3	5	0.2	2.3			9 79 286	15 77 224	25 78 181	
All Migrants	175	145	193	228	741	2.7	2.9	93 109 126	75 89 104	84 97 111	89 102 116	92 99 106	
Born in Israel	23	25	26	42	116	3.0	3.9	81 127 191	76 117 173	57 87 128	76 106 143	88 106 128	
All Jews	198	170	219	270	857	2.7	2.9	96 111 127	79 92 107	83 96 109	91 102 115	100	

TABLE III. Number of cases, Age Standardized Incidence Rates (All Ages) and Standardized Incidence Ratios (with 95% Confidence Intervals), by Topographical Site, Sex, Region of Birth, and Period of Diagnosis

MALES Nasopharynx (ICD-9 147)

Table III

Region	Number of Cases					ASR (World) 1961-1981 (All Yrs)			Standardized Incidence Ratios (SIR)												
	61-66	67-71	72-76	77-81	All Yrs				1961 - 66			1967 - 71			1972 - 76			1977 - 81			All Years		
Asia	10	9	18	19	56	0.8	1.5	2.2	43	91	167	39	86	163	93	156	247	93	154	241	93	124	160
Turkey	1	1	1	1	4	0.0	0.5	1.0	1	58	323	1	62	342	1	52	289	1	51	282	15	55	141
Iraq	4	0	5	6	15	0.4	1.0	1.5	26	96	245	0	0	95	38	116	272	47	130	282	49	88	146
Yemen	3	5	8	5	21	1.2	2.2	3.1	25	126	369	76	235	549	152	352	694	66	205	478	141	228	348
Iran	2	1	1	2	6	0.0	1.6	3.1	18	157	568	1	74	412	1	61	337	12	109	394	36	98	214
India			1	2	3	0.0	3.6	8.1							3	202	***	38	342	***	56	278	812
Africa	23	23	19	33	98	1.9	2.4	2.9	173	272	409	158	249	373	110	182	284	201	292	410	202	248	303
Morocco,Algeria,Tunisia	20	19	17	31	87	2.2	2.8	3.4	201	329	508	163	271	423	123	211	338	241	355	504	233	291	359
Libya	3	3	0	1	7	0.4	1.6	2.9	58	291	850	62	308	901	0	0	351	1	87	487	67	167	344
Egypt	0	1	2	1	4	0.0	0.8	1.6	0	0	293	1	86	476	18	160	578	1	77	429	22	81	206
Europe and America	24	16	13	17	70	0.3	0.5	0.6	42	65	97	28	50	81	20	38	65	29	51	81	40	51	65
USSR,Poland,Romania	22	14	10	15	61	0.4	0.6	0.8	51	81	123	33	60	100	19	40	74	35	62	102	47	61	79
USSR,Poland			6	9	15	0.1	0.4	0.6							13	37	80	26	56	106	26	46	77
Romania			4	6	10	0.1	0.5	0.8							12	46	118	27	73	159	28	59	109
Bulgaria,Greece	1	2	2	1	6	0.1	0.6	1.1	1	51	286	12	103	371	12	106	383	1	57	315	29	80	173
Germ.,Aust.,Czech.,Hung.	0	0	0	1	1	0.0	0.0	0.1	0	0	63	0	0	73	0	0	72	0	22	120	0	5	27
Germany,Austria			0	0	0	0.0	0.0	0.1							0	0	152	0	0	169	0	0	80
Czechoslovakia,Hungary			0	1	1	0.0	0.1	0.4							0	0	136	1	41	226	19	108	
America			0	0	0	0.0	0.0	0.0							0	0	406	0	0	289	0	0	169
All Migrants	57	48	50	69	224	0.9	1.0	1.2	77	102	132	68	93	123	66	89	117	94	120	152	88	101	115
Born in Israel	8	10	3	26	47	0.7	1.3	1.8	43	100	198	49	102	188	4	22	64	95	146	213	70	95	127
All Jews	65	58	53	95	271	0.9	1.0	1.1	78	101	129	71	94	122	57	76	99	102	126	155	100		

Table III

TABLE III. Number of cases, Age Standardized Incidence Rates (All Ages) and Standardized Incidence Ratios (with 95% Confidence Intervals), by Topographical Site, Sex, Region of Birth, and Period of Diagnosis

FEMALES Nasopharynx (ICD-9 147)

Region	Number of Cases					ASR (World) 1961-1981 (All Yrs)		Standardized Incidence Ratios (SIR)											
	61-66	67-71	72-76	77-81	All Yrs			1961 - 66			1967 - 71			1972 - 76			1977 - 81			All Years
Asia	7	5	8	5	25	0.3	0.5 0.7	58	145	299	35	109	255	69	159	314	31	95	222	82	127	188
Turkey	0	0	3	1	4	0.0	0.4 0.8	0	0	466	0	0	506	72	359	***	2	118	655	34	125	320
Iraq	1	1	1	2	5	0.0	0.3 0.5	1	56	310	1	61	338	1	54	303	12	106	384	23	70	163
Yemen	3	2	4	1	10	0.4	1.1 1.8	58	288	842	24	211	763	106	396	***	1	96	536	119	248	456
Iran	1	1	0	0	2	0.0	0.3 0.7	2	182	***	2	170	947	0	0	503	0	0	456	8	75	270
India			0	0	0	0.0	0.0 0.0							0	0	***	0	0	***	0	0	755
Africa	11	11	8	14	44	0.7	1.0 1.3	146	293	524	132	265	474	73	169	333	150	274	460	180	248	333
Morocco,Algeria,Tunisia	11	11	7	14	43	0.9	1.3 1.7	202	406	726	174	348	623	76	191	393	191	351	588	230	318	428
Libya	0	0	0	0	0	0.0	0.0 0.0	0	0	768	0	0	811	0	0	758	0	0	745	0	0	192
Egypt	0	0	1	0	1	0.0	0.2 0.6	0	0	673	0	0	718	2	187	***	0	0	668	1	47	260
Europe and America	5	7	10	10	32	0.1	0.2 0.3	11	35	82	22	54	111	32	67	123	31	65	120	38	56	79
USSR,Poland,Romania	3	5	8	8	24	0.1	0.2 0.3	6	29	83	17	52	122	32	74	146	31	72	142	37	57	85
USSR,Poland			6	6	12	0.1	0.2 0.4							32	89	194	30	83	181	44	86	150
Romania			2	2	4	0.0	0.2 0.5							6	50	180	6	51	185	14	50	129
Bulgaria,Greece	0	1	0	1	2	0.0	0.1 0.4	0	0	452	2	122	678	0	0	447	2	128	715	7	62	223
Germ.,Aust.,Czech.,Hung.	0	1	0	0	2	0.0	0.1 0.1	0	0	173	1	55	305	0	0	173	1	51	282	3	25	90
Germany,Austria			0	1	1	0.0	0.1 0.2							0	0	347	1	104	580	1	50	276
Czechoslovakia,Hungary			0	0	0	0.0	0.0 0.0							0	0	345	0	0	362	0	0	177
America			2	0	2	0.0	0.7 1.8							51	452	***	0	0	573	21	185	667
All Migrants	23	23	26	29	101	0.4	0.5 0.6	64	100	151	67	106	159	69	105	154	76	113	162	87	106	129
Born in Israel	3	5	6	5	19	0.2	0.5 0.9	15	73	215	33	102	239	32	88	191	17	54	125	46	76	118
All Jews	26	28	32	34	120	0.4	0.4 0.5	63	96	141	70	105	152	69	102	143	67	97	136	100		

TABLE III. Number of cases, Age Standardized Incidence Rates (All Ages) and Standardized Incidence Ratios (with 95% Confidence Intervals), by Topographical Site, Sex, Region of Birth, and Period of Diagnosis

MALES   Oesophagus   (ICD-9 150)

Region	Number of Cases					ASR (World)		Standardized Incidence Ratios (SIR)				
	61-66	67-71	72-76	77-81	All Yrs	1961-1981	(All Yrs)	1961 - 66	1967 - 71	1972 - 76	1977 - 81	All Years
Asia	31	23	34	28	116	1.9	2.3 2.8	86 **126** 179	58 **92** 138	79 **114** 160	55 **82** 119	85 **102** 123
Turkey	8	3	4	1	16	1.0	2.1 3.1	96 **224** 441	17 **84** 247	21 **78** 200	0 **17** 94	50 **88** 143
Iraq	7	3	11	9	30	1.0	1.6 2.2	31 **77** 158	7 **34** 99	49 **98** 175	32 **71** 134	48 **71** 102
Yemen	8	7	5	4	24	1.3	2.1 3.0	65 **151** 297	54 **134** 275	25 **76** 178	14 **54** 138	63 **98** 146
Iran	7	6	9	10	32	3.6	5.5 7.4	123 **308** 634	87 **238** 518	100 **220** 418	99 **207** 381	160 **233** 330
India			5	3	8	2.6	8.6 14.6			217 **674** ***	60 **298** 869	197 **457** 901
Africa	9	8	20	17	54	1.3	1.8 2.2	34 **75** 142	24 **55** 108	66 **108** 167	45 **77** 123	60 **80** 105
Morocco,Algeria,Tunisia	6	6	15	15	42	1.3	1.8 2.4	28 **76** 166	22 **59** 129	59 **106** 175	50 **89** 147	62 **86** 116
Libya	2	1	3	1	7	0.5	1.9 3.2	11 **102** 369	1 **48** 266	29 **143** 417	1 **41** 226	33 **81** 167
Egypt	1	1	2	1	5	0.1	1.3 2.4	1 **49** 273	1 **45** 252	10 **86** 312	0 **35** 193	17 **53** 124
Europe and America	125	101	104	121	451	2.1	2.3 2.5	124 **149** 177	89 **110** 133	71 **87** 105	70 **85** 101	94 **103** 113
USSR,Poland,Romania	107	85	91	111	394	2.3	2.6 2.9	137 **167** 202	95 **120** 148	79 **98** 120	81 **99** 119	105 **116** 128
USSR,Poland			62	89	151	1.9	2.3 2.7			74 **97** 124	90 **112** 137	89 **105** 123
Romania			29	22	51	1.3	1.8 2.3			67 **100** 144	42 **68** 103	62 **83** 109
Bulgaria,Greece	5	5	0	2	12	0.5	1.1 1.7	31 **97** 226	27 **85** 197	0 **0** 55	3 **27** 99	25 **48** 84
Germ.,Aust.,Czech.,Hung.	6	9	7	5	27	0.6	1.0 1.4	20 **56** 122	35 **76** 144	17 **41** 85	8 **25** 58	30 **45** 66
Germany,Austria			4	2	6	0.1	0.7 1.3			13 **48** 123	2 **21** 74	12 **33** 72
Czechoslovakia,Hungary			3	3	6	0.1	0.6 1.2			7 **35** 102	6 **29** 85	12 **32** 69
America			1	0	1	0.0	0.3 1.0			1 **87** 487	0 **0** 198	0 **33** 186
All Migrants	165	132	158	166	621	2.1	2.3 2.5	117 **137** 159	84 **100** 119	80 **94** 110	71 **83** 97	93 **100** 109
Born in Israel	3	5	13	8	29	1.4	2.3 3.1	11 **54** 157	25 **79** 184	84 **157** 269	31 **73** 144	62 **93** 134
All Jews	168	137	171	174	650	2.1	2.3 2.4	114 **133** 155	83 **99** 117	83 **97** 113	71 **83** 96	**100**

TABLE III. Number of cases, Age Standardized Incidence Rates (All Ages) and Standardized Incidence Ratios (with 95% Confidence Intervals), by Topographical Site, Sex, Region of Birth, and Period of Diagnosis

FEMALES Oesophagus (ICD-9 150)

Region	Number of Cases				ASR (World)		Standardized Incidence Ratios (SIR)									
	61-66	67-71	72-76	77-81	All Yrs	1961-1981 (All Yrs)	All Yrs	1961 - 66			1967 - 71			1972 - 76			1977 - 81			All Years		
Asia	22	30	25	34	111	1.8	2.3	74	119	179	107	159	227	72	112	165	90	130	182	106	129	155
Turkey	1	1	0	2	4	0.0	0.4	0	28	157	0	29	160	0	0	79	4	38	138	6	24	61
Iraq	3	0	4	5	12	0.3	0.7	9	45	133	0	0	58	13	49	125	17	53	124	20	39	69
Yemen	8	10	5	9	32	2.0	3.1	93	216	425	127	266	489	34	105	245	74	162	308	123	180	254
Iran	7	17	7	9	40	5.0	7.3	191	477	983	571	981	***	105	261	539	121	265	503	308	431	587
India			8	7	15	7.3	15.3							5681320		***	352	879	***	5981070		***
Africa	5	10	10	12	37	0.8	1.1	18	54	127	42	87	160	32	67	122	34	65	114	48	68	94
Morocco,Algeria,Tunisia	4	8	7	11	30	0.8	1.3	18	69	176	44	102	201	25	62	128	40	80	142	52	77	111
Libya	0	2	1	1	4	0.0	0.9	0	0	255	14	128	462	1	55	308	1	47	263	16	58	148
Egypt	1	0	2	0	3	0.0	0.6	1	53	294	0	0	178	11	98	354	0	0	146	7	35	103
Europe and America	86	79	84	87	336	1.4	1.6	106	133	164	90	114	142	72	90	111	62	77	95	88	99	110
USSR,Poland,Romania	74	66	77	80	297	1.6	1.8	120	153	191	97	125	159	85	108	135	73	92	114	102	114	128
USSR,Poland			52	58	110	1.4	1.7							86	115	150	76	100	129	87	106	128
Romania			25	22	47	0.9	1.2							62	96	142	48	76	115	63	85	114
Bulgaria,Greece	1	3	0	2	6	0.1	0.5	0	24	134	13	63	183	0	0	67	4	33	121	11	29	64
Germ.,Aust.,Czech.,Hung.	3	7	2	1	13	0.2	0.4	7	35	102	32	80	166	2	14	52	0	6	34	15	27	47
Germany,Austria			2	1	3	0.0	0.3							0	27	96	0	11	64	4	18	54
Czechoslovakia,Hungary			0	0	0	0.0	0.0							0	0	58	0	0	48	0	0	26
America			3	0	3	0.0	1.6							56	277	811	0	0	191	20	100	292
All Migrants	113	119	119	133	484	1.5	1.7	101	122	147	99	119	143	75	91	109	71	84	100	92	101	110
Born in Israel	5	6	5	7	23	0.9	1.6	34	105	245	42	114	247	24	73	171	30	75	155	56	88	132
All Jews	118	125	124	140	507	1.5	1.6	100	121	145	99	119	142	75	90	107	71	84	99		100	

TABLE III. Number of cases, Age Standardized Incidence Rates (All Ages)
and Standardized Incidence Ratios (with 95% Confidence Intervals),
by Topographical Site, Sex, Region of Birth, and Period of Diagnosis

MALES   Stomach   (ICD-9 151)

Region	Number of Cases					ASR (World)		Standardized Incidence Ratios (SIR)										
	61-66	67-71	72-76	77-81	All Yrs	1961-1981	(All Yrs)	1961 - 66			1967 - 71			1972 - 76			1977 - 81			All Years		
Asia	168	173	206	163	710	13.4	14.4	15.5	69	81	94	70	82	95	72	83	95	49	58	67	69	75	80
Turkey	53	48	60	48	209	22.5	26.0	29.6	127	170	222	113	153	203	105	138	178	71	97	128	117	134	154
Iraq	51	38	51	35	175	8.1	9.6	11.0	49	65	86	36	50	69	41	55	72	23	34	47	43	50	58
Yemen	23	40	33	25	121	9.2	11.2	13.2	33	51	77	64	90	123	42	61	85	26	41	60	49	59	71
Iran	26	34	45	40	145	21.0	25.1	29.3	86	131	192	109	157	219	98	135	180	73	102	139	107	127	149
India			5	0	5	0.6	6.4	12.2							24	76	177	0	0	41	10	32	75
Africa	100	111	115	142	468	13.4	14.7	16.1	76	93	113	70	86	103	59	71	85	62	74	87	72	79	87
Morocco,Algeria,Tunisia	81	81	91	114	367	14.1	15.7	17.4	90	113	141	70	89	110	59	74	90	64	78	94	76	85	94
Libya	6	11	7	10	34	5.6	8.4	11.3	13	35	76	30	61	109	15	38	79	23	47	87	32	46	64
Egypt	12	19	14	16	61	10.4	14.0	17.6	35	67	118	60	99	155	37	67	112	35	62	101	56	73	93
Europe and America	1141	917	1048	1075	4181	21.2	21.9	22.7	145	154	164	107	114	122	97	103	109	86	91	97	108	112	115
USSR,Poland,Romania	885	747	851	890	3373	22.2	23.2	24.1	147	157	167	112	121	130	100	108	115	90	97	103	113	116	120
USSR,Poland			569	614	1183	18.7	20.1	21.5							96	104	113	87	94	102	93	99	105
Romania			282	276	558	19.1	20.9	22.7							102	115	130	91	103	116	100	109	118
Bulgaria,Greece	88	50	50	46	234	18.6	21.4	24.2	159	198	244	74	99	131	67	90	119	57	77	103	98	112	127
Germ.,Aust.,Czech.,Hung.	129	84	104	102	419	14.3	15.9	17.5	113	135	160	64	80	99	59	72	87	50	61	74	74	82	90
Germany,Austria			45	43	88	9.0	12.7	16.4							47	64	85	39	53	72	47	58	72
Czechoslovakia,Hungary			59	59	118	11.9	14.9	17.9							61	80	103	52	68	88	61	74	88
America			8	11	19	7.5	14.2	20.8							34	79	155	33	67	119	43	71	111
All Migrants	1409	1201	1369	1380	5359	19.2	19.7	20.2	127	133	141	99	105	111	91	96	101	79	83	88	99	102	104
Born in Israel	36	44	57	62	199	11.9	14.0	16.0	50	71	98	57	78	105	59	78	101	49	63	81	62	72	82
All Jews	1445	1245	1426	1442	5558	18.8	19.3	19.8	124	131	138	98	104	110	90	95	100	78	82	87		100	

Table III

TABLE III. Number of cases, Age Standardized Incidence Rates (All Ages) and Standardized Incidence Ratios (with 95% Confidence Intervals), by Topographical Site, Sex, Region of Birth, and Period of Diagnosis

FEMALES Stomach (ICD-9 151)

Region	Number of Cases					ASR (World)		Standardized Incidence Ratios (SIR)				
	61-66	67-71	72-76	77-81	All Yrs	1961-1981	(All Yrs)	1961 - 66	1967 - 71	1972 - 76	1977 - 81	All Years
Asia	109	122	112	110	453	8.1	9.8	69 **84** 101	76 **92** 110	59 **71** 86	50 **61** 73	69 **75** 83
Turkey	27	39	32	33	131	10.9	15.5	72 **109** 159	114 **160** 219	68 **99** 140	63 **92** 129	93 **112** 133
Iraq	25	24	26	29	104	4.7	6.9	35 **54** 80	34 **54** 80	30 **45** 67	30 **44** 64	40 **49** 59
Yemen	27	23	21	16	87	6.5	10.0	68 **103** 149	55 **87** 130	39 **63** 97	24 **41** 67	56 **70** 86
Iran	18	21	18	13	70	9.4	15.3	100 **168** 266	103 **166** 254	56 **95** 150	29 **55** 94	83 **106** 134
India			3	3	6	1.0	5.4			13 **67** 196	10 **51** 150	21 **58** 127
Africa	77	81	85	85	328	8.5	10.6	90 **114** 142	76 **96** 120	63 **78** 97	52 **65** 80	75 **84** 93
Morocco,Algeria,Tunisia	55	61	70	66	252	8.7	11.3	95 **126** 164	80 **105** 135	67 **86** 108	51 **67** 85	79 **89** 101
Libya	7	8	4	8	27	3.9	8.8	27 **68** 139	31 **71** 140	8 **31** 79	23 **53** 105	36 **54** 79
Egypt	15	11	11	11	48	6.6	11.9	62 **112** 184	38 **76** 137	38 **75** 135	31 **62** 111	59 **80** 106
Europe and America	692	590	668	678	2628	12.6	13.7	141 **152** 164	112 **122** 132	96 **104** 112	81 **88** 95	107 **112** 116
USSR,Poland,Romania	538	463	542	549	2092	13.2	14.6	145 **158** 172	115 **126** 138	101 **110** 120	85 **92** 100	112 **117** 122
USSR,Poland			343	357	700	11.0	13.2			98 **109** 122	81 **90** 99	91 **98** 106
Romania			199	192	391	10.6	13.1			97 **112** 128	84 **98** 113	94 **104** 115
Bulgaria,Greece	60	47	40	32	179	11.9	16.2	159 **208** 268	104 **142** 189	76 **107** 145	54 **79** 111	110 **128** 148
Germ.,Aust.,Czech.,Hung.	76	48	57	74	255	8.4	11.0	98 **125** 156	57 **78** 103	46 **60** 78	53 **67** 85	69 **78** 88
Germany,Austria			23	38	61	5.5	13.6			29 **45** 68	46 **65** 90	43 **56** 72
Czechoslovakia,Hungary			34	36	70	6.7	11.7			54 **78** 109	49 **69** 96	57 **73** 93
America			7	4	11	2.5	10.2			35 **87** 179	8 **29** 74	25 **50** 90
All Migrants	878	793	865	873	3409	11.5	12.3	126 **135** 144	105 **113** 121	89 **95** 102	75 **80** 86	98 **102** 105
Born in Israel	26	29	40	44	139	6.6	9.5	48 **73** 107	48 **72** 104	54 **76** 103	45 **62** 83	58 **70** 82
All Jews	904	822	905	917	3548	11.3	12.0	123 **131** 140	103 **111** 119	88 **94** 100	74 **79** 85	**100**

TABLE III. Number of cases, Age Standardized Incidence Rates (All Ages) and Standardized Incidence Ratios (with 95% Confidence Intervals), by Topographical Site, Sex, Region of Birth, and Period of Diagnosis

MALES   Colon and Rectum (ICD-9 153,154)

Region	Number of Cases					ASR (World)		Standardized Incidence Ratios (SIR)										
	61-66	67-71	72-76	77-81	All Yrs	1961-1981	All Yrs	1961 - 66		1967 - 71		1972 - 76		1977 - 81		All Years	
Asia	83	96	173	282	634	12.0	13.0	24	30 37	28	35 42	46	53 62	68	77 86	47	51 55
Turkey	25	28	47	59	159	17.1	20.3	39	61 89	45	68 98	60	82 109	69	91 117	66	78 91
Iraq	28	22	53	94	197	9.2	10.8	18	27 39	14	22 34	33	43 57	56	69 85	37	43 49
Yemen	14	23	27	62	126	9.8	11.8	13	24 40	25	40 59	25	38 56	59	77 99	39	47 56
Iran	8	10	21	19	58	7.5	10.1	13	30 60	17	35 64	30	48 74	22	37 58	29	39 50
India			2	4	6	1.4	7.1					3	23 81	9	33 85	10	29 62
Africa	51	77	113	205	446	12.3	13.6	26	35 46	35	44 55	43	52 63	70	80 92	51	56 62
Morocco,Algeria,Tunisia	32	54	83	157	326	12.0	13.5	23	33 47	33	44 57	40	50 63	69	81 95	50	56 63
Libya	8	10	11	20	49	8.6	11.9	15	35 70	20	42 77	23	45 81	44	71 110	37	50 66
Egypt	10	13	19	26	68	11.4	15.1	20	42 78	27	51 88	41	68 106	50	76 111	47	61 78
Europe and America	860	1060	1629	2338	5887	29.9	30.7	83	88 94	95	101 107	116	122 128	146	152 159	117	120 123
USSR,Poland,Romania	670	779	1245	1858	4552	29.8	30.8	83	90 97	90	96 103	114	120 127	148	155 163	117	120 124
USSR,Poland			888	1316	2204	34.4	36.1					116	124 133	147	156 164	135	141 147
Romania			357	542	899	31.9	34.3					100	111 124	142	155 169	126	134 143
Bulgaria,Greece	46	77	80	108	311	25.6	29.3	58	79 106	92	117 146	87	110 137	115	140 169	101	114 127
Germ.,Aust.,Czech.,Hung.	115	161	223	275	774	26.9	29.0	75	91 109	100	117 136	103	118 134	112	127 142	107	115 124
Germany,Austria			101	137	238	25.8	29.7					89	109 133	110	131 155	106	121 137
Czechoslovakia,Hungary			122	138	260	26.9	30.7					104	125 150	103	123 145	109	124 140
America			19	36	55	27.9	38.8					83	138 216	114	162 225	115	153 199
All Migrants	994	1233	1915	2825	6967	25.0	25.6	67	71 76	78	82 87	98	102 107	126	131 136	98	101 103
Born in Israel	59	43	108	140	350	19.6	22.2	64	85 109	40	55 74	85	104 126	85	101 119	80	90 99
All Jews	1053	1276	2023	2965	7317	24.9	25.5	68	72 76	76	81 85	98	102 107	124	129 134		100	

TABLE III. Number of cases, Age Standardized Incidence Rates (All Ages) and Standardized Incidence Ratios (with 95% Confidence Intervals), by Topographical Site, Sex, Region of Birth, and Period of Diagnosis

FEMALES Colon and Rectum (ICD-9 153,154)

Table III

Region	Number of Cases					ASR (World)		Standardized Incidence Ratios (SIR)				
	61-66	67-71	72-76	77-81	All Yrs	1961-1981	All Yrs	1961-66	1967-71	1972-76	1977-81	All Years
Asia	94	118	148	273	633	11.5	13.5	30 37 45	38 46 55	41 49 57	69 78 88	50 54 59
Turkey	34	34	49	64	181	15.8	21.2	48 70 98	49 71 99	58 79 105	72 94 119	69 80 92
Iraq	29	30	52	86	197	9.4	10.9	21 32 46	23 34 49	35 47 62	55 69 85	41 48 55
Yemen	16	16	13	50	95	7.2	10.9	18 31 50	17 31 50	11 20 34	49 67 88	31 39 48
Iran	6	15	16	19	56	7.1	12.2	10 27 60	33 59 97	25 43 70	25 41 64	32 43 56
India			1	4	5	0.7	14.9			0 11 60	9 33 85	8 24 55
Africa	37	66	106	193	402	10.1	12.3	18 26 36	30 38 49	40 48 58	63 73 84	46 50 56
Morocco,Algeria,Tunisia	28	37	76	139	280	9.4	11.9	20 30 44	22 31 42	36 46 58	59 70 83	43 49 55
Libya	2	6	10	21	39	6.1	11.8	1 9 34	10 26 58	19 39 72	44 70 108	28 39 54
Egypt	7	21	20	25	73	10.7	17.1	11 26 54	46 75 114	41 68 104	45 70 103	48 61 76
Europe and America	852	1038	1552	2138	5580	27.5	29.0	88 94 101	102 108 115	118 124 130	139 145 152	119 122 125
USSR,Poland,Romania	640	763	1203	1678	4284	27.8	29.7	87 94 102	98 105 113	119 126 133	141 148 156	119 123 126
USSR,Poland			831	1168	1999	32.9	36.8			126 135 144	145 154 163	139 145 152
Romania			372	510	882	26.7	30.9			99 109 121	126 137 150	116 124 132
Bulgaria,Greece	50	65	67	92	274	20.9	26.8	66 89 117	79 102 130	73 94 119	97 121 148	91 102 115
Germ.,Aust.,Czech.,Hung.	117	143	206	268	734	24.1	26.1	79 96 114	98 116 137	98 113 130	114 129 146	107 116 124
Germany,Austria			109	143	252	23.9	27.6			93 113 136	112 133 157	109 124 140
Czechoslovakia,Hungary			97	125	222	16.3	35.7			92 113 138	104 125 149	105 120 137
America			17	32	49	18.0	32.5			60 104 166	78 115 162	82 111 146
All Migrants	983	1222	1806	2604	6615	22.8	23.9	71 75 80	83 88 93	97 102 107	120 125 130	99 101 103
Born in Israel	38	56	102	157	353	16.4	20.8	37 52 71	51 68 88	75 92 112	88 104 122	76 84 94
All Jews	1021	1278	1908	2761	6968	22.5	23.6	70 74 79	82 87 92	97 101 106	119 123 128	100

123

TABLE III. Number of cases, Age Standardized Incidence Rates (All Ages) and Standardized Incidence Ratios (with 95% Confidence Intervals), by Topographical Site, Sex, Region of Birth, and Period of Diagnosis

MALES Liver (ICD-9 155)

Region	Number of Cases					ASR (World)		Standardized Incidence Ratios (SIR)												
	61-66	67-71	72-76	77-81	All Yrs	1961-1981	All Yrs	1961 - 66			1967 - 71			1972 - 76			1977 - 81			All Years		
Asia	36	35	36	58	165	2.9	3.4	3.9	72	103	142	69	99	138	61	88	122	94	124	161	89	104	122
Turkey	3	7	7	8	25	1.9	3.2	4.5	11	57	166	53	133	275	39	97	199	42	97	192	62	96	142
Iraq	16	8	9	15	48	1.9	2.6	3.4	69	122	197	27	64	126	27	59	112	49	88	145	61	83	109
Yemen	12	11	11	21	55	3.9	5.3	6.7	83	160	280	74	149	266	61	122	219	128	207	316	122	162	210
Iran	3	2	7	8	20	1.8	3.3	4.8	18	89	260	6	55	198	51	127	261	53	123	243	64	105	162
India			2	1	3	0.0	4.1	9.0							20	179	648	1	66	365	23	114	332
Africa	16	28	47	40	131	3.3	4.0	4.7	50	87	141	84	127	183	126	172	228	88	123	168	109	131	155
Morocco,Algeria,Tunisia	10	21	39	32	102	3.3	4.2	5.0	39	81	149	83	134	205	133	187	256	89	130	184	113	139	169
Libya	4	4	5	5	18	2.6	4.8	7.0	37	138	353	36	133	340	53	164	383	46	142	330	85	144	228
Egypt	2	3	3	3	10	0.8	2.1	3.4	7	66	240	19	93	272	6	56	203	14	69	201	34	71	130
Europe and America	91	105	178	240	614	2.9	3.1	3.4	59	73	90	64	78	94	90	105	121	108	123	139	91	98	106
USSR,Poland,Romania	68	88	144	194	494	2.9	3.2	3.5	55	71	90	68	84	104	92	109	128	110	128	147	93	102	112
USSR,Poland			55	95	150	1.9	2.4	2.8							45	60	78	72	88	108	64	75	89
Romania			89	99	188	5.9	6.9	7.9							175	218	269	181	223	271	190	221	254
Bulgaria,Greece	14	9	10	13	46	3.1	4.4	5.7	103	188	316	49	107	204	52	109	200	71	133	227	97	132	176
Germ.,Aust.,Czech.,Hung.	7	6	17	25	55	1.5	2.2	2.8	17	43	89	12	34	74	41	70	112	58	90	133	48	64	83
Germany,Austria			5	14	19	1.3	2.6	3.9							14	42	99	57	104	175	45	75	117
Czechoslovakia,Hungary			12	11	23	1.5	2.6	3.6							50	97	169	38	76	137	54	86	129
America			1	1	2	0.0	1.4	3.6							1	58	322	0	36	198	5	44	159
All Migrants	143	168	261	338	910	3.1	3.3	3.5	68	80	94	75	88	102	97	109	124	110	123	137	96	103	110
Born in Israel	5	5	8	13	31	0.6	1.2	1.8	15	47	109	14	42	99	23	52	103	35	65	111	36	54	76
All Jews	148	173	269	351	941	3.1	3.3	3.5	66	78	92	73	85	99	94	106	119	107	119	132		100	

TABLE III. Number of cases, Age Standardized Incidence Rates (All Ages) and Standardized Incidence Ratios (with 95% Confidence Intervals), by Topographical Site, Sex, Region of Birth, and Period of Diagnosis

FEMALES Liver (ICD-9 155)

Region	Number of Cases					ASR (World)		Standardized Incidence Ratios (SIR)												
	61-66	67-71	72-76	77-81	All Yrs	1961-1981	All Yrs	1961 - 66			1967 - 71			1972 - 76			1977 - 81			All Years
Asia	12	18	19	31	80	1.2	1.6	1.9	29	56	98	49	83	132	45	74	116	71	104	148	65	81	101
Turkey	0	6	5	6	17	0.8	1.5	2.2	0	0	91	55	151	329	30	94	218	37	101	220	51	88	141
Iraq	3	4	6	7	20	0.6	1.1	1.6	8	39	115	15	55	142	23	64	140	26	66	135	35	57	89
Yemen	7	6	3	10	26	1.6	2.6	3.6	66	164	339	51	141	306	11	56	163	76	159	293	84	129	189
Iran	1	0	1	4	6	0.2	1.0	1.8	1	58	321	0	0	181	11	32	180	28	103	265	20	56	122
India		1	1	2	3	0.0	4.0	8.7							2	140	778	24	214	773	37	182	532
Africa	8	12	21	19	60	1.4	1.8	2.3	32	73	145	46	89	156	75	121	184	54	90	141	73	95	123
Morocco,Algeria,Tunisia	5	9	20	19	53	1.7	2.3	2.9	23	71	167	44	97	185	93	153	236	72	119	187	88	117	153
Libya	2	1	1	0	4	0.0	1.0	1.9	13	120	434	1	56	310	1	48	270	0	0	152	14	50	129
Egypt	1	2	0	0	3	0.0	0.6	1.2	1	46	255	10	85	308	0	0	158	0	0	128	6	31	90
Europe and America	65	96	95	160	416	1.8	2.1	2.3	69	89	113	99	122	149	72	89	109	105	123	144	97	107	118
USSR,Poland,Romania	55	85	78	139	357	2.1	2.3	2.6	76	100	131	114	142	176	75	95	119	117	139	164	108	121	134
USSR,Poland			43	80	123	1.5	1.9	2.2							60	83	111	95	119	149	86	103	123
Romania			35	59	94	2.2	2.9	3.5							82	118	164	136	179	231	121	150	184
Bulgaria,Greece	4	3	4	6	17	0.7	1.5	2.2	23	85	217	11	55	161	17	64	164	32	88	192	43	73	117
Germ.,Aust.,Czech.,Hung.	4	3	9	13	29	0.6	1.0	1.3	11	41	106	6	30	89	26	57	108	37	70	120	36	54	77
Germany,Austria			5	8	13	0.5	1.2	1.9							19	59	137	35	81	160	38	71	121
Czechoslovakia,Hungary			4	5	9	0.3	1.0	1.6							15	55	142	19	58	135	26	57	108
America			2	0	2	0.0	0.7	1.6							18	157	565	0	0	163	6	57	205
All Migrants	85	126	135	210	556	1.8	1.9	2.1	64	81	100	92	111	132	76	90	107	101	116	133	93	101	110
Born in Israel	7	7	13	9	36	0.9	1.5	2.2	36	89	183	32	80	164	61	115	197	28	62	118	59	85	117
All Jews	92	133	148	219	592	1.8	1.9	2.1	65	81	100	91	108	128	78	92	108	98	112	128		100	

TABLE III. Number of cases, Age Standardized Incidence Rates (All Ages) and Standardized Incidence Ratios (with 95% Confidence Intervals), by Topographical Site, Sex, Region of Birth, and Period of Diagnosis

MALES Gallbladder, etc. (ICD-9 156)

Table III

Region	Number of Cases					ASR (World) 1961-1981	ASR All Yrs	Standardized Incidence Ratios (SIR)										
	61-66	67-71	72-76	77-81	All Yrs			1961 - 66			1967 - 71			1972 - 76			1977 - 81			All Years		
Asia	31	29	19	31	110	1.8	2.2	2.7	76	**112**	159	69	**103**	149	34	**57**	89	56	**82**	117	71	**87**	105
Turkey	7	7	6	6	26	2.0	3.3	4.5	68	**170**	351	68	**170**	350	38	**103**	224	33	**90**	196	82	**126**	184
Iraq	11	4	1	10	26	0.8	1.3	1.9	53	**106**	190	11	**40**	102	0	**8**	45	34	**72**	132	36	**56**	81
Yemen	6	6	6	8	26	1.6	2.5	3.5	37	**101**	219	37	**102**	223	30	**83**	181	42	**98**	192	62	**95**	140
Iran	6	8	4	3	21	2.1	3.8	5.4	83	**228**	495	119	**277**	545	24	**89**	229	12	**58**	169	86	**138**	212
India			0	2	2	0.0	2.0	4.9							0	**0**	418	19	**168**	608	11	**97**	350
Africa	18	21	29	28	96	2.4	3.0	3.6	76	**128**	202	76	**123**	189	91	**136**	195	73	**110**	159	100	**123**	150
Morocco,Algeria,Tunisia	14	17	21	18	70	2.3	3.0	3.7	82	**150**	251	83	**142**	228	80	**129**	197	55	**93**	148	96	**123**	155
Libya	2	2	4	5	13	1.5	3.4	5.2	10	**89**	320	9	**84**	304	44	**164**	420	57	**177**	414	70	**132**	225
Egypt	2	2	4	5	13	1.3	2.9	4.4	10	**86**	309	9	**80**	287	39	**146**	374	47	**147**	343	63	**118**	202
Europe and America	106	124	147	132	509	2.3	2.8	3.4	89	**109**	132	98	**118**	140	91	**108**	127	69	**83**	98	93	**102**	111
USSR,Poland,Romania	76	106	126	115	423	2.2	3.4	4.6	81	**102**	128	106	**130**	157	99	**118**	141	76	**92**	111	99	**109**	120
USSR,Poland			79	74	153	1.5	3.1	4.8							85	**108**	134	66	**83**	105	80	**94**	111
Romania			47	41	88	2.5	3.3	4.0							105	**143**	190	81	**113**	154	102	**127**	157
Bulgaria,Greece	12	6	3	5	26	1.4	2.3	3.2	106	**205**	358	33	**90**	195	8	**40**	117	20	**62**	146	61	**93**	136
Germ.,Aust.,Czech.,Hung.	16	12	13	9	50	1.4	2.0	2.5	73	**127**	207	45	**88**	153	36	**67**	115	18	**40**	76	55	**74**	97
Germany,Austria			4	3	7	0.2	0.8	1.4							11	**42**	109	6	**28**	81	14	**35**	71
Czechoslovakia,Hungary			9	6	15	0.9	1.7	2.6							42	**91**	173	19	**52**	112	39	**70**	115
America			0	1	1	0.0	0.8	2.4							0	**0**	275	1	**46**	257	0	**29**	159
All Migrants	155	174	195	191	715	2.4	2.7	3.1	95	**112**	131	99	**116**	134	88	**102**	117	74	**86**	99	94	**102**	109
Born in Israel	10	5	3	7	25	1.1	1.9	2.6	71	**148**	273	22	**67**	156	6	**31**	90	22	**54**	112	44	**68**	100
All Jews	165	179	198	198	740	2.4	2.6	2.8	97	**113**	132	97	**113**	131	85	**99**	113	73	**84**	97		**100**	

TABLE III. Number of cases, Age Standardized Incidence Rates (All Ages) and Standardized Incidence Ratios (with 95% Confidence Intervals), by Topographical Site, Sex, Region of Birth, and Period of Diagnosis

FEMALES Gallbladder, etc. (ICD-9 156)

Region	Number of Cases					ASR (World)		Standardized Incidence Ratios (SIR)					
	61-66	67-71	72-76	77-81	All Yrs	1961-1981	(All Yrs)	1961 - 66	1967 - 71	1972 - 76	1977 - 81	All Years	
Asia	42	34	47	44	167	2.8	3.3 3.8	48 **67** 91	37 **53** 75	46 **62** 83	37 **50** 68	49 **58** 67	
Turkey	7	9	10	5	31	2.0	3.1 4.2	23 **58** 119	34 **75** 142	30 **63** 116	9 **28** 66	37 **54** 76	
Iraq	18	10	9	12	49	2.0	2.8 3.5	48 **81** 128	22 **47** 86	15 **33** 63	20 **39** 68	36 **48** 64	
Yemen	8	4	11	11	34	2.1	3.1 4.2	28 **64** 126	8 **31** 80	34 **68** 122	29 **58** 104	39 **56** 79	
Iran	3	4	10	4	21	2.1	3.8 5.4	12 **58** 171	18 **66** 170	53 **111** 204	10 **36** 91	41 **67** 102	
India			3	1	4	0.0	3.6 7.2			28 **139** 406	0 **35** 196	22 **80** 205	
Africa	38	24	43	44	149	3.6	4.3 5.0	83 **117** 161	38 **59** 88	59 **82** 111	50 **69** 93	67 **79** 93	
Morocco,Algeria,Tunisia	29	20	30	41	120	3.9	4.8 5.7	93 **140** 201	44 **72** 111	52 **77** 109	62 **86** 117	73 **89** 106	
Libya	6	2	6	3	17	2.1	4.0 6.0	44 **120** 261	4 **37** 133	35 **97** 211	8 **41** 121	41 **71** 114	
Egypt	2	1	7	0	10	0.7	1.9 3.0	4 **31** 113	0 **15** 81	39 **98** 201	0 **0** 41	16 **34** 63	
Europe and America	378	341	341	320	1380	6.3	6.7 7.1	152 **169** 187	126 **140** 156	94 **105** 117	74 **83** 92	111 **117** 123	
USSR,Poland,Romania	323	283	284	269	1159	6.9	7.4 7.9	172 **192** 214	136 **153** 172	101 **114** 128	79 **90** 101	121 **128** 136	
USSR,Poland			146	159	305	4.3	4.8 5.4			76 **90** 106	67 **79** 92	75 **84** 94	
Romania			138	110	248	6.1	8.5 11.0			131 **157** 185	93 **113** 136	117 **134** 151	
Bulgaria,Greece	17	9	9	9	44	2.5	3.5 4.6	69 **119** 191	25 **55** 105	22 **49** 92	20 **45** 85	46 **64** 85	
Germ.,Aust.,Czech.,Hung.	26	38	34	29	127	3.6	4.4 5.2	57 **87** 128	88 **124** 170	50 **72** 101	36 **53** 76	65 **78** 93	
Germany,Austria			13	11	24	1.5	2.6 3.7			27 **51** 88	19 **38** 69	29 **45** 66	
Czechoslovakia,Hungary			21	18	39	3.2	4.8 6.3			59 **96** 147	41 **69** 109	58 **81** 111	
America			1	4	5	0.2	2.5 4.8			0 **27** 149	16 **61** 157	16 **49** 114	
All Migrants	458	399	431	408	1696	5.6	5.8 6.1	131 **144** 157	104 **115** 127	86 **95** 105	69 **76** 84	98 **102** 107	
Born in Israel	10	4	14	17	45	2.1	3.0 4.0	30 **63** 115	6 **23** 59	34 **63** 106	34 **58** 92	39 **53** 71	
All Jews	468	403	445	425	1741	5.4	5.7 6.0	127 **140** 153	100 **111** 122	85 **94** 103	68 **75** 82	**100**	

Table III

127

TABLE III. Number of cases, Age Standardized Incidence Rates (All Ages) and Standardized Incidence Ratios (with 95% Confidence Intervals), by Topographical Site, Sex, Region of Birth, and Period of Diagnosis

MALES   Pancreas (ICD-9 157)

Table III

Region	Number of Cases					ASR (World)		Standardized Incidence Ratios (SIR)									
	61-66	67-71	72-76	77-81	All Yrs	1961-1981	All Yrs	1961 - 66			1967 - 71			1972 - 76			1977 - 81			All Years		
Asia	65	73	86	90	314	5.7	6.5	53	**68**	87	60	**76**	96	62	**77**	95	57	**71**	87	65	**73**	82
Turkey	15	14	18	14	61	5.7	7.7	58	**104**	171	53	**96**	161	54	**91**	143	34	**62**	104	65	**85**	110
Iraq	25	18	32	36	111	5.0	6.2	46	**70**	104	31	**53**	84	53	**77**	108	54	**77**	107	58	**70**	85
Yemen	13	18	17	16	64	4.6	6.2	34	**64**	109	53	**89**	141	40	**70**	111	33	**58**	94	53	**69**	88
Iran	9	13	11	15	48	6.0	8.4	45	**99**	188	70	**131**	224	37	**74**	132	48	**86**	142	69	**93**	124
India			0	2	2	0.0	2.4							0	**0**	119	5	**48**	172	3	**27**	99
Africa	31	35	59	71	196	5.3	6.2	42	**62**	88	40	**58**	80	60	**78**	101	62	**80**	100	62	**71**	82
Morocco,Algeria,Tunisia	21	20	43	53	137	5.0	6.1	39	**63**	96	29	**47**	72	54	**75**	101	59	**79**	103	57	**68**	81
Libya	6	11	7	11	35	5.9	8.9	28	**76**	165	67	**134**	240	33	**83**	171	56	**112**	200	71	**102**	142
Egypt	4	4	9	7	24	3.0	5.1	13	**48**	124	12	**45**	115	41	**91**	172	23	**58**	119	39	**61**	91
Europe and America	360	421	544	611	1936	9.5	10.0	93	**103**	115	103	**113**	125	107	**117**	127	106	**115**	125	108	**113**	118
USSR,Poland,Romania	284	339	426	480	1529	9.7	10.2	95	**107**	120	106	**118**	131	107	**118**	130	107	**117**	128	110	**115**	121
USSR,Poland			275	341	616	9.3	10.2							98	**111**	124	105	**118**	131	105	**114**	124
Romania			151	139	290	10.1	11.4							115	**136**	159	96	**115**	135	111	**125**	140
Bulgaria,Greece	21	19	24	27	91	6.6	8.4	64	**103**	157	50	**83**	129	61	**95**	142	67	**101**	147	77	**96**	117
Germ.,Aust.,Czech.,Hung.	41	51	74	77	243	7.9	9.1	65	**90**	122	77	**103**	136	87	**111**	139	80	**101**	127	90	**102**	116
Germany,Austria			35	37	72	7.6	10.3							75	**108**	150	71	**101**	140	82	**105**	132
Czechoslovakia,Hungary			39	40	79	7.3	9.5							81	**114**	156	72	**101**	138	85	**107**	134
America			3	10	13	4.1	9.5							13	**63**	185	62	**129**	238	56	**104**	178
All Migrants	456	529	689	772	2446	8.6	8.9	84	**92**	101	92	**100**	109	98	**106**	114	96	**103**	111	97	**101**	105
Born in Israel	12	27	22	38	99	5.5	6.9	27	**52**	91	71	**107**	156	42	**66**	101	60	**85**	117	64	**79**	96
All Jews	468	556	711	810	2545	8.5	8.8	83	**91**	99	92	**101**	109	96	**104**	112	95	**102**	110		**100**	

TABLE III. Number of cases, Age Standardized Incidence Rates (All Ages) and Standardized Incidence Ratios (with 95% Confidence Intervals), by Topographical Site, Sex, Region of Birth, and Period of Diagnosis

FEMALES Pancreas (ICD-9 157)

Table III

Region	Number of Cases					ASR (World)		Standardized Incidence Ratios (SIR)											
	61-66	67-71	72-76	77-81	All Yrs	1961-1981	All Yrs	1961 - 66			1967 - 71			1972 - 76			1977 - 81			All Years		
Asia	49	61	67	67	244	4.2	4.8	53	72	95	68	89	114	64	82	104	55	71	90	69	78	88
Turkey	11	15	15	9	50	3.6	5.0	42	84	151	65	117	192	49	88	145	22	48	90	60	81	106
Iraq	20	20	27	27	94	4.3	5.3	51	83	128	53	87	135	60	91	133	53	80	117	69	85	104
Yemen	8	13	9	12	42	2.7	3.9	25	59	116	50	94	161	24	52	98	30	59	103	46	64	87
Iran	3	4	11	10	28	3.1	5.0	11	54	158	17	62	158	56	113	202	39	82	150	55	82	119
India			1	3	4	0.1	4.2							1	43	240	20	99	288	20	75	191
Africa	15	30	40	55	140	3.4	4.1	24	43	71	47	69	98	51	71	97	61	81	105	58	69	81
Morocco,Algeria,Tunisia	12	23	29	32	96	3.1	3.9	28	54	93	49	77	115	46	69	99	43	62	88	53	66	80
Libya	2	3	4	12	21	2.8	5.0	4	37	134	10	51	150	16	60	153	79	153	267	50	81	125
Egypt	1	4	7	10	22	2.4	4.1	0	14	80	14	54	137	36	91	187	51	106	194	44	70	105
Europe and America	284	287	402	445	1418	6.6	6.9	104	118	132	98	110	124	104	115	127	98	108	118	106	112	118
USSR,Poland,Romania	206	221	325	355	1107	6.7	7.1	99	114	130	98	112	127	109	122	136	100	111	124	108	115	122
USSR,Poland			193	221	414	6.0	6.7							97	112	129	90	103	118	97	107	118
Romania			132	134	266	7.1	8.2							116	139	165	107	128	152	118	133	150
Bulgaria,Greece	24	12	14	20	70	4.3	5.7	100	156	233	35	68	119	38	70	118	57	93	143	73	94	119
Germ.,Aust.,Czech.,Hung.	41	43	50	49	183	5.5	6.4	92	128	173	95	131	176	73	98	130	62	83	110	90	105	121
Germany,Austria			25	25	50	3.9	5.6							59	92	135	53	81	120	64	86	114
Czechoslovakia,Hungary			25	24	49	4.1	5.7							69	106	156	55	86	128	70	95	126
America			2	5	7	1.0	4.0							6	49	179	23	70	164	25	63	129
All Migrants	348	378	509	567	1802	5.9	6.2	91	101	112	92	102	112	96	105	114	90	98	107	97	101	106
Born in Israel	10	20	16	26	72	3.5	4.7	27	57	105	63	104	160	37	64	104	51	79	115	59	76	96
All Jews	358	398	525	593	1874	5.9	6.1	89	99	110	92	102	112	94	103	112	90	97	105		100	

TABLE III. Number of cases, Age Standardized Incidence Rates (All Ages) and Standardized Incidence Ratios (with 95% Confidence Intervals), by Topographical Site, Sex, Region of Birth, and Period of Diagnosis

MALES Larynx (ICD-9 161)

Table III

Region	Number of Cases					ASR (World) 1961-1981 (All Yrs)		Standardized Incidence Ratios (SIR)										
	61-66	67-71	72-76	77-81	All Yrs			1961 - 66			1967 - 71			1972 - 76			1977 - 81			All Years		
Asia	65	49	67	91	272	5.0	6.4	82	106	136	60	81	107	74	95	121	92	114	140	88	100	113
Turkey	25	16	27	16	84	8.1	10.3	166	256	379	95	166	269	141	215	312	65	114	186	146	183	226
Iraq	22	17	22	36	97	4.4	5.5	61	97	147	46	79	126	53	84	128	85	122	169	79	97	119
Yemen	6	5	4	5	20	1.0	1.8	17	45	99	12	39	90	7	26	67	9	29	69	21	34	53
Iran	4	8	3	11	26	2.7	4.4	18	66	169	53	122	241	6	32	94	50	100	179	52	79	116
India			3	7	10	4.0	11.3							27	137	399	96	239	492	93	195	358
Africa	65	60	59	61	245	6.3	8.1	140	181	231	108	142	182	87	114	147	77	100	129	113	128	145
Morocco,Algeria,Tunisia	47	40	50	42	179	6.0	7.1	141	192	256	94	131	179	95	128	169	66	91	124	110	128	148
Libya	8	12	4	8	32	5.2	8.0	65	151	298	116	225	392	19	70	179	52	120	237	95	139	196
Egypt	9	8	5	10	32	4.5	7.0	70	153	291	56	130	257	23	71	166	58	122	224	80	117	166
Europe and America	247	229	252	285	1013	5.2	5.9	92	105	119	85	97	110	80	90	102	84	95	106	91	96	103
USSR,Poland,Romania	167	176	189	212	744	5.1	5.9	80	93	109	84	98	113	77	89	103	81	93	106	86	93	100
USSR,Poland			115	141	256	4.3	5.8							65	79	95	75	89	105	74	84	95
Romania			74	71	145	5.1	7.3							86	110	138	79	101	127	89	105	124
Bulgaria,Greece	35	20	28	25	108	8.6	10.6	187	269	374	86	141	218	124	187	270	105	163	240	154	188	226
Germ.,Aust.,Czech.,Hung.	37	19	23	33	112	3.4	4.4	80	114	157	34	57	89	35	56	84	52	76	106	61	74	90
Germany,Austria			10	11	21	1.4	3.1							24	51	93	26	53	95	32	52	79
Czechoslovakia,Hungary			13	22	35	2.7	4.1							32	61	104	60	96	145	55	79	110
America			2	1	3	0.0	2.1							6	56	203	0	18	99	7	33	95
All Migrants	377	338	378	437	1530	5.5	6.1	102	114	126	89	100	111	85	94	104	90	99	109	96	101	106
Born in Israel	19	12	20	27	78	3.8	5.0	69	114	178	34	65	114	49	80	123	51	78	113	65	82	102
All Jews	396	350	398	464	1608	5.4	6.0	103	114	125	88	98	109	85	93	103	89	97	107		100	

TABLE III. Number of cases, Age Standardized Incidence Rates (All Ages) and Standardized Incidence Ratios (with 95% Confidence Intervals), by Topographical Site, Sex, Region of Birth, and Period of Diagnosis

FEMALES Larynx (ICD-9 161)

Region	Number of Cases					ASR (World)		Standardized Incidence Ratios (SIR)				
	61-66	67-71	72-76	77-81	All Yrs	1961-1981	All Yrs	1961 - 66	1967 - 71	1972 - 76	1977 - 81	All Years
Asia	9	6	7	12	34	0.5	0.7 0.9	75 **165** 313	40 **109** 238	44 **109** 225	85 **164** 287	95 **138** 192
Turkey	2	2	0	0	4	0.0	0.4 0.8	22 **194** 700	22 **199** 717	0 **0** 291	0 **0** 268	23 **86** 219
Iraq	3	2	5	6	16	0.4	0.9 1.3	31 **156** 455	12 **107** 386	70 **217** 507	84 **230** 500	105 **184** 298
Yemen	0	0	0	0	0	0.0	0.0 0.0	0 **0** 317	0 **0** 319	0 **0** 267	0 **0** 233	0 **0** 70
Iran	2	0	1	2	6	0.2	1.0 1.9	44 **395** ***	2 **171** 954	2 **124** 688	23 **203** 734	76 **208** 453
India		1	1	1	2	0.0	2.3 5.5			6 **461** ***	5 **360** ***	45 **404** ***
Africa	5	2	6	5	18	0.3	0.5 0.7	48 **149** 347	6 **50** 179	44 **120** 261	27 **85** 198	58 **98** 155
Morocco,Algeria,Tunisia	2	2	4	4	12	0.2	0.4 0.7	10 **88** 319	8 **69** 249	29 **106** 271	24 **90** 230	46 **90** 156
Libya	2	0	1	0	3	0.0	0.7 1.4	46 **413** ***	0 **0** 722	2 **175** 976	0 **0** 555	27 **135** 394
Egypt	1	0	1	1	3	0.0	0.6 1.2	2 **169** 939	0 **0** 604	2 **149** 831	2 **129** 715	23 **113** 331
Europe and America	9	12	29	34	84	0.4	0.5 0.6	21 **45** 85	31 **59** 103	77 **115** 165	84 **121** 169	72 **90** 111
USSR,Poland,Romania	4	6	21	22	53	0.3	0.4 0.5	7 **27** 68	14 **39** 85	68 **110** 168	64 **103** 156	56 **75** 98
USSR,Poland			15	12	27	0.3	0.5 0.8			68 **121** 200	43 **84** 147	67 **101** 148
Romania			6	10	16	0.0	1.0 1.9			32 **89** 193	67 **140** 258	66 **115** 187
Bulgaria,Greece	2	1	0	2	5	0.1	0.5 0.9	19 **170** 613	1 **77** 430	0 **0** 262	15 **138** 497	30 **94** 219
Germ.,Aust.,Czech.,Hung.	1	4	7	10	22	0.5	0.8 1.2	0 **36** 200	39 **146** 375	77 **192** 395	124 **258** 475	106 **169** 255
Germany,Austria			3	4	7	0.1	1.4 2.7			32 **161** 469	56 **207** 530	74 **184** 380
Czechoslovakia,Hungary			4	6	10	0.5	1.3 2.1			60 **224** 573	113 **309** 672	128 **268** 493
America			0	0	0	0.0	0.0 0.0			0 **0** 933	0 **0** 575	0 **0** 356
All Migrants	23	20	42	51	136	0.4	0.5 0.6	51 **80** 120	41 **67** 104	83 **115** 155	92 **123** 162	83 **100** 118
Born in Israel	0	3	4	4	11	0.2	0.6 1.0	0 **0** 216	30 **151** 441	38 **142** 364	28 **104** 267	53 **106** 190
All Jews	23	23	46	55	147	0.4	0.5 0.6	48 **75** 113	46 **72** 108	85 **117** 155	92 **122** 158	**100**

TABLE III. Number of cases, Age Standardized Incidence Rates (All Ages) and Standardized Incidence Ratios (with 95% Confidence Intervals), by Topographical Site, Sex, Region of Birth, and Period of Diagnosis

MALES Lung (ICD-9 162)

Region	Number of Cases					ASR (World)		Standardized Incidence Ratios (SIR)												
	61-66	67-71	72-76	77-81	All Yrs	1961-1981	(All Yrs)	1961 - 66			1967 - 71			1972 - 76			1977 - 81			All Years
Asia	205	238	325	404	1172	22.9	24.3 25.7	61	70	80	70	80	91	84	94	105	94	104	114	83 88 94
Turkey	61	68	105	100	334	36.9	41.3 45.8	103	135	173	116	149	189	139	170	206	117	144	175	135 150 168
Iraq	90	101	123	189	503	25.9	28.4 30.9	66	82	101	78	96	116	80	96	115	114	132	152	95 103 113
Yemen	15	18	23	24	80	5.9	7.5 9.2	13	24	39	17	29	46	19	31	46	18	28	42	22 28 35
Iran	18	25	35	47	125	17.7	21.5 25.4	37	63	100	52	81	119	54	77	107	65	88	117	66 79 94
India			5	8	13	6.7	15.2 23.7							17	51	120	26	60	119	30 57 97
Africa	126	171	241	315	853	24.8	26.6 28.4	66	79	95	77	90	104	90	102	116	101	113	126	92 99 105
Morocco,Algeria,Tunisia	96	132	185	250	663	25.9	28.1 30.2	73	90	110	82	97	116	89	103	119	104	118	134	97 105 113
Libya	16	14	26	22	78	15.0	19.4 23.7	37	65	106	30	55	92	64	98	144	45	72	109	57 73 91
Egypt	11	23	28	41	103	19.4	24.2 29.0	21	42	76	52	82	124	59	89	129	77	108	146	68 83 101
Europe and America	1061	1206	1588	1696	5551	28.0	28.8 29.6	92	98	104	99	104	110	105	111	116	100	105	110	102 105 108
USSR,Poland,Romania	763	899	1167	1290	4119	27.0	27.9 28.9	86	92	99	94	101	108	99	105	111	98	103	109	98 101 104
USSR,Poland			718	835	1553	25.2	26.8 28.4							87	94	101	89	95	102	90 94 99
Romania			449	455	904	32.6	35.0 37.4							119	131	143	112	123	135	119 127 135
Bulgaria,Greece	112	115	130	121	478	40.2	44.3 48.3	146	177	213	134	162	194	141	168	200	124	150	179	149 164 179
Germ.,Aust.,Czech.,Hung.	144	138	212	216	710	24.5	26.6 28.6	85	101	118	75	89	105	90	103	118	81	93	107	90 97 104
Germany,Austria			91	92	183	20.0	23.6 27.3							73	91	112	67	83	102	75 87 100
Czechoslovakia,Hungary			121	124	245	26.2	30.5 34.9							94	114	136	86	103	123	95 108 123
America			18	20	38	17.2	25.9 34.5							71	119	188	50	82	126	68 96 132
All Migrants	1392	1615	2154	2415	7576	27.2	27.8 28.5	86	90	95	94	98	103	102	107	112	102	106	110	99 101 104
Born in Israel	46	48	85	124	303	17.9	20.4 22.9	46	63	85	44	60	79	64	80	99	73	88	105	67 76 85
All Jews	1438	1663	2239	2539	7879	26.8	27.4 28.0	85	89	94	92	97	101	101	106	110	101	105	109	100

TABLE III. Number of cases, Age Standardized Incidence Rates (All Ages) and Standardized Incidence Ratios (with 95% Confidence Intervals), by Topographical Site, Sex, Region of Birth, and Period of Diagnosis

Table III

FEMALES Lung (ICD-9 162)

Region	Number of Cases					ASR (World) 1961-1981 (All Yrs)	ASR (World) All Yrs	Standardized Incidence Ratios (SIR)										
	61-66	67-71	72-76	77-81	All Yrs			1961 - 66			1967 - 71			1972 - 76			1977 - 81			All Years		
Asia	69	75	93	110	347	6.1	6.8	7.6	56	71	90	60	77	96	65	81	99	68	83	99	70	78	87
Turkey	14	13	27	20	74	5.7	7.4	9.1	41	76	127	38	71	122	75	115	167	47	77	119	67	86	108
Iraq	27	33	37	46	143	6.6	7.9	9.2	52	79	115	69	100	141	63	89	123	71	97	129	77	92	108
Yemen	8	8	11	14	41	2.7	3.9	5.1	17	41	80	17	40	79	22	45	80	27	49	82	32	44	60
Iran	7	11	8	15	41	4.7	6.9	9.0	34	85	174	57	114	205	25	57	113	48	86	141	60	83	113
India			2	4	6	1.1	5.8	10.5							6	57	207	24	88	225	27	75	162
Africa	26	43	53	61	183	4.5	5.3	6.0	32	49	71	48	66	88	48	64	83	47	61	78	52	61	70
Morocco,Algeria,Tunisia	14	33	35	48	130	4.2	5.0	5.9	22	40	67	50	72	101	39	56	78	47	64	84	50	59	71
Libya	6	4	4	3	17	2.1	4.1	6.0	27	75	163	12	46	119	11	41	105	5	26	77	26	45	72
Egypt	6	6	12	8	32	4.0	6.1	8.2	22	60	130	21	56	122	55	106	184	25	58	115	48	70	99
Europe and America	340	426	553	690	2009	9.6	10.1	10.5	88	98	109	105	116	127	106	116	126	115	124	133	110	115	120
USSR,Poland,Romania	260	332	420	529	1541	9.6	10.1	10.6	88	99	112	106	119	132	104	115	126	113	123	134	110	115	121
USSR,Poland			261	326	587	9.1	10.0	10.9							98	111	125	101	113	126	103	112	122
Romania			159	203	362	10.5	11.9	13.2							104	123	143	125	144	165	120	134	148
Bulgaria,Greece	18	22	21	17	78	5.3	6.9	8.4	50	84	132	57	91	137	48	77	118	34	59	94	61	77	96
Germ.,Aust.,Czech.,Hung.	45	48	73	100	266	8.6	9.8	11.1	70	96	129	74	101	134	82	105	132	103	127	154	97	109	123
Germany,Austria			31	51	82	7.4	9.8	12.1							57	84	120	93	125	165	84	106	132
Czechoslovakia,Hungary			42	49	91	8.8	11.4	13.9							92	127	172	95	128	170	103	128	157
America			7	12	19	5.7	10.6	15.4							45	113	233	59	114	199	68	114	177
All Migrants	435	544	699	861	2539	8.6	9.0	9.3	79	87	96	94	102	111	96	103	111	102	109	116	98	102	106
Born in Israel	21	22	30	36	109	5.1	6.4	7.7	49	79	120	47	75	113	51	76	109	47	67	93	60	73	88
All Jews	456	566	729	897	2648	8.4	8.8	9.1	79	87	95	93	101	110	95	102	109	99	106	113		100	

TABLE III. Number of cases, Age Standardized Incidence Rates (All Ages) and Standardized Incidence Ratios (with 95% Confidence Intervals), by Topographical Site, Sex, Region of Birth, and Period of Diagnosis

MALES Melanoma of skin (ICD-9 172)

Table III

Region	Number of Cases					ASR (World)		Standardized Incidence Ratios (SIR)									
	61-66	67-71	72-76	77-81	All Yrs	1961-1981	(All Yrs)	1961 - 66			1967 - 71			1972 - 76			1977 - 81			All Years		
Asia	9	10	25	12	56	0.9	1.2 1.5	10	22	42	12	26	47	38	58	86	14	27	47	25	33	43
Turkey	6	2	8	5	21	1.5	2.7 3.9	36	98	214	4	35	126	51	117	231	23	71	167	51	82	125
Iraq	2	1	11	4	18	0.5	1.1 1.6	1	13	46	0	7	38	33	67	120	6	24	61	17	28	45
Yemen	0	3	0	0	3	0.0	0.3 0.6	0	0	43	8	37	109	0	0	43	0	0	42	2	9	26
Iran	0	1	0	0	1	0.0	0.1 0.4	0	0	80	0	20	113	0	0	60	0	0	53	0	4	25
India	0		0	1	1	0.0	0.7 2.0							0	0	208	1	47	260	0	26	142
Africa	3	8	8	14	33	0.6	0.9 1.2	2	10	30	10	24	48	9	21	42	18	33	56	16	23	33
Morocco,Algeria,Tunisia	3	4	3	5	15	0.3	0.6 0.8	3	14	41	4	16	41	2	10	30	5	15	35	8	14	23
Libya	0	0	2	0	2	0.0	0.4 1.1	0	0	98	0	0	101	6	51	185	0	0	90	1	13	47
Egypt	0	4	3	9	16	1.6	3.2 4.9	0	0	85	27	99	253	14	68	198	88	193	366	52	92	149
Europe and America	82	124	173	209	588	3.8	4.2 4.6	54	68	85	95	114	136	121	142	164	142	164	188	113	123	133
USSR,Poland,Romania	49	74	124	140	387	3.2	3.6 4.0	41	56	74	73	92	116	115	138	165	126	150	177	100	110	122
USSR,Poland			85	103	188	4.1	5.1 6.1							115	144	178	134	164	198	133	154	178
Romania			39	37	76	2.9	4.0 5.0							90	127	174	85	121	167	98	124	155
Bulgaria,Greece	6	12	11	11	40	4.1	6.8 9.5	32	88	192	89	173	303	81	162	290	85	170	304	106	148	202
Germ.,Aust.,Czech.,Hung.	21	29	26	41	117	4.4	5.6 6.7	70	113	173	121	181	260	97	148	217	169	235	319	139	168	202
Germany,Austria			16	23	39	4.4	6.9 9.4							109	190	309	174	274	411	165	232	317
Czechoslovakia,Hungary			10	18	28	3.5	6.8 10.0							52	109	201	118	199	315	102	154	223
America			4	11	15	2.5	5.4 8.2							34	125	321	121	242	433	108	194	320
All Migrants	94	142	206	235	677	2.6	2.8 3.1	40	49	61	66	79	93	88	102	116	96	109	124	80	86	93
Born in Israel	21	51	84	113	269	4.8	5.7 6.7	55	90	137	130	174	229	156	195	241	150	183	220	151	171	192
All Jews	115	193	290	348	946	3.2	3.5 3.7	44	54	65	79	92	106	105	118	132	113	126	140		100	

TABLE III. Number of cases, Age Standardized Incidence Rates (All Ages) and Standardized Incidence Ratios (with 95% Confidence Intervals), by Topographical Site, Sex, Region of Birth, and Period of Diagnosis

FEMALES Melanoma of skin (ICD-9 172)

Table III

Region	Number of Cases					ASR (World)		Standardized Incidence Ratios (SIR)					
	61-66	67-71	72-76	77-81	All Yrs	1961-1981	All Yrs	1961 - 66	1967 - 71	1972 - 76	1977 - 81	All Years	
Asia	7	7	17	15	46	0.6	0.9	5 13 26	5 13 27	17 29 47	14 25 41	15 20 27	
Turkey	3	1	8	4	16	0.9	1.8	7 34 99	7 12 67	36 84 165	11 41 106	25 44 72	
Iraq	3	5	4	7	19	0.5	1.0	3 15 43	8 26 61	5 19 48	13 32 65	14 23 36	
Yemen	0	0	2	1	3	0.0	0.3	0 0 31	0 0 34	2 17 62	0 8 47	1 6 19	
Iran	0	0	1	1	4	0.0	0.6	0 16 91	0 15 83	0 12 67	0 11 60	4 13 34	
India	1	1	0	0	0	0.0	0.0	0	0	0 0 145	0 0 121	0 0 66	
Africa	7	11	17	18	53	0.9	1.2	7 17 35	12 24 42	18 32 51	18 30 48	20 26 35	
Morocco,Algeria,Tunisia	3	8	10	6	27	0.5	0.8	2 10 30	10 23 45	11 24 44	5 13 28	12 18 26	
Libya	1	0	2	2	5	0.1	0.9	0 18 103	0 0 69	4 36 129	4 34 124	7 23 53	
Egypt	2	1	3	5	11	0.8	2.0	4 33 119	4 17 97	10 49 143	25 78 182	22 45 81	
Europe and America	123	175	246	241	785	5.1	5.5	65 78 93	105 123 143	131 149 169	122 139 157	114 123 132	
USSR,Poland,Romania	89	116	178	167	550	4.8	5.3	62 77 95	92 111 133	128 149 172	113 132 154	108 118 128	
USSR,Poland			109	115	224	5.1	6.2			119 145 175	115 140 167	124 142 162	
Romania			69	52	121	5.1	6.6			121 155 196	89 119 156	114 137 164	
Bulgaria,Greece	11	9	6	7	33	2.5	3.8	60 120 215	44 97 184	24 65 142	32 80 164	62 91 127	
Germ.,Aust.,Czech.,Hung.	17	33	41	40	131	5.2	6.6	42 72 116	114 165 232	128 178 242	128 179 243	123 147 175	
Germany,Austria			20	25	45	6.4	10.5			107 175 271	146 225 332	146 200 267	
Czechoslovakia,Hungary			21	15	36	4.0	6.9			112 181 277	74 133 219	110 158 218	
America			7	15	22	4.1	7.4			56 140 287	114 204 337	111 178 269	
All Migrants	137	193	280	274	884	3.4	3.6	45 54 64	59 80 92	90 101 114	83 93 105	78 83 89	
Born in Israel	60	65	129	160	414	7.4	8.6	132 173 223	117 151 193	168 201 239	150 177 206	161 178 196	
All Jews	197	258	409	434	1298	4.4	4.9	59 68 79	30 91 103	109 120 132	103 113 124	100	

135

TABLE III. Number of cases, Age Standardized Incidence Rates (All Ages) and Standardized Incidence Ratios (with 95% Confidence Intervals), by Topographical Site, Sex, Region of Birth, and Period of Diagnosis

MALES   Breast (ICD-9 175)

Region	Number of Cases					ASR (World) 1961-1981 (All Yrs)		Standardized Incidence Ratios (SIR)											
	61-66	67-71	72-76	77-81	All Yrs			1961 - 66			1967 - 71			1972 - 76			1977 - 81			All Years		
Asia	7	7	6	6	26	0.3	0.5 0.7	28	70	145	28	69	143	19	51	112	17	46	99	38	58	85
Turkey	1	1	1	2	5	0.1	0.6 1.2	1	65	360	1	64	358	1	48	266	10	87	313	22	67	156
Iraq	4	3	1	0	8	0.1	0.5 0.8	29	108	278	17	83	242	0	23	127	0	0	76	21	48	95
Yemen	0	1	1	1	3	0.0	0.3 0.6	0	0	171	1	47	264	1	40	222	0	35	195	6	31	91
Iran	1	1	3	0	5	0.1	0.8 1.5	1	102	570	1	93	517	39	195	569	0	0	203	30	93	216
India			0	0	0	0.0	0.0 0.0							0	0	***	0	0	795	0	0	457
Africa	4	9	4	9	26	0.5	0.8 1.1	19	71	183	61	134	255	13	49	125	42	93	177	56	86	126
Morocco,Algeria,Tunisia	2	6	3	5	16	0.3	0.6 1.0	6	53	190	46	126	273	10	48	141	22	68	159	41	72	117
Libya	0	3	0	2	5	0.1	1.2 2.3	0	0	438	68	339	992	0	0	396	21	191	689	44	135	316
Egypt	2	0	1	2	5	0.1	1.2 2.2	25	218	788	0	0	378	1	92	513	18	156	563	38	118	274
Europe and America	46	35	59	60	200	0.9	1.1 1.2	93	126	169	64	92	128	96	126	162	88	116	149	100	116	133
USSR,Poland,Romania	31	24	44	48	147	0.9	1.0 1.2	76	112	159	53	82	123	89	122	164	89	121	160	94	111	130
USSR,Poland			32	32	64	0.8	1.1 1.4							88	129	183	78	115	162	94	122	155
Romania			12	16	28	0.7	1.2 1.6							55	106	185	77	135	219	80	121	174
Bulgaria,Greece	7	1	4	1	13	0.6	1.3 2.0	134	333	687	1	42	236	43	158	405	1	39	215	72	136	232
Germ.,Aust.,Czech.,Hung.	7	7	9	9	32	0.8	1.2 1.6	57	141	291	54	135	278	61	133	253	56	123	233	90	132	186
Germany,Austria			6	4	10	0.5	1.3 2.1							67	184	401	31	114	292	71	148	272
Czechoslovakia,Hungary			3	5	8	0.3	1.0 1.8							17	86	251	42	131	305	47	109	215
America			1	1	2	0.0	1.4 3.3							2	180	999	1	114	633	16	139	503
All Migrants	57	51	69	75	252	0.8	0.9 1.1	83	110	142	69	93	122	80	103	131	79	101	126	89	102	115
Born in Israel	2	1	5	3	11	0.2	0.7 1.1	9	78	282	0	34	191	40	125	292	11	55	160	37	74	132
All Jews	59	52	74	78	263	0.8	0.9 1.0	82	108	140	67	90	118	82	105	131	77	97	122		100	

TABLE III. Number of cases, Age Standardized Incidence Rates (All Ages) and Standardized Incidence Ratios (with 95% Confidence Intervals), by Topographical Site, Sex, Region of Birth, and Period of Diagnosis

FEMALES Breast (ICD-9 174)

Region	Number of Cases					ASR (World)		Standardized Incidence Ratios (SIR)													
	61-66	67-71	72-76	77-81	All Yrs	1961-1981	(All Yrs)	1961 - 66			1967 - 71			1972 - 76			1977 - 81			All Years		
Asia	291	350	520	634	1795	34.3	35.4 37.6	41	**46**	52	49	**55**	61	65	**71**	77	71	**77**	83	60	**63**	66
Turkey	82	93	121	116	412	41.8	46.3 50.8	56	**71**	88	67	**83**	102	74	**90**	107	67	**81**	97	74	**82**	90
Iraq	120	134	202	239	695	35.3	38.2 41.0	44	**53**	64	51	**61**	72	65	**75**	87	70	**79**	90	63	**68**	74
Yemen	26	28	41	71	166	13.1	15.5 17.8	12	**19**	27	14	**21**	30	19	**26**	35	32	**40**	51	23	**27**	32
Iran	24	35	52	81	192	25.7	30.1 34.4	24	**38**	57	34	**49**	67	40	**54**	71	56	**70**	87	48	**55**	64
India			12	23	35	22.7	34.8 46.8							23	**45**	78	43	**68**	102	40	**58**	80
Africa	205	257	387	511	1360	32.2	34.1 35.9	42	**48**	55	45	**51**	58	57	**64**	70	66	**72**	79	57	**61**	64
Morocco,Algeria,Tunisia	113	152	245	317	827	25.9	27.9 29.8	32	**39**	46	35	**42**	49	47	**53**	60	52	**59**	65	47	**50**	53
Libya	29	26	45	66	166	29.2	34.6 39.9	33	**49**	70	28	**42**	62	48	**65**	87	65	**84**	107	53	**62**	72
Egypt	62	74	79	110	325	52.7	59.1 65.6	67	**88**	112	82	**105**	131	79	**100**	125	102	**124**	150	94	**105**	117
Europe and America	2513	2538	3109	3370	11530	66.0	67.3 68.6	106	**111**	115	112	**117**	121	117	**121**	126	120	**124**	128	116	**118**	121
USSR,Poland,Romania	1833	1780	2193	2428	8234	63.1	64.7 66.2	103	**108**	113	104	**109**	114	110	**115**	120	115	**120**	125	111	**113**	116
USSR,Poland			1338	1539	2877	61.8	64.7 67.6							104	**109**	115	110	**116**	121	109	**113**	117
Romania			855	889	1744	67.2	70.8 74.5							116	**124**	133	120	**128**	137	120	**126**	132
Bulgaria,Greece	149	155	192	163	659	62.1	67.6 73.0	98	**116**	136	96	**113**	133	116	**134**	155	97	**114**	133	111	**120**	129
Germ.,Aust.,Czech.,Hung.	410	439	509	530	1888	74.8	78.6 82.3	113	**125**	138	130	**144**	158	126	**138**	151	131	**143**	156	132	**138**	144
Germany,Austria			239	267	506	74.2	84.2 94.2							115	**131**	149	131	**148**	167	127	**139**	152
Czechoslovakia,Hungary			270	263	533	73.5	82.1 90.6							128	**145**	163	123	**139**	157	130	**142**	155
America			70	116	186	67.0	78.9 90.8							105	**135**	171	120	**145**	174	122	**141**	163
All Migrants	3009	3145	4016	4515	14685	55.2	56.2 57.1	87	**90**	94	92	**95**	98	100	**103**	106	103	**106**	109	98	**99**	101
Born in Israel	190	271	402	642	1505	55.6	59.2 62.7	76	**88**	102	93	**106**	119	98	**108**	119	111	**120**	130	104	**109**	115
All Jews	3199	3416	4418	5157	16190	55.9	56.7 57.6	87	**90**	93	92	**96**	99	100	**103**	106	105	**108**	111		**100**	

TABLE III. Number of cases, Age Standardized Incidence Rates (All Ages)
and Standardized Incidence Ratios (with 95% Confidence Intervals),
by Topographical Site, Sex, Region of Birth, and Period of Diagnosis

FEMALES Cervix uteri (ICD-9 180)

Region	Number of Cases					ASR (World)		Standardized Incidence Ratios (SIR)												
	61-66	67-71	72-76	77-81	All Yrs	1961-1981	All Yrs	1961 - 66			1967 - 71			1972 - 76			1977 - 81			All Years		
Asia	42	37	49	36	164	2.8	3.3	3.8	59	82	110	51	72	99	61	83	109	38	55	75	61	72	84
Turkey	8	4	6	6	24	1.6	2.7	3.8	38	87	172	12	46	117	21	57	125	20	55	119	39	61	91
Iraq	18	17	24	18	77	3.5	4.5	5.5	58	98	155	55	94	151	71	111	165	44	74	117	74	93	117
Yemen	4	3	7	3	17	0.8	1.8	2.9	9	35	89	5	27	79	22	55	114	4	22	64	20	35	56
Iran	4	2	1	1	8	0.4	1.2	2.1	21	76	195	4	33	120	0	13	70	0	11	59	12	28	55
India			6	4	10	3.2	8.8	14.4							98	268	584	39	143	367	95	199	366
Africa	90	65	76	77	308	6.5	7.4	8.2	202	251	309	120	156	198	119	152	190	105	133	166	148	166	185
Morocco,Algeria,Tunisia	69	55	67	65	256	7.1	8.1	9.2	216	277	351	135	179	233	137	176	224	113	146	186	163	185	210
Libya	8	3	6	5	22	2.7	4.7	6.7	70	163	322	12	60	175	39	106	231	25	78	182	63	100	152
Egypt	12	7	3	5	27	3.1	4.9	6.8	106	206	359	49	122	250	9	47	137	23	71	166	71	108	157
Europe and America	169	162	186	173	690	3.8	4.2	4.5	80	93	108	82	96	112	84	97	112	75	87	101	86	93	101
USSR,Poland,Romania	134	121	134	130	519	3.8	4.2	4.6	83	99	118	80	97	116	80	95	113	75	89	106	87	95	104
USSR,Poland			63	78	141	2.8	3.6	4.3							54	71	91	66	83	103	65	77	91
Romania			71	52	123	4.0	5.0	6.0							107	137	173	76	101	133	99	119	142
Bulgaria,Greece	8	12	6	7	33	2.2	3.4	4.7	34	80	157	59	114	200	20	56	121	27	66	137	54	79	111
Germ.,Aust.,Czech.,Hung.	18	21	36	22	97	3.3	4.2	5.1	40	68	107	54	87	133	91	130	180	51	82	124	75	92	112
Germany,Austria			17	9	26	2.3	5.5	8.7							73	126	202	31	69	131	64	98	144
Czechoslovakia,Hungary			19	13	32	2.8	4.5	6.2							81	134	209	50	94	160	78	114	161
America			3	8	11	1.7	4.4	7.2							14	68	199	51	119	235	49	99	177
All Migrants	301	264	311	286	1162	4.3	4.6	4.9	100	112	125	89	101	114	92	103	116	79	89	100	95	101	107
Born in Israel	7	19	37	53	116	3.5	4.4	5.4	15	37	77	50	82	129	76	109	150	81	108	142	77	93	111
All Jews	308	283	348	339	1278	4.3	4.5	4.8	95	107	120	88	100	112	93	104	115	82	91	101		100	

TABLE III. Number of cases, Age Standardized Incidence Rates (All Ages) and Standardized Incidence Ratios (with 95% Confidence Intervals), by Topographical Site, Sex, Region of Birth, and Period of Diagnosis

FEMALES Corpus uteri (ICD-9 182)

Table III

Region	Number of Cases						ASR (World)		Standardized Incidence Ratios (SIR)											
	61-66	67-71	72-76	77-81	All Yrs		1961-1981	(All Yrs)	1961 - 66			1967 - 71			1972 - 76			1977 - 81		
																				All Years
Asia	49	44	66	82	241		4.3	4.9	34	46	61	30	42	56	42	54	69	46	58	73	45	51	58
Turkey	13	15	19	16	63		5.3	7.0	34	65	110	43	77	126	48	80	125	36	62	101	54	71	90
Iraq	22	20	23	32	97		4.5	5.7	37	59	90	34	56	86	34	53	80	44	64	90	47	58	71
Yemen	2	1	7	6	16		0.8	1.5	1	9	32	0	4	25	10	26	54	7	20	43	9	16	25
Iran	2	2	5	4	15		1.2	2.5	11	40	103	2	18	64	10	33	76	6	21	54	15	27	45
India	4		2	4	6		1.2	6.2							5	47	170	20	74	189	23	62	135
Africa	37	49	56	72	214		4.8	5.5	39	55	76	46	62	81	43	57	74	49	62	78	52	59	68
Morocco,Algeria,Tunisia	22	33	35	43	133		3.8	4.6	30	49	73	40	57	81	33	48	66	36	49	66	42	50	60
Libya	6	5	8	8	27		3.5	5.6	23	62	135	16	50	117	31	72	142	27	62	122	41	62	90
Egypt	9	10	11	21	51		6.9	9.6	36	79	149	41	85	157	41	82	147	84	136	208	73	98	129
Europe and America	462	507	563	664	2196		11.3	11.8	106	116	128	116	127	138	106	116	126	116	126	135	116	121	126
USSR,Poland,Romania	317	379	432	475	1603		11.0	11.6	95	106	118	112	125	138	106	117	129	109	119	130	111	117	123
USSR,Poland			273	289	562		10.1	11.1							100	113	128	97	109	122	102	111	121
Romania			159	186	345		11.7	13.2							106	124	145	120	139	161	118	132	147
Bulgaria,Greece	30	31	20	25	106		8.2	10.2	89	132	188	85	125	177	46	76	117	60	92	136	86	105	127
Germ.,Aust.,Czech.,Hung.	85	68	79	116	348		11.6	13.0	124	155	192	97	125	159	89	113	141	130	157	189	124	138	153
Germany,Austria			37	52	89		9.1	11.9							74	105	145	108	144	189	100	125	154
Czechoslovakia,Hungary			42	64	106		10.9	13.7							87	121	163	131	170	217	120	146	177
America			8	14	22		6.2	10.9							45	105	206	62	113	190	69	110	167
All Migrants	548	600	685	818	2651		9.3	9.7	88	96	105	94	102	111	90	97	104	97	104	112	96	100	104
Born in Israel	26	37	56	61	180		8.3	9.9	54	83	122	74	106	146	87	115	149	67	88	113	84	98	113
All Jews	574	637	741	879	2831		9.3	9.7	88	96	104	95	103	111	91	98	105	96	103	110		100	

139

TABLE III. Number of cases, Age Standardized Incidence Rates (All Ages)
and Standardized Incidence Ratios (with 95% Confidence Intervals),
by Topographical Site, Sex, Region of Birth, and Period of Diagnosis

FEMALES Ovary, etc. (ICD-9 183)

Region	Number of Cases					ASR (World)		Standardized Incidence Ratios (SIR)												
	61-66	67-71	72-76	77-81	All Yrs	1961-1981	All Yrs	1961-66			1967-71			1972-76			1977-81			All Years		
Asia	55	88	98	100	341	5.7	8.4	32	42	55	54	67	83	53	65	79	48	58	71	52	58	65
Turkey	18	24	33	20	95	8.2	10.3	44	74	117	65	102	152	79	116	162	40	65	101	72	89	108
Iraq	21	32	32	38	123	5.9	7.3	28	45	69	49	72	101	41	59	84	44	62	85	49	60	71
Yemen	10	7	9	15	41	2.8	4.3	17	35	65	10	25	52	13	28	52	23	41	67	23	33	44
Iran	0	7	11	12	30	1.5	8.2	0	0	29	19	48	100	28	57	101	26	51	89	29	43	61
India			2	4	6	1.0	5.8							4	37	133	16	59	150	18	49	106
Africa	30	44	45	69	188	4.1	4.8	23	35	50	31	43	58	27	36	49	37	48	61	36	41	48
Morocco,Algeria,Tunisia	13	29	34	48	124	3.4	4.1	12	22	37	26	39	56	25	37	51	32	44	58	31	37	44
Libya	6	7	2	8	23	2.9	4.9	18	49	108	23	56	116	2	14	52	22	50	99	27	42	64
Egypt	11	8	9	12	40	5.1	7.4	38	76	136	24	55	108	25	55	105	34	65	114	45	63	85
Europe and America	585	608	700	763	2656	14.6	15.3	113	122	133	119	129	140	115	124	133	117	125	135	120	125	130
USSR,Poland,Romania	442	444	496	581	1963	14.5	15.3	112	123	135	114	125	137	107	117	127	117	127	138	118	123	129
USSR,Poland			305	357	662	13.0	14.4							99	111	124	106	118	131	106	115	124
Romania			191	224	415	15.2	17.2							110	127	146	126	145	165	123	136	150
Bulgaria,Greece	31	27	46	38	142	11.4	13.8	77	114	161	61	92	134	108	148	197	85	121	166	100	119	140
Germ.,Aust.,Czech.,Hung.	82	106	117	113	418	15.7	17.6	97	122	152	134	164	198	118	143	171	111	135	162	127	140	155
Germany,Austria			61	49	110	4.4	27.9							114	149	191	88	119	158	110	134	162
Czechoslovakia,Hungary			56	64	120	13.3	16.6							103	137	178	115	149	191	119	143	171
America			10	13	23	6.1	10.5							48	99	183	43	82	140	56	89	133
All Migrants	670	740	843	932	3185	11.7	12.3	89	96	104	98	105	113	94	100	107	95	101	108	97	101	104
Born in Israel	44	44	91	102	281	9.5	11.2	64	88	118	55	75	101	90	111	137	74	90	110	82	93	104
All Jews	714	784	934	1034	3466	11.6	12.0	89	96	103	96	103	110	95	101	108	94	100	106		100	

TABLE III. Number of cases, Age Standardized Incidence Rates (All Ages) and Standardized Incidence Ratios (with 95% Confidence Intervals), by Topographical Site, Sex, Region of Birth, and Period of Diagnosis

MALES   Prostate (ICD-9 185)

Region	Number of Cases					ASR (World)		Standardized Incidence Ratios (SIR)										
	61-66	67-71	72-76	77-81	All Yrs	1961-1981	All Yrs	1961 - 66			1967 - 71			1972 - 76			1977 - 81			All Years		
Asia	136	132	185	208	661	12.1	13.1	68	81	96	64	77	91	77	90	103	76	88	100	78	84	91
Turkey	26	26	44	32	128	13.1	15.9	72	110	162	72	110	161	90	124	166	52	77	108	86	103	122
Iraq	69	64	82	100	315	14.8	16.6	85	110	139	80	104	133	83	104	130	93	114	138	97	108	121
Yemen	15	16	10	19	60	4.1	5.5	23	42	69	26	45	73	10	22	40	22	36	56	27	35	45
Iran	16	17	28	28	89	11.7	14.9	60	105	170	59	101	161	65	98	142	56	84	121	76	95	117
India			3	7	10	5.0	13.8							13	65	190	44	109	225	43	91	167
Africa	78	100	128	203	509	16.6	18.2	83	105	131	88	108	132	90	108	128	123	142	162	109	119	129
Morocco,Algeria,Tunisia	53	72	92	157	374	16.4	18.3	83	111	145	90	114	144	81	100	123	122	144	168	108	120	133
Libya	7	15	18	22	62	12.7	16.9	22	54	111	59	106	175	78	131	207	86	137	207	83	109	140
Egypt	18	11	18	22	69	13.2	20.0	84	142	224	39	78	139	74	124	196	72	116	175	89	114	145
Europe and America	511	582	800	1251	3144	15.0	15.6	85	92	101	84	91	99	86	92	99	110	117	123	97	100	104
USSR,Poland,Romania	347	413	595	927	2282	13.8	14.4	73	82	91	75	83	91	80	87	94	102	109	116	89	93	97
USSR,Poland			419	657	1076	14.3	15.2							80	88	97	99	108	116	93	99	105
Romania			176	270	446	14.0	15.4							72	84	98	100	113	127	90	99	109
Bulgaria,Greece	61	59	66	90	276	20.7	23.5	131	171	220	107	141	181	106	137	174	134	167	206	136	154	173
Germ.,Aust.,Czech.,Hung.	77	86	100	173	436	14.9	16.5	92	116	145	88	110	136	68	83	101	100	116	135	96	105	116
Germany,Austria			57	85	142	14.0	16.7							73	96	124	94	117	145	91	108	127
Czechoslovakia,Hungary			43	88	131	12.2	14.8							51	71	95	93	115	142	80	96	114
America			4	18	22	10.2	17.9							16	60	154	96	161	255	77	123	187
All Migrants	725	814	1113	1662	4314	14.9	15.4	85	91	98	84	90	96	88	93	99	109	114	120	96	99	102
Born in Israel	36	32	49	103	220	15.6	18.1	69	99	137	54	79	111	73	98	130	135	166	201	101	116	133
All Jews	761	846	1162	1765	4534	15.1	15.5	85	92	98	84	90	96	88	93	99	111	117	122		100	

TABLE III. Number of cases, Age Standardized Incidence Rates (All Ages) and Standardized Incidence Ratios (with 95% Confidence Intervals), by Topographical Site, Sex, Region of Birth, and Period of Diagnosis

MALES   Testis (ICD-9 186)

Region	Number of Cases					ASR (World)		Standardized Incidence Ratios (SIR)				
	61-66	67-71	72-76	77-81	All Yrs	1961-1981	All Yrs	1961 - 66	1967 - 71	1972 - 76	1977 - 81	All Years
Asia	9	17	14	13	53	0.0 2.2 4.6		18 **40** 76	48 **83** 132	36 **66** 112	35 **66** 112	47 **63** 83
Turkey	3	4	2	4	13	0.8 1.8 2.8		20 **98** 286	41 **153** 391	8 **70** 253	41 **153** 391	62 **117** 199
Iraq	3	6	6	2	17	0.5 0.9 1.4		7 **33** 96	27 **73** 158	27 **73** 159	3 **27** 98	30 **51** 82
Yemen	0	4	0	1	5	0.1 0.5 0.9		0 **0** 79	27 **99** 253	0 **0** 97	0 **30** 169	10 **32** 74
Iran	1	0	2	5	8	0.0 3.8 9.6		0 **35** 195	0 **0** 122	7 **59** 212	46 **142** 331	27 **63** 123
India			1	1	2	0.0 3.2 7.8				1 **92** 512	1 **82** 454	10 **86** 312
Africa	6	5	9	10	30	0.4 0.7 0.9		12 **32** 69	8 **25** 58	19 **41** 78	21 **44** 81	24 **36** 51
Morocco,Algeria,Tunisia	3	3	4	7	17	0.3 0.5 0.8		4 **21** 62	4 **19** 56	6 **23** 59	15 **38** 78	15 **26** 41
Libya	1	1	1	0	3	0.0 0.8 1.8		1 **46** 256	1 **49** 275	1 **49** 273	0 **0** 200	7 **37** 109
Egypt	1	1	4	1	7	0.3 1.4 2.5		1 **41** 228	1 **47** 263	50 **186** 477	1 **50** 281	32 **81** 166
Europe and America	50	50	51	79	230	2.3 2.7 3.1		83 **112** 148	105 **142** 187	97 **130** 171	157 **198** 247	127 **145** 165
USSR,Poland,Romania	31	32	27	45	135	1.9 2.4 2.9		69 **102** 144	90 **132** 186	66 **101** 146	119 **163** 218	104 **124** 146
USSR,Poland			14	23	37	1.1 1.8 2.5				47 **85** 143	81 **128** 193	76 **108** 149
Romania			13	22	35	2.1 3.8 5.4				66 **124** 213	142 **227** 344	121 **174** 242
Bulgaria,Greece	4	2	3	3	12	0.7 1.7 2.7		39 **145** 371	9 **79** 286	27 **134** 393	32 **161** 469	66 **128** 223
Germ.,Aust.,Czech.,Hung.	7	11	14	10	42	2.1 3.3 4.4		37 **93** 192	106 **212** 379	147 **269** 452	104 **218** 401	135 **187** 252
Germany,Austria			6	5	11	0.8 4.1 7.3				85 **233** 507	69 **215** 502	112 **225** 402
Czechoslovakia,Hungary			8	5	13	2.2 5.6 9.1				131 **305** 600	71 **221** 516	141 **266** 455
America			2	14	16	2.7 5.4 8.0				11 **98** 353	276 **505** 848	190 **332** 539
All Migrants	65	72	74	102	313	1.4 1.8 2.1		58 **76** 97	74 **95** 120	71 **90** 113	101 **124** 150	86 **96** 107
Born in Israel	26	19	52	71	168	1.5 1.9 2.4		75 **115** 168	40 **66** 103	91 **122** 160	92 **117** 148	93 **109** 126
All Jews	91	91	126	173	481	1.6 1.8 2.0		68 **84** 103	70 **87** 107	84 **101** 120	104 **121** 140	**100**

TABLE III. Number of cases, Age Standardized Incidence Rates (All Ages) and Standardized Incidence Ratios (with 95% Confidence Intervals), by Topographical Site, Sex, Region of Birth, and Period of Diagnosis

MALES Bladder (ICD-9 188) (b)

Region	Number of Cases					ASR (World)		Standardized Incidence Ratios (SIR)										
	61-66	67-71	72-76	77-81	All Yrs	1961-1981	All Yrs	1961 - 66			1967 - 71			1972 - 76			1977 - 81			All Years		
Asia	137	145	193	229	704	13.7	16.4	51	61	72	55	65	76	64	74	86	68	78	89	65	70	76
Turkey	37	46	58	53	194	20.7	27.5	76	108	149	98	135	179	96	126	163	77	102	134	101	117	134
Iraq	50	44	68	76	238	11.3	14.7	44	60	79	40	55	73	54	70	89	56	71	88	57	65	73
Yemen	14	16	7	28	65	4.5	7.4	16	29	49	19	34	55	5	12	26	29	44	64	23	30	39
Iran	17	25	33	31	106	15.6	23.6	45	78	125	68	105	155	65	95	133	52	77	109	72	88	106
India			2	0	2	0.0	7.0							3	27	96	0	0	36	1	11	41
Africa	136	161	212	230	739	21.2	24.6	93	111	131	93	110	128	102	117	134	95	108	123	104	112	120
Morocco,Algeria,Tunisia	115	140	169	181	605	23.5	27.7	114	139	166	113	134	158	105	123	143	97	112	130	115	125	135
Libya	7	15	17	19	58	10.8	14.6	15	37	77	43	77	127	49	85	136	50	82	129	54	71	92
Egypt	14	6	23	28	71	12.3	16.1	38	70	118	10	28	62	62	97	146	65	98	142	59	76	96
Europe and America	970	848	1085	1251	4154	21.6	23.3	113	120	128	93	99	106	97	103	109	99	105	111	103	106	110
USSR,Poland,Romania	686	621	792	908	3007	20.3	22.0	103	111	120	87	95	102	90	97	104	92	99	105	96	100	104
USSR,Poland			505	599	1104	17.6	19.0							82	90	98	85	92	100	86	91	97
Romania			287	309	596	21.0	23.1							100	113	127	101	113	127	104	113	123
Bulgaria,Greece	89	56	76	84	305	25.7	29.0							105	133	166	112	141	174	125	141	157
Germ.,Aust.,Czech.,Hung.	152	141	165	194	652	22.8	24.7	152	189	233	80	106	138	93	109	127	99	114	131	111	120	130
Germany,Austria			79	100	179	19.4	22.9	120	142	166	104	124	146	85	107	134	100	122	149	99	115	134
Czechoslovakia,Hungary			86	94	180	19.5	23.8							88	110	136	86	106	130	93	108	125
America			11	16	27	12.4	20.8							46	93	167	48	85	137	58	88	128
All Migrants	1243	1154	1490	1710	5597	20.4	21.6	102	108	114	89	94	100	94	99	105	96	101	106	98	100	103
Born in Israel	58	62	86	121	327	17.8	22.7	72	94	122	69	90	115	73	92	113	80	96	115	84	93	104
All Jews	1301	1216	1576	1831	5924	20.1	21.2	101	107	113	89	94	100	94	99	104	96	100	105		100	

(b) Includes benign tumours (ICD-9 223.3, 233.7, 236.7)

TABLE III. Number of cases, Age Standardized Incidence Rates (All Ages) and Standardized Incidence Ratios (with 95% Confidence Intervals), by Topographical Site, Sex, Region of Birth, and Period of Diagnosis

FEMALES Bladder (ICD-9 188) (b)

Region	Number of Cases					ASR (World)		Standardized Incidence Ratios (SIR)				
	61-66	67-71	72-76	77-81	All Yrs	1961-1981	All Yrs	1961-66	1967-71	1972-76	1977-81	All Years
Asia	39	31	43	53	166	2.8	3.3	56 79 108	42 62 88	53 73 98	59 78 103	63 73 86
Turkey	16	7	11	15	49	3.4	4.7	97 169 275	30 75 155	46 91 163	63 113 187	82 111 147
Iraq	8	5	11	18	42	1.7	2.4	20 45 89	10 30 69	26 52 93	44 75 118	38 53 71
Yemen	5	6	7	3	21	1.1	2.2	16 50 116	22 56 115	22 56 115	4 21 60	27 44 68
Iran	4	8	6	7	25	2.6	4.4	25 94 240	70 163 320	31 84 182	32 79 162	64 99 146
India			0	1	1	0.0	1.9			0 0 205	1 43 239	0 24 135
Africa	24	15	31	31	101	2.3	2.9	56 88 131	25 45 74	49 73 103	41 61 86	53 65 79
Morocco,Algeria,Tunisia	18	8	26	24	76	2.4	3.1	59 100 159	15 34 67	53 81 119	40 62 93	53 68 85
Libya	2	3	2	5	12	1.2	2.7	5 48 175	14 68 200	5 40 146	28 87 203	32 62 109
Egypt	4	4	3	2	13	1.1	2.4	21 78 199	20 74 188	10 52 152	3 29 104	30 56 95
Europe and America	208	205	264	320	997	4.7	5.0	103 118 135	95 110 126	95 108 122	100 112 125	105 112 119
USSR,Poland,Romania	156	149	188	229	722	4.5	4.8	100 118 138	89 105 123	87 101 116	91 104 119	99 106 114
USSR,Poland			119	156	275	3.9	4.5			82 99 118	90 106 124	91 103 116
Romania			69	73	142	3.9	4.8			81 104 132	79 101 127	86 103 121
Bulgaria,Greece	20	12	18	17	67	4.1	5.5	111 182 282	50 97 169	77 130 205	67 115 184	100 129 164
Germ.,Aust.,Czech.,Hung.	27	37	47	58	169	5.1	6.0	75 114 166	109 154 213	97 132 176	109 144 186	117 137 159
Germany,Austria			28	27	55	4.4	6.1			99 149 215	85 130 189	105 139 181
Czechoslovakia,Hungary			19	31	50	4.5	7.0			68 114 178	108 159 226	103 138 182
America			2	3	5	0.3	2.7			7 63 228	11 56 163	19 58 136
All Migrants	271	251	338	404	1264	4.2	4.4	95 107 121	82 93 105	88 98 109	90 100 110	94 99 105
Born in Israel	18	21	22	30	91	3.6	4.6	75 126 199	80 130 199	64 102 154	68 101 145	90 111 137
All Jews	289	272	360	434	1355	4.2	4.5	96 108 121	84 95 107	88 98 109	91 100 110	100

(b) Includes benign tumours (ICD-9 223.3, 233.7, 236.7)

146

Table III. Number of cases, Age Standardized Incidence Rates (All Ages) and Standardized Incidence Ratios (with 95% Confidence Intervals), by Topographical Site, Sex, Region of Birth, and Period of Diagnosis

MALES   Kidney & other urinary (ICD-9 189)

Region	Number of Cases					ASR (World)		Standardized Incidence Ratios (SIR)									
	61-66	67-71	72-76	77-81	All Yrs	1961-1981	All Yrs	1961 - 66			1967 - 71			1972 - 76			1977 - 81			All Years		
Asia	45	54	53	61	213	3.3	5.7	8.1	47	64	86	58	77	101	49	66	86	52	68	87	60	69	79
Turkey	14	9	15	11	49	4.4	6.2	7.9	70	129	216	38	83	157	59	105	173	34	69	124	70	94	125
Iraq	20	22	20	35	97	4.4	5.6	6.7	47	76	118	55	88	133	41	67	104	74	106	148	69	85	104
Yemen	4	11	5	2	22	1.3	2.2	3.1	7	27	68	37	75	134	9	29	68	1	10	37	21	33	50
Iran	4	4	5	9	22	2.1	3.7	5.2	15	57	146	14	53	136	15	47	110	33	73	138	37	59	89
India			0	0	0	0.0	0.0	0.0							0	0	150	0	0	112	0	0	64
Africa	22	31	47	39	139	3.5	4.2	4.9	34	54	82	44	65	92	60	81	108	41	57	79	54	65	77
Morocco,Algeria,Tunisia	19	25	35	30	109	3.6	4.5	5.3	41	68	106	47	73	107	55	80	111	39	58	83	57	69	83
Libya	1	2	4	3	10	0.9	2.5	4.0	0	17	93	4	33	117	17	63	160	8	41	120	19	39	71
Egypt	2	4	8	5	19	2.1	3.9	5.6	3	31	112	16	59	151	45	104	205	18	55	128	38	63	99
Europe and America	295	308	372	441	1416	7.3	8.1	8.1	102	115	128	102	115	129	103	114	126	112	123	135	111	117	123
USSR,Poland,Romania	221	241	286	344	1092	7.2	7.7	8.2	98	113	129	103	117	133	101	114	128	113	125	139	111	118	125
USSR,Poland			215	260	475	7.8	8.7	9.6							108	125	142	119	135	153	119	130	143
Romania			71	84	155	5.2	6.2	7.2							71	91	115	81	102	126	82	97	113
Bulgaria,Greece	11	14	15	21	61	4.7	6.4	8.2	37	75	134	47	86	144	48	86	142	73	118	180	70	92	118
Germ.,Aust.,Czech.,Hung.	50	38	56	64	208	6.9	8.0	9.2	107	144	190	74	104	143	90	119	154	96	125	159	106	122	140
Germany,Austria			28	33	61	6.6	9.6	12.6							82	123	178	93	134	189	99	129	166
Czechoslovakia,Hungary			28	31	59	5.3	7.2	9.1							76	115	166	79	116	164	88	115	149
America			4	5	9	1.3	4.4	7.4							27	101	258	26	80	186	40	88	167
All Migrants	362	393	472	541	1768	6.3	6.7	7.1	88	98	109	92	102	112	93	102	111	96	105	114	97	102	107
Born in Israel	21	21	39	51	132	2.9	3.9	4.9	42	67	103	39	63	96	63	89	121	66	89	117	67	80	94
All Jews	383	414	511	592	1900	6.4	6.7	7.0	87	96	106	89	99	109	92	101	110	95	103	112		100	

TABLE III. Number of cases, Age Standardized Incidence Rates (All Ages)
and Standardized Incidence Ratios (with 95% Confidence Intervals),
by Topographical Site, Sex, Region of Birth, and Period of Diagnosis

Table III

FEMALES Kidney & other urinary (ICD-9 189)

Region	Number of Cases					ASR (World)		Standardized Incidence Ratios (SIR)				
	61-66	67-71	72-76	77-81	All Yrs	1961-1981	All Yrs	1961 - 66	1967 - 71	1972 - 76	1977 - 81	All Years
Asia	23	28	41	33	125	2.0	2.8	37 **58** 87	46 **70** 101	63 **87** 119	42 **62** 87	58 **69** 83
Turkey	6	8	11	10	35	2.5	3.7	29 **79** 173	46 **108** 213	58 **117** 210	47 **98** 180	70 **101** 141
Iraq	11	11	15	15	52	2.1	2.9	39 **78** 140	41 **81** 146	50 **89** 147	44 **79** 130	61 **82** 108
Yemen	0	6	6	2	14	0.6	1.4	0 **0** 45	27 **73** 158	22 **60** 130	2 **17** 62	20 **37** 62
Iran	0	2	3	3	10	0.6	1.6		5 **48** 174	10 **52** 151	8 **42** 123	23 **48** 89
India	2	2	1	1	2	0.0	2.0	6 **55** 198		1 **65** 363	1 **51** 284	6 **57** 207
Africa	13	15	24	37	89	2.0	2.6	29 **54** 92	29 **53** 87	43 **68** 101	62 **88** 121	55 **68** 84
Morocco,Algeria,Tunisia	12	12	15	25	64	1.9	2.5	38 **74** 129	30 **59** 103	32 **56** 93	51 **79** 116	52 **67** 86
Libya	0	1	5	5	11	1.1	2.6	0 **0** 107	0 **28** 154	40 **123** 287	34 **106** 248	35 **70** 124
Egypt	1	2	4	7	14	1.3	2.7	0 **24** 131	5 **46** 165	23 **84** 215	50 **124** 256	40 **74** 124
Europe and America	163	183	212	249	807	3.9	4.4	97 **113** 132	105 **122** 141	97 **111** 127	101 **115** 130	107 **115** 123
USSR,Poland,Romania	117	142	167	203	629	4.0	4.4	90 **108** 130	105 **125** 148	99 **115** 134	106 **122** 140	109 **118** 128
USSR,Poland			106	141	247	3.8	4.5			92 **113** 137	107 **127** 150	106 **121** 137
Romania			61	62	123	3.4	4.1			92 **120** 154	87 **113** 145	97 **116** 139
Bulgaria,Greece	10	10	5	7	32	1.8	2.8	55 **115** 212	50 **103** 190	15 **47** 110	25 **63** 129	55 **80** 113
Germ.,Aust.,Czech.,Hung.	28	19	32	29	108	3.2	3.9	95 **143** 206	58 **97** 151	80 **117** 165	64 **96** 138	91 **111** 135
Germany,Austria			15	12	27	1.9	3.3			59 **105** 173	40 **78** 137	60 **91** 133
Czechoslovakia,Hungary			17	17	34	2.8	4.3			75 **129** 207	66 **114** 183	84 **121** 169
America		1	5	6	6	0.6	3.0			0 **36** 200	35 **109** 255	30 **82** 178
All Migrants	199	226	277	319	1021	3.5	3.9	83 **96** 110	91 **104** 118	90 **102** 114	91 **102** 114	95 **101** 107
Born in Israel	27	18	31	45	121	2.4	3.3	69 **104** 151	40 **67** 106	61 **90** 127	75 **103** 137	77 **92** 110
All Jews	226	244	308	364	1142	3.6	4.1	85 **97** 110	88 **100** 113	89 **100** 112	92 **102** 113	**100**

147

TABLE III. Number of cases, Age Standardized Incidence Rates (All Ages) and Standardized Incidence Ratios (with 95% Confidence Intervals), by Topographical Site, Sex, Region of Birth, and Period of Diagnosis

Table III

MALES   Nervous system   (ICD-9   191,192) (c)

Region	Number of Cases					ASR (World) 1961-1981 (All Yrs)	Standardized Incidence Ratios (SIR)													
	61-66	67-71	72-76	77-81	All Yrs		1961 - 66			1967 - 71			1972 - 76			1977 - 81			All Years		
Asia	80	78	91	90	339	6.7 9.4	66	**84**	104	68	**86**	107	73	**91**	112	67	**84**	103	77	**86**	96
Turkey	15	20	13	10	58	0.0 18.6	57	**102**	168	87	**143**	221	41	**77**	132	27	**57**	104	70	**92**	119
Iraq	30	29	33	28	120	6.0 7.5	55	**82**	117	58	**87**	125	61	**89**	124	47	**70**	102	68	**82**	98
Yemen	12	8	12	17	49	3.6 5.1	31	**60**	104	18	**43**	84	31	**59**	103	46	**79**	126	45	**61**	80
Iran	13	16	20	15	64	8.1 11.5	63	**119**	203	80	**140**	227	87	**142**	219	53	**95**	157	94	**122**	156
India			3	4	7	1.8 7.5							15	**73**	214	22	**81**	206	31	**77**	159
Africa	69	67	96	71	303	6.9 8.1	76	**97**	123	67	**87**	110	89	**110**	135	58	**74**	93	81	**91**	102
Morocco,Algeria,Tunisia	49	51	75	49	224	6.6 7.9	70	**95**	126	65	**87**	115	88	**112**	140	49	**66**	87	78	**89**	102
Libya	5	8	9	10	32	4.9 7.6	18	**57**	133	41	**96**	189	46	**101**	192	50	**104**	191	61	**90**	127
Egypt	15	6	10	11	42	5.4 7.9	83	**148**	244	23	**63**	136	45	**95**	174	48	**96**	172	72	**101**	136
Europe and America	382	343	385	381	1491	10.8 11.9	110	**122**	135	105	**118**	131	106	**117**	129	102	**113**	125	111	**117**	123
USSR,Poland,Romania	292	251	292	293	1128	11.1 13.1	111	**125**	140	102	**115**	131	106	**120**	134	105	**118**	132	113	**120**	127
USSR,Poland			194	209	403	9.9 12.2							103	**119**	137	108	**124**	142	110	**121**	134
Romania			98	84	182	7.8 9.4							99	**121**	148	84	**105**	130	98	**113**	131
Bulgaria,Greece	17	15	11	19	62	5.2 8.4	58	**99**	158	47	**85**	140	31	**62**	111	67	**112**	175	68	**89**	114
Germ.,Aust.,Czech.,Hung.	49	55	53	52	209	8.6 10.4	77	**105**	138	97	**129**	168	83	**110**	144	82	**110**	144	98	**113**	130
Germany,Austria			31	19	50	6.1 16.6							92	**135**	192	51	**85**	132	82	**110**	145
Czechoslovakia,Hungary			22	33	55	6.2 9.3							55	**88**	133	91	**133**	187	83	**110**	144
America			12	6	18	4.9 9.7							85	**164**	286	21	**57**	124	60	**101**	159
All Migrants	531	488	572	542	2133	9.8 10.5	101	**111**	120	97	**106**	116	102	**111**	120	92	**100**	109	102	**107**	111
Born in Israel	75	91	89	115	370	4.6 5.7	64	**82**	102	72	**89**	109	53	**66**	81	54	**65**	78	66	**73**	81
All Jews	606	579	661	657	2503	8.7 9.0	98	**106**	115	95	**103**	112	94	**101**	109	85	**92**	99		**100**	

(c) Includes benign tumours (ICD-9 225, 237.5)

TABLE III. Number of cases, Age Standardized Incidence Rates (All Ages) and Standardized Incidence Ratios (with 95% Confidence Intervals), by Topographical Site, Sex, Region of Birth, and Period of Diagnosis

FEMALES Nervous system (ICD-9 191,192) (c)

Region	Number of Cases					ASR (World) 1961-1981 (All Yrs)	Standardized Incidence Ratios (SIR)									
	61-66	67-71	72-76	77-81	All Yrs		1961 - 66			1967 - 71			1972 - 76			1977 - 81			All Years		
Asia	78	97	84	78	337	6.4	9.3	12.2	71	90	112	94	116	142	71	89	111	59	75	94	82	92	102
Turkey	14	21	22	9	66	5.7	7.6	9.4	50	92	154	90	146	223	81	129	196	23	51	96	79	102	130
Iraq	33	35	30	29	127	5.9	7.3	8.6	72	105	148	84	120	167	60	89	127	52	78	112	81	97	115
Yemen	9	17	14	9	49	3.8	5.5	7.3	22	49	93	56	97	155	38	70	118	19	41	79	47	63	83
Iran	13	9	13	17	52	5.9	13.1	20.3	75	141	241	41	89	169	54	102	174	67	114	183	83	111	145
India			1	1	2	0.0	1.7	4.1							0	26	145	0	22	121	3	24	86
Africa	53	57	78	94	282	6.1	6.9	7.7	62	83	109	60	80	103	75	94	118	82	101	124	80	91	102
Morocco,Algeria,Tunisia	39	42	55	66	202	5.5	6.4	7.3	61	86	118	57	79	106	66	87	113	72	93	118	75	87	99
Libya	5	6	8	14	33	4.7	7.1	9.6	19	60	140	27	73	160	39	91	179	78	143	240	65	94	132
Egypt	8	9	15	13	45	6.1	8.7	11.3	36	83	163	44	97	184	82	147	242	61	116	198	81	111	149
Europe and America	358	330	364	364	1416	8.9	9.9	10.9	111	123	137	107	119	133	100	111	123	95	105	117	108	114	120
USSR,Poland,Romania	266	252	272	275	1065	8.9	10.3	11.7	108	123	138	107	121	137	99	112	126	95	107	121	108	115	122
USSR,Poland			189	189	378	8.0	9.5	11.0							104	120	139	96	112	129	104	116	128
Romania			83	86	169	6.5	8.2	9.8							77	96	119	79	99	122	83	98	113
Bulgaria,Greece	20	22	20	13	75	6.0	7.9	9.9	74	122	188	30	128	194	69	113	174	39	74	127	86	109	136
Germ.,Aust.,Czech.,Hung.	52	44	56	59	211	7.7	9.2	10.8	93	125	164	83	115	154	91	121	157	97	127	164	106	122	140
Germany,Austria			35	28	63	6.7	9.4	12.1							106	152	212	83	124	180	106	139	177
Czechoslovakia,Hungary			21	31	52	5.4	8.5	11.5							56	90	138	88	130	184	82	110	144
America			7	9	16	3.6	8.8	14.0							38	96	197	37	82	155	50	87	142
All Migrants	489	484	526	536	2035	8.4	9.1	9.7	101	111	121	102	112	122	96	104	114	91	99	108	101	106	111
Born in Israel	65	59	75	101	300	3.5	4.3	5.2	67	86	110	53	70	90	53	67	85	57	70	85	64	72	81
All Jews	554	543	601	637	2335	7.9	8.2	8.6	98	107	117	96	105	114	90	98	106	86	93	100		100	

(c) Includes benign tumours (ICD-9 225, 237.5)

TABLE III. Number of cases, Age Standardized Incidence Rates (All Ages) and Standardized Incidence Ratios (with 95% Confidence Intervals), by Topographical Site, Sex, Region of Birth, and Period of Diagnosis

MALES   Thyroid (ICD-9 193)

Region	Number of Cases					ASR (World)		Standardized Incidence Ratios (SIR)				
	61-66	67-71	72-76	77-81	All Yrs	1961-1981	(All Yrs)	1961 - 66	1967 - 71	1972 - 76	1977 - 81	All Years
Asia	22	25	31	33	111	2.0	2.5 2.9	55 87 132	67 103 153	81 120 170	85 123 173	89 109 131
Turkey	4	4	3	7	18	1.3	2.4 3.5	29 108 277	31 116 296	15 73 212	66 165 340	69 116 183
Iraq	8	12	13	12	45	1.7	2.5 3.3	35 80 159	68 131 229	70 133 227	62 121 211	85 116 155
Yemen	4	3	5	6	18	1.0	2.0 2.9	20 75 192	12 61 179	32 98 230	43 116 253	52 88 139
Iran	6	5	8	7	26	2.5	4.1 5.7	75 205 446	51 160 372	91 211 416	68 169 348	121 186 272
India			1	1	2	0.0	1.6 4.0			1 91 506	1 76 422	9 83 299
Africa	12	8	21	20	61	1.1	1.5 1.9	33 64 113	17 39 76	56 90 137	48 79 121	53 69 89
Morocco,Algeria,Tunisia	8	5	14	13	40	0.8	1.2 1.7	26 59 117	10 32 75	42 77 129	35 65 111	42 59 81
Libya	1	0	4	3	8	0.6	1.9 3.3	1 43 238	0 0 162	47 173 443	25 127 371	37 86 170
Egypt	3	2	3	3	11	0.9	2.4 3.8	23 115 335	9 81 292	23 114 333	22 108 316	52 105 188
Europe and America	66	68	84	94	312	2.0	2.3 2.6	72 93 118	79 102 129	87 109 135	93 116 142	94 105 118
USSR,Poland,Romania	47	49	68	68	232	2.0	2.3 2.7	66 90 120	73 99 131	93 119 151	88 113 143	93 106 121
USSR,Poland			41	45	86	1.8	2.5 3.2			78 108 147	80 110 147	87 109 135
Romania			27	23	50	1.9	2.7 3.6			93 141 205	76 120 180	97 130 172
Bulgaria,Greece	2	4	1	5	12	0.5	1.3 2.1	5 49 175	25 94 240	0 24 133	40 125 291	37 72 126
Germ.,Aust.,Czech.,Hung.	11	12	12	12	47	1.6	2.4 3.3	51 103 184	64 125 218	56 109 191	56 109 191	82 111 148
Germany,Austria			8	3	11	0.0	5.2 12.2			65 151 298	11 57 166	52 104 186
Czechoslovakia,Hungary			4	9	13	0.8	1.8 2.9			19 70 180	72 158 299	61 114 195
America			2	6	8	0.9	3.6 6.3			12 103 373	79 215 469	73 169 334
All Migrants	100	101	136	147	484	2.0	2.2 2.4	71 87 106	74 90 110	90 108 127	93 110 129	91 99 109
Born in Israel	8	22	39	45	114	1.7	2.3 2.9	21 49 96	66 106 161	89 125 171	76 105 140	85 102 123
All Jews	108	123	175	192	598	2.0	2.2 2.3	67 82 99	77 93 111	95 111 129	94 109 125	100

TABLE III. Number of cases, Age Standardized Incidence Rates (All Ages) and Standardized Incidence Ratios (with 95% Confidence Intervals), by Topographical Site, Sex, Region of Birth, and Period of Diagnosis

FEMALES Thyroid (ICD-9 193)

Table III

Region	Number of Cases					ASR (World)		Standardized Incidence Ratios (SIR)				
	61-66	67-71	72-76	77-81	All Yrs	1961-1981	(All Yrs)	1961 - 66	1967 - 71	1972 - 76	1977 - 81	All Years
Asia	60	67	79	93	299	5.9	6.7 7.5	70 92 118	83 108 137	93 118 147	109 134 165	101 113 127
Turkey	9	9	7	10	35	3.5	5.7 7.9	40 87 165	42 93 177	26 64 132	43 90 166	58 83 116
Iraq	29	28	33	36	126	6.3	7.7 9.1	78 117 168	81 122 177	92 134 188	102 146 202	108 130 154
Yemen	10	8	13	15	46	3.5	5.1 6.7	34 71 131	27 63 124	52 98 167	63 113 186	63 86 115
Iran	8	16	17	22	63	7.0	9.4 11.8	46 107 211	113 198 322	101 174 278	127 203 307	134 174 223
India			2	1	3	0.0	2.4 5.3			7 66 237	0 28 155	9 45 132
Africa	46	46	72	68	232	4.5	5.2 5.9	67 92 123	60 82 110	88 112 141	76 97 124	85 97 110
Morocco,Algeria,Tunisia	37	38	57	59	191	4.7	5.5 6.3	73 103 142	63 90 123	86 114 147	82 107 139	90 104 120
Libya	6	5	8	5	24	3.3	5.8 8.4	33 92 200	26 79 185	54 124 245	25 77 179	60 93 138
Egypt	3	2	7	3	15	1.4	2.8 4.2	8 42 122	3 29 106	39 98 203	8 41 120	30 53 87
Europe and America	140	168	224	217	749	4.8	5.2 5.6	66 79 93	88 103 120	102 117 134	92 106 121	94 102 109
USSR,Poland,Romania	109	124	173	165	571	4.8	5.3 5.8	69 84 102	86 104 124	107 125 145	94 110 129	98 106 115
USSR,Poland			102	106	208	5.0	6.1 7.2			95 117 142	88 108 131	97 112 128
Romania			71	59	130	5.3	7.1 8.9			108 139 175	88 115 148	106 127 151
Bulgaria,Greece	10	4	8	9	31	2.2	3.4 4.7	45 95 175	10 37 96	33 76 150	41 89 169	50 74 105
Germ.,Aust.,Czech.,Hung.	13	29	23	26	91	3.5	4.8 6.1	26 50 85	86 129 185	55 87 131	64 99 144	72 90 110
Germany,Austria			8	14	22	2.1	4.3 6.5			26 60 118	58 105 177	52 83 125
Czechoslovakia,Hungary			15	12	27	2.8	5.9 9.1			64 115 190	47 92 160	68 103 150
America			5	12	17	2.9	5.9 8.9			27 84 195	71 138 241	67 116 185
All Migrants	246	281	375	378	1280	5.5	5.9 6.2	74 84 95	88 100 112	105 116 129	99 110 122	98 103 109
Born in Israel	27	44	78	124	273	4.1	5.0 5.9	39 59 85	55 76 102	71 90 113	85 102 121	77 87 98
All Jews	273	325	453	502	1553	5.2	5.5 5.8	71 81 91	86 96 107	101 111 122	99 108 118	100

151

152

TABLE III. Number of cases, Age Standardized Incidence Rates (All Ages) and Standardized Incidence Ratios (with 95% Confidence Intervals), by Topographical Site, Sex, Region of Birth, and Period of Diagnosis

MALES Non-Hodgkin lymphoma (200 and 202)

Region	Number of Cases					ASR (World)		Standardized Incidence Ratios (SIR)										
	61-66	67-71	72-76	77-81	All Yrs	1961-1981	All Yrs	1961 - 66			1967 - 71			1972 - 76			1977 - 81			All Years		
Asia	77	84	86	88	335	5.9	10.9	61	78	97	70	88	109	64	80	99	60	75	93	72	80	89
Turkey	11	14	15	12	52	0.0	40.2	37	73	131	53	98	164	46	82	135	31	61	107	58	77	101
Iraq	25	36	33	32	126	5.8	8.3	43	66	98	73	104	143	57	83	116	51	74	105	67	81	96
Yemen	15	11	14	17	57	4.5	8.2	40	72	118	28	56	100	34	63	105	41	70	112	50	65	85
Iran	14	15	17	17	63	7.6	12.7	70	129	216	74	132	217	66	113	181	58	100	160	89	116	148
India			1	3	4	0.0	7.2							0	26	143	13	62	183	12	46	118
Africa	70	63	80	85	298	7.2	9.1	81	104	131	65	85	109	74	94	117	71	89	110	82	93	104
Morocco,Algeria,Tunisia	54	45	57	72	228	7.1	9.4	84	112	147	59	81	109	66	87	112	77	98	124	82	94	107
Libya	8	8	8	5	29	4.4	9.8	39	91	180	40	94	185	39	90	178	17	51	120	54	81	116
Egypt	8	8	13	8	37	5.4	10.7	35	81	161	36	84	165	67	126	215	30	69	135	63	89	123
Europe and America	286	315	433	511	1545	8.7	9.8	78	87	98	87	98	109	102	113	124	112	123	134	101	107	112
USSR,Poland,Romania	200	238	326	392	1156	8.5	9.9	71	82	94	86	98	111	100	112	125	112	124	137	100	106	112
USSR,Poland			214	240	454	8.8	10.1							94	108	124	96	109	124	99	109	119
Romania			112	152	264	9.8	11.5							99	120	144	133	158	185	123	139	157
Bulgaria,Greece	24	18	19	24	85	6.7	12.7	83	129	192	54	91	143	55	92	143	74	115	171	85	106	131
Germ.,Aust.,Czech.,Hung.	50	48	62	69	229	8.3	10.5	80	108	142	79	107	142	86	113	144	92	118	150	98	112	127
Germany,Austria			33	30	63	6.7	10.3							85	124	174	72	107	153	89	115	148
Czechoslovakia,Hungary			29	39	68	7.1	11.8							68	102	146	91	128	176	90	116	146
America			9	15	24	7.8	13.6							61	133	253	85	151	250	92	144	214
All Migrants	433	462	599	684	2178	8.6	9.6	80	88	96	86	94	103	96	104	112	101	109	117	95	99	104
Born in Israel	97	103	137	157	494	8.3	11.2	88	108	132	85	104	126	89	106	126	82	96	112	94	103	112
All Jews	530	565	736	841	2672	9.2	9.9	83	91	99	88	96	104	97	104	112	99	106	113		100	

Table III

TABLE III. Number of cases, Age Standardized Incidence Rates (All Ages) and Standardized Incidence Ratios (with 95% Confidence Intervals), by Topographical Site, Sex, Region of Birth, and Period of Diagnosis

FEMALES Non-Hodgkin lymphoma (200 and 202)

Region	Number of Cases					ASR (World) 1961-1981 (All Yrs)		Standardized Incidence Ratios (SIR)									
	61-66	67-71	72-76	77-81	All Yrs			1961 - 66			1967 - 71			1972 - 76		1977 - 81	All Years
Asia	51	65	82	87	285	5.3	7.3	50	67	88	67	87	110	76	96 119	73	91 112	76	86 96
Turkey	9	12	22	16	59	4.6	7.9	30	66	125	47	90	158	84	134 202	52	90 147	73	96 124
Iraq	18	23	23	26	90	4.2	6.8	38	65	103	56	89	133	47	75 112	50	77 112	61	76 93
Yemen	12	6	18	16	52	3.9	7.4	39	76	133	14	39	86	60	101 159	46	80 130	56	75 99
Iran	7	14	7	15	43	4.9	9.1	38	94	194	92	169	283	25	63 130	63	113 187	78	107 144
India			5	1	6	1.0	9.8							52	162 378	0	26 146	32	87 190
Africa	41	41	59	57	198	4.3	5.7	59	83	112	51	71	97	65	86 110	54	72 93	67	78 89
Morocco,Algeria,Tunisia	26	33	48	44	151	4.3	6.1	50	76	112	54	79	111	67	91 121	53	73 98	68	80 94
Libya	8	4	6	6	24	3.4	8.1	50	117	230	15	58	148	29	80 174	26	71 155	52	81 120
Egypt	6	4	4	6	20	2.1	5.7	27	73	160	13	49	125	12	46 118	22	60 131	35	57 88
Europe and America	240	299	349	417	1305	6.8	8.1	84	95	108	104	117	131	97	108 120	102	113 124	103	109 115
USSR,Poland,Romania	162	231	256	315	964	6.3	8.9	74	86	101	105	120	136	92	105 118	100	113 126	100	106 113
USSR,Poland			152	216	368	6.0	8.0							82	97 113	101	115 132	96	107 118
Romania			104	99	203	6.1	8.3							98	120 145	87	107 130	98	113 130
Bulgaria,Greece	18	20	18	17	73	5.3	8.9	70	118	186	73	119	185	59	100 157	53	90 145	83	106 133
Germ.,Aust.,Czech.,Hung.	45	35	51	56	187	6.3	8.6	94	129	173	72	104	144	82	110 145	83	110 143	97	113 130
Germany,Austria			26	25	51	4.4	8.4							70	108 158	62	96 142	76	102 134
Czechoslovakia,Hungary			25	31	56	5.5	10.2							73	113 166	85	125 177	90	119 155
America			7	12	19	4.3	11.9							49	123 253	69	133 232	78	129 201
All Migrants	332	405	490	561	1788	6.6	7.4	79	88	98	94	104	115	94	102 112	95	103 112	95	100 105
Born in Israel	46	62	78	106	292	6.1	8.7	65	89	119	81	106	136	78	99 124	85	104 125	89	100 113
All Jews	378	467	568	667	2080	6.8	7.4	79	88	97	95	104	114	94	102 111	96	103 111		100

153

TABLE III. Number of cases, Age Standardized Incidence Rates (All Ages)
and Standardized Incidence Ratios (with 95% Confidence Intervals),
by Topographical Site, Sex, Region of Birth, and Period of Diagnosis

MALES   Hodgkin's disease   (ICD-9 201)

Region	Number of Cases					ASR (World) 1961-1981 (All Yrs)			Standardized Incidence Ratios (SIR)												
	61-66	67-71	72-76	77-81	All Yrs	low	ASR	high	1961-66			1967-71			1972-76			1977-81			All Years		
Asia	27	27	25	24	103	1.8	2.6	3.3	66	100	146	74	112	163	66	102	151	63	99	147	84	103	125
Turkey	6	2	3	1	12	0.5	2.5	4.4	58	160	348	7	60	217	16	80	235	0	27	149	43	83	144
Iraq	10	9	9	11	39	1.5	2.2	2.9	44	92	170	45	98	186	45	100	189	63	127	226	73	103	141
Yemen	6	7	3	1	17	0.9	1.7	2.5	40	109	237	60	149	307	13	65	191	0	23	126	52	88	142
Iran	5	6	6	5	21	1.8	3.3	4.7	47	147	342	47	145	338	56	155	336	40	124	289	88	142	217
India				2	3	0.0	2.6	5.6							1	81	453	16	144	521	23	115	335
Africa	13	22	26	23	84	1.6	2.0	2.5	31	58	100	59	94	142	68	105	153	57	91	136	70	88	108
Morocco,Algeria,Tunisia	10	15	19	20	64	1.5	2.0	2.5	29	60	111	46	82	135	58	96	150	60	99	153	66	85	109
Libya	3	3	2	1	9	0.7	2.4	4.0	23	116	340	26	130	381	10	91	330	1	47	263	45	98	186
Egypt	0	3	4	2	9	0.6	1.7	2.8	0	0	129	24	119	347	42	157	402	9	80	287	39	86	164
Europe and America	57	66	62	68	253	1.8	2.4	3.0	65	86	111	84	109	138	70	91	116	75	97	123	84	95	108
USSR,Poland,Romania	40	47	41	47	175	1.5	1.9	2.3	59	83	113	77	105	140	59	83	112	68	92	123	78	90	105
USSR,Poland			22	28	50	0.9	1.4	2.0							42	67	102	54	81	117	55	74	98
Romania			19	19	38	1.5	3.0	4.6							68	113	176	70	116	181	81	114	157
Bulgaria,Greece	8	4	1	5	18	1.2	2.4	3.6	89	207	407	28	106	271	0	28	157	49	151	353	73	124	196
Germ.,Aust.,Czech.,Hung.	6	11	8	7	32	1.1	2.1	3.0	22	60	132	63	127	228	36	84	166	30	76	156	59	86	121
Germany,Austria			4	5	9	0.5	1.9	3.2							23	86	221	36	112	261	45	99	187
Czechoslovakia,Hungary			4	2	6	0.0	1.2	2.6							22	82	210	5	42	152	23	62	135
America			5	6	11	1.7	4.2	6.7							73	226	527	71	196	426	104	208	373
All Migrants	97	115	113	115	440	1.9	2.3	2.6	68	84	102	88	106	127	79	96	116	79	96	115	87	95	105
Born in Israel	29	47	61	89	226	2.2	2.9	3.6	57	86	123	85	115	153	83	108	139	97	121	149	97	111	126
All Jews	126	162	174	204	666	2.2	2.4	2.6	70	84	100	93	109	127	86	100	116	92	106	121		100	

TABLE III. Number of cases, Age Standardized Incidence Rates (All Ages) and Standardized Incidence Ratios (with 95% Confidence Intervals), by Topographical Site, Sex, Region of Birth, and Period of Diagnosis

FEMALES Hodgkin's disease (ICD-9 201)

Table III

Region	Number of Cases					ASR (World) 1961-1981 (All Yrs)	Standardized Incidence Ratios (SIR)										
	61-66	67-71	72-76	77-81	All Yrs		1961 - 66			1967 - 71			1972 - 76			1977 - 81			All Years		
Asia	17	15	17	18	67	0.2	2.8	5.5	41	70	112	38	68	113	44	75	120	48	82	129	57	74	93
Turkey	3	2	2	2	9	0.4	1.2	1.9	17	84	244	17	62	224	6	57	204	7	59	211	30	65	124
Iraq	6	10	5	5	26	0.9	1.8	2.8	23	63	137	59	122	225	20	61	142	21	65	152	51	77	113
Yemen	3	2	1	3	9	0.3	0.8	1.3	12	59	172	5	47	168	0	24	131	15	75	219	23	51	97
Iran	3	0	5	5	13	0.9	1.9	3.0	20	99	291	0	0	118	45	141	328	44	135	316	52	97	166
India			0	1	1	0.0	0.9	2.6							0	0	307	1	76	421	1	40	221
Africa	11	17	20	20	68	1.1	1.9	2.8	27	53	96	45	77	124	51	84	129	50	82	127	58	75	95
Morocco,Algeria,Tunisia	10	10	15	17	52	1.1	1.6	2.0	31	66	121	28	58	107	44	79	130	51	88	140	55	73	96
Libya	0	4	1	0	5	0.1	1.1	2.2	0	0	146	48	178	456	1	46	257	0	0	180	18	56	130
Egypt	1	3	2	1	7	0.3	1.3	2.2	0	37	206	25	124	363	9	84	304	1	44	243	29	72	147
Europe and America	58	69	80	54	261	1.9	2.2	2.6	77	101	131	105	135	171	106	133	166	64	85	111	99	113	127
USSR,Poland,Romania	41	43	60	42	186	1.9	2.3	2.7	72	100	135	84	116	157	107	140	180	67	92	125	96	112	129
USSR,Poland			37	27	64	1.3	2.0	2.8							97	138	190	59	90	131	87	113	144
Romania			23	15	38	1.7	3.0	4.4							91	144	216	54	97	160	86	121	166
Bulgaria,Greece	6	5	5	1	17	1.0	2.0	3.0	64	174	379	48	149	348	50	156	365	0	34	188	76	131	210
Germ.,Aust.,Czech.,Hung.	7	13	9	5	34	1.1	1.9	2.7	33	83	171	99	186	319	51	112	213	21	65	152	76	109	153
Germany,Austria			2	3	5	0.0	1.0	2.1							5	49	176	15	77	224	20	62	146
Czechoslovakia,Hungary			7	2	9	0.2	1.8	3.4							72	179	369	6	53	191	53	117	222
America			3	1	4	0.0	1.0	2.1							26	128	375	0	30	170	19	71	182
All Migrants	86	101	117	92	396	1.7	2.2	2.6	67	84	104	86	106	129	91	110	131	68	84	103	87	96	106
Born in Israel	30	44	53	74	201	1.8	2.3	2.9	69	102	145	88	122	163	78	105	137	87	110	139	95	110	126
All Jews	116	145	170	166	597	2.0	2.1	2.3	73	88	106	93	110	130	92	108	126	80	94	109		100	

TABLE III. Number of cases, Age Standardized Incidence Rates (All Ages) and Standardized Incidence Ratios (with 95% Confidence Intervals), by Topographical Site, Sex, Region of Birth, and Period of Diagnosis

Table III

MALES   Multiple myeloma (ICD-9 203)

Region	Number of Cases					ASR (World) 1961-1981 (All Yrs)	Standardized Incidence Ratios (SIR)				
	61-66	67-71	72-76	77-81	All Yrs		1961 - 66	1967 - 71	1972 - 76	1977 - 81	All Years
Asia	23	17	38	46	124	2.1 2.6 3.0	52 **81** 122	35 **60** 96	82 **116** 159	91 **124** 165	82 **98** 117
Turkey	3	5	8	7	23	1.7 2.8 4.0	14 **69** 203	37 **116** 270	59 **137** 270	43 **108** 222	69 **110** 164
Iraq	7	3	11	16	37	1.3 2.0 2.6	26 **66** 136	6 **30** 86	45 **90** 162	67 **118** 191	56 **80** 110
Yemen	6	2	7	10	25	1.5 2.5 3.5	36 **100** 217	4 **34** 121	39 **97** 201	59 **123** 226	59 **92** 135
Iran	5	2	9	6	22	2.2 3.8 5.4	59 **183** 427	8 **68** 245	94 **207** 393	43 **117** 254	91 **145** 219
India			1	2	3	0.0 4.4 9.6			1 **109** 607	18 **159** 573	28 **138** 403
Africa	13	11	18	26	68	1.6 2.1 2.6	45 **85** 146	30 **60** 108	47 **80** 127	64 **98** 144	64 **83** 105
Morocco,Algeria,Tunisia	9	6	11	13	39	1.1 1.6 2.2	40 **88** 167	17 **46** 101	32 **64** 115	34 **65** 111	46 **65** 88
Libya	2	3	3	5	13	1.4 3.2 5.0	9 **85** 305	25 **122** 357	24 **120** 351	56 **173** 404	68 **127** 218
Egypt	2	2	4	8	16	1.9 3.7 5.6	9 **81** 291	8 **75** 272	36 **135** 347	96 **222** 438	78 **137** 222
Europe and America	68	103	156	187	514	2.5 2.7 2.9	52 **67** 84	77 **94** 114	98 **115** 135	106 **123** 142	94 **103** 112
USSR,Poland,Romania	41	68	118	142	369	2.2 2.5 2.8	38 **53** 71	62 **80** 102	93 **112** 135	102 **121** 143	86 **96** 106
USSR,Poland			79	101	180	2.6 3.1 3.6			86 **109** 136	99 **122** 148	100 **116** 134
Romania			39	41	80	2.4 3.1 3.8			86 **120** 164	85 **119** 161	95 **119** 149
Bulgaria,Greece	6	10	6	11	33	2.1 3.3 4.5	36 **100** 217	71 **148** 272	30 **83** 180	72 **144** 258	82 **119** 168
Germ.,Aust.,Czech.,Hung.	15	16	20	26	77	2.2 2.9 3.5	62 **112** 184	63 **110** 178	63 **103** 159	78 **120** 176	88 **111** 139
Germany,Austria			10	12	22	1.6 2.8 4.0			51 **106** 195	59 **115** 201	69 **111** 168
Czechoslovakia,Hungary			10	14	24	1.6 2.7 3.8			48 **100** 184	68 **124** 209	72 **113** 168
America			2	2	4	0.0 3.5 7.0			16 **138** 499	10 **86** 312	29 **106** 272
All Migrants	104	131	212	259	706	2.4 2.6 2.8	58 **71** 87	70 **84** 100	97 **111** 127	106 **120** 136	93 **100** 107
Born in Israel	5	5	16	16	42	1.5 2.3 3.1	22 **69** 160	20 **62** 145	85 **149** 243	65 **114** 185	75 **105** 142
All Jews	109	136	228	275	748	2.4 2.6 2.8	59 **71** 86	70 **83** 98	99 **113** 129	106 **120** 135	**100**

TABLE III. Number of cases, Age Standardized Incidence Rates (All Ages)
and Standardized Incidence Ratios (with 95% Confidence Intervals),
by Topographical Site, Sex, Region of Birth, and Period of Diagnosis

Table III

FEMALES Multiple myeloma (ICD-9 203)

Region	Number of Cases					ASR (World) 1961-1981 (All Yrs)		Standardized Incidence Ratios (SIR)				
	61-66	67-71	72-76	77-81	All Yrs			1961 - 66	1967 - 71	1972 - 76	1977 - 81	All Years
Asia	15	22	20	29	86	1.7	2.1	38 67 111	61 97 146	46 75 116	63 94 134	67 84 104
Turkey	2	4	4	2	12	1.2	1.8	5 46 167	25 93 238	20 73 186	4 33 118	31 59 103
Iraq	8	5	9	9	31	1.8	2.4	44 101 200	21 66 153	43 95 180	37 82 156	59 86 122
Yemen	4	4	1	7	16	1.5	2.2	24 89 228	23 87 223	0 17 97	42 104 214	42 74 120
Iran	0	4	2	3	9	1.6	2.7	0 0 195	49 182 467	7 63 226	15 75 218	36 80 151
India			1	2	3	3.8	8.4			2 126 701	22 193 696	33 164 479
Africa	11	17	23	30	81	2.4	2.9	46 91 164	66 114 183	77 121 182	88 130 186	93 117 146
Morocco,Algeria,Tunisia	7	12	18	21	58	2.4	3.0	36 90 185	60 116 202	75 126 200	75 122 186	89 117 151
Libya	3	1	3	4	11	2.5	4.0	33 163 476	1 50 280	27 135 394	41 153 391	63 127 227
Egypt	1	4	2	5	12	2.4	3.7	1 43 241	44 163 417	9 76 276	50 156 365	59 113 198
Europe and America	63	100	112	139	414	2.0	2.2	60 78 100	94 115 140	81 99 119	87 104 123	90 100 110
USSR,Poland,Romania	51	81	90	103	325	1.9	2.3	62 84 110	97 122 152	83 103 127	81 100 121	92 102 114
USSR,Poland			62	63	125	1.6	2.4			84 110 140	70 91 116	82 99 118
Romania			28	40	68	1.7	2.8			61 92 132	85 119 162	82 106 134
Bulgaria,Greece	2	7	2	9	20	1.6	2.3	4 40 143	49 122 251	4 31 113	60 130 248	51 83 128
Germ.,Aust.,Czech.,Hung.	6	11	14	21	52	1.9	2.4	20 55 121	49 99 177	47 85 143	69 111 170	68 91 119
Germany,Austria			2	4	6	0.6	1.1			3 23 83	11 41 105	12 32 71
Czechoslovakia,Hungary			12	17	29	3.5	4.8			80 156 272	108 186 297	115 172 247
America		2	2	1	3	1.5	3.3			16 145 525	1 42 235	16 80 234
All Migrants	89	139	155	198	581	2.0	2.2	62 77 95	94 112 132	83 97 114	91 105 121	91 99 107
Born in Israel	6	7	8	16	37	2.5	3.4	38 104 226	44 111 229	43 99 195	83 146 237	84 119 164
All Jews	95	146	163	214	618	2.0	2.2	64 79 96	94 112 131	83 97 114	94 108 123	100

157

158

Table III

TABLE III. Number of cases, Age Standardized Incidence Rates (All Ages) and Standardized Incidence Ratios (with 95% Confidence Intervals), by Topographical Site, Sex, Region of Birth, and Period of Diagnosis

MALES   Lymphatic leukaemia   (ICD-9   204)

Region	Number of Cases					ASR (World)		Standardized Incidence Ratios (SIR)				
	61-66	67-71	72-76	77-81	All Yrs	1961-1981	(All Yrs)	1961 - 66	1967 - 71	1972 - 76	1977 - 81	All Years
Asia	34	28	24	42	128	1.5	3.9	56 **81** 113	46 **69** 100	33 **52** 77	59 **82** 111	59 **71** 85
Turkey	4	3	5	8	20	1.4	2.5	17 **64** 165	10 **49** 144	20 **62** 145	39 **90** 176	42 **68** 105
Iraq	13	12	5	13	43	1.7	2.5	44 **82** 140	43 **83** 145	9 **29** 69	37 **70** 120	47 **65** 88
Yemen	7	5	5	6	23	1.3	2.5	32 **80** 165	19 **60** 141	16 **51** 119	20 **55** 119	39 **61** 91
Iran	5	2	5	6	18	1.6	3.0	36 **111** 259	5 **43** 156	25 **78** 183	30 **83** 180	47 **79** 125
India			1	2	3	0.0	3.4			1 **67** 371	12 **106** 382	18 **89** 259
Africa	23	23	29	29	104	2.6	3.2	55 **86** 130	50 **79** 118	58 **86** 124	51 **76** 110	67 **82** 99
Morocco,Algeria,Tunisia	18	19	24	24	85	2.7	3.5	56 **95** 150	53 **88** 138	59 **93** 138	53 **83** 123	71 **89** 110
Libya	4	2	2	1	9	0.7	2.2	30 **112** 286	6 **57** 206	6 **57** 205	0 **25** 140	28 **62** 117
Egypt	1	2	3	3	9	0.6	2.6	0 **26** 145	6 **52** 189	15 **73** 212	12 **61** 179	25 **54** 102
Europe and America	193	180	198	182	753	4.0	4.8	117 **136** 156	104 **121** 140	92 **107** 123	75 **87** 101	102 **110** 118
USSR,Poland,Romania	145	125	142	147	559	3.7	4.3	113 **134** 158	91 **109** 130	84 **99** 117	77 **91** 107	98 **106** 115
USSR,Poland			87	101	188	2.9	3.7			71 **88** 109	72 **89** 108	76 **89** 102
Romania			55	46	101	3.2	4.1			94 **124** 162	71 **97** 130	90 **110** 134
Bulgaria,Greece	9	12	12	5	38	2.4	3.5	49 **108** 206	68 **131** 229	63 **122** 212	16 **48** 113	71 **101** 139
Germ.,Aust.,Czech.,Hung.	27	37	34	19	117	3.6	4.4	95 **144** 209	132 **188** 259	90 **130** 181	39 **65** 101	103 **124** 149
Germany,Austria			19	9	28	2.1	3.3			90 **149** 233	29 **64** 121	69 **104** 151
Czechoslovakia,Hungary			15	10	25	1.9	3.2			62 **111** 184	31 **66** 121	56 **87** 129
America			7	7	14	4.5	10.7			111 **278** 573	74 **185** 381	121 **222** 373
All Migrants	250	231	251	253	985	3.8	4.3	104 **119** 134	92 **106** 120	83 **95** 107	75 **85** 96	93 **99** 106
Born in Israel	39	48	80	80	247	3.6	4.7	57 **80** 110	69 **94** 124	100 **126** 157	83 **105** 130	91 **103** 117
All Jews	289	279	331	333	1232	4.1	4.3	99 **111** 125	92 **103** 116	90 **101** 112	80 **89** 99	**100**

TABLE III. Number of cases, Age Standardized Incidence Rates (All Ages) and Standardized Incidence Ratios (with 95% Confidence Intervals), by Topographical Site, Sex, Region of Birth, and Period of Diagnosis

Table III

FEMALES Lymphatic leukaemia (ICD-9 204)

Region	Number of Cases 61-66	67-71	72-76	77-81	All Yrs	ASR (World) 1961-1981	(All Yrs)	Standardized Incidence Ratios (SIR) 1961-66			1967-71			1972-76			1977-81			All Years		
Asia	37	25	25	27	114	2.0	2.6 3.2	89	126	174	57	88	130	49	76	113	48	72	105	73	89	107
Turkey	10	6	5	3	24	1.5	2.5 3.6	89	186	343	42	116	253	24	75	176	8	41	121	63	98	146
Iraq	11	6	6	10	33	1.3	2.2 3.2	52	104	186	23	63	137	19	51	112	36	75	139	50	73	103
Yemen	4	5	7	7	23	1.3	2.2 3.1	19	69	177	29	89	208	41	102	210	35	88	182	56	88	132
Iran	6	3	4	3	16	1.4	3.0 4.6	79	215	469	20	99	290	26	97	248	12	60	175	61	107	174
India			0	1	1	0.0	1.1 3.4							0	0	329	1	74	414	1	41	226
Africa	10	17	9	20	56	1.2	2.1 3.0	25	53	97	47	81	130	17	36	69	43	70	109	45	60	78
Morocco,Algeria,Tunisia	6	14	6	19	45	1.2	2.3 3.3	17	45	99	50	92	154	12	32	69	53	88	138	48	65	88
Libya	1	1	1	1	4	0.0	1.1 2.2	1	41	226	1	40	225	0	37	205	0	32	178	10	37	95
Egypt	3	2	1	0	6	0.0	1.9 3.8	19	97	283	7	64	233	0	32	178	0	0	98	17	46	100
Europe and America	148	136	137	145	566	3.0	3.9 4.7	128	152	178	112	133	158	86	102	121	78	92	108	106	115	125
USSR,Poland,Romania	114	100	107	112	433	2.8	4.2 5.5	129	156	188	105	129	157	86	105	127	76	93	112	105	116	128
USSR,Poland			66	78	144	2.5	3.6 4.8							77	100	127	76	96	120	83	98	115
Romania			41	34	75	1.3	3.8 6.3							81	113	153	59	86	120	78	99	124
Bulgaria,Greece	11	6	8	4	29	1.1	3.2 5.3	91	182	325	32	89	193	46	106	208	13	49	126	68	102	146
Germ.,Aust.,Czech.,Hung.	20	24	13	20	77	2.0	2.6 3.2	93	153	236	119	185	276	36	67	115	55	90	140	90	114	143
Germany,Austria			5	8	13	0.5	1.0 1.6							16	49	113	30	69	136	32	60	102
Czechoslovakia,Hungary			8	12	20	1.2	2.1 3.1							38	89	175	59	114	199	62	102	158
America		4	4	5	9	1.6	6.4 11.1							52	194	496	48	150	350	76	167	317
All Migrants	195	178	171	192	736	2.9	3.5 4.0	116	134	154	101	117	136	76	89	104	74	86	99	96	103	111
Born in Israel	20	41	48	61	170	1.6	2.2 2.9	31	50	77	71	99	134	70	94	125	77	100	129	75	88	102
All Jews	215	219	219	253	906	2.9	3.1 3.3	101	116	132	99	113	129	79	90	103	78	89	101		100	

TABLE III. Number of cases, Age Standardized Incidence Rates (All Ages) and Standardized Incidence Ratios (with 95% Confidence Intervals), by Topographical Site, Sex, Region of Birth, and Period of Diagnosis

MALES   Myeloid leukaemia   (ICD-9 205)

Region	Number of Cases					ASR (World)		Standardized Incidence Ratios (SIR)						
	61-66	67-71	72-76	77-81	All Yrs	1961-1981	All Yrs	1961 - 66			1967 - 71			1972 - 76			1977 - 81			All Years		

Region	61-66	67-71	72-76	77-81	All Yrs	1961-1981	All Yrs	1961-66			1967-71			1972-76			1977-81			All Years		
Asia	25	25	40	33	123	1.5	3.9 6.3	51	79	117	53	83	122	85	119	162	62	90	126	77	93	111
Turkey	7	4	2	6	19	1.4	2.8 4.1	60	149	307	24	90	230	4	36	128	36	98	214	55	91	142
Iraq	10	9	21	15	55	2.4	3.4 4.5	40	83	152	37	82	155	103	167	256	62	110	182	84	112	145
Yemen	2	6	6	5	19	1.0	1.8 2.7	3	30	109	35	97	211	31	86	187	21	66	155	42	70	109
Iran	3	4	5	2	14	0.0	5.1 11.0	17	86	252	29	110	281	34	104	243	4	37	133	44	81	135
India		3	3	1	4	0.0	3.5 7.2							49	243	711	1	66	367	39	146	373
Africa	21	22	13	29	85	1.8	2.4 3.0	60	97	149	58	93	141	26	48	82	65	96	139	66	83	103
Morocco,Algeria,Tunisia	16	16	11	18	61	1.6	2.2 2.8	59	104	168	52	90	147	26	52	94	46	78	123	60	79	101
Libya	3	3	0	2	8	0.6	2.0 3.4	22	108	315	22	111	324	0	0	133	7	66	238	31	71	140
Egypt	2	3	2	8	15	1.6	3.3 5.1	7	64	232	20	100	291	7	62	225	96	223	440	65	116	192
Europe and America	142	79	110	139	470	2.8	3.4 4.0	119	142	167	63	80	100	77	94	113	91	108	128	96	106	116
USSR,Poland,Romania	103	49	78	106	336	2.4	2.8 3.2	112	138	167	49	66	87	70	88	110	89	109	132	90	100	112
USSR,Poland			56	69	125	2.1	2.8 3.4							71	93	121	79	102	129	82	98	117
Romania			22	37	59	1.8	2.4 3.1							48	77	116	87	124	171	77	101	130
Bulgaria,Greece	11	1	7	3	22	0.0	5.9 12.9	95	191	342	0	16	91	44	110	227	9	46	136	56	89	135
Germ.,Aust.,Czech.,Hung.	21	24	13	25	83	2.7	3.8 4.8	92	148	226	112	175	261	41	78	133	90	139	206	106	133	165
Germany,Austria			6	13	19	0.0	6.3 13.4							27	74	161	80	150	257	68	113	177
Czechoslovakia,Hungary			7	12	19	1.2	2.2 3.2							33	81	167	67	129	226	64	106	166
America			3	3	6	0.5	3.1 5.7							28	139	406	19	95	277	41	113	246
All Migrants	188	126	163	201	678	2.7	3.2 3.6	106	123	141	69	83	98	78	92	107	89	103	118	92	100	108
Born in Israel	32	35	44	47	158	2.7	3.7 4.6	76	112	158	76	109	152	76	104	140	64	87	116	86	101	118
All Jews	220	161	207	248	836	2.8	3.0 3.2	105	121	138	74	87	102	82	94	108	87	99	113		100	

TABLE III. Number of cases, Age Standardized Incidence Rates (All Ages)
and Standardized Incidence Ratios (with 95% Confidence Intervals),
by Topographical Site, Sex, Region of Birth, and Period of Diagnosis

FEMALES Myeloid leukaemia (ICD-9 205)

Table III

Region	Number of Cases					ASR (World) 1961-1981 (All Yrs)			Standardized Incidence Ratios (SIR)												
	61-66	67-71	72-76	77-81	All Yrs				1961 - 66			1967 - 71			1972 - 76			1977 - 81			All Years		
Asia	21	23	24	23	91	1.5	2.3	3.0	52	85	129	61	96	144	57	90	133	50	78	118	70	87	107
Turkey	2	6	5	7	20	1.2	2.4	3.7	5	47	169	54	148	323	33	102	237	54	134	276	66	108	167
Iraq	10	8	12	8	38	1.4	2.1	2.8	52	109	201	41	95	187	64	124	217	33	76	151	71	101	138
Yemen	3	1	1	1	6	0.1	0.7	1.2	12	58	170	0	21	115	0	18	101	0	17	93	10	28	61
Iran	5	4	3	3	15	1.2	3.1	5.0	63	195	456	38	143	365	17	83	242	14	71	209	64	114	187
India			2	1	3	0.0	3.0	6.3							21	191	691	1	80	445	26	131	382
Africa	22	8	18	14	62	1.2	1.6	2.0	80	128	193	18	41	81	47	79	125	30	55	92	56	73	94
Morocco,Algeria,Tunisia	17	6	11	11	45	1.1	1.5	2.0	81	140	224	15	41	90	31	63	112	28	56	100	51	71	94
Libya	1	1	2	2	6	0.3	1.4	2.6	1	44	243	1	44	246	9	84	302	9	77	277	23	63	137
Egypt	4	1	5	1	11	0.9	2.2	3.4	40	148	380	0	38	211	59	184	429	0	33	185	50	99	178
Europe and America	96	88	87	121	392	2.2	2.5	2.8	101	124	152	93	116	143	74	93	114	96	115	138	101	111	123
USSR,Poland,Romania	66	74	62	86	288	2.1	2.5	2.9	89	115	147	103	131	164	68	89	114	87	109	135	97	110	123
USSR,Poland			35	57	92	1.4	2.0	2.5							55	78	109	83	109	141	77	95	116
Romania			27	29	56	1.6	2.7	3.8							70	107	155	73	109	157	82	108	140
Bulgaria,Greece			7	1	19	1.1	2.5	3.8				22	81	206	53	133	275	0	19	104	57	94	147
Germ.,Aust.,Czech.,Hung.	7	4	15	22	62	2.0	3.0	3.9	61	151	311	22	60	130	63	112	185	96	154	233	98	127	163
Germany,Austria	19	6	11	10	21	1.5	3.4	5.2	105	174	272				79	159	285	66	137	252	91	148	226
Czechoslovakia,Hungary			4	12	16	0.1	4.8	9.5							17	62	159	88	171	299	68	119	193
America			2	7	9	1.4	4.3	7.3							11	101	363	92	230	474	82	179	339
All Migrants	139	119	129	158	545	2.1	2.3	2.5	98	116	137	83	100	119	75	90	107	84	99	116	92	101	109
Born in Israel	26	25	31	35	117	1.5	2.2	2.8	80	123	180	67	104	153	64	95	134	58	83	115	80	97	117
All Jews	165	144	160	193	662	2.1	2.3	2.5	100	117	137	85	100	118	77	91	106	83	96	110		100	

161

TABLE IV

Number of cases and proportional incidence ratios (with 95% confidence intervals), by topographical site, sex, region of birth, and duration of stay

TABLE IV. Number of Cases and Proportional Incidence Ratios (with 95% Confidence Intervals), by Topographical Site, Sex, Region of Birth, and Duration of Stay

MALES All Sites (ICD-9 140-208, excl. 173) (a)

Region	Number of Cases Duration of Stay before Cancer					Proportional Incidence Ratios (PIR) and Intervals Duration of Stay before Cancer (in years)				
	0 - 9	10-19	20-29	30+	Total	0 - 9	10 - 19	20 - 29	30 +	Total
Asia	609	2019	2818	1871	7477	100	100	100	100	100
Turkey	223	449	578	430	1719	100	100	100	100	100
Iraq	65	871	1282	454	2718	100	100	100	100	100
Yemen	5	204	396	447	1069	100	100	100	100	100
Iran	175	315	329	207	1053	100	100	100	100	100
India	68	59	24	1	157	100	100	100	100	100
Africa	1384	2270	1602	491	5861	100	100	100	100	100
Morocco,Algeria,Tunisia	1271	1818	1043	249	4464	100	100	100	100	100
Libya	20	203	289	85	612	100	100	100	100	100
Egypt	77	234	261	143	726	100	100	100	100	100
Europe and America	5542	8402	9795	15142	39641	100	100	100	100	100
USSR,Poland	2654	2812	4099	9583	19507	100	100	100	100	100
Romania	2135	3826	2898	1457	10439	100	100	100	100	100
Bulgaria,Greece	49	645	988	825	2558	100	100	100	100	100
Germany,Austria	106	169	497	1754	2564	100	100	100	100	100
Czechoslovakia,Hungary	236	585	931	939	2744	100	100	100	100	100
All Migrants	7535	12691	14215	17504	52979	100	100	100	100	100
Born in Israel					4975					100
All Jews					57954					100

Note : "Total" column includes cases where Duration of Stay is not known (i.e. it is not the sum)
(a) Includes benign bladder and CNS tumours

TABLE IV. Number of Cases and Proportional Incidence Ratios (with 95% Confidence Intervals), by Topographical Site, Sex, Region of Birth, and Duration of Stay

FEMALES All Sites (ICD-9 140-208, excl. 173) (a)

Region	Number of Cases Duration of Stay before Cancer					Proportional Incidence Ratios (PIR) and Intervals Duration of Stay before Cancer (in years)				
	0 - 9	10-19	20-29	30+	Total	0 - 9	10 - 19	20 - 29	30 +	Total
Asia	**599**	**2007**	**2714**	**1605**	**7129**	**100**	**100**	**100**	**100**	**100**
Turkey	216	421	532	367	1576	100	100	100	100	100
Iraq	64	823	1232	350	2522	100	100	100	100	100
Yemen	1	215	400	363	1001	100	100	100	100	100
Iran	131	264	282	149	871	100	100	100	100	100
India	100	73	33	10	222	100	100	100	100	100
Africa	**1251**	**2096**	**1417**	**465**	**5362**	**100**	**100**	**100**	**100**	**100**
Morocco,Algeria,Tunisia	1057	1601	869	185	3814	100	100	100	100	100
Libya	31	181	262	90	575	100	100	100	100	100
Egypt	125	296	265	178	875	100	100	100	100	100
Europe and America	**6249**	**9465**	**10928**	**15636**	**43137**	**100**	**100**	**100**	**100**	**100**
USSR,Poland	2891	2824	4186	9744	20025	100	100	100	100	100
Romania	2413	4594	3576	1616	12383	100	100	100	100	100
Bulgaria,Greece	60	611	862	659	2236	100	100	100	100	100
Germany,Austria	149	212	717	1978	3108	100	100	100	100	100
Czechoslovakia,Hungary	280	712	1046	893	2979	100	100	100	100	100
All Migrants	**8099**	**13568**	**15059**	**17706**	**55628**	**100**	**100**	**100**	**100**	**100**
Born in Israel					**5723**					**100**
All Jews					**61351**					**100**

Note : "Total" column includes cases where Duration of Stay is not known (i.e. it is not the sum)
(a) Includes benign bladder and CNS tumours

TABLE IV. Number of Cases and Proportional Incidence Ratios (with 95% Confidence Intervals), by Topographical Site, Sex, Region of Birth, and Duration of Stay

MALES   Lip, Oral cavity, Pharynx   (ICD-9 140-149)

Region	Number of Cases			Proportional Incidence Ratios (PIR) and Intervals		
	Duration of Stay before Cancer			Duration of Stay before Cancer (in years)		
	0 - 19	20 +	Total	0 - 19	20 +	Total
Asia	88	136	230	78 **97** 120	74 **89** 105	81 **92** 105
Turkey	14	21	36	35 **64** 108	41 **67** 102	46 **66** 92
Iraq	28	40	69	58 **87** 126	49 **68** 93	58 **75** 95
Yemen	8	35	43	44 **103** 203	89 **128** 178	88 **121** 163
Iran	13	9	24	39 **74** 127	24 **52** 99	43 **67** 100
India	16	2	18	193 **338** 549	25 **222** 800	184 **311** 491
Africa	152	92	253	94 **111** 130	96 **120** 147	102 **116** 131
Morocco,Algeria,Tunisia	133	75	216	96 **115** 136	122 **155** 194	113 **129** 148
Libya	8	9	17	41 **96** 189	31 **67** 127	44 **76** 122
Egypt	9	7	16	36 **79** 150	20 **49** 102	35 **62** 100
Europe and America	330	730	1081	68 **76** 85	96 **104** 111	88 **93** 99
USSR,Poland	125	400	535	61 **73** 87	97 **108** 119	89 **97** 106
Romania	153	135	291	73 **86** 101	90 **107** 127	84 **95** 106
Bulgaria,Greece	12	36	48	30 **59** 102	49 **69** 96	48 **65** 86
Germany,Austria	10	72	82	54 **112** 206	81 **104** 131	82 **103** 128
Czechoslovakia,Hungary	18	55	76	42 **71** 112	73 **97** 127	72 **91** 114
All Migrants	570	958	1564	80 **87** 94	96 **102** 109	91 **96** 101
Born in Israel			272			115 **130** 146
All Jews			1836			100

Note : "Total" column includes cases where Duration of Stay is not known (i.e. it is not the sum)

TABLE IV. Number of Cases and Proportional Incidence Ratios (with 95% Confidence Intervals), by Topographical Site, Sex, Region of Birth, and Duration of Stay

FEMALES Lip, Oral cavity, Pharynx (ICD-9 140-149)

Table IV

Region	Number of Cases Duration of Stay before Cancer			Proportional Incidence Ratios (PIR) and Intervals Duration of Stay before Cancer (in years)								
	0 - 19	20 +	Total	0 - 19			20 +			Total		
Asia	**69**	**61**	**132**	136	**175**	221	79	**103**	132	108	**130**	154
Turkey	6	8	15	25	**69**	149	29	**68**	133	40	**71**	117
Iraq	22	24	46	102	**162**	246	69	**108**	160	92	**125**	167
Yemen	12	14	26	181	**350**	611	73	**134**	224	120	**183**	268
Iran	6	5	12	32	**89**	193	27	**83**	195	46	**89**	156
India	16	1	17	361	**633**	***	2	**160**	889	306	**526**	842
Africa	**85**	**27**	**113**	132	**165**	204	67	**102**	148	116	**141**	170
Morocco,Algeria,Tunisia	79	19	99	152	**192**	239	76	**126**	197	139	**171**	208
Libya	3	4	7	17	**86**	251	22	**81**	208	33	**82**	168
Egypt	3	2	5	10	**51**	148	4	**33**	121	13	**41**	97
Europe and America	**171**	**313**	**496**	69	**80**	93	81	**91**	101	80	**87**	95
USSR,Poland	83	179	269	86	**108**	133	86	**100**	116	91	**103**	116
Romania	59	51	113	48	**63**	81	56	**75**	98	56	**69**	82
Bulgaria,Greece	6	16	22	24	**66**	144	46	**80**	130	46	**74**	112
Germany,Austria	4	31	35	21	**78**	201	60	**88**	125	59	**85**	119
Czechoslovakia,Hungary	9	20	29	31	**68**	128	49	**80**	123	50	**74**	107
All Migrants	**325**	**401**	**741**	96	**107**	119	84	**93**	103	92	**99**	106
Born in Israel			**116**							91	**110**	132
All Jews			**857**								**100**	

Note : "Total" column includes cases where Duration of Stay is not known (i.e. it is not the sum)

TABLE IV. Number of Cases and Proportional Incidence Ratios (with 95% Confidence Intervals), by Topographical Site, Sex, Region of Birth, and Duration of Stay

MALES Nasopharynx (ICD-9 147)

Region	Number of Cases Duration of Stay before Cancer			Proportional Incidence Ratios (PIR) and Intervals Duration of Stay before Cancer (in years)		
	0 - 19	20 +	Total	0 - 19	20 +	Total
Asia	13	41	56	48 **90** 155	131 **183** 248	112 **149** 193
Turkey	1	3	4	0 **32** 176	14 **70** 203	14 **52** 134
Iraq	4	11	15	21 **80** 204	62 **124** 223	59 **106** 175
Yemen	2	19	21	16 **147** 529	286 **475** 742	240 **388** 592
Iran	2	3	6	8 **67** 243	24 **122** 356	38 **105** 229
India	3	0	3	75 **373** ***	0 **0** ***	64 **321** 937
Africa	62	34	98	204 **267** 342	191 **276** 385	220 **271** 330
Morocco,Algeria,Tunisia	55	30	87	210 **279** 363	257 **382** 545	248 **310** 383
Libya	5	2	7	111 **343** 802	10 **93** 334	76 **189** 389
Egypt	2	2	4	12 **111** 401	10 **91** 329	26 **98** 250
Europe and America	28	42	70	31 **47** 68	35 **49** 66	37 **47** 60
USSR,Poland	11	26	37	23 **46** 83	40 **62** 91	39 **55** 76
Romania	13	11	24	29 **55** 95	34 **68** 122	38 **60** 89
Bulgaria,Greece	2	4	6	9 **76** 274	17 **62** 158	23 **64** 140
Germany,Austria	0	0	0	0 **0** 277	0 **0** 39	0 **0** 34
Czechoslovakia,Hungary	0	1	1	0 **0** 105	0 **13** 74	0 **9** 50
All Migrants	103	117	224	86 **106** 128	80 **97** 117	88 **101** 115
Born in Israel			47			71 **96** 128
All Jews			271			**100**

Note : "Total" column includes cases where Duration of Stay is not known (i.e. it is not the sum)

TABLE IV. Number of Cases and Proportional Incidence Ratios (with 95% Confidence Intervals), by Topographical Site, Sex, Region of Birth, and Duration of Stay

FEMALES Nasopharynx (ICD-9 147)

	Number of Cases			Proportional Incidence Ratios (PIR) and Intervals		
	Duration of Stay before Cancer			Duration of Stay before Cancer (in years)		
Region	0 - 19	20 +	Total	0 - 19	20 +	Total
Asia	**13**	**12**	**25**	105 **197** 337	75 **145** 253	105 **163** 240
Turkey	2	2	4	20 **177** 639	16 **142** 512	41 **153** 391
Iraq	1	4	5	1 **44** 243	32 **118** 303	28 **86** 200
Yemen	4	6	10	175 **651** ***	154 **421** 915	230 **481** 884
Iran	2	0	2	16 **143** 516	0 **0** 421	9 **84** 302
India	1	0	1	3 **234** ***	0 **0** ***	2 **184** ***
Africa	**35**	**9**	**44**	262 **376** 523	97 **213** 405	230 **317** 425
Morocco,Algeria,Tunisia	35	8	43	319 **458** 637	137 **319** 628	298 **412** 556
Libya	0	0	0	0 **0** 577	0 **0** 467	0 **0** 253
Egypt	0	1	1	0 **0** 408	2 **118** 655	1 **56** 313
Europe and America	**15**	**16**	**32**	31 **55** 91	24 **43** 69	33 **48** 68
USSR,Poland	4	12	16	11 **39** 101	33 **64** 113	31 **54** 88
Romania	7	1	8	25 **62** 127	0 **14** 75	18 **42** 83
Bulgaria,Greece	1	1	2	1 **95** 526	1 **45** 251	7 **59** 215
Germany,Austria	0	1	1	0 **0** 573	0 **25** 139	0 **21** 117
Czechoslovakia,Hungary	0	1	1	0 **0** 221	0 **32** 180	0 **21** 115
All Migrants	**63**	**37**	**101**	112 **146** 187	52 **74** 102	86 **106** 129
Born in Israel			**19**			47 **78** 121
All Jews			**120**			**100**

Note : "Total" column includes cases where Duration of Stay is not known (i.e. it is not the sum)

TABLE IV. Number of Cases and Proportional Incidence Ratios (with 95% Confidence Intervals), by Topographical Site, Sex, Region of Birth, and Duration of Stay

MALES Oesophagus (ICD-9 150)

Region	Number of Cases Duration of Stay before Cancer			Proportional Incidence Ratios (PIR) and Intervals Duration of Stay before Cancer (in years)								
	0 - 19	20 +	Total	0 - 19			20 +			Total		
Asia	43	72	116	107	**148**	200	102	**130**	164	112	**135**	162
Turkey	7	9	16	37	**92**	189	35	**76**	144	46	**80**	131
Iraq	6	23	30	21	**57**	124	71	**112**	168	64	**95**	136
Yemen	6	18	24	101	**276**	602	104	**176**	278	122	**190**	283
Iran	15	17	32	163	**292**	482	154	**265**	424	186	**273**	385
India	9	2	11	319	**699**	***	98	**870**	***	353	**707**	***
Africa	35	18	54	68	**98**	136	49	**82**	130	69	**92**	120
Morocco,Algeria,Tunisia	29	12	42	64	**96**	138	46	**90**	157	68	**95**	128
Libya	3	4	7	28	**139**	406	26	**98**	251	44	**110**	226
Egypt	3	2	5	19	**93**	273	5	**47**	168	21	**66**	154
Europe and America	174	271	451	92	**108**	125	78	**88**	100	86	**95**	104
USSR,Poland	91	195	288	115	**143**	176	99	**115**	132	107	**121**	136
Romania	71	33	106	79	**102**	128	42	**60**	85	69	**84**	102
Bulgaria,Greece	4	8	12	13	**48**	123	15	**35**	70	20	**38**	66
Germany,Austria	0	13	13	0	**0**	113	27	**50**	85	23	**44**	75
Czechoslovakia,Hungary	2	12	14	2	**21**	76	28	**55**	96	24	**44**	73
All Migrants	252	361	621	98	**111**	126	85	**94**	104	92	**100**	108
Born in Israel			29							68	**102**	147
All Jews			650								**100**	

Note : "Total" column includes cases where Duration of Stay is not known (i.e. it is not the sum)

TABLE IV. Number of Cases and Proportional Incidence Ratios (with 95% Confidence Intervals), by Topographical Site, Sex, Region of Birth, and Duration of Stay

FEMALES Oesophagus (ICD-9 150)

Region	Number of Cases Duration of Stay before Cancer			Proportional Incidence Ratios (PIR) and Intervals Duration of Stay before Cancer (in years)		
	0 - 19	20 +	Total	0 - 19	20 +	Total
Asia	54	53	111	211 281 367	113 151 197	164 199 239
Turkey	2	2	4	4 35 127	3 25 91	8 29 74
Iraq	3	9	12	9 47 137	33 73 138	32 63 110
Yemen	11	20	32	379 760 ***	191 313 483	272 398 562
Iran	18	20	40	464 783 ***	364 596 921	482 675 919
India	16	1	17	8141426 ***	5 363 ***	6821171 ***
Africa	27	8	37	83 126 184	26 60 119	73 104 144
Morocco,Algeria,Tunisia	22	6	30	83 132 200	30 83 180	82 122 174
Libya	3	1	4	44 221 645	1 40 224	27 102 260
Egypt	2	1	3	7 66 237	0 30 167	9 47 136
Europe and America	122	213	336	74 89 106	75 86 99	77 86 95
USSR,Poland	62	139	202	98 128 164	90 107 126	96 111 127
Romania	47	48	95	54 74 98	70 95 126	66 82 100
Bulgaria,Greece	2	4	6	4 32 114	7 28 71	10 28 62
Germany,Austria	3	10	13	18 88 256	19 40 74	24 45 77
Czechoslovakia,Hungary	0	0	0	0 0 42	0 0 22	0 0 14
All Migrants	203	274	484	99 114 131	82 93 104	91 100 109
Born in Israel			23			62 97 146
All Jews			507			100

Note : "Total" column includes cases where Duration of Stay is not known (i.e. it is not the sum)

Table IV

171

TABLE IV. Number of Cases and Proportional Incidence Ratios (with 95% Confidence Intervals), by Topographical Site, Sex, Region of Birth, and Duration of Stay

MALES Stomach (ICD-9 151)

Region	Number of Cases Duration of Stay before Cancer					Proportional Incidence Ratios (PIR) and Intervals Duration of Stay before Cancer (in years)										
	0 - 9	10-19	20-29	30+	Total	0 - 9			10 - 19			20 - 29			30 +			Total		
Asia	65	196	267	174	710	87	113	144	90	104	120	88	99	112	77	90	105	91	98	106
Turkey	30	51	67	58	209	92	136	194	87	117	154	93	120	152	98	129	167	107	123	141
Iraq	5	65	86	19	175	24	75	175	62	80	103	56	70	86	25	41	64	57	67	78
Yemen	0	22	48	49	121	0	0	***	76	121	183	95	128	170	78	105	139	96	116	139
Iran	20	47	47	31	145	79	129	199	122	166	221	111	151	201	96	141	200	124	147	173
India	4	2	1	0	8	18	67	171	4	36	129	1	47	261	0	0	***	24	56	111
Africa	110	193	117	41	468	73	89	108	83	96	111	66	79	95	62	87	117	81	89	97
Morocco,Algeria,Tunisia	105	158	82	19	367	76	93	113	84	99	115	68	86	107	48	80	125	83	92	102
Libya	1	7	19	6	34	1	52	287	16	40	82	43	71	111	26	70	153	42	60	84
Egypt	3	25	16	15	61	8	41	120	76	118	174	37	65	106	61	110	181	69	90	116
Europe and America	684	996	985	1458	4181	116	125	134	112	119	127	93	99	106	87	91	96	100	103	106
USSR,Poland	348	346	433	1027	2179	117	130	144	113	125	139	95	104	115	94	100	107	103	108	112
Romania	280	452	303	147	1194	117	132	149	106	116	127	90	101	113	82	97	114	106	112	119
Bulgaria,Greece	5	84	85	58	234	32	99	231	102	128	158	67	84	104	51	67	86	78	89	101
Germany,Austria	8	20	49	100	181	32	73	144	77	126	195	77	104	137	45	56	68	61	70	81
Czechoslovakia,Hungary	23	65	81	65	238	61	96	143	87	112	143	69	87	109	52	67	85	75	86	98
All Migrants	859	1385	1369	1673	5359	110	118	126	107	113	119	92	97	103	87	91	95	98	101	104
Born in Israel					199													67	78	89
All Jews					5558														100	

Note : "Total" column includes cases where Duration of Stay is not known (i.e. it is not the sum)

TABLE IV. Number of Cases and Proportional Incidence Ratios (with 95% Confidence Intervals), by Topographical Site, Sex, Region of Birth, and Duration of Stay

FEMALES Stomach (ICD-9 151)

Table IV

Region	Number of Cases Duration of Stay before Cancer					Proportional Incidence Ratios (PIR) and Intervals Duration of Stay before Cancer (in years)				
	0-9	10-19	20-29	30+	Total	0 - 9	10 - 19	20 - 29	30 +	Total
Asia	39	126	182	94	453	84 **119** 162	101 **121** 144	106 **124** 143	75 **93** 114	104 **115** 126
Turkey	17	31	56	22	131	72 **124** 198	82 **121** 171	131 **173** 225	60 **96** 146	113 **136** 161
Iraq	4	32	51	16	104	31 **114** 291	52 **76** 107	58 **78** 102	42 **74** 119	63 **77** 93
Yemen	0	25	37	24	87	0 **0** ***	156 **241** 355	121 **171** 236	66 **104** 154	123 **154** 190
Iran	11	21	20	15	70	96 **193** 346	114 **184** 282	87 **142** 219	85 **152** 251	127 **163** 206
India	5	3	2	0	10	32 **101** 235	18 **88** 258	17 **147** 531	0 **0** 553	45 **93** 171
Africa	87	149	62	25	328	118 **147** 182	129 **152** 179	67 **87** 112	64 **100** 147	113 **126** 141
Morocco,Algeria,Tunisia	78	116	43	10	252	126 **159** 198	130 **158** 189	73 **101** 136	46 **97** 178	123 **140** 158
Libya	3	10	8	6	27	30 **150** 439	61 **127** 234	26 **60** 118	45 **123** 268	62 **94** 137
Egypt	6	22	11	9	48	34 **92** 200	89 **143** 216	38 **77** 138	44 **96** 182	77 **104** 138
Europe and America	436	663	620	864	2628	105 **116** 127	106 **115** 124	85 **93** 100	78 **84** 89	93 **97** 101
USSR,Poland	220	171	259	567	1239	109 **124** 142	90 **106** 123	94 **107** 121	80 **87** 94	93 **98** 104
Romania	176	354	209	103	853	103 **120** 140	108 **120** 134	76 **87** 100	80 **98** 119	100 **107** 115
Bulgaria,Greece	5	66	61	45	179	43 **133** 311	128 **166** 211	84 **109** 141	76 **105** 140	106 **123** 143
Germany,Austria	7	8	41	61	122	26 **66** 136	27 **63** 124	67 **94** 127	37 **48** 61	51 **62** 74
Czechoslovakia,Hungary	15	40	34	43	133	48 **86** 142	66 **92** 125	39 **57** 79	55 **76** 103	62 **74** 88
All Migrants	562	938	864	983	3409	110 **120** 130	113 **120** 128	91 **97** 104	80 **85** 90	98 **101** 105
Born in Israel					139					63 **75** 88
All Jews					3548					**100**

Note : "Total" column includes cases where Duration of Stay is not known (i.e. it is not the sum)

TABLE IV. Number of Cases and Proportional Incidence Ratios (with 95% Confidence Intervals), by Topographical Site, Sex, Region of Birth, and Duration of Stay

MALES   Colon and Rectum (ICD-9 153,154)

Region	Number of Cases Duration of Stay before Cancer					Proportional Incidence Ratios (PIR) and Intervals Duration of Stay before Cancer (in years)												
	0-9	10-19	20-29	30+	Total	0-9			10-19			20-29			30+			Total
Asia	55	110	231	222	634	55	73	95	36	44	53	57	65	74	77	88	101	62	67	72
Turkey	27	33	50	44	159	62	93	136	40	57	81	50	67	89	55	76	101	60	71	83
Iraq	7	40	95	53	197	33	82	169	27	38	51	47	59	72	66	88	115	50	57	66
Yemen	0	13	43	67	126	0	0	813	28	53	90	63	87	117	86	111	142	77	92	110
Iran	8	12	24	13	58	17	39	77	16	32	56	37	58	86	24	46	78	34	45	58
India	4	3	1	0	8	14	50	129	8	40	117	0	34	191	0	0	***	18	42	83
Africa	76	182	118	56	446	36	46	58	58	68	78	50	60	72	68	89	116	57	63	69
Morocco,Algeria,Tunisia	69	145	73	29	326	35	45	58	57	68	79	45	58	72	62	92	132	55	61	68
Libya	2	11	25	8	49	9	78	280	23	46	83	45	70	104	31	72	142	48	65	87
Egypt	5	25	20	18	68	17	53	123	57	88	130	37	61	94	59	99	157	59	76	96
Europe and America	762	1041	1421	2523	5887	99	106	114	89	95	101	104	109	115	117	121	126	108	111	114
USSR,Poland	382	419	648	1684	3210	98	109	121	105	115	127	110	119	129	121	127	133	118	122	126
Romania	250	441	397	240	1342	79	90	102	79	86	95	92	102	112	106	121	138	91	96	102
Bulgaria,Greece	11	56	128	105	311	84	168	300	49	65	85	81	97	115	77	94	113	81	91	101
Germany,Austria	21	14	64	267	370	92	149	228	37	68	113	79	102	131	100	114	128	99	110	121
Czechoslovakia,Hungary	39	70	130	157	404	88	123	168	72	92	116	89	106	126	105	124	145	100	111	122
All Migrants	893	1333	1770	2801	6967	87	93	99	78	82	87	91	96	100	113	117	121	98	100	103
Born in Israel					350													87	97	107
All Jews					7317														100	

Note : "Total" column includes cases where Duration of Stay is not known (i.e. it is not the sum)

TABLE IV. Number of Cases and Proportional Incidence Ratios (with 95% Confidence Intervals), by Topographical Site, Sex, Region of Birth, and Duration of Stay

FEMALES Colon and Rectum (ICD-9 153,154)

Table IV

Region	Number of Cases Duration of Stay before Cancer					Proportional Incidence Ratios (PIR) and Intervals Duration of Stay before Cancer (in years)								
	0-9	10-19	20-29	30+	Total	0-9			10-19		20-29		30+	Total
Asia	49	145	246	176	633	56	**75** 100	59	**70** 82	75	**85** 96	78	**91** 105	75 **82** 88
Turkey	29	47	60	43	181	73	**108** 156	70	**95** 126	73	**95** 123	70	**96** 130	83 **96** 111
Iraq	6	43	106	37	197	31	**86** 187	37	**51** 69	68	**83** 100	63	**89** 123	64 **74** 85
Yemen	0	19	34	40	95	0	**0** ***	54	**90** 141	55	**80** 111	65	**91** 124	70 **86** 105
Iran	5	18	19	10	56	14	**43** 101	45	**76** 120	41	**68** 107	26	**54** 98	49 **65** 85
India	3	2	3	1	9	6	**30** 87	3	**27** 99	22	**107** 313	1	**79** 438	19 **41** 77
Africa	71	144	126	46	402	45	**58** 73	60	**71** 83	73	**87** 104	66	**91** 121	68 **75** 83
Morocco,Algeria,Tunisia	61	106	83	20	280	46	**60** 77	57	**69** 84	76	**96** 119	59	**97** 149	67 **75** 85
Libya	3	6	20	10	39	16	**80** 235	13	**36** 78	45	**74** 115	49	**103** 189	48 **67** 92
Egypt	4	30	21	14	73	8	**30** 76	64	**94** 135	45	**73** 112	40	**73** 122	61 **77** 97
Europe and America	735	1017	1336	2360	5580	93	**101** 108	85	**91** 97	97	**103** 109	112	**117** 122	103 **106** 109
USSR,Poland	399	308	589	1566	2924	105	**116** 128	86	**96** 108	112	**121** 132	117	**123** 129	114 **118** 123
Romania	227	480	406	222	1360	70	**80** 91	77	**85** 93	82	**91** 100	95	**108** 124	84 **89** 94
Bulgaria,Greece	7	67	108	87	274	38	**96** 197	69	**89** 113	84	**102** 123	84	**105** 130	88 **99** 112
Germany,Austria	15	23	76	273	394	44	**78** 129	61	**96** 144	72	**91** 114	98	**111** 125	94 **104** 115
Czechoslovakia,Hungary	34	92	102	107	340	70	**100** 140	88	**110** 135	70	**86** 105	79	**96** 116	86 **96** 107
All Migrants	855	1306	1708	2582	6615	87	**93** 100	81	**85** 90	94	**99** 103	110	**114** 119	98 **101** 103
Born in Israel					353									81 **90** 100
All Jews					6968									100

Note : "Total" column includes cases where Duration of Stay is not known (i.e. it is not the sum)

TABLE IV. Number of Cases and Proportional Incidence Ratios (with 95% Confidence Intervals), by Topographical Site, Sex, Region of Birth, and Duration of Stay

MALES   Liver (ICD-9 155)

Region	Number of Cases Duration of Stay before Cancer			Proportional Incidence Ratios (PIR) and Intervals Duration of Stay before Cancer (in years)			
	0 - 19	20 +	Total	0 - 19	20 +		Total
Asia	57	101	165	105 **138** 179	108 **132** 161		117 **137** 160
Turkey	8	15	25	31 **73** 143	50 **90** 148		57 **88** 130
Iraq	21	25	48	89 **143** 219	58 **90** 132		82 **111** 147
Yemen	13	41	55	221 **415** 710	213 **297** 403		240 **319** 415
Iran	8	10	20	46 **108** 212	54 **113** 209		74 **121** 186
India	4	0	4	56 **206** 528	0 **0** 922		45 **166** 426
Africa	81	49	131	116 **146** 181	111 **150** 199		122 **146** 173
Morocco,Algeria,Tunisia	67	34	102	111 **143** 181	118 **171** 239		122 **150** 182
Libya	8	10	18	101 **235** 464	82 **170** 313		112 **189** 299
Egypt	6	4	10	46 **125** 272	17 **62** 159		42 **88** 162
Europe and America	270	335	614	103 **116** 131	69 **78** 86		84 **91** 98
USSR,Poland	77	145	226	67 **84** 105	51 **60** 71		58 **67** 76
Romania	155	109	268	131 **154** 180	120 **146** 176		134 **151** 170
Bulgaria,Greece	19	27	46	96 **160** 250	57 **87** 126		77 **105** 140
Germany,Austria	3	19	22	13 **67** 196	30 **50** 78		32 **51** 77
Czechoslovakia,Hungary	10	23	33	35 **73** 134	46 **72** 108		49 **71** 100
All Migrants	408	485	910	112 **124** 136	82 **90** 98		96 **103** 109
Born in Israel			31				39 **58** 82
All Jews			941				**100**

Note : "Total" column includes cases where Duration of Stay is not known (i.e. it is not the sum)

TABLE IV. Number of Cases and Proportional Incidence Ratios (with 95% Confidence Intervals), by Topographical Site, Sex, Region of Birth, and Duration of Stay

FEMALES Liver (ICD-9 155)

Table IV

Region	Number of Cases Duration of Stay before Cancer			Proportional Incidence Ratios (PIR) and Intervals Duration of Stay before Cancer (in years)		
	0 - 19	20 +	Total	0 - 19	20 +	Total
Asia	26	52	80	75 115 168	97 129 170	98 124 154
Turkey	5	11	17	25 76 178	61 122 218	62 107 171
Iraq	8	11	20	46 108 212	39 78 140	56 91 141
Yemen	8	18	26	196 455 896	146 247 390	183 281 411
Iran	1	5	6	0 34 191	42 129 302	31 84 183
India	2	2	4	17 148 535	73 646 ***	63 233 595
Africa	44	15	60	126 173 232	56 99 164	110 144 186
Morocco,Algeria,Tunisia	39	13	53	139 196 268	84 157 269	137 183 239
Libya	2	2	4	14 121 439	8 69 250	23 87 221
Egypt	3	0	3	17 86 251	0 0 99	8 41 120
Europe and America	174	233	416	95 111 129	73 83 94	84 93 103
USSR,Poland	74	112	191	105 133 167	62 76 91	79 92 106
Romania	89	75	166	98 122 151	103 131 164	107 126 146
Bulgaria,Greece	3	14	17	8 42 122	47 86 143	41 71 113
Germany,Austria	4	13	17	28 103 263	24 46 78	30 52 83
Czechoslovakia,Hungary	1	10	12	0 10 56	25 53 97	21 41 71
All Migrants	244	300	556	105 119 135	79 89 100	92 101 109
Born in Israel			36			64 92 127
All Jews			592			100

Note : "Total" column includes cases where Duration of Stay is not known (i.e. it is not the sum)

TABLE IV. Number of Cases and Proportional Incidence Ratios (with 95% Confidence Intervals), by Topographical Site, Sex, Region of Birth, and Duration of Stay

MALES Gallbladder, etc. (ICD-9 156)

Region	Number of Cases Duration of Stay before Cancer					Proportional Incidence Ratios (PIR) and Intervals Duration of Stay before Cancer (in years)														
	0-9	10-19	20-29	30+	Total	0 - 9			10 - 19			20 - 29			30 +			Total		
Asia	7	41	34	28	110	37	92	190	118	164	222	66	95	133	72	108	157	94	114	138
Turkey	0	12	9	5	26	0	0	125	108	209	365	55	120	228	27	84	195	75	115	168
Iraq	0	13	10	3	26	0	0	421	64	120	206	29	61	112	10	48	141	49	75	109
Yemen	0	6	7	13	26	0	0	***	90	246	535	56	141	290	111	208	356	122	187	273
Iran	4	8	7	2	21	53	195	500	92	213	420	67	168	347	8	67	242	99	160	244
India	2	1	0	1	4	29	257	929	2	134	746	0	0	***	755	749	***	58	215	550
Africa	24	34	31	7	96	95	148	220	90	131	183	109	160	228	45	113	233	113	139	170
Morocco,Algeria,Tunisia	22	28	16	4	70	93	148	224	89	134	194	74	129	210	35	129	331	105	134	170
Libya	0	3	9	1	13	0	0	***	26	130	380	117	256	486	1	89	493	94	176	301
Egypt	2	3	6	2	13	23	209	755	22	109	318	67	182	397	13	112	404	78	146	250
Europe and America	78	130	154	140	509	85	107	134	98	117	139	99	116	136	55	65	77	86	94	103
USSR,Poland	34	42	69	106	254	66	95	133	84	116	157	98	126	159	63	77	93	83	94	107
Romania	39	64	52	13	169	99	139	190	94	123	157	96	129	169	34	64	110	101	119	138
Bulgaria,Greece	0	13	11	2	26	0	0	542	79	149	255	40	80	144	2	17	62	48	74	108
Germany,Austria	0	1	4	12	17	0	0	250	1	49	271	17	64	163	26	50	88	29	50	80
Czechoslovakia,Hungary	1	10	15	5	33	0	31	171	63	131	240	68	121	200	13	39	91	62	90	126
All Migrants	109	205	219	175	715	93	113	136	110	126	145	102	117	133	61	71	82	94	101	109
Born in Israel					25													48	74	109
All Jews					740														100	

Note : "Total" column includes cases where Duration of Stay is not known (i.e. it is not the sum)

TABLE IV. Number of Cases and Proportional Incidence Ratios (with 95% Confidence Intervals), by Topographical Site, Sex, Region of Birth, and Duration of Stay

FEMALES Gallbladder, etc. (ICD-9 156)

Region	Number of Cases Duration of Stay before Cancer					Proportional Incidence Ratios (PIR) and Intervals Duration of Stay before Cancer (in years)									
	0-9	10-19	20-29	30+	Total	0-9			10-19			20-29			30+			Total		
Asia	13	48	57	45	167	43	82	140	72	97	129	62	82	107	66	91	122	76	89	103
Turkey	2	12	13	4	31	3	29	105	50	96	168	43	82	140	9	35	90	44	65	92
Iraq	0	23	19	7	49	0	0	218	74	117	175	38	63	98	27	66	137	57	77	102
Yemen	0	5	9	18	34	0	0	***	34	105	244	40	88	168	95	160	253	88	127	177
Iran	3	4	8	5	21	24	118	345	21	78	200	53	124	245	33	103	241	65	106	161
India	1	2	1	0	4	1	42	231	13	118	426	2	181	***	0	0	***	21	77	198
Africa	41	62	35	9	149	103	144	195	103	134	172	73	105	146	33	73	139	102	121	142
Morocco,Algeria,Tunisia	37	52	24	5	120	111	158	217	113	151	198	77	121	180	32	99	231	117	141	168
Libya	1	5	10	1	17	1	101	560	44	137	319	77	160	294	1	43	240	73	126	202
Egypt	2	5	0	3	10	7	61	220	21	65	153	0	0	54	13	64	187	21	44	81
Europe and America	209	446	342	351	1380	98	113	130	143	157	173	93	104	116	59	66	73	97	102	108
USSR,Poland	82	125	140	232	594	75	94	117	131	158	188	97	116	137	60	68	78	86	93	101
Romania	112	259	142	43	565	128	155	187	157	178	201	103	122	144	58	81	109	132	144	156
Bulgaria,Greece	3	13	14	12	44	32	161	469	36	67	114	28	51	86	29	56	97	45	62	83
Germany,Austria	1	4	8	32	47	0	20	111	18	67	172	16	38	75	34	50	71	35	48	64
Czechoslovakia,Hungary	6	28	31	15	80	25	70	152	88	133	192	73	107	152	29	52	86	71	90	112
All Migrants	263	556	434	405	1696	101	115	130	135	147	160	92	101	111	62	68	75	97	102	107
Born in Israel					45													43	59	79
All Jews					1741														100	

Note : "Total" column includes cases where Duration of Stay is not known (i.e. it is not the sum)

TABLE IV. Number of Cases and Proportional Incidence Ratios (with 95% Confidence Intervals), by Topographical Site, Sex, Region of Birth, and Duration of Stay

MALES   Pancreas (ICD-9 157)

Region	Number of Cases Duration of Stay before Cancer					Proportional Incidence Ratios (PIR) and Intervals Duration of Stay before Cancer (in years)								
	0–9	10–19	20–29	30+	Total	0–9			10–19			20–29		
Asia	33	82	114	80	314	87	126	177	76	96	119	77	93	112
Turkey	13	17	15	16	61	68	128	219	49	84	135	33	58	96
Iraq	3	30	59	18	111	20	101	295	56	83	118	81	107	138
Yemen	0	11	22	28	64	0	0	***	65	131	235	81	129	196
Iran	14	15	11	8	48	108	198	332	65	117	193	39	77	138
India	0	2	1	0	4	0	0	131	8	74	268	1	100	556
Africa	43	65	62	20	196	53	74	99	53	69	88	69	90	116
Morocco,Algeria,Tunisia	37	45	39	12	137	49	69	95	44	60	80	63	88	121
Libya	3	11	16	4	35	66	329	962	65	131	234	73	128	207
Egypt	3	9	7	4	24	19	92	270	42	91	173	24	61	126
Europe and America	277	386	506	739	1936	98	110	124	91	100	111	102	111	121
USSR,Poland	149	138	228	473	1003	104	122	144	90	107	127	103	118	134
Romania	100	193	152	76	526	83	102	124	94	109	125	96	113	133
Bulgaria,Greece	3	17	38	31	91	27	133	389	33	57	91	59	83	113
Germany,Austria	3	3	22	81	110	13	64	186	8	42	121	62	99	150
Czechoslovakia,Hungary	9	23	51	48	133	37	82	155	55	87	130	88	118	155
All Migrants	353	533	682	839	2446	94	105	117	87	94	103	98	106	114
Born in Israel					99									
All Jews					2545									

Region	30+			Total		
Asia	73	92	114	86	96	107
Turkey	45	79	128	60	78	100
Iraq	51	86	135	78	94	114
Yemen	90	135	195	105	136	174
Iran	35	81	160	79	107	142
India	0	0	***	16	60	153
Africa	54	89	137	68	79	91
Morocco,Algeria,Tunisia	54	105	184	61	73	86
Libya	27	101	258	92	132	184
Egypt	17	62	158	49	76	114
Europe and America	94	101	109	100	104	109
USSR,Poland	93	102	112	102	109	116
Romania	86	109	136	99	108	118
Bulgaria,Greece	54	79	112	61	76	93
Germany,Austria	77	97	121	76	92	111
Czechoslovakia,Hungary	78	106	141	87	104	123
All Migrants	93	100	107	97	101	105
Born in Israel				70	86	105
All Jews					100	

Note : "Total" column includes cases where Duration of Stay is not known (i.e. it is not the sum)

TABLE IV. Number of Cases and Proportional Incidence Ratios (with 95% Confidence Intervals), by Topographical Site, Sex, Region of Birth, and Duration of Stay

FEMALES Pancreas (ICD-9 157)

Table IV

Region	Number of Cases Duration of Stay before Cancer					Proportional Incidence Ratios (PIR) and Intervals Duration of Stay before Cancer (in years)									
	0-9	10-19	20-29	30+	Total	0-9			10-19			20-29			30+			Total		
Asia	12	84	93	47	244	36	70	123	125	157	195	100	124	152	65	88	117	105	120	136
Turkey	6	19	19	5	50	30	82	179	85	141	220	67	111	173	13	41	95	72	98	129
Iraq	1	33	40	17	94	1	56	309	106	154	216	87	121	165	87	149	238	110	136	167
Yemen	0	12	17	13	42	0	0	***	118	229	400	90	154	246	57	107	183	104	144	195
Iran	0	9	12	5	28	0	0	131	73	161	305	88	171	299	31	95	223	86	129	187
India	2	1	1	0	5	9	78	281	1	56	310	2	162	901	0	0	***	29	90	210
Africa	27	46	54	10	140	58	88	128	68	92	123	113	150	196	36	76	140	89	105	124
Morocco,Algeria,Tunisia	24	37	30	3	96	61	95	141	70	100	137	95	140	200	11	55	161	85	105	128
Libya	1	3	13	4	21	1	93	519	15	74	216	102	192	328	43	161	411	88	143	219
Egypt	1	6	11	3	22	0	28	157	27	74	160	74	149	267	12	60	177	57	91	137
Europe and America	201	321	373	501	1418	88	101	116	94	105	117	95	105	116	81	89	97	93	98	103
USSR,Poland	85	80	136	325	638	72	91	112	74	93	116	87	104	123	81	90	101	86	94	101
Romania	83	182	143	54	469	85	107	133	100	116	135	96	114	134	71	95	124	101	111	121
Bulgaria,Greece	2	22	27	19	70	11	101	363	66	105	159	61	92	134	49	82	128	71	91	115
Germany,Austria	7	4	24	57	93	51	128	263	16	61	157	68	105	157	63	83	107	71	88	108
Czechoslovakia,Hungary	12	22	29	27	90	67	129	226	61	97	147	61	92	132	58	88	127	76	94	115
All Migrants	240	451	520	558	1802	85	97	110	100	110	121	102	112	122	81	88	96	96	101	106
Born in Israel					72													66	84	106
All Jews					1874														100	

Note : "Total" column includes cases where Duration of Stay is not known (i.e. it is not the sum)

TABLE IV. Number of Cases and Proportional Incidence Ratios (with 95% Confidence Intervals), by Topographical Site, Sex, Region of Birth, and Duration of Stay

MALES   Larynx (ICD-9 161)

Region	Number of Cases Duration of Stay before Cancer					Proportional Incidence Ratios (PIR) and Intervals Duration of Stay before Cancer (in years)				
	0-9	10-19	20-29	30+	Total	0-9	10-19	20-29	30+	Total
Asia	27	76	92	70	272	104 **158** 231	109 **138** 172	91 **113** 139	102 **131** 166	114 **129** 145
Turkey	13	22	29	18	84	107 **202** 345	104 **166** 251	116 **173** 249	87 **147** 233	134 **169** 209
Iraq	3	31	41	18	97	35 **174** 509	93 **137** 194	80 **112** 152	81 **136** 215	104 **129** 157
Yemen	1	6	5	8	20	9 **714** ***	39 **108** 235	14 **43** 100	28 **64** 126	40 **66** 102
Iran	4	8	7	6	26	23 **87** 223	40 **94** 185	29 **73** 151	39 **107** 232	59 **90** 132
India	5	4	2	0	11	76 **235** 549	56 **206** 528	34 **306** ***	0 **0** ***	113 **227** 406
Africa	76	87	61	19	245	146 **185** 232	104 **130** 160	96 **125** 160	71 **119** 185	122 **139** 158
Morocco,Algeria,Tunisia	71	59	38	9	179	146 **187** 236	84 **110** 142	84 **119** 163	50 **109** 207	115 **133** 154
Libya	0	16	14	2	32	0 **0** 631	152 **265** 431	87 **158** 266	8 **74** 268	118 **172** 243
Egypt	5	10	9	8	32	75 **234** 546	69 **144** 264	53 **116** 220	74 **173** 340	101 **147** 208
Europe and America	144	241	268	340	1013	77 **92** 108	87 **100** 113	82 **93** 105	72 **80** 89	84 **90** 95
USSR,Poland	63	82	97	203	453	65 **84** 108	77 **97** 121	64 **79** 96	67 **78** 89	74 **82** 90
Romania	64	103	86	35	291	79 **103** 131	78 **96** 116	85 **107** 132	58 **83** 115	87 **98** 110
Bulgaria,Greece	2	28	41	37	108	17 **148** 535	101 **152** 220	106 **147** 200	113 **160** 221	123 **150** 181
Germany,Austria	1	2	10	29	43	0 **36** 201	5 **43** 156	31 **65** 120	37 **55** 79	41 **56** 76
Czechoslovakia,Hungary	8	15	23	22	69	53 **123** 243	49 **88** 145	51 **81** 122	49 **79** 119	66 **85** 108
All Migrants	247	404	421	429	1530	101 **115** 130	100 **111** 122	92 **101** 111	79 **87** 95	96 **101** 106
Born in Israel					78					69 **87** 108
All Jews					1608					100

Note : "Total" column includes cases where Duration of Stay is not known (i.e. it is not the sum)

TABLE IV. Number of Cases and Proportional Incidence Ratios (with 95% Confidence Intervals), by Topographical Site, Sex, Region of Birth, and Duration of Stay

FEMALES Larynx (ICD-9 161)

Table IV

Region	Number of Cases Duration of Stay before Cancer					Proportional Incidence Ratios (PIR) and Intervals Duration of Stay before Cancer (in years)								
	0-9	10-19	20-29	30+	Total	0-9			10-19			20-29		

Region	0-9	10-19	20-29	30+	Total	0-9 PIR	0-9 low	0-9 high	10-19 PIR	10-19 low	10-19 high	20-29 PIR	20-29 low	20-29 high	30+ PIR	30+ low	30+ high	Total PIR	Total low	Total high
Asia	2	9	14	9	34	16	144	518	89	195	371	120	219	367	103	226	428	140	202	282
Turkey	0	0	3	1	4	0	0	681	0	0	365	46	230	671	1	107	595	28	103	264
Iraq	1	4	7	4	16	9	686	***	58	214	548	98	244	502	125	464	***	156	273	443
Yemen	0	0	0	0	0	0	0	***	0	0	752	0	0	394	0	0	420	0	0	156
Iran	0	1	3	2	6	0	0	***	2	175	974	92	459	***	60	538	***	112	307	668
India	1	2	0	0	3	5	416	***	1261	120	***	0	0	***	0	0	***	113	563	***
Africa	3	8	3	3	18	21	104	303	71	165	326	18	90	264	52	258	754	85	144	228
Morocco,Algeria,Tunisia	2	6	1	2	12	9	82	298	60	164	357	1	50	277	48	431	***	71	137	239
Libya	0	2	1	0	3	0	0	***	55	492	***	2	161	894	0	0	***	45	223	650
Egypt	1	0	1	1	3	4	314	***	0	0	507	2	155	865	3	225	***	28	139	407
Europe and America	9	17	21	34	84	27	59	112	43	73	117	48	77	118	59	85	119	62	78	97
USSR,Poland	5	3	8	15	32	23	70	163	9	43	125	32	75	148	34	60	99	43	63	89
Romania	3	8	5	5	21	10	50	147	30	70	139	18	57	133	39	122	284	42	69	105
Bulgaria,Greece	0	3	1	1	5	0	0	***	40	201	586	1	47	263	1	61	338	29	91	212
Germany,Austria	0	0	4	7	11	0	0	***	0	0	724	62	229	586	56	141	290	71	143	256
Czechoslovakia,Hungary	0	1	3	6	11	0	0	526	1	58	321	23	114	334	96	263	573	74	148	264
All Migrants	14	34	38	46	136	39	71	120	72	104	145	73	103	141	75	102	136	83	99	117
Born in Israel					11													55	110	198
All Jews					147														100	

Note : "Total" column includes cases where Duration of Stay is not known (i.e. it is not the sum)

184   Table IV

TABLE IV. Number of Cases and Proportional Incidence Ratios (with 95% Confidence Intervals),
by Topographical Site, Sex, Region of Birth, and Duration of Stay

MALES   Lung   (ICD-9 162)

	Number of Cases Duration of Stay before Cancer					Proportional Incidence Ratios (PIR) and Intervals Duration of Stay before Cancer (in years)														
Region	0-9	10-19	20-29	30+	Total	0-9			10-19			20-29			30+			Total		
Asia	70	304	501	274	1172	67	86	109	102	115	129	121	132	144	91	103	116	109	116	123
Turkey	40	82	132	74	334	91	128	174	104	131	162	138	165	195	93	119	149	124	138	154
Iraq	4	143	257	88	503	12	45	115	108	129	152	132	150	170	110	137	169	127	139	152
Yemen	1	11	29	37	80	3	205	***	21	42	75	37	55	79	42	59	81	44	55	69
Iran	12	38	46	28	125	28	55	96	68	96	131	76	104	138	63	94	136	75	91	108
India	9	8	4	0	22	46	101	192	40	94	185	33	124	318	0	0	***	65	103	156
Africa	189	323	240	85	853	89	103	118	97	108	121	97	111	125	97	121	149	102	109	116
Morocco,Algeria,Tunisia	174	268	160	48	663	88	103	119	99	112	127	97	114	133	100	135	179	103	111	120
Libya	4	27	33	13	78	37	138	353	67	102	148	57	84	117	57	108	184	74	94	117
Egypt	7	27	46	21	103	28	70	143	57	86	125	94	128	171	63	102	156	85	104	126
Europe and America	784	1280	1465	1938	5551	94	101	108	101	107	113	99	104	110	83	87	91	95	97	100
USSR,Poland	365	383	541	1185	2515	88	97	108	86	95	105	83	90	98	79	84	89	85	89	92
Romania	331	608	452	194	1604	97	109	121	102	111	120	100	110	121	78	91	104	102	107	113
Bulgaria,Greece	7	114	200	151	478	41	102	211	102	123	148	123	142	163	107	127	148	119	131	143
Germany,Austria	10	25	75	211	326	33	70	129	73	112	166	86	109	136	71	82	93	79	88	98
Czechoslovakia,Hungary	26	97	139	118	384	50	77	113	95	117	142	87	103	122	70	85	101	87	96	107
All Migrants	1043	1907	2206	2297	7576	94	100	106	104	109	114	106	110	115	86	89	93	99	101	103
Born in Israel					303													73	82	92
All Jews					7879														100	

Note : "Total" column includes cases where Duration of Stay is not known (i.e. it is not the sum)

TABLE IV. Number of Cases and Proportional Incidence Ratios (with 95% Confidence Intervals), by Topographical Site, Sex, Region of Birth, and Duration of Stay

FEMALES Lung (ICD-9 162)

Region	Number of Cases Duration of Stay before Cancer					Proportional Incidence Ratios (PIR) and Intervals Duration of Stay before Cancer (in years)					
	0 – 9	10–19	20–29	30+	Total	0 – 9	10 – 19	20 – 29	30 +	Total	
Asia	31	90	140	83	347	87 **128** 182	93 **115** 142	108 **128** 151	89 **112** 139	106 **118** 131	
Turkey	11	15	24	22	74	54 **109** 195	45 **80** 132	64 **100** 149	81 **129** 195	81 **103** 130	
Iraq	5	42	76	20	143	62 **192** 449	97 **134** 182	124 **157** 197	77 **127** 196	121 **143** 169	
Yemen	0	6	15	20	41	0 **0** ***	28 **76** 165	52 **93** 154	73 **120** 185	71 **98** 134	
Iran	7	11	15	8	41	68 **170** 350	62 **125** 223	80 **142** 235	49 **113** 222	92 **128** 173	
India	4	6	0	1	11	28 **105** 270	79 **216** 470	0 **0** 341	3 **206** ***	65 **131** 234	
Africa	37	83	48	12	183	56 **80** 110	87 **109** 135	65 **88** 117	32 **61** 107	78 **91** 105	
Morocco,Algeria,Tunisia	27	66	30	5	130	46 **70** 103	89 **115** 147	62 **92** 132	20 **63** 148	78 **93** 111	
Libya	2	8	5	2	17	16 **143** 516	57 **132** 259	16 **49** 115	6 **53** 192	45 **78** 125	
Egypt	7	8	12	5	32	54 **134** 276	29 **66** 131	57 **110** 193	22 **67** 157	61 **89** 126	
Europe and America	287	443	511	741	2009	92 **103** 116	94 **104** 114	94 **103** 112	89 **96** 103	95 **100** 104	
USSR,Poland	137	129	172	462	913	88 **105** 124	87 **105** 124	78 **91** 106	86 **94** 103	90 **96** 103	
Romania	112	242	192	76	628	85 **103** 124	99 **112** 128	98 **113** 130	76 **97** 121	100 **108** 117	
Bulgaria,Greece	6	17	32	20	78	80 **218** 475	35 **59** 95	54 **80** 112	39 **63** 98	59 **74** 92	
Germany,Austria	6	7	26	91	130	31 **84** 182	31 **77** 160	53 **81** 119	77 **96** 118	75 **89** 106	
Czechoslovakia,Hungary	8	29	49	48	136	27 **62** 122	61 **91** 131	79 **107** 142	82 **112** 148	84 **101** 119	
All Migrants	355	616	699	836	2539	92 **102** 113	98 **106** 115	98 **106** 114	90 **97** 103	97 **101** 105	
Born in Israel					109					64 **78** 94	
All Jews					2648					**100**	

Note : "Total" column includes cases where Duration of Stay is not known (i.e. it is not the sum)

TABLE IV. Number of Cases and Proportional Incidence Ratios (with 95% Confidence Intervals), by Topographical Site, Sex, Region of Birth, and Duration of Stay

MALES   Melanoma of skin (ICD-9 172)

Region	Number of Cases Duration of Stay before Cancer					Proportional Incidence Ratios (PIR) and Intervals Duration of Stay before Cancer (in years)								
	0 – 9	10–19	20–29	30+	Total	0 – 9			10 – 19			20 – 29		
Asia														
Asia	3	9	28	14	56	6	28	83	10	22	41	33	49	71
Turkey	0	4	8	8	21	0	0	113	14	51	129	33	76	150
Iraq	1	3	13	1	18	2	116	644	3	16	48	27	50	86
Yemen	0	1	1	1	3	0	0	***	0	22	124	0	12	66
Iran	0	1	0	0	1	0	0	110	0	14	78	0	0	55
India	1	0	1	0	2	1	64	356	0	0	341	2	161	897
Africa														
Africa	8	10	8	6	33	12	29	57	9	19	35	10	22	44
Morocco,Algeria,Tunisia	7	4	2	1	15	11	28	57	3	9	24	1	8	30
Libya	1	1	0	0	2	5	388	***	0	22	124	0	0	59
Egypt	0	5	6	5	16	0	0	235	31	95	221	42	116	252
Europe and America														
Europe and America	71	95	142	267	588	67	85	108	60	74	91	86	102	120
USSR,Poland	30	20	48	156	260	54	80	114	27	45	69	63	86	114
Romania	21	46	40	19	127	42	69	105	63	86	115	74	103	140
Bulgaria,Greece	0	5	22	12	40	0	0	528	19	58	134	100	159	241
Germany,Austria	2	6	12	51	72	13	120	434	71	195	425	65	127	221
Czechoslovakia,Hungary	2	9	15	19	45	7	67	241	45	98	186	60	107	177
All Migrants	82	114	178	287	677	54	67	84	42	51	62	66	77	89
Born in Israel					269									
All Jews					946									

Region	30 +			Total		
Asia	30	56	94	31	41	53
Turkey	66	153	301	47	76	116
Iraq	0	16	87	20	35	55
Yemen	0	17	95	3	16	46
Iran	0	0	159	0	5	28
India	0	0	***	7	59	212
Africa	26	70	152	18	26	37
Morocco,Algeria,Tunisia	0	22	122	9	15	25
Libya	0	0	291	2	16	57
Egypt	62	193	450	61	107	174
Europe and America	145	165	186	103	112	122
USSR,Poland	140	165	193	97	110	124
Romania	68	112	176	75	90	107
Bulgaria,Greece	64	124	216	85	118	161
Germany,Austria	168	226	297	151	192	242
Czechoslovakia,Hungary	103	170	266	86	119	159
All Migrants	130	147	165	80	86	93
Born in Israel				150	169	191
All Jews					100	

Note : "Total" column includes cases where Duration of Stay is not known (i.e. it is not the sum)

TABLE IV. Number of Cases and Proportional Incidence Ratios (with 95% Confidence Intervals), by Topographical Site, Sex, Region of Birth, and Duration of Stay

FEMALES Melanoma of skin (ICD-9 172)

Region	Number of Cases Duration of Stay before Cancer					Proportional Incidence Ratios (PIR) and Intervals Duration of Stay before Cancer (in years)										
	0-9	10-19	20-29	30+	Total	0-9			10-19			20-29			30+			Total		
Asia	3	9	23	10	46	4	19	56	7	16	30	21	34	51	17	36	66	19	26	35
Turkey	1	1	9	5	16	0	25	140	0	11	62	41	91	172	27	83	193	30	53	87
Iraq	0	7	10	2	19	0	0	223	12	29	60	15	30	56	4	31	113	17	29	45
Yemen	0	0	2	1	3	0	0	***	0	0	54	2	19	70	0	15	84	2	12	36
Iran	2	1	0	0	4	4	38	136	0	10	56	0	0	46	0	0	153	4	15	38
India	0	0	0	0	0	0	0	150	0	0	178	0	0	322	0	0	***	0	0	63
Africa	16	16	10	8	53	26	45	73	14	25	40	12	25	47	35	82	162	26	34	45
Morocco,Algeria,Tunisia	8	11	4	3	27	11	26	51	11	22	39	4	16	40	16	78	227	16	24	34
Libya	0	1	3	0	5	0	0	517	0	15	84	8	41	121	0	0	182	10	30	69
Egypt	2	3	2	4	11	9	77	278	8	41	120	4	33	118	30	112	286	27	55	98
Europe and America	87	152	192	330	785	57	71	88	71	84	98	85	99	114	133	149	166	99	107	114
USSR,Poland	37	54	79	193	370	48	67	93	72	96	126	84	106	132	126	146	168	103	114	126
Romania	27	55	56	37	180	40	61	89	51	68	88	72	95	123	109	155	214	73	85	99
Bulgaria,Greece	1	10	10	10	33	1	91	506	44	92	168	32	67	123	48	99	183	60	87	123
Germany,Austria	4	6	15	51	78	41	153	391	47	128	279	60	107	176	124	167	219	116	147	183
Czechoslovakia,Hungary	2	11	16	22	53	5	41	147	39	79	141	45	80	129	102	163	247	74	99	130
All Migrants	106	177	225	348	884	50	61	74	50	58	67	65	74	85	121	134	149	78	83	89
Born in Israel					414													161	178	196
All Jews					1298														100	

Note : "Total" column includes cases where Duration of Stay is not known (i.e. it is not the sum)

TABLE IV. Number of Cases and Proportional Incidence Ratios (with 95% Confidence Intervals), by Topographical Site, Sex, Region of Birth, and Duration of Stay

MALES   Breast (ICD-9 175)

Region	Number of Cases Duration of Stay before Cancer					Proportional Incidence Ratios (PIR) and Intervals Duration of Stay before Cancer (in years)											
	0-9	10-19	20-29	30+	Total	0 - 9			10 - 19			20 - 29			30 +			Total		
Asia	2	7	8	9	26	8	74	265	31	78	160	26	60	119	46	102	193	49	75	110
Turkey	1	1	1	2	5	1	97	540	1	47	261	0	37	203	11	98	353	20	62	144
Iraq	0	5	2	1	8	0	0	***	43	133	311	4	33	120	1	46	257	28	64	127
Yemen	0	0	1	2	3	0	0	***	0	0	394	1	54	302	11	95	345	12	60	176
Iran	1	1	2	1	5	2	139	775	1	72	401	14	128	462	1	106	587	34	106	248
India	0	0	0	0	0	0	0	***	0	0	***	0	0	***	0	0	***	0	0	494
Africa	4	14	5	2	26	17	62	160	73	134	225	21	65	151	9	84	302	62	95	138
Morocco,Algeria,Tunisia	3	9	2	2	16	10	51	149	49	107	204	4	40	143	19	167	601	44	76	124
Libya	0	4	1	0	5	0	0	***	117	434	***	1	71	396	0	0	918	56	173	403
Egypt	1	1	2	0	5	4	278	***	1	92	511	18	164	591	0	0	511	47	146	341
Europe and America	26	42	53	74	200	66	101	148	77	106	144	85	113	148	81	104	130	93	107	123
USSR,Poland	17	14	23	41	98	80	137	219	57	104	175	74	117	175	65	91	124	86	106	130
Romania	5	17	19	8	49	16	50	117	55	95	153	83	138	216	50	116	229	74	100	132
Bulgaria,Greece	0	5	6	2	13	0	0	***	53	165	386	48	131	284	6	52	187	58	109	187
Germany,Austria	0	2	2	13	17	0	0	751	30	268	968	9	84	304	83	156	266	81	140	224
Czechoslovakia,Hungary	3	3	3	6	15	56	277	809	21	106	311	13	66	192	49	133	290	64	114	187
All Migrants	32	63	66	85	252	63	92	130	82	107	137	75	97	124	82	103	127	89	101	115
Born in Israel					11													39	77	138
All Jews					263														100	

Note : "Total" column includes cases where Duration of Stay is not known (i.e. it is not the sum)

Table IV 189

TABLE IV. Number of Cases and Proportional Incidence Ratios (with 95% Confidence Intervals), by Topographical Site, Sex, Region of Birth, and Duration of Stay

FEMALES Breast (ICD-9 174)

Region	Number of Cases Duration of Stay before Cancer					Proportional Incidence Ratios (PIR) and Intervals Duration of Stay before Cancer (in years)										
	0-9	10-19	20-29	30+	Total	0 - 9			10 - 19			20 - 29			30 +			Total		
Asia	137	455	725	415	1795	74	88	104	75	82	90	85	91	98	88	97	107	86	90	95
Turkey	48	106	139	106	412	65	88	116	80	97	117	81	96	113	89	108	131	89	98	108
Iraq	21	193	367	97	695	70	114	174	72	84	96	91	101	112	83	102	124	89	96	103
Yemen	0	20	70	69	166	0	0	***	21	34	53	47	60	76	56	72	91	51	60	70
Iran	17	58	71	36	192	31	53	85	58	77	99	64	82	103	66	95	131	68	79	90
India	20	17	3	2	46	42	70	107	45	77	123	5	27	79	9	79	285	51	70	93
Africa	246	512	410	157	1360	62	70	80	76	83	91	87	96	106	96	113	132	82	87	92
Morocco,Algeria,Tunisia	181	355	218	50	827	53	62	71	67	75	83	72	82	94	69	93	122	69	74	79
Libya	7	46	75	33	166	39	98	202	67	91	122	75	95	119	84	122	172	85	100	116
Egypt	46	102	107	67	325	90	123	164	99	122	148	113	138	167	96	124	158	114	127	142
Europe and America	1647	2436	3066	4180	11530	95	99	104	92	96	100	100	104	108	105	108	111	101	103	105
USSR,Poland	706	719	1118	2432	5059	86	93	100	84	91	98	90	96	102	99	103	107	95	98	100
Romania	632	1135	943	427	3175	91	98	106	91	96	102	98	104	111	95	104	115	96	100	103
Bulgaria,Greece	16	159	271	203	659	58	102	165	87	102	120	107	121	136	105	121	138	106	115	124
Germany,Austria	41	68	226	625	976	84	117	159	92	119	150	102	117	133	114	123	133	113	121	129
Czechoslovakia,Hungary	92	197	333	275	912	101	125	154	88	102	117	100	112	125	106	120	135	106	113	121
All Migrants	2030	3403	4201	4752	14685	90	94	98	89	92	95	98	101	104	104	107	110	98	99	101
Born in Israel					1505													102	108	113
All Jews					16190														100	

Note : "Total" column includes cases where Duration of Stay is not known (i.e. it is not the sum)

TABLE IV. Number of Cases and Proportional Incidence Ratios (with 95% Confidence Intervals), by Topographical Site, Sex, Region of Birth, and Duration of Stay

FEMALES Cervix uteri (ICD-9 180)

Region	Number of Cases Duration of Stay before Cancer					Proportional Incidence Ratios (PIR) and Intervals Duration of Stay before Cancer (in years)										
	0-9	10-19	20-29	30+	Total	0-9			10-19			20-29			30+			Total		
Asia	21	53	59	28	164	103	167	255	86	115	150	68	90	116	56	84	121	86	101	118
Turkey	4	11	7	1	24	26	98	250	64	128	230	25	62	127	0	13	74	47	74	110
Iraq	3	26	37	10	77	39	196	572	87	134	196	85	121	167	63	132	243	101	127	159
Yemen	0	4	8	5	17	0	0	***	21	80	204	36	83	164	22	67	156	44	75	120
Iran	4	3	1	0	8	38	142	364	9	45	133	0	13	74	0	0	126	17	38	76
India	9	1	3	0	14	171	375	712	1	54	301	61	303	885	0	0	***	138	253	424
Africa	99	130	62	15	308	275	339	412	208	249	296	133	173	222	74	133	219	209	234	262
Morocco,Algeria,Tunisia	91	110	44	9	256	298	370	454	223	271	327	144	198	265	94	207	393	240	272	308
Libya	0	9	11	2	22	0	0	659	93	204	388	84	168	300	10	91	327	99	157	238
Egypt	6	10	7	4	27	72	199	432	71	148	273	44	109	225	25	92	234	86	130	189
Europe and America	149	175	195	155	690	97	115	135	76	88	102	73	84	97	47	55	65	75	81	87
USSR,Poland	64	47	60	81	259	84	108	138	54	74	99	50	65	84	39	49	60	59	67	75
Romania	74	79	75	29	260	116	148	186	70	88	110	85	108	135	64	96	138	95	107	121
Bulgaria,Greece	1	11	13	7	33	1	83	461	46	93	166	40	75	128	22	55	114	52	75	106
Germany,Austria	5	3	11	26	46	61	188	439	13	63	184	36	71	128	44	68	100	54	74	99
Czechoslovakia,Hungary	0	17	26	7	51	0	0	64	65	112	179	71	108	159	16	41	84	60	81	106
All Migrants	269	358	316	198	1162	139	157	177	109	121	134	85	95	106	53	61	70	95	101	107
Born in Israel					116													75	91	109
All Jews					1278														100	

Note : "Total" column includes cases where Duration of Stay is not known (i.e. it is not the sum)

TABLE IV. Number of Cases and Proportional Incidence Ratios (with 95% Confidence Intervals), by Topographical Site, Sex, Region of Birth, and Duration of Stay

FEMALES Corpus uteri (ICD-9 182)

Region	Number of Cases Duration of Stay before Cancer					Proportional Incidence Ratios (PIR) and Intervals Duration of Stay before Cancer (in years)				
	0-9	10-19	20-29	30+	Total	0-9	10-19	20-29	30+	Total
Asia	19	64	85	66	241	44 **74** 115	56 **73** 93	55 **69** 85	67 **86** 110	66 **75** 85
Turkey	9	16	18	19	63	41 **90** 170	48 **83** 135	42 **71** 112	63 **105** 164	65 **85** 108
Iraq	4	35	42	13	97	37 **139** 355	68 **98** 136	55 **77** 104	42 **80** 136	70 **87** 106
Yemen	0	0	6	9	16	0 **0** ***	0 **0** 39	12 **33** 72	24 **54** 102	20 **35** 58
Iran	1	5	7	2	15	0 **22** 120	15 **45** 106	22 **56** 115	3 **29** 104	23 **41** 67
India	2	4	3	0	9	5 **44** 159	30 **111** 285	41 **203** 592	0 **0** 753	39 **86** 164
Africa	57	70	56	28	214	77 **101** 131	58 **74** 94	65 **86** 111	80 **121** 175	76 **87** 100
Morocco,Algeria,Tunisia	47	52	27	5	133	74 **100** 133	54 **73** 95	45 **68** 99	18 **56** 130	65 **78** 92
Libya	3	6	13	5	27	48 **238** 694	28 **78** 169	58 **110** 188	37 **116** 271	69 **105** 153
Egypt	6	11	16	18	51	34 **93** 201	39 **77** 138	71 **125** 203	117 **197** 311	88 **118** 156
Europe and America	341	478	532	798	2196	105 **117** 130	97 **107** 117	92 **101** 110	96 **103** 110	101 **105** 110
USSR,Poland	146	143	204	463	972	91 **108** 127	87 **103** 122	82 **95** 109	87 **96** 105	92 **98** 105
Romania	134	235	166	86	631	98 **116** 138	95 **109** 124	87 **102** 119	86 **107** 133	100 **108** 117
Bulgaria,Greece	8	26	41	28	106	122 **282** 556	61 **93** 136	74 **103** 140	58 **88** 127	83 **102** 123
Germany,Austria	12	15	40	107	177	101 **195** 341	90 **161** 266	86 **120** 163	91 **110** 133	103 **120** 139
Czechoslovakia,Hungary	15	33	53	64	171	62 **111** 183	69 **100** 140	77 **103** 134	108 **140** 179	100 **117** 136
All Migrants	417	612	673	892	2651	101 **111** 123	90 **97** 105	87 **94** 101	95 **102** 109	96 **100** 104
Born in Israel					180					87 **101** 117
All Jews					2831					**100**

Note: "Total" column includes cases where Duration of Stay is not known (i.e. it is not the sum)

TABLE IV. Number of Cases and Proportional Incidence Ratios (with 95% Confidence Intervals), by Topographical Site, Sex, Region of Birth, and Duration of Stay

FEMALES Ovary, etc. (ICD-9 183)

Region	Number of Cases Duration of Stay before Cancer					Proportional Incidence Ratios (PIR) and Intervals Duration of Stay before Cancer (in years)									
	0-9	10-19	20-29	30+	Total	0-9			10-19			20-29			
Asia	29	89	136	80	341	58	87	125	63	78	96	73	87	103	70	88	109	75	84	93
Turkey	15	20	34	24	95	71	127	209	53	86	133	78	112	157	72	113	168	86	107	131
Iraq	0	47	60	14	123	0	0	103	74	101	134	65	85	109	39	71	119	71	86	102
Yemen	0	8	16	16	41	0	0	***	28	64	126	40	70	114	46	80	130	52	72	98
Iran	3	5	15	6	30	9	43	124	11	33	77	51	91	150	27	73	159	41	61	87
India	5	6	1	0	12	27	84	196	49	134	293	1	49	273	0	0	670	46	90	157
Africa	39	73	53	17	188	37	53	72	46	59	74	48	64	83	35	60	97	51	59	69
Morocco,Algeria,Tunisia	30	53	31	5	124	32	48	68	42	56	73	41	61	87	15	45	106	46	55	66
Libya	1	8	10	3	23	1	63	353	33	76	150	31	65	120	11	56	162	44	69	103
Egypt	8	12	12	8	40	44	103	202	35	68	120	39	76	133	31	73	144	54	76	104
Europe and America	357	601	735	914	2656	91	101	112	103	112	121	108	116	125	98	104	111	104	109	113
USSR,Poland	156	187	270	538	1175	81	96	112	96	112	129	94	107	120	91	99	108	97	103	109
Romania	149	294	235	102	788	91	108	127	103	115	129	106	121	138	91	111	135	107	114	123
Bulgaria,Greece	2	31	61	46	142	7	60	216	63	93	132	98	128	165	91	124	166	97	115	135
Germany,Austria	13	11	47	133	208	92	174	297	46	93	167	85	115	153	99	119	141	103	119	136
Czechoslovakia,Hungary	19	47	86	56	210	72	119	186	86	118	156	110	137	169	82	108	140	105	121	139
All Migrants	425	763	924	1011	3185	83	92	101	92	99	106	99	106	113	95	101	108	97	100	104
Born in Israel					281													84	95	107
All Jews					3466														100	

Note : "Total" column includes cases where Duration of Stay is not known (i.e. it is not the sum)

TABLE IV. Number of Cases and Proportional Incidence Ratios (with 95% Confidence Intervals), by Topographical Site, Sex, Region of Birth, and Duration of Stay

MALES Prostate (ICD-9 185)

Region	Number of Cases Duration of Stay before Cancer					Proportional Incidence Ratios (PIR) and Intervals Duration of Stay before Cancer (in years)														
	0-9	10-19	20-29	30+	Total	0-9			10-19			20-29			30+			Total		
Asia	58	188	244	164	661	96	126	163	107	124	144	101	115	130	84	99	115	104	113	122
Turkey	17	32	40	35	128	55	94	150	65	95	134	65	90	123	63	91	127	78	93	111
Iraq	17	104	141	52	315	164	282	451	126	154	187	120	143	169	99	132	174	131	146	164
Yemen	0	14	19	27	60	0	0	***	54	99	167	40	67	104	43	65	95	53	70	90
Iran	14	25	25	23	89	62	113	190	73	113	167	67	103	153	72	113	170	89	111	137
India	4	6	2	0	12	28	104	265	58	158	345	15	134	483	0	0	***	65	126	220
Africa	103	199	150	49	509	97	119	144	126	146	167	123	146	171	108	146	193	127	139	151
Morocco,Algeria,Tunisia	90	167	93	19	374	92	114	141	131	153	178	115	143	175	70	116	182	123	136	151
Libya	2	17	30	11	62	15	134	482	83	142	228	107	159	227	81	162	290	119	155	199
Egypt	9	15	26	18	69	71	155	294	57	101	167	93	142	208	113	191	302	110	142	179
Europe and America	352	556	721	1440	3144	70	78	86	75	82	89	82	89	95	97	103	108	89	92	95
USSR,Poland	168	157	287	909	1551	63	74	86	63	74	86	77	87	97	92	99	105	85	90	94
Romania	137	253	214	115	731	68	81	96	68	77	87	71	81	93	74	89	107	75	81	87
Bulgaria,Greece	3	65	100	104	276	13	67	196	91	118	150	93	115	139	111	136	165	107	121	137
Germany,Austria	10	14	30	176	237	48	100	183	60	110	184	58	86	123	104	122	141	101	116	131
Czechoslovakia,Hungary	15	41	59	77	199	40	71	118	64	90	122	62	82	105	77	97	122	77	89	103
All Migrants	513	943	1115	1653	4314	80	88	96	91	97	104	93	99	105	98	103	108	96	99	102
Born in Israel					220													115	132	151
All Jews					4534														100	

Note : "Total" column includes cases where Duration of Stay is not known (i.e. it is not the sum)

TABLE IV. Number of Cases and Proportional Incidence Ratios (with 95% Confidence Intervals), by Topographical Site, Sex, Region of Birth, and Duration of Stay

MALES   Testis (ICD-9 186)

Region	Number of Cases Duration of Stay before Cancer			Proportional Incidence Ratios (PIR) and Intervals Duration of Stay before Cancer (in years)								
	0 – 19	20 +	Total	0 – 19			20 +			Total		
Asia	**20**	31	**53**	39	**64**	99	54	**80**	113	55	**73**	96
Turkey	6	6	13	44	**120**	262	33	**89**	195	58	**109**	186
Iraq	7	10	17	22	**56**	115	30	**62**	113	34	**58**	93
Yemen	0	5	5	0	**0**	115	25	**78**	181	17	**51**	120
Iran	3	4	8	9	**44**	129	25	**93**	238	29	**68**	133
India	3	1	4	48	**239**	699	3	**232**	***	60	**222**	567
Africa	**18**	11	**30**	22	**38**	59	25	**49**	88	28	**42**	60
Morocco,Algeria,Tunisia	11	5	17	14	**27**	49	11	**34**	78	18	**30**	49
Libya	3	0	3	21	**103**	300	0	**0**	100	9	**44**	129
Egypt	1	6	7	0	**25**	141	59	**162**	352	35	**89**	183
Europe and America	**108**	114	**230**	97	**119**	143	110	**133**	160	111	**127**	144
USSR,Poland	31	41	73	62	**92**	131	82	**115**	156	80	**103**	129
Romania	38	21	62	82	**116**	159	74	**120**	183	93	**121**	155
Bulgaria,Greece	2	9	12	7	**59**	212	52	**113**	214	52	**102**	178
Germany,Austria	4	14	19	40	**150**	384	71	**130**	218	83	**138**	216
Czechoslovakia,Hungary	7	16	23	56	**139**	286	122	**213**	346	114	**179**	269
All Migrants	**146**	156	**313**	73	**86**	101	90	**106**	124	86	**96**	108
Born in Israel			**168**							92	**108**	125
All Jews			**481**								**100**	

Note : "Total" column includes cases where Duration of Stay is not known (i.e. it is not the sum)

TABLE IV. Number of Cases and Proportional Incidence Ratios (with 95% Confidence Intervals), by Topographical Site, Sex, Region of Birth, and Duration of Stay

MALES   Bladder   (ICD-9 188) (b)

Region	Number of Cases Duration of Stay before Cancer					Proportional Incidence Ratios (PIR) and Intervals Duration of Stay before Cancer (in years)										
	0-9	10-19	20-29	30+	Total	0-9			10-19			20-29			30+			Total		
Asia	58	171	269	187	704	72	95	123	72	84	98	82	93	105	81	94	109	85	92	99
Turkey	23	48	69	50	194	63	99	149	75	102	135	89	114	145	80	108	143	93	107	123
Iraq	5	75	115	37	238	24	75	175	68	87	109	73	88	106	54	77	106	76	86	98
Yemen	0	14	18	31	65	0	0	851	38	69	116	26	44	70	45	66	94	46	59	75
Iran	18	21	39	23	106	63	107	169	42	68	104	82	115	157	66	105	157	82	100	122
India	1	2	2	0	5	0	15	82	4	31	114	9	81	291	0	0	***	10	31	72
Africa	201	293	180	52	739	125	144	165	114	128	143	93	109	126	74	99	130	115	123	133
Morocco,Algeria,Tunisia	187	255	119	32	605	126	146	168	122	139	157	92	111	133	82	120	170	123	133	144
Libya	2	16	31	8	58	11	95	341	45	79	128	70	103	147	39	89	176	70	92	119
Egypt	11	21	30	9	71	71	142	253	54	88	134	74	110	157	27	59	112	74	94	119
Europe and America	545	902	997	1640	4154	86	94	102	95	101	108	90	95	102	95	100	105	95	98	101
USSR,Poland	243	283	412	966	1936	76	87	99	84	95	106	84	93	103	87	93	99	88	92	97
Romania	224	398	285	153	1071	87	99	113	88	98	108	83	93	105	82	97	114	91	97	103
Bulgaria,Greece	5	81	101	114	305	31	98	228	94	118	147	79	97	117	107	129	155	100	112	126
Germany,Austria	13	28	65	222	331	64	120	205	110	166	240	96	125	159	102	117	133	108	121	134
Czechoslovakia,Hungary	28	68	94	125	321	74	112	162	85	110	139	76	94	115	102	122	145	97	109	122
All Migrants	804	1366	1446	1879	5597	96	103	110	98	103	109	92	96	102	95	99	104	97	100	103
Born in Israel					327													89	100	111
All Jews					5924														100	

Note : "Total" column includes cases where Duration of Stay is not known (i.e. it is not the sum)
(b) Includes benign tumours (ICD-9 223.3, 233.7, 236.7)

TABLE IV. Number of Cases and Proportional Incidence Ratios (with 95% Confidence Intervals), by Topographical Site, Sex, Region of Birth, and Duration of Stay

FEMALES Bladder (ICD-9 188) (b)

Table IV

Region	Number of Cases Duration of Stay before Cancer					Proportional Incidence Ratios (PIR) and Intervals Duration of Stay before Cancer (in years)				
	0-9	10-19	20-29	30+	Total	0-9	10-19	20-29	30+	Total
Asia	15	48	56	41	166	66 **118** 195	87 **119** 157	76 **101** 131	78 **109** 148	94 **110** 129
Turkey	10	18	8	10	49	92 **192** 354	110 **187** 295	28 **66** 130	55 **115** 212	99 **134** 178
Iraq	0	11	23	7	42	0 **0** 279	34 **68** 121	59 **93** 140	35 **87** 179	59 **82** 111
Yemen	0	3	8	9	21	0 **0** ***	15 **73** 215	42 **97** 192	48 **106** 201	61 **99** 151
Iran	2	6	11	5	25	10 **86** 312	47 **129** 280	102 **204** 366	44 **138** 322	97 **149** 220
India	0	0	0	1	1	0 **0** 188	0 **0** 256	0 **0** 702	5 **405** ***	0 **23** 129
Africa	27	37	23	11	101	74 **113** 164	66 **94** 129	53 **83** 124	56 **113** 202	80 **98** 119
Morocco,Algeria,Tunisia	25	26	17	6	76	81 **126** 186	57 **88** 129	59 **102** 163	55 **150** 327	83 **105** 132
Libya	0	5	4	2	12	0 **0** 487	49 **153** 356	21 **77** 198	12 **108** 391	55 **106** 186
Egypt	2	6	2	3	13	8 **75** 272	35 **97** 211	4 **36** 131	16 **81** 236	38 **71** 122
Europe and America	111	204	256	411	997	64 **78** 94	81 **94** 108	89 **101** 115	95 **104** 115	91 **97** 103
USSR,Poland	48	59	97	255	466	53 **72** 95	72 **95** 122	83 **102** 125	90 **102** 116	88 **97** 106
Romania	49	92	77	36	256	65 **88** 117	67 **84** 103	70 **89** 111	63 **90** 125	76 **86** 98
Bulgaria,Greece	0	20	26	19	67	0 **0** 261	84 **137** 211	83 **127** 186	71 **118** 184	97 **125** 158
Germany,Austria	4	7	22	64	98	29 **108** 277	61 **152** 312	85 **136** 205	102 **133** 170	108 **132** 161
Czechoslovakia,Hungary	6	18	24	22	71	33 **91** 199	66 **111** 176	67 **104** 155	63 **101** 153	81 **103** 130
All Migrants	153	289	335	463	1264	72 **86** 100	86 **97** 109	89 **100** 111	96 **105** 115	93 **99** 104
Born in Israel					91					97 **120** 147
All Jews					1355					**100**

Note: "Total" column includes cases where Duration of Stay is not known (i.e. it is not the sum)
(b) Includes benign tumours (ICD-9 223.3, 233.7, 236.7)

TABLE IV. Number of Cases and Proportional Incidence Ratios (with 95% Confidence Intervals), by Topographical Site, Sex, Region of Birth, and Duration of Stay

MALES Kidney & other urinary (ICD-9 189)

Region	Number of Cases Duration of Stay before Cancer			Proportional Incidence Ratios (PIR) and Intervals Duration of Stay before Cancer (in years)			
	0 – 19	20 +	Total	0 – 19	20 +	Total	
Asia	74	135	213	70 **89** 112	75 **89** 106	77 **89** 102	
Turkey	23	25	49	65 **103** 155	49 **76** 112	64 **86** 114	
Iraq	35	61	97	85 **122** 170	84 **110** 141	92 **113** 138	
Yemen	3	19	22	9 **45** 132	43 **71** 111	41 **65** 98	
Iran	6	15	22	14 **39** 86	49 **87** 144	41 **66** 100	
India	0	0	0	0 **0** 85	0 **0** 433	0 **0** 68	
Africa	88	47	139	58 **73** 90	49 **67** 89	60 **71** 84	
Morocco,Algeria,Tunisia	78	28	109	60 **76** 95	43 **64** 93	60 **73** 88	
Libya	3	7	10	8 **41** 119	22 **56** 115	23 **49** 90	
Egypt	7	11	19	28 **69** 142	40 **80** 143	47 **78** 122	
Europe and America	499	888	1416	99 **109** 119	101 **108** 115	103 **108** 114	
USSR,Poland	234	530	780	113 **129** 147	108 **117** 128	113 **121** 130	
Romania	184	124	312	81 **94** 108	73 **88** 105	81 **91** 102	
Bulgaria,Greece	12	46	61	27 **53** 92	57 **79** 105	56 **74** 94	
Germany,Austria	8	85	95	41 **94** 186	89 **112** 138	90 **111** 135	
Czechoslovakia,Hungary	37	74	113	96 **136** 188	92 **117** 146	101 **122** 147	
All Migrants	661	1070	1768	92 **100** 108	96 **102** 109	97 **102** 106	
Born in Israel			132			70 **83** 99	
All Jews			1900			**100**	

Note : "Total" column includes cases where Duration of Stay is not known (i.e. it is not the sum)

TABLE IV. Number of Cases and Proportional Incidence Ratios (with 95% Confidence Intervals), by Topographical Site, Sex, Region of Birth, and Duration of Stay

FEMALES Kidney & other urinary (ICD-9 189)

Table IV

Region	Number of Cases Duration of Stay before Cancer			Proportional Incidence Ratios (PIR) and Intervals Duration of Stay before Cancer (in years)		
	0 - 19	20 +	Total	0 - 19	20 +	Total
Asia	46	77	125	78 **107** 142	81 **103** 128	85 **103** 122
Turkey	18	16	35	92 **156** 247	55 **97** 158	85 **122** 170
Iraq	17	34	52	69 **119** 190	88 **128** 179	93 **125** 163
Yemen	0	14	14	0 **0** 110	58 **106** 177	45 **82** 138
Iran	3	7	10	10 **51** 150	38 **96** 197	34 **71** 130
India	4	0	4	36 **133** 340	0 **0** 550	28 **105** 270
Africa	54	32	89	75 **99** 129	70 **102** 144	81 **101** 124
Morocco,Algeria,Tunisia	43	19	64	73 **100** 135	66 **110** 171	79 **103** 132
Libya	3	7	11	18 **91** 267	48 **120** 247	59 **118** 211
Egypt	8	6	14	47 **108** 214	28 **78** 170	50 **92** 154
Europe and America	290	504	807	90 **101** 114	92 **100** 109	93 **100** 107
USSR, Poland	117	286	409	93 **113** 135	95 **107** 120	98 **108** 119
Romania	116	99	220	74 **90** 107	83 **102** 124	83 **96** 109
Bulgaria, Greece	14	18	32	62 **113** 190	38 **64** 100	53 **77** 109
Germany, Austria	6	43	49	35 **95** 206	62 **86** 115	63 **85** 113
Czechoslovakia, Hungary	22	37	59	77 **123** 186	73 **103** 142	82 **108** 139
All Migrants	390	613	1021	92 **102** 112	93 **100** 109	94 **101** 107
Born in Israel			121			79 **95** 114
All Jews			1142			**100**

Note : "Total" column includes cases where Duration of Stay is not known (i.e. it is not the sum)

TABLE IV. Number of Cases and Proportional Incidence Ratios (with 95% Confidence Intervals), by Topographical Site, Sex, Region of Birth, and Duration of Stay

MALES   Nervous system   (ICD-9   191,192) (c)

Region	Number of Cases Duration of Stay before Cancer					Proportional Incidence Ratios (PIR) and Intervals Duration of Stay before Cancer (in years)				
	0 - 9	10-19	20-29	30+	Total	0 - 9	10 - 19	20 - 29	30 +	Total
Asia	26	121	94	91	339	60 **92** 135	107 **129** 155	60 **75** 91	114 **141** 174	95 **106** 118
Turkey	4	25	11	17	58	12 **45** 116	86 **132** 195	22 **45** 80	70 **121** 194	65 **85** 110
Iraq	4	45	47	22	120	49 **180** 462	81 **111** 149	61 **83** 110	85 **135** 205	84 **102** 122
Yemen	0	14	12	23	49	0 **0** 902	76 **138** 232	33 **65** 113	98 **155** 232	81 **110** 145
Iran	9	23	17	11	64	43 **95** 180	91 **143** 215	67 **114** 183	91 **182** 325	100 **130** 167
India	3	3	1	0	7	15 **77** 225	22 **111** 324	1 **83** 461	0 **0** ***	34 **86** 176
Africa	81	112	84	19	303	88 **111** 138	76 **92** 111	84 **105** 130	53 **88** 137	89 **100** 112
Morocco,Algeria,Tunisia	71	90	53	5	224	82 **105** 133	74 **92** 113	74 **99** 130	14 **44** 103	84 **96** 109
Libya	0	8	20	3	32	0 **0** 457	31 **73** 143	87 **142** 219	18 **91** 265	73 **107** 151
Egypt	9	13	10	10	42	115 **251** 477	58 **109** 187	40 **84** 155	74 **154** 284	87 **121** 163
Europe and America	232	350	376	501	1491	93 **106** 121	98 **109** 121	95 **105** 116	101 **110** 120	103 **108** 114
USSR,Poland	111	139	175	318	757	93 **113** 136	103 **122** 145	100 **117** 136	105 **118** 132	110 **118** 127
Romania	81	134	97	49	371	77 **97** 120	83 **99** 118	81 **99** 121	77 **104** 138	91 **101** 112
Bulgaria,Greece	2	14	19	25	62	13 **119** 430	34 **61** 103	33 **55** 87	63 **97** 143	55 **71** 92
Germany,Austria	5	7	16	61	90	43 **135** 315	36 **91** 188	41 **71** 115	76 **99** 127	75 **93** 114
Czechoslovakia,Hungary	12	29	48	28	119	77 **150** 262	84 **125** 180	98 **133** 176	59 **89** 129	98 **118** 141
All Migrants	339	583	554	611	2133	95 **106** 118	100 **109** 118	90 **98** 107	104 **113** 122	102 **106** 111
Born in Israel					370					67 **74** 82
All Jews					2503					**100**

Note : "Total" column includes cases where Duration of Stay is not known (i.e. it is not the sum)
(c) Includes benign tumours (ICD-9 225, 237.5)

TABLE IV. Number of Cases and Proportional Incidence Ratios (with 95% Confidence Intervals), by Topographical Site, Sex, Region of Birth, and Duration of Stay

FEMALES Nervous system (ICD-9 191,192) (c)

Table IV

Region	Number of Cases Duration of Stay before Cancer					Proportional Incidence Ratios (PIR) and Intervals Duration of Stay before Cancer (in years)				
	0-9	10-19	20-29	30+	Total	0-9	10-19	20-29	30+	Total
Asia	28	115	129	58	337	76 **114** 164	116 **141** 169	106 **127** 151	83 **110** 142	112 **125** 139
Turkey	7	21	28	10	66	39 **97** 199	89 **145** 221	103 **156** 225	39 **82** 152	96 **124** 157
Iraq	6	51	57	13	127	93 **255** 554	112 **150** 198	93 **122** 158	60 **112** 192	109 **131** 156
Yemen	0	11	24	12	49	0 **0** ***	58 **116** 208	102 **160** 238	52 **102** 178	98 **132** 175
Iran	12	14	12	10	52	89 **172** 300	63 **115** 193	56 **108** 189	103 **214** 394	103 **139** 182
India	2	6	2	1	11	5 **46** 165	74 **201** 438	15 **136** 492	4 **324** ***	59 **118** 211
Africa	62	114	75	23	282	81 **106** 136	103 **125** 150	105 **134** 168	85 **134** 201	109 **123** 139
Morocco,Algeria,Tunisia	55	89	42	9	202	82 **108** 141	102 **127** 156	87 **120** 163	61 **134** 254	105 **121** 139
Libya	1	8	20	4	33	1 **93** 516	40 **94** 185	119 **195** 301	32 **120** 307	96 **140** 196
Egypt	4	17	13	10	45	23 **84** 215	84 **145** 232	70 **131** 224	72 **151** 277	98 **134** 180
Europe and America	212	334	356	492	1416	83 **95** 109	93 **104** 115	87 **97** 108	92 **101** 110	94 **99** 104
USSR,Poland	114	121	144	317	706	93 **113** 135	99 **120** 143	82 **98** 115	95 **106** 118	99 **107** 115
Romania	69	135	99	52	359	63 **82** 103	76 **90** 107	73 **90** 109	76 **101** 133	80 **89** 99
Bulgaria,Greece	1	27	28	16	75	1 **51** 281	91 **138** 200	67 **101** 147	44 **77** 125	82 **105** 131
Germany,Austria	4	3	20	68	96	24 **90** 230	8 **40** 118	50 **82** 127	83 **107** 136	77 **95** 116
Czechoslovakia,Hungary	9	28	51	27	115	44 **96** 182	77 **116** 168	102 **137** 181	61 **93** 135	93 **113** 136
All Migrants	302	563	560	573	2035	88 **99** 111	105 **114** 124	98 **107** 116	94 **103** 111	101 **106** 110
Born in Israel					300					66 **74** 83
All Jews					2335					**100**

Note : "Total" column includes cases where Duration of Stay is not known (i.e. it is not the sum)
(c) Includes benign tumours (ICD-9 225, 237.5)

TABLE IV. Number of Cases and Proportional Incidence Ratios (with 95% Confidence Intervals), by Topographical Site, Sex, Region of Birth, and Duration of Stay

MALES   Thyroid (ICD-9 193)

Region	Number of Cases Duration of Stay before Cancer			Proportional Incidence Ratios (PIR) and Intervals Duration of Stay before Cancer (in years)		
	0 – 19	20 +	Total	0 – 19	20 +	Total
Asia	**45**	**61**	**111**	99 **136** 182	96 **126** 161	109 **133** 160
Turkey	6	11	18	32 **89** 193	57 **114** 204	63 **107** 169
Iraq	15	30	45	68 **122** 201	107 **158** 226	103 **142** 189
Yemen	3	13	18	19 **94** 275	83 **156** 266	91 **154** 243
Iran	17	7	26	145 **249** 398	53 **132** 271	134 **205** 300
India	2	0	2	14 **125** 453	0 **0** 981	11 **98** 353
Africa	**34**	**26**	**61**	46 **67** 93	66 **101** 147	60 **78** 100
Morocco,Algeria,Tunisia	25	15	40	38 **58** 86	50 **90** 148	47 **66** 90
Libya	1	6	8	0 **32** 177	51 **138** 301	45 **104** 205
Egypt	7	4	11	66 **165** 339	24 **87** 224	61 **122** 218
Europe and America	**129**	**177**	**312**	82 **98** 116	82 **95** 110	86 **96** 107
USSR,Poland	49	96	147	71 **96** 127	82 **101** 123	83 **99** 116
Romania	52	33	85	73 **98** 129	68 **98** 138	77 **97** 120
Bulgaria,Greece	3	9	12	10 **52** 152	29 **63** 120	30 **58** 102
Germany,Austria	1	19	20	0 **33** 186	59 **98** 153	54 **88** 136
Czechoslovakia,Hungary	14	13	27	102 **187** 313	46 **86** 147	77 **117** 170
All Migrants	**208**	**264**	**484**	84 **96** 110	89 **101** 114	91 **99** 109
Born in Israel			**114**			85 **103** 124
All Jews			**598**			**100**

Note : "Total" column includes cases where Duration of Stay is not known (i.e. it is not the sum)

TABLE IV. Number of Cases and Proportional Incidence Ratios (with 95% Confidence Intervals), by Topographical Site, Sex, Region of Birth, and Duration of Stay

FEMALES Thyroid (ICD-9 193)

Region	Number of Cases Duration of Stay before Cancer			Proportional Incidence Ratios (PIR) and Intervals Duration of Stay before Cancer (in years)			
	0 – 19	20 +	Total	0 – 19	20 +	Total	
Asia	123	160	299	110 **133** 158	123 **144** 168	127 **142** 159	
Turkey	17	16	35	63 **109** 174	51 **89** 145	70 **100** 140	
Iraq	42	77	126	94 **131** 177	133 **168** 210	131 **158** 188	
Yemen	10	36	46	52 **109** 201	128 **183** 254	115 **157** 210	
Iran	40	19	63	139 **195** 265	95 **159** 248	143 **186** 237	
India	3	2	5	11 **56** 163	15 **132** 478	23 **72** 167	
Africa	153	73	232	103 **122** 143	100 **128** 161	108 **123** 140	
Morocco,Algeria,Tunisia	134	51	191	110 **131** 155	110 **147** 194	117 **136** 156	
Libya	10	14	24	51 **106** 195	72 **132** 221	75 **117** 175	
Egypt	7	8	15	24 **60** 124	31 **73** 143	36 **64** 106	
Europe and America	306	412	749	77 **87** 97	79 **87** 96	82 **88** 95	
USSR,Poland	113	218	343	73 **88** 106	80 **92** 105	83 **92** 102	
Romania	133	85	228	76 **91** 108	72 **90** 111	82 **93** 106	
Bulgaria,Greece	12	19	31	44 **86** 149	40 **67** 105	49 **72** 102	
Germany,Austria	5	40	47	19 **58** 135	56 **79** 107	57 **77** 102	
Czechoslovakia,Hungary	15	27	44	39 **69** 114	47 **71** 104	53 **72** 97	
All Migrants	582	645	1280	94 **102** 111	93 **100** 108	97 **103** 109	
Born in Israel			273			79 **89** 100	
All Jews			1553			**100**	

Note : "Total" column includes cases where Duration of Stay is not known (i.e. it is not the sum)

TABLE IV. Number of Cases and Proportional Incidence Ratios (with 95% Confidence Intervals), by Topographical Site, Sex, Region of Birth, and Duration of Stay

MALES   Non-Hodgkin lymphoma (200 and 202)

Region	Number of Cases Duration of Stay before Cancer					Proportional Incidence Ratios (PIR) and Intervals Duration of Stay before Cancer (in years)										
	0-9	10-19	20-29	30+	Total	0-9			10-19			20-29			30+			Total		
Asia	37	105	126	60	335	89	127	175	90	110	133	82	99	118	62	81	105	90	100	111
Turkey	10	16	12	12	52	50	104	191	46	81	132	25	48	83	38	73	127	53	71	94
Iraq	2	42	63	16	126	9	77	278	73	101	136	84	109	139	50	87	142	86	103	122
Yemen	1	13	25	18	57	4	279	***	69	129	221	88	136	201	61	103	163	92	121	157
Iran	17	21	16	8	63	104	179	287	82	133	203	61	106	172	45	105	207	96	125	160
India	3	2	2	0	7	17	84	245	8	75	271	20	174	628	0	0	***	36	90	185
Africa	78	107	95	13	298	87	110	137	76	93	112	101	124	152	32	60	102	91	103	115
Morocco,Algeria,Tunisia	73	80	65	5	228	87	111	140	69	87	108	99	129	164	14	44	104	89	102	116
Libya	1	11	13	4	29	1	113	629	52	104	187	51	95	163	31	114	291	66	99	142
Egypt	3	15	15	4	37	17	84	245	74	132	217	70	125	207	17	62	159	76	108	149
Europe and America	207	292	402	609	1545	75	87	100	74	83	93	92	101	112	100	109	118	93	98	103
USSR,Poland	109	95	167	366	749	81	99	120	64	79	97	86	101	118	96	106	118	92	99	107
Romania	61	141	130	69	407	51	67	86	78	92	109	96	114	136	97	125	158	88	97	107
Bulgaria,Greece	0	22	32	28	85	0	0	189	53	85	129	56	82	115	60	90	130	68	85	105
Germany,Austria	7	6	20	78	114	66	164	337	27	75	163	54	88	137	89	113	141	89	108	130
Czechoslovakia,Hungary	12	16	42	40	115	66	128	224	37	64	104	78	108	146	79	110	150	85	103	124
All Migrants	322	504	623	682	2178	85	95	106	82	90	98	96	104	112	96	104	112	95	99	103
Born in Israel					494													96	105	115
All Jews					2672														100	

Note : "Total" column includes cases where Duration of Stay is not known (i.e. it is not the sum)

TABLE IV. Number of Cases and Proportional Incidence Ratios (with 95% Confidence Intervals), by Topographical Site, Sex, Region of Birth, and Duration of Stay

FEMALES Non-Hodgkin lymphoma (200 and 202)

Region	Number of Cases Duration of Stay before Cancer					Proportional Incidence Ratios (PIR) and Intervals Duration of Stay before Cancer (in years)				
	0-9	10-19	20-29	30+	Total	0-9	10-19	20-29	30+	Total
Asia	23	81	103	70	285	68 **108** 162	92 **115** 143	97 **119** 144	108 **139** 176	107 **121** 136
Turkey	10	15	17	16	59	67 **141** 259	60 **107** 177	59 **101** 162	79 **139** 226	89 **116** 150
Iraq	1	28	49	12	90	1 **49** 271	65 **98** 142	92 **124** 164	57 **110** 192	87 **108** 133
Yemen	0	11	18	22	52	0 **0** ***	69 **138** 247	83 **140** 222	120 **191** 289	118 **157** 206
Iran	5	19	10	6	43	29 **90** 210	115 **190** 297	53 **111** 203	47 **128** 278	100 **138** 186
India	7	2	2	0	11	81 **202** 416	9 **83** 300	21 **190** 684	0 **0** ***	74 **148** 265
Africa	47	83	51	13	198	77 **105** 140	91 **114** 141	83 **112** 147	48 **91** 155	94 **108** 125
Morocco,Algeria,Tunisia	45	67	30	7	151	86 **117** 157	93 **120** 153	72 **106** 152	49 **122** 252	97 **115** 134
Libya	1	10	11	2	24	1 **87** 482	70 **146** 269	65 **131** 235	8 **72** 259	79 **123** 183
Egypt	1	5	9	4	20	0 **26** 144	16 **50** 118	49 **108** 205	20 **73** 187	44 **71** 110
Europe and America	180	245	338	522	1305	76 **88** 102	71 **81** 92	88 **98** 109	95 **104** 113	89 **95** 100
USSR,Poland	92	57	116	341	614	79 **98** 120	48 **64** 83	74 **89** 107	97 **108** 121	88 **96** 104
Romania	58	122	119	48	350	57 **75** 96	68 **82** 98	87 **105** 125	69 **93** 124	79 **88** 98
Bulgaria,Greece	1	22	28	21	73	1 **52** 290	70 **112** 169	68 **103** 148	62 **100** 154	80 **102** 129
Germany,Austria	2	7	19	61	91	5 **41** 148	41 **101** 208	50 **83** 130	75 **97** 125	74 **92** 113
Czechoslovakia,Hungary	15	17	39	24	96	94 **168** 277	44 **75** 120	85 **120** 164	54 **85** 126	83 **102** 125
All Migrants	250	409	492	605	1788	81 **93** 105	83 **92** 101	94 **103** 113	99 **107** 116	95 **99** 104
Born in Israel					292					92 **104** 117
All Jews					2080					**100**

Note : "Total" column includes cases where Duration of Stay is not known (i.e. it is not the sum)

TABLE IV. Number of Cases and Proportional Incidence Ratios (with 95% Confidence Intervals), by Topographical Site, Sex, Region of Birth, and Duration of Stay

MALES   Hodgkin's disease (ICD-9 201)

	Number of Cases			Proportional Incidence Ratios (PIR) and Intervals		
	Duration of Stay before Cancer			Duration of Stay before Cancer (in years)		
Region	0 – 19	20 +	Total	0 – 19	20 +	Total
Asia	48	48	103	95 **129** 171	79 **108** 143	99 **122** 148
Turkey	10	2	12	73 **153** 281	3 **23** 83	40 **77** 134
Iraq	15	20	39	59 **105** 173	69 **113** 175	85 **120** 164
Yemen	5	12	17	44 **135** 315	83 **161** 282	88 **151** 242
Iran	13	7	21	82 **154** 263	57 **141** 291	90 **145** 222
India	3	0	3	38 **190** 556	0 **0** 952	29 **146** 427
Africa	59	25	84	76 **100** 129	66 **102** 151	79 **99** 122
Morocco,Algeria,Tunisia	49	15	64	73 **98** 130	53 **95** 156	74 **96** 122
Libya	5	4	9	42 **130** 303	26 **96** 247	50 **110** 209
Egypt	3	6	9	14 **69** 200	51 **140** 306	46 **100** 190
Europe and America	119	130	253	76 **91** 109	69 **83** 98	76 **86** 97
USSR,Poland	39	64	105	56 **79** 108	62 **81** 103	66 **80** 97
Romania	50	20	70	74 **99** 131	43 **71** 110	68 **88** 111
Bulgaria,Greece	6	12	18	41 **112** 244	51 **98** 172	59 **99** 156
Germany,Austria	0	18	19	0 **0** 108	63 **106** 168	55 **92** 143
Czechoslovakia,Hungary	6	7	13	30 **83** 182	21 **54** 110	33 **62** 107
All Migrants	226	203	440	87 **100** 114	78 **90** 103	86 **95** 104
Born in Israel			226			98 **112** 128
All Jews			666			**100**

Note : "Total" column includes cases where Duration of Stay is not known (i.e. it is not the sum)

TABLE IV. Number of Cases and Proportional Incidence Ratios (with 95% Confidence Intervals), by Topographical Site, Sex, Region of Birth, and Duration of Stay

FEMALES Hodgkin's disease (ICD-9 201)

Region	Number of Cases Duration of Stay before Cancer			Proportional Incidence Ratios (PIR) and Intervals Duration of Stay before Cancer (in years)		
	0 - 19	20 +	Total	0 - 19	20 +	Total
Asia	**30**	**35**	**67**	52 **78** 111	67 **96** 133	66 **86** 109
Turkey	4	4	9	20 **73** 187	20 **74** 190	36 **79** 151
Iraq	12	14	26	47 **92** 160	49 **89** 149	57 **87** 128
Yemen	2	7	9	5 **49** 176	43 **108** 223	38 **84** 160
Iran	7	5	13	29 **73** 150	40 **123** 288	48 **90** 154
India	1	1	2	1 **46** 255	2 **187** ***	8 **73** 263
Africa	**47**	**19**	**68**	64 **87** 116	59 **97** 152	70 **90** 114
Morocco,Algeria,Tunisia	38	12	52	60 **85** 117	51 **99** 173	66 **89** 117
Libya	2	3	5	5 **47** 168	17 **83** 243	20 **62** 145
Egypt	5	2	7	38 **117** 273	6 **57** 207	35 **88** 181
Europe and America	**107**	**148**	**261**	73 **90** 108	90 **106** 125	87 **98** 111
USSR,Poland	39	72	113	64 **90** 122	83 **106** 134	82 **99** 119
Romania	38	33	73	56 **80** 109	81 **118** 165	74 **95** 119
Bulgaria,Greece	6	10	17	49 **133** 290	57 **118** 217	74 **127** 203
Germany,Austria	0	15	15	0 **0** 118	55 **98** 161	44 **79** 131
Czechoslovakia,Hungary	10	9	19	70 **145** 267	36 **80** 151	61 **101** 159
All Migrants	**184**	**202**	**396**	75 **87** 100	90 **103** 119	85 **94** 104
Born in Israel			**201**			98 **114** 130
All Jews			**597**			**100**

Note : "Total" column includes cases where Duration of Stay is not known (i.e. it is not the sum)

TABLE IV. Number of Cases and Proportional Incidence Ratios (with 95% Confidence Intervals), by Topographical Site, Sex, Region of Birth, and Duration of Stay

MALES Multiple myeloma (ICD-9 203)

Region	Number of Cases Duration of Stay before Cancer (in years)			Proportional Incidence Ratios (PIR) and Intervals Duration of Stay before Cancer (in years)		
	0 - 19	20 +	Total	0 - 19	20 +	Total
Asia	35	88	124	74 **106** 147	115 **144** 177	107 **129** 154
Turkey	7	16	23	31 **78** 162	68 **119** 192	64 **100** 150
Iraq	9	27	37	35 **77** 146	80 **121** 176	75 **107** 148
Yemen	3	22	25	24 **120** 350	124 **198** 300	117 **181** 267
Iran	10	12	22	80 **168** 308	89 **173** 302	105 **167** 254
India	3	0	3	37 **186** 544	0 **0** ***	31 **152** 444
Africa	32	35	68	48 **70** 98	90 **129** 179	71 **91** 116
Morocco,Algeria,Tunisia	23	15	39	38 **59** 89	50 **90** 148	49 **69** 94
Libya	3	10	13	21 **107** 312	100 **208** 383	89 **166** 285
Egypt	6	10	16	55 **150** 326	89 **186** 342	96 **169** 274
Europe and America	162	338	514	74 **87** 101	88 **99** 110	87 **95** 104
USSR,Poland	70	173	249	74 **95** 121	78 **91** 106	82 **93** 105
Romania	69	49	120	66 **85** 108	62 **83** 110	70 **85** 102
Bulgaria,Greece	5	26	33	17 **53** 123	69 **106** 155	65 **95** 134
Germany,Austria	4	34	39	31 **114** 291	77 **111** 154	80 **112** 153
Czechoslovakia,Hungary	6	32	38	20 **54** 117	85 **125** 176	72 **101** 139
All Migrants	229	461	706	75 **86** 98	97 **107** 117	92 **99** 107
Born in Israel			42			81 **112** 152
All Jews			748			100

Note : "Total" column includes cases where Duration of Stay is not known (i.e. it is not the sum)

TABLE IV. Number of Cases and Proportional Incidence Ratios (with 95% Confidence Intervals), by Topographical Site, Sex, Region of Birth, and Duration of Stay

FEMALES Multiple myeloma (ICD-9 203)

Region	Number of Cases Duration of Stay before Cancer			Proportional Incidence Ratios (PIR) and Intervals Duration of Stay before Cancer (in years)		
	0 - 19	20 +	Total	0 - 19	20 +	Total
Asia	27	58	86	76 **115** 168	104 **138** 178	102 **128** 158
Turkey	4	8	12	16 **59** 151	36 **83** 163	37 **71** 125
Iraq	11	20	31	71 **142** 255	84 **137** 212	93 **137** 194
Yemen	3	13	16	34 **170** 496	91 **172** 293	95 **167** 271
Iran	4	5	9	38 **142** 364	40 **126** 293	58 **126** 239
India	2	1	3	15 **134** 483	4 **290** ***	32 **157** 459
Africa	45	32	81	118 **162** 217	130 **190** 269	141 **178** 221
Morocco,Algeria,Tunisia	37	17	58	121 **172** 237	108 **186** 297	140 **184** 238
Libya	4	7	11	64 **238** 608	90 **224** 462	112 **224** 401
Egypt	4	8	12	27 **99** 255	81 **187** 369	74 **143** 250
Europe and America	131	271	414	66 **79** 94	79 **90** 101	79 **87** 96
USSR,Poland	49	163	218	61 **83** 110	85 **100** 117	84 **97** 110
Romania	63	42	107	63 **82** 105	51 **71** 97	64 **78** 94
Bulgaria,Greece	3	17	20	8 **40** 118	58 **100** 161	49 **80** 124
Germany,Austria	2	13	15	6 **53** 192	23 **44** 74	25 **44** 72
Czechoslovakia,Hungary	8	28	37	33 **76** 150	90 **135** 195	82 **117** 161
All Migrants	203	361	581	81 **94** 108	90 **100** 111	91 **99** 107
Born in Israel			37			92 **130** 179
All Jews			618			100

Note : "Total" column includes cases where Duration of Stay is not known (i.e. it is not the sum)

TABLE IV. Number of Cases and Proportional Incidence Ratios (with 95% Confidence Intervals), by Topographical Site, Sex, Region of Birth, and Duration of Stay

MALES   Lymphatic leukaemia (ICD-9 204)

Region	Number of Cases Duration of Stay before Cancer			Proportional Incidence Ratios (PIR) and Intervals Duration of Stay before Cancer (in years)								
	0 - 19	20 +	Total	0 - 19			20 +			Total		
Turkey	6	13	20	17	47	102	37	70	120	38	63	97
Iraq	18	25	43	58	98	154	52	80	118	61	85	114
Yemen	8	14	23	86	199	392	50	92	155	75	118	177
Iran	9	8	18	39	86	163	35	82	161	50	84	132
India	2	1	3	9	82	296	3	217	***	19	97	282
Africa	73	28	104	77	99	124	49	74	107	74	91	110
Morocco,Algeria,Tunisia	64	19	85	78	102	130	49	82	128	77	97	120
Libya	4	5	9	23	86	221	24	74	172	35	77	146
Egypt	5	3	9	28	86	201	8	40	118	30	66	125
Europe and America	284	446	753	94	106	119	88	96	106	94	101	109
USSR,Poland	100	238	352	79	97	118	82	93	106	87	96	107
Romania	124	82	207	91	109	130	82	103	127	92	106	121
Bulgaria,Greece	11	25	38	42	84	151	48	75	110	57	80	110
Germany,Austria	9	51	62	76	166	315	91	122	161	100	130	166
Czechoslovakia,Hungary	20	33	55	79	129	199	66	95	134	81	107	139
All Migrants	405	548	985	93	103	114	86	94	102	92	98	105
Born in Israel			247							94	107	121
All Jews			1232								100	

Note : "Total" column includes cases where Duration of Stay is not known (i.e. it is not the sum)

TABLE IV. Number of Cases and Proportional Incidence Ratios (with 95% Confidence Intervals), by Topographical Site, Sex, Region of Birth, and Duration of Stay

FEMALES Lymphatic leukaemia (ICD-9 204)

Region	Number of Cases Duration of Stay before Cancer			Proportional Incidence Ratios (PIR) and Intervals Duration of Stay before Cancer (in years)			
	0 - 19	20 +	Total	0 - 19	20 +		Total
Asia	56	54	114	125 **165** 214	79 **106** 138	106 **129** 155
Turkey	17	6	24	119 **204** 327	19 **53** 116	77 **120** 178
Iraq	15	17	33	76 **136** 224	55 **94** 151	76 **111** 156
Yemen	4	19	23	39 **145** 370	124 **206** 322	119 **188** 281
Iran	12	2	16	115 **223** 389	5 **41** 147	80 **139** 226
India	0	1	1	0 **0** 161	3 **224** ***	0 **36** 198
Africa	36	16	56	57 **82** 114	45 **78** 127	64 **84** 109
Morocco,Algeria,Tunisia	30	12	45	57 **85** 121	55 **106** 185	68 **93** 124
Libya	2	1	4	8 **73** 265	0 **26** 144	16 **60** 153
Egypt	4	2	6	21 **79** 203	5 **40** 145	22 **59** 129
Europe and America	216	326	566	92 **106** 121	84 **93** 104	92 **100** 109
USSR,Poland	83	187	284	90 **113** 140	87 **101** 117	95 **108** 121
Romania	86	57	149	74 **93** 115	62 **82** 107	77 **91** 106
Bulgaria,Greece	10	18	29	54 **113** 208	53 **90** 143	66 **98** 141
Germany,Austria	9	27	37	85 **187** 355	51 **77** 112	64 **91** 126
Czechoslovakia,Hungary	18	20	40	85 **144** 227	51 **83** 128	77 **107** 146
All Migrants	308	396	736	97 **109** 122	85 **94** 104	95 **102** 110
Born in Israel			170			78 **92** 107
All Jews			906			**100**

Note : "Total" column includes cases where Duration of Stay is not known (i.e. it is not the sum)

TABLE IV. Number of Cases and Proportional Incidence Ratios (with 95% Confidence Intervals), by Topographical Site, Sex, Region of Birth, and Duration of Stay

MALES   Myeloid leukaemia   (ICD-9   205)

Region	Number of Cases			Proportional Incidence Ratios (PIR) and Intervals		
	Duration of Stay before Cancer			Duration of Stay before Cancer (in years)		
	0 - 19	20 +	Total	0 - 19	20 +	Total
Asia	39	82	123	69 **98** 134	103 **130** 161	96 **116** 139
Turkey	8	10	19	38 **87** 172	37 **77** 142	51 **84** 131
Iraq	13	41	55	48 **91** 155	122 **171** 231	106 **141** 183
Yemen	3	16	19	18 **89** 259	81 **142** 230	77 **128** 200
Iran	7	7	14	34 **85** 175	39 **98** 203	47 **87** 146
India	4	1	5	56 **208** 532	3 **263** ***	66 **206** 481
Africa	58	27	85	74 **98** 126	58 **88** 128	74 **93** 115
Morocco,Algeria,Tunisia	46	15	61	67 **92** 122	43 **77** 128	66 **86** 111
Libya	6	2	8	61 **166** 361	4 **37** 135	37 **87** 171
Egypt	6	9	15	46 **126** 274	73 **159** 303	78 **140** 231
Europe and America	175	286	470	82 **96** 111	87 **98** 110	88 **97** 106
USSR,Poland	74	145	223	81 **104** 130	79 **94** 110	84 **97** 110
Romania	64	47	113	66 **85** 109	66 **90** 120	72 **88** 105
Bulgaria,Greece	10	10	22	56 **116** 214	22 **46** 85	44 **71** 108
Germany,Austria	4	37	41	27 **102** 261	93 **132** 182	91 **126** 171
Czechoslovakia,Hungary	9	33	42	39 **85** 162	100 **145** 204	89 **123** 167
All Migrants	272	395	678	85 **96** 109	93 **102** 113	92 **99** 107
Born in Israel			158			88 **103** 120
All Jews			836			**100**

Note : "Total" column includes cases where Duration of Stay is not known (i.e. it is not the sum)

TABLE IV. Number of Cases and Proportional Incidence Ratios (with 95% Confidence Intervals), by Topographical Site, Sex, Region of Birth, and Duration of Stay

FEMALES Myeloid leukaemia (ICD-9 205)

	Number of Cases Duration of Stay before Cancer			Proportional Incidence Ratios (PIR) and Intervals Duration of Stay before Cancer (in years)		
Region	0 - 19	20 +	Total	0 - 19	20 +	Total
Asia	**34**	**56**	**91**	75 **108** 151	98 **130** 169	95 **118** 145
Turkey	5	14	20	25 **77** 180	92 **168** 282	80 **132** 203
Iraq	14	24	38	72 **131** 220	94 **146** 217	97 **137** 188
Yemen	2	4	6	8 **70** 252	14 **53** 135	21 **56** 122
Iran	9	6	15	69 **151** 287	50 **137** 298	76 **136** 225
India	2	2	4	12 **102** 370	46 **410** ***	43 **161** 411
Africa	**43**	**19**	**62**	74 **102** 138	58 **96** 150	75 **98** 125
Morocco,Algeria,Tunisia	34	11	45	69 **100** 140	48 **96** 173	70 **96** 129
Libya	3	3	6	20 **100** 293	16 **81** 236	32 **88** 191
Egypt	6	5	11	49 **133** 291	38 **117** 273	61 **123** 221
Europe and America	**161**	**220**	**392**	88 **104** 121	80 **91** 104	87 **97** 107
USSR,Poland	55	111	170	74 **98** 127	73 **89** 107	79 **92** 107
Romania	70	46	118	81 **104** 131	71 **96** 129	84 **101** 121
Bulgaria,Greece	7	12	19	43 **108** 223	44 **86** 150	55 **91** 142
Germany,Austria	4	28	33	29 **107** 275	75 **112** 162	78 **113** 159
Czechoslovakia,Hungary	12	16	29	65 **126** 220	51 **89** 145	69 **104** 149
All Migrants	**238**	**295**	**545**	91 **104** 118	86 **97** 109	92 **100** 109
Born in Israel			**117**			83 **100** 120
All Jews			**662**			**100**

213

TABLE V

Number of cases, mean duration of stay, and standardized incidence ratios (with 95% confidence intervals), by topographical site, sex, continent of birth, and duration of stay

TABLE V. Number of Cases, Mean Duration of Stay, and Standardized Incidence Ratios (with 95% Confidence Intervals), by Topographical Site, Sex, Continent of Birth, and Duration of Stay

All Sites (ICD-9 140-208, excl. 173) (a)

Table V

Region	Number of Cases (Mean Duration of Stay)				Standardized Incidence Ratios (SIR) and Intervals			
	Duration of Stay before Cancer (in years)				Duration of Stay before Cancer (in years)			
	0 - 9	10 - 19	20 +	ALL	0 - 9	10 - 19	20 +	ALL
MALES								
Asia	426 (3.8)	1251 (14.1)	1166 (35.6)	7477 (24.3)	78 **86** 94	66 **70** 74	69 **73** 78	75 **77** 79
Africa	1090 (4.4)	1017 (14.2)	578 (30.5)	5861 (16.8)	85 **91** 96	77 **82** 88	86 **94** 102	87 **89** 92
Europe and America	4395 (3.8)	4931 (14.4)	7229 (37.6)	39641 (25.9)	106 **109** 112	103 **106** 109	101 **104** 106	107 **108** 109
All Migrants	5911 (3.9)	7199 (14.3)	8973 (36.9)	52979 (24.7)	101 **103** 106	91 **93** 96	96 **98** 100	**100**
FEMALES								
Asia	424 (3.8)	1180 (14.0)	1108 (34.8)	7129 (23.5)	69 **76** 84	56 **59** 63	65 **69** 73	68 **69** 71
Africa	947 (4.4)	943 (14.2)	522 (29.9)	5362 (16.9)	62 **66** 71	61 **65** 70	68 **74** 81	68 **69** 71
Europe and America	4966 (3.9)	5385 (14.3)	7632 (36.5)	43137 (25.1)	103 **106** 109	104 **107** 110	112 **115** 117	114 **115** 116
All Migrants	6337 (4.0)	7508 (14.2)	9262 (35.9)	55628 (24.1)	93 **95** 97	87 **89** 91	101 **103** 106	**100**
BOTH								
Asia	850 (3.8)	2431 (14.0)	2274 (35.2)	14606 (23.9)	76 **81** 86	62 **64** 67	68 **71** 74	72 **73** 74
Africa	2037 (4.4)	1960 (14.2)	1100 (30.2)	11223 (16.9)	74 **78** 81	70 **73** 77	78 **83** 88	77 **79** 80
Europe and America	9361 (3.9)	10316 (14.3)	14861 (37.0)	82778 (25.5)	105 **107** 109	104 **106** 108	107 **109** 111	111 **111** 112
All Migrants	12248 (4.0)	14707 (14.2)	18235 (36.4)	108607 (24.4)	97 **99** 100	90 **91** 92	99 **101** 102	**100**

(a) Includes benign bladder and CNS tumours

TABLE V. Number of Cases, Mean Duration of Stay, and Standardized Incidence Ratios (with 95% Confidence Intervals), by Topographical Site, Sex, Continent of Birth, and Duration of Stay

Lip, Oral cavity, Pharynx (ICD-9 140-149)

Region	Number of Cases (Mean Duration of Stay)				Standardized Incidence Ratios (SIR) and Intervals			
	Duration of Stay before Cancer (in years)				Duration of Stay before Cancer (in years)			
	0 - 9	10 - 19	20 +	ALL	0 - 9	10 - 19	20 +	ALL
MALES								
Asia	15 (3.8)	45 (13.5)	45 (36.3)	230 (23.8)	54 **97** 161	56 **77** 103	71 **97** 130	67 **77** 87
Africa	52 (4.4)	43 (13.6)	31 (28.1)	253 (16.1)	95 **127** 166	71 **98** 132	101 **149** 211	97 **111** 125
Europe and America	106 (3.8)	133 (14.6)	203 (37.6)	1081 (27.2)	72 **88** 107	79 **94** 112	94 **109** 125	98 **104** 111
All Migrants	173 (4.0)	221 (14.2)	279 (36.3)	1564 (24.9)	84 **98** 114	79 **91** 103	97 **110** 123	**100**
FEMALES								
Asia	14 (3.7)	35 (14.3)	10 (37.0)	132 (21.5)	95 **173** 290	84 **121** 168	23 **48** 89	78 **93** 110
Africa	25 (4.8)	21 (14.4)	8 (26.6)	113 (14.5)	75 **116** 171	60 **97** 148	37 **86** 169	83 **101** 121
Europe and America	66 (3.9)	46 (14.5)	80 (36.8)	496 (26.0)	79 **103** 131	50 **68** 91	76 **96** 119	93 **102** 111
All Migrants	105 (4.1)	102 (14.4)	98 (36.0)	741 (23.4)	91 **112** 135	71 **87** 105	70 **86** 105	**100**
BOTH								
Asia	29 (3.8)	80 (13.9)	55 (36.4)	362 (23.0)	83 **123** 177	72 **91** 114	62 **82** 107	74 **82** 91
Africa	77 (4.5)	64 (13.8)	39 (27.8)	366 (15.6)	97 **123** 154	75 **97** 124	92 **129** 177	97 **107** 119
Europe and America	172 (3.9)	179 (14.6)	283 (37.3)	1577 (26.8)	80 **93** 108	74 **86** 99	93 **105** 118	98 **104** 109
All Migrants	278 (4.0)	323 (14.2)	377 (36.2)	2305 (24.5)	91 **103** 116	80 **89** 100	92 **102** 113	**100**

TABLE V. Number of Cases, Mean Duration of Stay, and Standardized Incidence Ratios (with 95% Confidence Intervals), by Topographical Site, Sex, Continent of Birth, and Duration of Stay

Nasopharynx (ICD-9 147)

Region	Number of Cases (Mean Duration of Stay)				Standardized Incidence Ratios (SIR) and Intervals			
	Duration of Stay before Cancer (in years)				Duration of Stay before Cancer (in years)			
	0 - 9	10 - 19	20 +	ALL	0 - 9	10 - 19	20 +	ALL
MALES								
Asia	2 (2.5)	8 (13.6)	11 (34.4)	56 (26.1)	9 77 278	35 82 161	83 167 299	91 121 157
Africa	21 (5.0)	19 (13.5)	12 (28.6)	98 (15.9)	167 270 413	142 236 368	179 347 606	193 238 290
Europe and America	10 (3.3)	11 (15.6)	13 (33.5)	70 (22.9)	26 55 102	26 53 94	31 59 101	40 51 65
All Migrants	33 (4.3)	38 (14.2)	36 (32.1)	224 (20.6)	80 116 163	69 98 135	78 112 155	100
FEMALES								
Asia	1 (4.0)	9 (14.3)	1 (31.0)	25 (20.6)	1 75 416	85 187 355	0 37 204	75 116 172
Africa	13 (5.0)	9 (15.0)	5 (27.4)	44 (13.8)	164 309 528	102 224 425	108 336 784	158 217 292
Europe and America	5 (2.6)	5 (14.6)	5 (33.6)	32 (22.6)	18 55 128	17 54 126	18 57 132	37 54 76
All Migrants	19 (4.3)	23 (14.7)	11 (30.5)	101 (18.2)	78 129 202	80 127 191	42 84 151	100
BOTH								
Asia	3 (3.0)	17 (14.0)	12 (34.1)	81 (24.3)	15 76 223	68 116 186	67 129 225	95 119 149
Africa	34 (5.0)	28 (14.0)	17 (28.2)	142 (15.2)	196 284 397	154 232 335	200 343 550	195 231 273
Europe and America	15 (3.1)	16 (15.3)	18 (33.5)	102 (22.8)	31 55 91	30 53 86	34 58 92	42 52 63
All Migrants	52 (4.3)	61 (14.3)	47 (31.7)	325 (19.9)	90 120 158	82 107 138	76 104 138	100

TABLE V. Number of Cases, Mean Duration of Stay, and Standardized Incidence Ratios (with 95% Confidence Intervals), by Topographical Site, Sex, Continent of Birth, and Duration of Stay

Oesophagus (ICD-9 150)

Region	Number of Cases (Mean Duration of Stay) Duration of Stay before Cancer (in years)				Standardized Incidence Ratios (SIR) and Intervals Duration of Stay before Cancer (in years)			
	0 - 9	10 - 19	20 +	ALL	0 - 9	10 - 19	20 +	ALL
MALES								
Asia	7 (2.6)	25 (13.9)	11 (32.4)	116 (23.5)	50 125 257	81 125 185	28 56 101	84 102 122
Africa	7 (6.3)	11 (14.5)	3 (30.0)	54 (17.2)	23 57 118	44 88 158	9 45 132	60 79 104
Europe and America	54 (4.1)	76 (14.2)	73 (39.2)	451 (25.8)	86 115 150	112 142 178	67 85 107	93 103 113
All Migrants	68 (4.2)	112 (14.1)	87 (38.0)	621 (24.6)	82 105 133	107 130 157	62 78 96	100
FEMALES								
Asia	16 (3.4)	22 (14.1)	19 (36.3)	111 (21.4)	200 349 568	86 138 208	81 134 209	105 128 154
Africa	9 (4.9)	9 (13.8)	1 (25.0)	37 (16.0)	42 91 173	41 90 171	0 19 104	47 67 92
Europe and America	35 (2.9)	44 (14.0)	62 (38.1)	336 (25.4)	59 85 118	74 102 137	75 98 126	88 98 109
All Migrants	60 (3.3)	75 (14.0)	82 (37.5)	484 (23.8)	82 107 138	85 109 136	79 99 123	100
BOTH								
Asia	23 (3.1)	47 (14.0)	30 (34.8)	227 (22.5)	143 226 339	96 131 174	60 89 127	99 113 129
Africa	16 (5.5)	20 (14.1)	4 (28.8)	91 (16.7)	41 73 118	54 89 137	9 33 85	59 74 91
Europe and America	89 (3.6)	120 (14.1)	135 (38.7)	787 (25.6)	81 101 124	103 124 149	76 91 107	94 101 108
All Migrants	128 (3.8)	187 (14.1)	169 (37.8)	1105 (24.3)	89 106 126	104 121 139	74 87 101	100

TABLE V. Number of Cases, Mean Duration of Stay, and Standardized Incidence Ratios (with 95% Confidence Intervals), by Topographical Site, Sex, Continent of Birth, and Duration of Stay

Stomach (ICD-9 151)

Region	Number of Cases (Mean Duration of Stay)				Standardized Incidence Ratios (SIR) and Intervals			
	Duration of Stay before Cancer (in years)				Duration of Stay before Cancer (in years)			
	0 - 9	10 - 19	20 +	ALL	0 - 9	10 - 19	20 +	ALL
MALES								
Asia	45 (3.5)	132 (14.0)	90 (34.7)	710 (23.6)	69 **94** 126	64 **77** 91	44 **55** 67	68 **74** 79
Africa	92 (4.4)	93 (13.8)	49 (29.4)	468 (16.3)	68 **85** 104	68 **84** 103	61 **83** 110	71 **77** 85
Europe and America	569 (3.7)	643 (14.2)	668 (38.1)	4181 (24.5)	130 **141** 153	127 **137** 148	84 **91** 98	107 **110** 114
All Migrants	706 (3.8)	868 (14.1)	807 (37.2)	5359 (23.7)	117 **126** 136	108 **116** 124	78 **84** 90	**100**
FEMALES								
Asia	29 (3.8)	77 (14.0)	64 (33.3)	453 (22.9)	60 **89** 128	54 **68** 85	50 **64** 82	67 **74** 81
Africa	67 (5.3)	72 (14.2)	35 (29.1)	327 (15.6)	72 **93** 118	77 **99** 125	63 **90** 125	73 **81** 91
Europe and America	366 (3.8)	435 (14.2)	398 (37.0)	2628 (24.0)	113 **126** 139	130 **143** 157	82 **91** 100	106 **110** 114
All Migrants	462 (4.0)	584 (14.2)	497 (36.0)	3408 (23.0)	106 **117** 128	110 **119** 129	79 **86** 94	**100**
BOTH								
Asia	74 (3.6)	209 (14.0)	154 (34.1)	1163 (23.3)	72 **92** 116	64 **73** 84	50 **58** 68	70 **74** 78
Africa	159 (4.8)	165 (14.0)	84 (29.3)	795 (16.0)	75 **88** 103	77 **90** 105	68 **86** 106	74 **79** 85
Europe and America	935 (3.8)	1078 (14.2)	1066 (37.7)	6809 (24.3)	126 **135** 144	131 **140** 148	85 **91** 96	108 **110** 113
All Migrants	1168 (3.9)	1452 (14.1)	1304 (36.7)	8767 (23.4)	115 **122** 129	111 **117** 123	80 **85** 90	**100**

TABLE V. Number of Cases, Mean Duration of Stay, and Standardized Incidence Ratios (with 95% Confidence Intervals), by Topographical Site, Sex, Continent of Birth, and Duration of Stay

Colon and Rectum (ICD-9 153,154)

Region	Number of Cases (Mean Duration of Stay)				Standardized Incidence Ratios (SIR) and Intervals								
	Duration of Stay before Cancer (in years)				Duration of Stay before Cancer (in years)								
	0 - 9	10 - 19	20 +	ALL	0 - 9			10 - 19			20 +			ALL		

MALES

Asia	34 (4.0)	64 (13.9)	124 (35.4)	634 (26.8)	33	55	76	22	29	36	49	59	70	47	51	55
Africa	58 (4.1)	84 (14.5)	63 (33.4)	446 (18.8)	31	41	53	46	57	71	63	81	104	51	56	61
Europe and America	595 (3.8)	542 (14.5)	1230 (37.8)	5887 (27.4)	105	114	123	82	89	97	122	129	137	117	120	123
All Migrants	687 (3.8)	690 (14.5)	1417 (37.4)	6967 (26.8)	88	94	102	65	70	76	108	114	120		100	

FEMALES

Asia	29 (3.4)	76 (14.2)	118 (34.3)	633 (24.9)	31	46	66	27	35	43	51	62	74	50	54	58
Africa	54 (4.6)	57 (14.6)	61 (29.9)	402 (18.8)	28	37	48	29	39	50	61	79	102	45	50	55
Europe and America	572 (3.9)	542 (14.2)	1108 (37.4)	5580 (27.1)	94	102	111	84	92	100	123	130	138	117	121	124
All Migrants	655 (4.0)	675 (14.2)	1287 (36.8)	6615 (26.4)	79	85	92	65	70	76	109	115	122		100	

BOTH

Asia	63 (3.7)	140 (14.1)	242 (34.9)	1267 (25.8)	39	50	64	27	32	37	53	60	68	49	52	55
Africa	112 (4.3)	141 (14.5)	124 (31.7)	848 (18.8)	32	39	47	40	48	56	67	80	96	49	53	57
Europe and America	1167 (3.9)	1084 (14.3)	2338 (37.6)	11467 (27.2)	102	108	114	85	90	96	125	130	135	118	120	122
All Migrants	1342 (3.9)	1365 (14.3)	2704 (37.1)	13582 (26.6)	85	90	95	67	70	74	110	115	119		100	

TABLE V. Number of Cases, Mean Duration of Stay, and Standardized Incidence Ratios (with 95% Confidence Intervals), by Topographical Site, Sex, Continent of Birth, and Duration of Stay

Liver (ICD-9 155)

	Number of Cases (Mean Duration of Stay)				Standardized Incidence Ratios (SIR) and Intervals			
	Duration of Stay before Cancer (in years)				Duration of Stay before Cancer (in years)			
Region	0 - 9	10 - 19	20 +	ALL	0 - 9	10 - 19	20 +	ALL
MALES								
Asia	4 (5.8)	28 (13.9)	24 (33.9)	165 (24.0)	13 50 127	64 96 139	56 87 130	87 101 118
Africa	17 (4.9)	23 (14.3)	11 (27.6)	131 (17.0)	54 92 148	76 120 181	54 109 195	106 127 150
Europe and America	96 (3.6)	70 (14.1)	100 (35.4)	613 (22.4)	114 141 172	68 88 111	65 80 98	88 95 103
All Migrants	117 (3.9)	121 (14.1)	135 (34.5)	909 (21.9)	102 124 148	78 95 113	70 83 99	100
FEMALES								
Asia	4 (1.8)	12 (14.0)	19 (34.8)	80 (23.6)	20 75 192	34 65 114	70 117 183	64 80 100
Africa	8 (5.1)	19 (15.1)	0 (0.0)	60 (15.2)	30 70 137	100 166 259	0 0 59	72 94 121
Europe and America	64 (4.1)	52 (14.0)	69 (38.9)	416 (23.8)	103 134 171	79 105 138	74 96 121	96 106 117
All Migrants	76 (4.1)	83 (14.2)	88 (38.0)	556 (22.8)	93 118 147	83 105 130	75 93 115	100
BOTH								
Asia	8 (3.8)	40 (13.9)	43 (34.3)	245 (23.9)	26 60 118	60 84 115	71 98 132	82 93 106
Africa	25 (5.0)	42 (14.7)	11 (27.6)	191 (16.4)	54 84 123	99 137 186	34 68 121	99 114 132
Europe and America	160 (3.8)	122 (14.0)	169 (36.8)	1029 (23.0)	118 138 161	78 94 113	73 86 100	93 99 106
All Migrants	193 (4.0)	204 (14.1)	223 (35.9)	1465 (22.3)	105 121 140	85 98 113	76 87 99	100

TABLE V. Number of Cases, Mean Duration of Stay, and Standardized Incidence Ratios (with 95% Confidence Intervals), by Topographical Site, Sex, Continent of Birth, and Duration of Stay

Gallbladder, etc. (ICD-9 156)

Region	Number of Cases (Mean Duration of Stay)				Standardized Incidence Ratios (SIR) and Intervals			
	Duration of Stay before Cancer (in years)				Duration of Stay before Cancer (in years)			
	0 - 9	10 - 19	20 +	ALL	0 - 9	10 - 19	20 +	ALL
MALES								
Asia	4 (4.5)	28 (13.9)	18 (35.7)	110 (23.4)	17 62 159	82 123 178	49 82 130	70 85 103
Africa	17 (4.9)	12 (14.3)	6 (31.0)	96 (16.8)	68 117 187	42 82 143	28 77 167	97 120 147
Europe and America	62 (4.1)	80 (14.4)	67 (37.7)	509 (23.6)	88 115 147	102 128 160	53 68 87	92 101 110
All Migrants	83 (4.3)	120 (14.3)	91 (36.9)	715 (22.6)	88 111 137	100 120 144	57 71 87	100
FEMALES								
Asia	11 (3.0)	32 (13.4)	26 (38.0)	167 (24.8)	35 69 124	40 59 83	35 53 78	48 56 66
Africa	32 (3.8)	26 (13.5)	14 (31.3)	149 (15.7)	63 92 129	49 75 109	40 74 124	65 77 90
Europe and America	159 (3.8)	272 (14.1)	190 (35.5)	1379 (21.9)	94 111 129	160 181 203	73 85 98	108 114 121
All Migrants	202 (3.8)	330 (14.0)	230 (35.5)	1695 (21.7)	90 104 119	123 138 153	69 79 90	100
BOTH								
Asia	15 (3.4)	60 (13.6)	44 (37.0)	277 (24.2)	38 67 111	60 78 101	45 62 84	58 65 73
Africa	49 (4.2)	38 (13.7)	20 (31.2)	245 (16.2)	73 99 131	54 77 105	46 75 116	79 90 101
Europe and America	221 (3.9)	352 (14.2)	257 (36.1)	1888 (22.4)	97 112 127	149 165 184	70 80 90	105 110 115
All Migrants	285 (3.9)	450 (14.1)	321 (35.9)	2410 (22.0)	94 106 119	121 133 146	68 76 85	100

TABLE V. Number of Cases, Mean Duration of Stay, and Standardized Incidence Ratios (with 95% Confidence Intervals), by Topographical Site, Sex, Continent of Birth, and Duration of Stay

Pancreas (ICD-9 157)

Region	Number of Cases (Mean Duration of Stay)				Standardized Incidence Ratios (SIR) and Intervals			
	Duration of Stay before Cancer (in years)				Duration of Stay before Cancer (in years)			
	0 – 9	10 – 19	20 +	ALL	0 – 9	10 – 19	20 +	ALL
MALES								
Asia	28 (3.2)	50 (14.1)	50 (35.3)	314 (23.9)	87 **130** 188	48 **65** 85	50 **68** 89	64 **72** 81
Africa	33 (4.9)	26 (14.3)	23 (30.7)	196 (17.9)	46 **66** 93	33 **51** 75	53 **84** 125	61 **70** 81
Europe and America	206 (3.8)	210 (14.3)	351 (37.5)	1935 (26.2)	98 **113** 129	85 **97** 111	94 **105** 116	107 **112** 117
All Migrants	267 (3.9)	286 (14.3)	424 (36.9)	2445 (25.3)	93 **105** 119	74 **83** 93	88 **97** 107	**100**
FEMALES								
Asia	10 (4.6)	42 (13.5)	31 (36.4)	244 (23.5)	28 **59** 109	52 **72** 98	41 **60** 85	68 **77** 87
Africa	21 (4.7)	19 (14.7)	12 (27.1)	140 (18.4)	35 **57** 87	31 **51** 80	31 **60** 104	57 **68** 80
Europe and America	163 (3.9)	206 (14.2)	236 (36.2)	1418 (25.0)	91 **107** 124	112 **129** 147	87 **100** 113	105 **111** 117
All Migrants	194 (4.0)	267 (14.1)	279 (35.8)	1802 (24.3)	81 **94** 108	92 **104** 118	80 **90** 102	**100**
BOTH								
Asia	38 (3.6)	92 (13.9)	81 (35.7)	558 (23.7)	70 **99** 136	55 **68** 83	51 **64** 80	68 **74** 81
Africa	54 (4.8)	45 (14.5)	35 (29.5)	336 (18.1)	47 **62** 81	37 **51** 68	51 **73** 102	62 **69** 77
Europe and America	369 (3.8)	416 (14.2)	587 (37.0)	3353 (25.7)	99 **110** 122	100 **111** 122	95 **103** 111	108 **111** 115
All Migrants	461 (3.9)	553 (14.2)	703 (36.5)	4247 (24.9)	91 **100** 110	85 **92** 100	88 **94** 102	**100**

TABLE V. Number of Cases, Mean Duration of Stay, and Standardized Incidence Ratios (with 95% Confidence Intervals), by Topographical Site, Sex, Continent of Birth, and Duration of Stay

Larynx (ICD-9 161)

Table V   225

Region	Number of Cases (Mean Duration of Stay)				Standardized Incidence Ratios (SIR) and Intervals			
	Duration of Stay before Cancer (in years)				Duration of Stay before Cancer (in years)			
	0 - 9	10 - 19	20 +	ALL	0 - 9	10 - 19	20 +	ALL
MALES								
Asia	20 (4.5)	50 (14.2)	45 (34.2)	272 (23.6)	90 **148** 228	74 **99** 131	71 **98** 131	87 **99** 111
Africa	61 (4.2)	39 (13.9)	24 (30.5)	245 (15.8)	138 **180** 231	78 **109** 149	79 **124** 184	111 **126** 143
Europe and America	113 (4.0)	171 (14.5)	165 (37.6)	1013 (24.6)	81 **99** 119	105 **123** 143	71 **83** 97	90 **96** 102
All Migrants	194 (4.1)	260 (14.3)	234 (36.2)	1530 (23.0)	104 **120** 138	102 **116** 130	78 **89** 101	**100**
FEMALES								
Asia	2 (5.5)	6 (12.3)	6 (39.0)	34 (24.7)	17 **150** 543	47 **127** 277	57 **156** 339	96 **138** 193
Africa	2 (5.0)	5 (14.8)	1 (36.0)	18 (22.2)	7 **58** 210	46 **144** 335	1 **58** 325	57 **97** 153
Europe and America	8 (4.4)	8 (14.6)	14 (38.1)	84 (26.9)	30 **70** 138	28 **65** 128	46 **85** 142	72 **91** 112
All Migrants	12 (4.7)	19 (13.9)	21 (38.2)	136 (25.7)	38 **74** 130	56 **93** 145	59 **95** 145	**100**
BOTH								
Asia	22 (4.6)	56 (14.0)	51 (34.8)	306 (23.7)	93 **148** 224	77 **102** 132	76 **102** 135	91 **102** 114
Africa	63 (4.2)	44 (14.0)	25 (30.7)	263 (16.3)	130 **169** 216	82 **112** 151	77 **118** 175	109 **123** 139
Europe and America	121 (4.0)	179 (14.5)	179 (37.6)	1097 (24.8)	80 **96** 115	102 **118** 137	72 **83** 96	90 **95** 101
All Migrants	206 (4.1)	279 (14.3)	255 (36.4)	1666 (23.2)	100 **116** 133	101 **114** 128	79 **89** 101	**100**

TABLE V. Number of Cases, Mean Duration of Stay, and Standardized Incidence Ratios (with 95% Confidence Intervals), by Topographical Site, Sex, Continent of Birth, and Duration of Stay

Lung (ICD-9 162)

Region	Number of Cases (Mean Duration of Stay)				Standardized Incidence Ratios (SIR) and Intervals			
	Duration of Stay before Cancer (in years)				Duration of Stay before Cancer (in years)			
	0 - 9	10 - 19	20 +	ALL	0 - 9	10 - 19	20 +	ALL
MALES								
Asia	51 (3.8)	184 (14.6)	190 (35.5)	1172 (24.9)	57 **77** 101	66 **77** 89	72 **84** 97	82 **87** 92
Africa	143 (4.4)	145 (14.3)	90 (29.5)	853 (17.2)	77 **91** 107	76 **90** 106	84 **104** 128	91 **97** 104
Europe and America	598 (4.0)	742 (14.5)	894 (36.7)	5550 (24.9)	98 **106** 115	103 **110** 119	81 **87** 93	101 **104** 106
All Migrants	792 (4.1)	1071 (14.5)	1174 (35.9)	7575 (24.0)	94 **100** 108	94 **100** 106	82 **87** 92	**100**
FEMALES								
Asia	21 (4.3)	55 (14.0)	57 (35.7)	347 (24.0)	54 **88** 134	50 **66** 86	59 **78** 101	69 **77** 86
Africa	30 (4.9)	38 (14.7)	15 (29.1)	183 (16.8)	36 **54** 77	48 **68** 93	28 **50** 83	51 **59** 69
Europe and America	229 (4.1)	238 (14.1)	359 (37.1)	2009 (25.4)	94 **107** 122	92 **105** 119	99 **110** 122	108 **113** 118
All Migrants	280 (4.2)	331 (14.2)	431 (36.7)	2539 (24.6)	84 **95** 107	81 **90** 101	91 **100** 110	**100**
BOTH								
Asia	72 (3.9)	239 (14.4)	247 (35.5)	1519 (24.7)	62 **79** 100	65 **74** 84	72 **82** 93	81 **85** 89
Africa	173 (4.5)	183 (14.4)	105 (29.4)	1036 (17.1)	70 **81** 94	73 **84** 98	74 **90** 109	82 **87** 93
Europe and America	827 (4.0)	980 (14.4)	1253 (36.8)	7559 (25.0)	99 **106** 114	102 **109** 116	87 **92** 98	104 **106** 108
All Migrants	1072 (4.1)	1402 (14.4)	1605 (36.1)	10114 (24.2)	93 **99** 105	92 **97** 103	86 **90** 95	**100**

TABLE V. Number of Cases, Mean Duration of Stay, and Standardized Incidence Ratios (with 95% Confidence Intervals), by Topographical Site, Sex, Continent of Birth, and Duration of Stay

Melanoma of skin (ICD-9 172)

Region	Number of Cases (Mean Duration of Stay)				Standardized Incidence Ratios (SIR) and Intervals			
	Duration of Stay before Cancer (in years)				Duration of Stay before Cancer (in years)			
	0 - 9	10 - 19	20 +	ALL	0 - 9	10 - 19	20 +	ALL
MALES								
Asia	2 (3.5)	5 (14.6)	10 (36.3)	56 (26.9)	3 29 106	6 18 42	24 50 92	31 41 53
Africa	6 (4.3)	5 (13.8)	5 (31.0)	33 (18.2)	12 32 69	7 22 53	16 51 119	20 30 42
Europe and America	56 (3.7)	54 (14.1)	144 (36.3)	588 (27.9)	82 108 140	66 88 115	162 193 227	126 137 148
All Migrants	64 (3.8)	64 (14.1)	159 (36.1)	677 (27.3)	64 83 105	44 57 73	129 152 178	100
FEMALES								
Asia	2 (1.5)	5 (14.4)	5 (29.8)	46 (24.6)	2 21 75	4 14 32	6 20 46	19 26 34
Africa	12 (4.8)	7 (13.0)	6 (29.8)	53 (17.4)	22 43 75	9 24 49	17 47 103	26 35 46
Europe and America	67 (3.7)	72 (14.5)	161 (35.5)	785 (26.7)	69 90 114	69 88 111	152 178 208	132 141 152
All Migrants	81 (3.8)	84 (14.4)	172 (35.2)	884 (26.1)	57 72 90	45 57 70	115 134 156	100
BOTH								
Asia	4 (2.5)	10 (14.5)	15 (34.1)	102 (25.9)	7 24 62	7 15 28	19 33 55	26 32 39
Africa	18 (4.7)	12 (13.3)	11 (30.4)	86 (17.7)	23 39 61	12 23 40	24 49 87	26 33 41
Europe and America	123 (3.7)	126 (14.3)	305 (35.9)	1373 (27.2)	81 97 116	73 88 105	165 185 207	132 139 147
All Migrants	145 (3.8)	148 (14.2)	331 (35.6)	1561 (26.6)	64 76 90	48 57 67	127 142 158	100

TABLE V. Number of Cases, Mean Duration of Stay, and Standardized Incidence Ratios (with 95% Confidence Intervals), by Topographical Site, Sex, Continent of Birth, and Duration of Stay

Breast (ICD-9 174 (female) or 175 (male))

Region	Number of Cases (Mean Duration of Stay)				Standardized Incidence Ratios (SIR) and Intervals				
	Duration of Stay before Cancer (in years)				Duration of Stay before Cancer (in years)				
	0 - 9	10 - 19	20 +	ALL	0 - 9	10 - 19	20 +	ALL	
MALES									
Asia	2 (7.0)	3 (13.0)	6 (34.7)	26 (26.7)	10 89 322	7 37 107	29 79 173	37 57 84	
Africa	4 (5.3)	7 (15.6)	2 (42.5)	26 (18.2)	20 74 189	50 124 256	7 66 238	55 84 124	
Europe and America	22 (3.8)	28 (14.6)	28 (40.4)	200 (26.4)	73 117 177	83 124 180	56 84 122	99 114 131	
All Migrants	28 (4.2)	38 (14.7)	36 (39.5)	252 (25.6)	70 106 153	74 105 144	58 82 114	100	
FEMALES									
Asia	97 (4.1)	242 (14.0)	303 (33.7)	1795 (23.7)	55 68 83	40 45 51	62 70 78	61 64 67	
Africa	173 (4.2)	220 (14.2)	155 (30.1)	1360 (18.2)	37 44 51	46 53 61	64 75 88	58 61 65	
Europe and America	1280 (4.0)	1374 (14.3)	2073 (35.8)	11530 (25.0)	100 106 112	96 101 107	120 125 130	117 119 121	
All Migrants	1550 (4.0)	1836 (14.3)	2531 (35.2)	14685 (24.2)	84 89 93	76 80 83	106 110 114	100	
BOTH									
Asia	99 (4.2)	245 (14.0)	309 (33.7)	1821 (23.8)	55 68 83	40 45 51	63 70 79	61 64 67	
Africa	177 (4.2)	227 (14.3)	157 (30.2)	1386 (18.2)	38 44 51	47 54 62	64 75 88	59 62 65	
Europe and America	1302 (4.0)	1402 (14.3)	2101 (35.9)	11730 (25.0)	100 106 112	97 102 107	119 124 129	117 119 121	
All Migrants	1578 (4.0)	1874 (14.3)	2567 (35.2)	14937 (24.2)	85 89 93	77 80 84	105 110 114	100	

TABLE V. Number of Cases, Mean Duration of Stay, and Standardized Incidence Ratios (with 95% Confidence Intervals), by Topographical Site, Sex, Continent of Birth, and Duration of Stay

Sex Specific Sites (Females)

Region	Number of Cases (Mean Duration of Stay) Duration of Stay before Cancer (in years)				Standardized Incidence Ratios (SIR) and Intervals Duration of Stay before Cancer (in years)			
	0 - 9	10 - 19	20 +	ALL	0 - 9	10 - 19	20 +	ALL
Cervix uteri (ICD-9 180)								
Asia	15 (1.7)	36 (13.9)	23 (33.6)	164 (20.4)	72 **129** 212	56 **80** 110	42 **66** 99	61 **71** 83
Africa	75 (4.2)	57 (14.1)	14 (30.4)	308 (14.3)	175 **223** 279	121 **160** 207	44 **81** 137	146 **163** 183
Europe and America	118 (3.9)	110 (14.0)	94 (33.9)	690 (20.5)	102 **124** 148	83 **101** 122	62 **77** 94	86 **93** 100
All Migrants	208 (3.8)	203 (14.0)	131 (33.5)	1162 (18.8)	128 **148** 169	93 **107** 123	63 **75** 89	**100**
Corpus uteri (ICD-9 182)								
Asia	12 (3.4)	29 (14.0)	42 (34.3)	241 (24.4)	25 **48** 84	22 **32** 47	40 **55** 75	44 **51** 58
Africa	45 (4.6)	38 (13.9)	31 (31.5)	214 (17.6)	50 **69** 92	40 **57** 78	62 **91** 129	51 **59** 68
Europe and America	282 (3.9)	270 (14.2)	390 (36.2)	2196 (24.7)	115 **130** 146	100 **113** 127	108 **119** 132	116 **121** 126
All Migrants	339 (3.9)	337 (14.1)	463 (35.7)	2651 (24.1)	99 **110** 122	76 **85** 95	97 **106** 116	**100**
Ovary, etc. (ICD-9 183)								
Asia	20 (3.7)	49 (14.2)	56 (38.4)	341 (24.2)	39 **64** 99	32 **43** 57	46 **61** 79	52 **58** 64
Africa	30 (4.8)	27 (13.9)	15 (30.5)	188 (17.3)	24 **35** 50	21 **31** 46	20 **35** 58	35 **41** 47
Europe and America	294 (3.8)	340 (14.3)	455 (35.7)	2656 (24.7)	99 **111** 125	105 **117** 130	111 **122** 133	120 **124** 129
All Migrants	344 (3.9)	416 (14.3)	526 (35.9)	3185 (24.2)	81 **90** 100	77 **85** 94	95 **104** 113	**100**

TABLE V. Number of Cases, Mean Duration of Stay, and Standardized Incidence Ratios (with 95% Confidence Intervals), by Topographical Site, Sex, Continent of Birth, and Duration of Stay

Sex Specific Sites (Males)

Region	Number of Cases (Mean Duration of Stay)				Standardized Incidence Ratios (SIR) and Intervals			
	Duration of Stay before Cancer (in years)				Duration of Stay before Cancer (in years)			
	0 – 9	10 – 19	20 +	ALL	0 – 9	10 – 19	20 +	ALL
Prostate (ICD-9 185)								
Asia	44 (4.2)	104 (13.8)	95 (38.0)	661 (24.5)	82 113 152	63 78 94	57 70 86	78 85 92
Africa	86 (4.6)	91 (14.4)	58 (32.0)	509 (18.3)	87 109 135	93 116 143	107 141 182	109 119 130
Europe and America	282 (3.6)	302 (14.2)	686 (40.3)	3144 (29.1)	77 86 97	74 83 93	102 110 119	98 101 105
All Migrants	412 (3.9)	497 (14.1)	839 (39.5)	4314 (27.1)	84 93 102	79 86 94	98 105 112	100
Testis (ICD-9 186)								
Asia	4 (2.8)	8 (14.4)	9 (31.9)	53 (21.4)	25 93 239	17 40 79	47 103 195	50 66 87
Africa	7 (4.1)	3 (16.0)	3 (28.0)	30 (16.1)	21 52 108	3 17 49	11 53 156	26 38 54
Europe and America	30 (4.6)	41 (14.3)	28 (32.4)	230 (20.4)	77 114 162	107 149 202	94 142 205	130 149 170
All Migrants	41 (4.3)	52 (14.4)	40 (31.9)	313 (20.2)	67 93 126	60 80 105	84 117 159	100

TABLE V. Number of Cases, Mean Duration of Stay, and Standardized Incidence Ratios (with 95% Confidence Intervals), by Topographical Site, Sex, Continent of Birth, and Duration of Stay

Bladder (ICD-9 188) (b)

Region	Number of Cases (Mean Duration of Stay)				Standardized Incidence Ratios (SIR) and Intervals			
	Duration of Stay before Cancer (in years)				Duration of Stay before Cancer (in years)			
	0 - 9	10 - 19	20 +	ALL	0 - 9	10 - 19	20 +	ALL
MALES								
Asia	40 (4.0)	98 (14.1)	117 (37.2)	704 (24.9)	57 80 108	44 54 65	58 70 84	65 70 75
Africa	155 (4.6)	118 (14.1)	64 (30.4)	739 (16.1)	110 129 151	79 95 114	76 99 126	103 110 119
Europe and America	421 (3.8)	541 (14.3)	790 (37.3)	4154 (26.3)	91 100 110	100 109 119	98 105 113	103 106 109
All Migrants	616 (4.0)	757 (14.2)	971 (36.8)	5597 (24.8)	96 104 113	88 94 101	93 99 105	100
FEMALES								
Asia	11 (3.3)	35 (13.6)	21 (34.4)	166 (23.7)	46 92 165	59 85 118	36 58 89	63 74 86
Africa	22 (4.2)	19 (13.7)	7 (32.1)	101 (16.7)	50 80 121	41 68 107	19 48 99	54 66 81
Europe and America	85 (3.6)	111 (14.3)	191 (38.1)	997 (27.1)	64 80 98	81 99 119	101 117 134	105 112 119
All Migrants	118 (3.7)	165 (14.1)	219 (37.5)	1264 (25.9)	67 81 97	77 91 106	89 102 117	100
BOTH								
Asia	51 (3.8)	133 (14.0)	138 (36.7)	870 (24.7)	61 82 108	50 59 70	57 68 80	66 71 76
Africa	177 (4.5)	137 (14.1)	71 (30.6)	840 (16.2)	103 120 139	76 90 107	70 89 113	95 102 109
Europe and America	506 (3.7)	652 (14.3)	981 (37.5)	5151 (26.4)	88 96 105	99 107 116	101 107 114	104 107 110
All Migrants	734 (3.9)	922 (14.2)	1190 (37.0)	6861 (25.0)	93 100 107	88 94 100	94 99 105	100

(b) Includes benign tumours (ICD-9 223.3, 233.7, 236.7)

232 Table V

TABLE V. Number of Cases, Mean Duration of Stay, and Standardized Incidence Ratios (with 95% Confidence Intervals), by Topographical Site, Sex, Continent of Birth, and Duration of Stay

Kidney & other urinary (ICD-9 189)

Region	Number of Cases (Mean Duration of Stay)				Standardized Incidence Ratios (SIR) and Intervals			
	Duration of Stay before Cancer (in years)				Duration of Stay before Cancer (in years)			
	0 - 9	10 - 19	20 +	ALL	0 - 9	10 - 19	20 +	ALL
MALES								
Asia	13 (3.8)	33 (13.9)	37 (36.6)	213 (24.6)	44 82 140	39 57 80	50 71 98	59 67 77
Africa	23 (3.8)	20 (14.3)	7 (34.4)	139 (16.6)	37 59 89	30 50 77	13 33 68	54 64 75
Europe and America	159 (4.0)	167 (14.5)	267 (36.8)	1416 (25.7)	102 120 140	90 105 123	101 114 129	109 115 121
All Migrants	195 (4.0)	220 (14.4)	311 (36.7)	1768 (24.9)	90 104 120	75 86 98	90 101 113	100
FEMALES								
Asia	8 (3.1)	21 (14.5)	11 (34.3)	125 (23.5)	35 80 158	38 62 94	19 38 68	57 68 82
Africa	14 (4.9)	13 (14.2)	12 (31.6)	89 (17.4)	31 57 95	29 54 93	50 97 169	54 68 83
Europe and America	86 (4.0)	96 (14.4)	140 (36.0)	807 (25.5)	79 99 123	85 105 128	92 109 129	106 114 122
All Migrants	108 (4.0)	130 (14.4)	163 (35.6)	1021 (24.6)	73 89 108	73 87 103	82 96 112	100
BOTH								
Asia	21 (3.5)	54 (14.2)	48 (36.1)	338 (24.2)	50 81 124	44 59 77	43 59 78	61 68 75
Africa	37 (4.2)	33 (14.3)	19 (32.6)	228 (16.9)	41 58 80	35 51 72	34 57 88	57 65 74
Europe and America	245 (4.0)	263 (14.4)	407 (36.5)	2223 (25.6)	98 112 127	93 105 119	102 112 124	110 115 119
All Migrants	303 (4.0)	350 (14.4)	474 (36.3)	2789 (24.8)	87 98 110	77 86 96	91 99 109	100

TABLE V. Number of Cases, Mean Duration of Stay, and Standardized Incidence Ratios (with 95% Confidence Intervals), by Topographical Site, Sex, Continent of Birth, and Duration of Stay

Nervous system (ICD-9 191,192) (c)

Region	Number of Cases (Mean Duration of Stay)				Standardized Incidence Ratios (SIR) and Intervals			
	Duration of Stay before Cancer (in years)				Duration of Stay before Cancer (in years)			
	0 - 9	10 - 19	20 +	ALL	0 - 9	10 - 19	20 +	ALL
MALES								
Asia	22 (3.5)	72 (14.5)	40 (33.4)	339 (23.3)	54 **86** 131	63 **80** 101	47 **66** 90	71 **80** 89
Africa	54 (4.2)	51 (14.2)	16 (30.5)	303 (16.0)	53 **71** 92	52 **70** 92	30 **53** 85	72 **81** 91
Europe and America	193 (3.5)	212 (14.5)	246 (36.0)	1491 (24.3)	95 **110** 126	96 **110** 126	96 **109** 124	106 **112** 118
All Migrants	269 (3.7)	335 (14.4)	302 (35.3)	2133 (22.9)	86 **97** 109	84 **94** 105	85 **96** 107	**100**
FEMALES								
Asia	21 (4.2)	64 (13.7)	50 (37.4)	337 (22.4)	56 **90** 138	60 **78** 100	66 **88** 117	77 **86** 95
Africa	48 (4.4)	43 (14.1)	26 (30.7)	282 (17.2)	51 **69** 92	47 **66** 88	61 **94** 137	74 **83** 93
Europe and America	182 (3.7)	178 (14.5)	221 (36.0)	1416 (24.2)	89 **103** 119	82 **96** 111	89 **102** 116	103 **109** 115
All Migrants	251 (3.9)	285 (14.2)	297 (35.8)	2035 (23.0)	82 **93** 106	76 **85** 96	88 **99** 111	**100**
BOTH								
Asia	43 (3.8)	136 (14.1)	90 (35.6)	676 (22.9)	64 **88** 119	67 **79** 94	62 **77** 95	76 **83** 89
Africa	102 (4.3)	94 (14.1)	42 (30.6)	585 (16.6)	57 **70** 85	55 **68** 83	52 **72** 98	76 **82** 89
Europe and America	375 (3.6)	390 (14.5)	467 (36.0)	2907 (24.2)	96 **106** 118	93 **103** 114	96 **106** 116	106 **110** 114
All Migrants	520 (3.8)	620 (14.3)	599 (35.6)	4168 (22.9)	87 **95** 104	83 **90** 97	89 **97** 105	**100**

(c) Includes benign tumours (ICD-9 225, 237.5)

TABLE V. Number of Cases, Mean Duration of Stay, and Standardized Incidence Ratios (with 95% Confidence Intervals), by Topographical Site, Sex, Continent of Birth, and Duration of Stay

Thyroid (ICD-9 193)

Region	Number of Cases (Mean Duration of Stay)				Standardized Incidence Ratios (SIR) and Intervals			
	Duration of Stay before Cancer (in years)				Duration of Stay before Cancer (in years)			
	0 - 9	10 - 19	20 +	ALL	0 - 9	10 - 19	20 +	ALL
MALES								
Asia	8 (3.6)	19 (13.7)	14 (31.4)	111 (21.3)	62 **144** 285	50 **83** 130	57 **104** 174	90 **109** 132
Africa	10 (4.8)	10 (13.4)	9 (32.3)	61 (18.6)	30 **63** 116	26 **53** 98	60 **131** 249	53 **69** 88
Europe and America	42 (3.7)	45 (14.4)	51 (36.3)	312 (24.4)	79 **109** 148	76 **104** 140	78 **104** 137	95 **106** 119
All Migrants	60 (3.9)	74 (14.1)	74 (34.9)	484 (23.0)	77 **100** 129	69 **87** 110	84 **107** 134	**100**
FEMALES								
Asia	19 (5.1)	61 (14.1)	39 (32.6)	299 (21.8)	69 **114** 178	73 **96** 123	82 **116** 158	97 **109** 123
Africa	36 (3.9)	53 (14.5)	18 (25.3)	232 (15.9)	50 **72** 99	74 **99** 129	59 **99** 157	80 **91** 103
Europe and America	89 (4.1)	109 (14.4)	127 (35.3)	749 (23.6)	62 **78** 96	77 **93** 113	93 **111** 133	93 **100** 107
All Migrants	144 (4.2)	223 (14.4)	184 (33.8)	1280 (21.8)	67 **79** 93	83 **95** 109	96 **111** 128	**100**
BOTH								
Asia	27 (4.7)	80 (14.0)	53 (32.3)	410 (21.6)	80 **122** 177	73 **93** 115	84 **112** 147	99 **109** 121
Africa	46 (4.1)	63 (14.3)	27 (27.7)	293 (16.5)	51 **70** 93	67 **87** 111	71 **108** 157	76 **85** 96
Europe and America	131 (4.0)	154 (14.4)	178 (35.6)	1061 (23.8)	72 **86** 102	82 **96** 113	94 **109** 126	95 **101** 108
All Migrants	204 (4.1)	297 (14.3)	258 (34.1)	1764 (22.1)	73 **85** 97	83 **93** 104	97 **110** 124	**100**

TABLE V. Number of Cases, Mean Duration of Stay, and Standardized Incidence Ratios (with 95% Confidence Intervals), by Topographical Site, Sex, Continent of Birth, and Duration of Stay

Non-Hodgkin lymphoma (200 and 202)

Region	Number of Cases (Mean Duration of Stay)				Standardized Incidence Ratios (SIR) and Intervals			
	Duration of Stay before Cancer (in years)				Duration of Stay before Cancer (in years)			
	0 – 9	10 – 19	20 +	ALL	0 – 9	10 – 19	20 +	ALL
MALES								
Asia	21 (3.6)	61 (14.2)	44 (33.4)	335 (21.6)	58 **94** 144	56 **73** 94	50 **69** 92	72 **80** 89
Africa	64 (4.2)	54 (14.3)	19 (27.2)	298 (15.7)	83 **108** 138	65 **87** 113	41 **68** 107	83 **94** 105
Europe and America	160 (4.1)	160 (14.4)	269 (37.5)	1545 (26.3)	80 **95** 110	70 **82** 95	91 **103** 116	102 **107** 113
All Migrants	245 (4.1)	275 (14.3)	332 (36.4)	2178 (24.1)	86 **98** 111	71 **81** 91	84 **94** 105	**100**
FEMALES								
Asia	14 (4.7)	47 (14.1)	49 (36.4)	285 (24.0)	41 **75** 125	52 **71** 94	72 **98** 129	76 **86** 96
Africa	41 (4.3)	43 (14.1)	18 (29.7)	198 (16.3)	60 **84** 114	63 **88** 118	48 **81** 129	67 **77** 89
Europe and America	134 (3.9)	132 (14.2)	243 (37.9)	1305 (26.4)	73 **87** 103	69 **82** 97	101 **115** 131	103 **109** 115
All Migrants	189 (4.0)	222 (14.2)	310 (37.2)	1788 (24.9)	74 **85** 99	70 **80** 92	98 **109** 122	**100**
BOTH								
Asia	35 (4.1)	108 (14.2)	93 (35.0)	620 (22.7)	59 **85** 119	59 **72** 87	66 **81** 100	76 **83** 89
Africa	105 (4.3)	97 (14.2)	37 (28.4)	496 (15.9)	80 **97** 118	71 **87** 106	52 **74** 102	79 **86** 94
Europe and America	294 (4.0)	292 (14.3)	512 (37.7)	2850 (26.4)	81 **91** 102	73 **82** 92	99 **109** 118	104 **108** 112
All Migrants	434 (4.1)	497 (14.3)	642 (36.8)	3966 (24.5)	84 **92** 101	74 **80** 88	93 **101** 109	**100**

TABLE V. Number of Cases, Mean Duration of Stay, and Standardized Incidence Ratios (with 95% Confidence Intervals), by Topographical Site, Sex, Continent of Birth, and Duration of Stay

Hodgkin's disease (ICD-9 201)

Region	Number of Cases (Mean Duration of Stay)				Standardized Incidence Ratios (SIR) and Intervals			
	Duration of Stay before Cancer (in years)				Duration of Stay before Cancer (in years)			
	0 – 9	10 – 19	20 +	ALL	0 – 9	10 – 19	20 +	ALL
MALES								
Asia	7 (4.6)	25 (14.4)	10 (34.9)	103 (20.6)	48 120 246	71 109 161	41 86 158	89 109 132
Africa	19 (3.8)	11 (14.2)	6 (23.7)	84 (15.1)	65 107 167	28 57 101	35 96 210	75 94 116
Europe and America	43 (4.0)	46 (13.8)	37 (37.0)	253 (21.8)	84 116 156	86 117 156	64 91 126	87 99 112
All Migrants	69 (4.0)	82 (14.0)	53 (35.1)	440 (20.2)	88 114 144	80 101 125	68 91 119	100
FEMALES								
Asia	4 (4.0)	15 (14.3)	6 (34.8)	67 (21.6)	19 71 181	40 72 119	22 59 129	60 77 98
Africa	18 (4.3)	12 (14.0)	4 (30.5)	68 (15.1)	61 103 163	35 68 118	19 71 182	63 81 102
Europe and America	39 (3.6)	36 (14.4)	40 (36.4)	261 (22.9)	75 105 144	70 100 138	88 124 168	102 116 131
All Migrants	61 (3.8)	63 (14.3)	50 (35.7)	396 (21.4)	78 101 130	65 84 108	77 104 137	100
BOTH								
Asia	11 (4.4)	40 (14.3)	16 (34.9)	170 (21.0)	48 96 171	65 92 125	42 73 119	80 94 109
Africa	37 (4.1)	23 (14.1)	10 (26.4)	152 (15.1)	74 105 145	39 62 93	40 84 155	74 88 103
Europe and America	82 (3.8)	82 (14.1)	77 (36.7)	514 (22.4)	88 110 137	86 109 135	83 106 132	98 107 116
All Migrants	130 (3.9)	145 (14.1)	103 (35.4)	836 (20.7)	90 107 128	78 93 109	79 97 117	100

TABLE V. Number of Cases, Mean Duration of Stay, and Standardized Incidence Ratios (with 95% Confidence Intervals), by Topographical Site, Sex, Continent of Birth, and Duration of Stay

Multiple myeloma (ICD-9 203)

Region	Number of Cases (Mean Duration of Stay)				Standardized Incidence Ratios (SIR) and Intervals			
	Duration of Stay before Cancer (in years)				Duration of Stay before Cancer (in years)			
	0 - 9	10 - 19	20 +	ALL	0 - 9	10 - 19	20 +	ALL
MALES								
Asia	6 (2.7)	15 (13.3)	20 (35.2)	124 (26.0)	35 97 210	37 66 109	57 94 145	82 99 118
Africa	10 (4.4)	11 (13.5)	11 (28.5)	68 (19.4)	33 69 127	37 73 131	69 138 247	65 84 106
Europe and America	61 (4.2)	52 (14.6)	96 (37.6)	514 (27.1)	89 116 149	62 83 109	81 100 122	94 103 112
All Migrants	77 (4.1)	78 (14.2)	127 (36.4)	706 (26.2)	83 105 131	62 78 97	84 101 120	100
FEMALES								
Asia	2 (6.0)	13 (13.5)	13 (35.4)	86 (24.1)	4 37 134	37 70 119	41 78 133	68 85 104
Africa	17 (5.0)	10 (14.1)	9 (31.4)	81 (18.1)	81 138 222	39 81 149	62 136 258	94 119 147
Europe and America	45 (3.9)	31 (15.1)	85 (37.5)	414 (26.8)	67 92 123	41 60 85	89 111 137	91 101 111
All Migrants	64 (4.2)	54 (14.6)	107 (36.7)	581 (25.2)	74 96 123	49 65 85	88 107 129	100
BOTH								
Asia	8 (3.5)	28 (13.4)	33 (35.2)	210 (25.2)	30 69 136	45 68 98	60 87 122	80 92 106
Africa	27 (4.8)	21 (13.8)	20 (29.9)	149 (18.7)	67 101 147	48 77 117	84 137 212	84 100 117
Europe and America	106 (4.0)	83 (14.8)	181 (37.5)	928 (27.0)	86 105 126	58 73 90	90 105 121	96 102 109
All Migrants	141 (4.1)	132 (14.3)	234 (36.5)	1287 (25.8)	85 101 119	60 72 86	91 104 118	100

TABLE V. Number of Cases, Mean Duration of Stay, and Standardized Incidence Ratios (with 95% Confidence Intervals), by Topographical Site, Sex, Continent of Birth, and Duration of Stay

Lymphatic leukaemia (ICD-9 204)

Region	Number of Cases (Mean Duration of Stay)				Standardized Incidence Ratios (SIR) and Intervals			
	Duration of Stay before Cancer (in years)				Duration of Stay before Cancer (in years)			
	0 - 9	10 - 19	20 +	ALL	0 - 9	10 - 19	20 +	ALL
MALES								
Asia	8 (1.9)	25 (14.4)	21 (33.2)	128 (23.0)	34 79 155	48 74 109	45 73 111	60 72 85
Africa	21 (4.4)	22 (13.4)	8 (30.5)	104 (15.2)	50 81 124	59 94 142	31 72 143	68 83 101
Europe and America	99 (3.9)	114 (14.5)	125 (36.8)	753 (25.0)	103 127 155	108 131 158	81 97 116	103 111 119
All Migrants	128 (3.9)	161 (14.3)	154 (36.0)	985 (23.7)	94 112 133	95 112 131	78 91 107	100
FEMALES								
Asia	16 (4.1)	28 (13.9)	10 (31.5)	114 (20.2)	105 183 298	72 108 156	24 49 91	71 86 104
Africa	16 (4.6)	6 (13.7)	3 (32.7)	56 (14.3)	39 69 112	12 34 73	7 37 108	43 56 73
Europe and America	69 (3.6)	82 (14.3)	94 (36.9)	565 (24.8)	79 102 129	101 127 157	85 105 128	103 112 122
All Migrants	101 (3.8)	116 (14.2)	107 (36.3)	735 (23.3)	83 101 123	88 107 128	74 90 109	100
BOTH								
Asia	24 (3.4)	53 (14.1)	31 (32.7)	242 (21.7)	81 127 189	67 89 116	43 63 90	68 78 88
Africa	37 (4.5)	28 (13.4)	11 (31.1)	160 (14.9)	53 75 104	45 68 98	29 57 102	61 71 83
Europe and America	168 (3.8)	196 (14.4)	219 (36.8)	1318 (24.9)	98 115 134	112 129 149	87 100 114	105 111 117
All Migrants	229 (3.9)	277 (14.3)	261 (36.1)	1720 (23.5)	94 107 122	97 110 124	80 91 103	100

TABLE V. Number of Cases, Mean Duration of Stay, and Standardized Incidence Ratios (with 95% Confidence Intervals), by Topographical Site, Sex, Continent of Birth, and Duration of Stay

Myeloid leukaemia (ICD-9 205)

Region	Number of Cases (Mean Duration of Stay)				Standardized Incidence Ratios (SIR) and Intervals			
	Duration of Stay before Cancer (in years)				Duration of Stay before Cancer (in years)			
	0 - 9	10 - 19	20 +	ALL	0 - 9	10 - 19	20 +	ALL
MALES								
Asia	8 (2.9)	23 (13.7)	13 (36.5)	123 (23.2)	45 **105** 208	55 **86** 129	35 **65** 112	77 **93** 111
Africa	15 (4.7)	22 (14.7)	9 (30.1)	85 (16.2)	40 **72** 118	68 **109** 165	47 **103** 196	65 **82** 101
Europe and America	54 (3.3)	74 (14.6)	91 (37.0)	470 (25.5)	74 **98** 128	97 **123** 155	93 **115** 142	97 **106** 116
All Migrants	77 (3.5)	119 (14.4)	113 (36.4)	678 (23.9)	73 **92** 115	92 **111** 133	87 **105** 127	**100**
FEMALES								
Asia	9 (4.4)	16 (13.3)	8 (37.3)	91 (22.6)	65 **143** 272	41 **72** 118	23 **53** 104	70 **86** 106
Africa	10 (3.8)	15 (13.2)	3 (29.0)	62 (15.8)	28 **58** 106	50 **89** 147	9 **43** 127	55 **72** 92
Europe and America	56 (3.8)	62 (14.1)	67 (36.7)	392 (23.7)	88 **117** 152	96 **125** 160	87 **112** 142	100 **111** 122
All Migrants	75 (3.9)	93 (13.8)	78 (36.4)	545 (22.6)	82 **105** 131	85 **105** 129	75 **95** 119	**100**
BOTH								
Asia	17 (3.7)	39 (13.5)	21 (36.8)	214 (23.0)	71 **123** 196	57 **80** 109	37 **60** 92	78 **90** 103
Africa	25 (4.3)	37 (14.1)	12 (29.8)	147 (16.1)	42 **65** 96	70 **100** 137	40 **77** 134	65 **77** 91
Europe and America	110 (3.5)	136 (14.4)	158 (36.9)	862 (24.7)	88 **107** 129	104 **124** 147	97 **114** 133	101 **108** 116
All Migrants	152 (3.7)	212 (14.2)	191 (36.4)	1223 (23.3)	83 **98** 115	94 **108** 124	87 **101** 116	**100**

TABLE VI

Relative risk by period of diagnosis, adjusted for age, sex and duration of stay

Table VI Relative Risk by Period of Diagnosis,(a) adjusted for age, sex and duration of stay

Site	Birthplace	61-66	67-71	72-76	77-81	Trend test (z-value)
Oesophagus	Born in Israel	1.00	1.22	1.35	0.76	-0.8
	Europe	1.00	0.78*	0.61***	0.55***	-6.1***
	Asia	1.00	0.96	0.90	0.78	-1.2
	Africa	1.00	1.03	1.31	0.98	0.1
Stomach	Born in Israel	1.00	1.05	0.93	0.70*	-2.6**
	Europe	1.00	0.76***	0.66***	0.54***	-16.4***
	Asia	1.00	0.93	0.73**	0.50**	-7.2***
	Africa	1.00	0.87	0.66***	0.59***	-4.7***
Colon	Born in Israel	1.00	0.69	1.08	0.98	0.8
	Europe	1.00	1.08	1.25***	1.48***	10.4***
	Asia	1.00	0.96	1.11	1.47**	3.5***
	Africa	1.00	1.44	1.82**	2.21***	4.4***
Rectum	Born in Israel	1.00	1.22	1.61*	1.74**	3.2**
	Europe	1.00	1.24***	1.50***	1.72***	12.8***
	Asia	1.00	1.36	1.68**	2.52***	6.8***
	Africa	1.00	1.31	1.35	2.28***	4.8***
Colon & Rectum	Born in Israel	1.00	0.88	1.29*	1.27	2.9**
	Europe	1.00	1.16***	1.39***	1.65***	17.0***
	Asia	1.00	1.13	1.36**	1.95***	7.4***
	Africa	1.00	1.39*	1.61***	2.33***	6.6***
Liver	Born in Israel	1.00	0.92	1.15	0.89	-0.2
	Europe	1.00	1.31*	1.41***	1.82***	6.1***
	Asia	1.00	1.04	0.89	1.16	0.7
	Africa	1.00	1.43	1.86*	1.39	1.1
Gallbladder	Born in Israel	1.00	0.38*	0.51*	0.50*	-1.8
	Europe	1.00	0.96	0.78***	0.62***	-7.3***
	Asia	1.00	0.77	0.67*	0.59**	-2.7**
	Africa	1.00	0.65*	0.74	0.59*	-2.1*
Pancreas	Born in Israel	1.00	1.98**	1.07	1.25	-0.4
	Europe	1.00	1.05	1.07	1.01	0.2
	Asia	1.00	1.13	1.10	0.95	-0.6
	Africa	1.00	1.14	1.18	1.10	0.3
Larynx	Born in Israel	1.00	0.74	0.78	0.69	-1.1
	Europe	1.00	0.98	0.92	0.92	-1.0
	Asia	1.00	0.73	0.79	0.94	0.1
	Africa	1.00	0.76	0.61*	0.52**	-3.1**
Lung	Born in Israel	1.00	0.97	1.06	1.03	0.4
	Europe	1.00	1.17***	1.21***	1.18***	4.0***
	Asia	1.00	1.07	1.10	1.21*	2.1*
	Africa	1.00	1.23	1.27*	1.34*	2.3*
Melanoma of skin	Born in Israel	1.00	1.15	1.40*	1.25	1.7
	Europe	1.00	1.54***	1.87***	1.71***	5.8***
	Asia	1.00	0.95	1.56	0.85	-0.4
	Africa	1.00	1.95	2.76*	2.46*	2.1*
Female Breast	Born in Israel	1.00	1.08	1.04	1.20	1.8
	Europe	1.00	1.01	1.08*	1.12***	3.8***
	Asia	1.00	1.20	1.54***	1.59***	4.9***
	Africa	1.00	1.11	1.21	1.27*	2.2*
Cervix uteri	Born in Israel	1.00	2.00	2.56*	2.51*	2.2*
	Europe	1.00	1.06	1.06	1.01	0.1
	Asia	1.00	0.88	0.99	0.63	-1.6
	Africa	1.00	0.65*	0.65*	0.64*	-2.3*
Corpus uteri	Born in Israel	1.00	1.10	1.12	0.81	-1.2
	Europe	1.00	1.08	1.00	1.08	0.8
	Asia	1.00	0.82	1.00	0.99	0.3
	Africa	1.00	1.22	1.01	0.98	-0.4
Prostate	Born in Israel	1.00	0.83	0.85	1.40	2.1*
	Europe	1.00	1.00	0.96	1.15*	2.6**
	Asia	1.00	0.91	1.08	1.00	0.3
	Africa	1.00	0.94	0.84	1.04	0.3
Bladder	Born in Israel	1.00	1.01	0.85	0.84	-1.5
	Europe	1.00	1.16**	1.35***	1.40***	7.1***
	Asia	1.00	1.09	1.27	1.38*	2.7**
	Africa	1.00	0.95	1.26	1.20	1.9

(a) significance test for hypothesis that the relative risk is 1.0

*** $p < 0.001$
** $0.001 \leq p < 0.01$
* $0.01 \leq p < 0.05$

TABLE VII

Relative risk by duration of stay in Israel, adjusted for age, sex and period of diagnosis (reference category; born in Israel)

Table VII Relative Risk by Duration of Stay in Israel, adjusted for age, sex and period of diagnosis (reference category: born in Israel)(a)

Site	Birthplace	0-9	10-19	20-29	30+	Trend test (z-value)
Oesophagus	Europe	1.31	1.35	1.44	1.28	-0.3
	Asia	2.90*	2.01	1.77	1.48	-2.6**
	Africa	0.84	1.15	0.72	0.68	-0.8
Stomach	Europe	1.97***	1.74***	1.60***	1.51**	-7.0***
	Asia	1.67**	1.43*	1.83***	1.55**	0.3
	Africa	1.48*	1.81***	1.46*	1.65*	0.1
Colon	Europe	0.97	0.88	0.89	0.99	1.8
	Asia	0.61*	0.56***	0.66*	0.72	1.8
	Africa	0.40***	0.42***	0.37***	0.37***	-0.6
Rectum	Europe	1.23	1.23	1.36	1.49*	5.4***
	Asia	0.94	0.70	0.65	0.84	0.3
	Africa	0.61*	0.77	0.66	0.91	1.3
Colon & Rectum	Europe	1.06	1.00	1.07	1.19	5.3***
	Asia	0.73	0.60***	0.63**	0.75	1.5
	Africa	0.47***	0.53***	0.46***	0.56**	0.5
Liver	Europe	1.31	1.16	0.89	0.70	-7.7***
	Asia	1.31	2.01*	1.91	1.74	0.1
	Africa	1.50	1.61	1.38	0.94	-1.3
Gallbladder	Europe	1.20	1.50	1.19	0.75	-8.6***
	Asia	0.98	1.25	1.14	1.26	0.7
	Africa	1.64	1.66	1.73	1.21	-0.5
Pancreas	Europe	1.59*	1.54	1.61*	1.43	-1.9
	Asia	1.53	1.77*	1.55	1.37	-1.4
	Africa	1.10	1.05	1.51	1.16	1.3
Larynx	Europe	0.78	0.85	0.82	0.71	-1.5
	Asia	1.58	1.38	1.24	1.33	-0.6
	Africa	1.93*	1.65	1.82	1.94	-0.1
Lung	Europe	1.16	1.26	1.17	0.98	-6.1***
	Asia	1.15	1.46**	1.59**	1.21	-0.7
	Africa	1.11	1.17	1.08	1.09	-0.4
Melanoma of skin	Europe	0.32***	0.36***	0.39***	0.63**	8.3***
	Asia	0.13***	0.11***	0.21***	0.27***	2.5*
	Africa	0.14***	0.06***	0.06***	0.19***	0.0
Female Breast	Europe	0.97	0.94	1.03	1.08	4.3***
	Asia	0.65**	0.66***	0.61***	0.68**	0.4
	Africa	0.57***	0.67**	0.78	1.00	4.3***
Cervix uteri	Europe	2.48*	1.91	1.79	1.13	-6.6***
	Asia	4.34**	2.89*	2.45*	2.38	-1.9
	Africa	10.59***	8.61***	6.42***	4.59**	-3.3**
Corpus uteri	Europe	1.12	1.02	0.96	0.97	-1.9
	Asia	0.75	0.75	0.69	0.87	0.8
	Africa	0.93	0.68	0.83	1.21	0.8
Prostate	Europe	0.56**	0.60**	0.65*	0.74	5.3***
	Asia	0.99	1.00	0.87	0.75	-2.3*
	Africa	0.97	1.24	1.23	1.17	1.0
Bladder	Europe	0.47***	0.50***	0.51***	0.54***	2.6**
	Asia	0.60**	0.55***	0.55***	0.55***	-0.5
	Africa	0.96	0.80	0.71	0.66	-2.7**

(a) significance test for hypothesis that the relative risk is 1.0

*** p < 0.001
** 0.001 ≤ p < 0.01
* 0.01 ≤ p < 0.05

APPENDIX 1

Populations at risk (person-years), by birthplace

246   *Appendix 1*

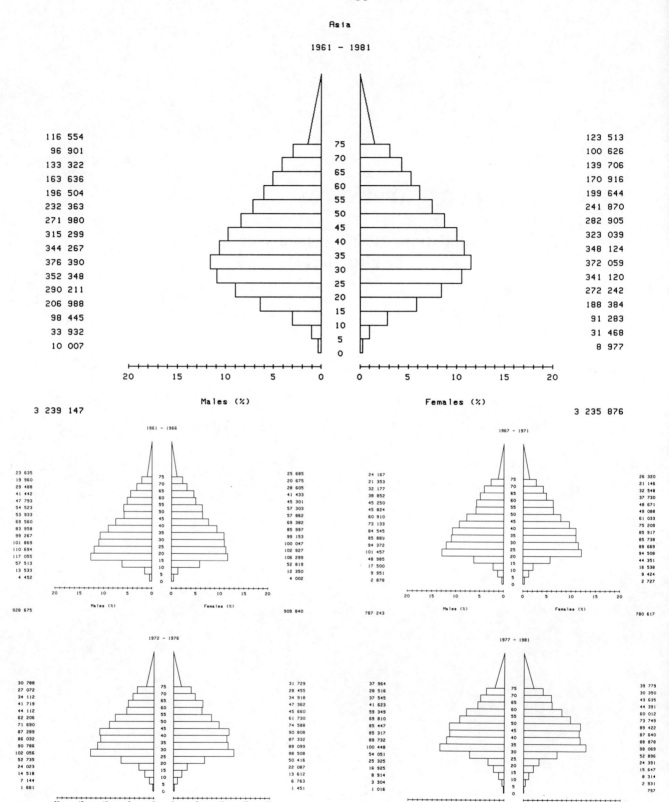

Appendix 1

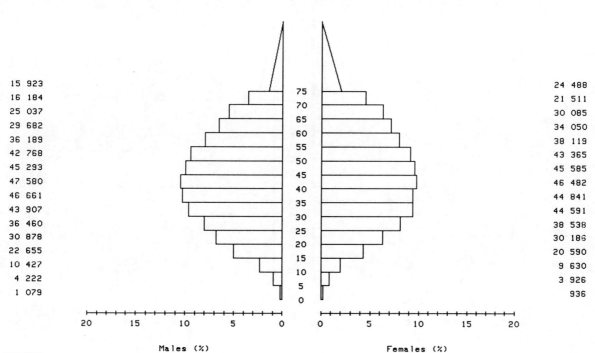

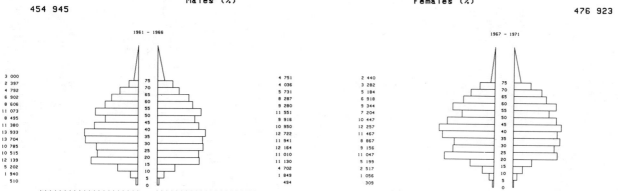

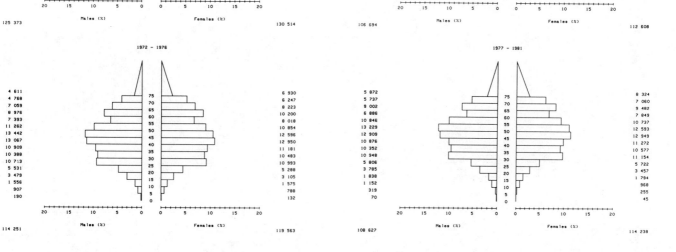

Appendix 1

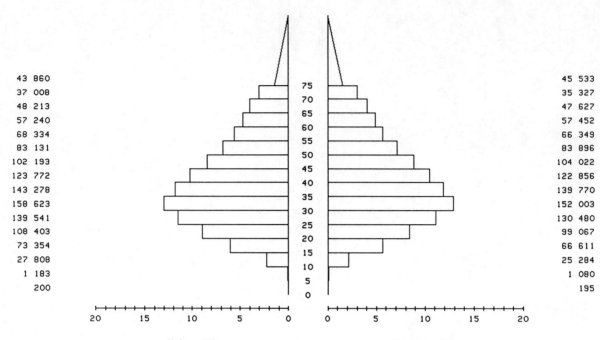

Iraq

1961 – 1981

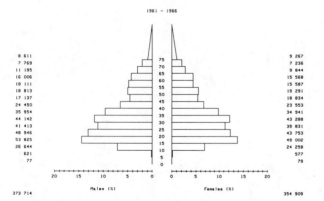

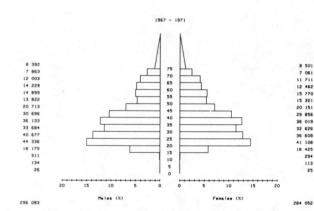

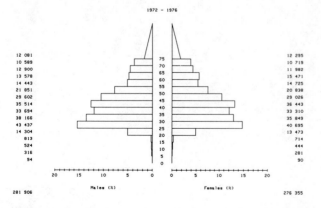

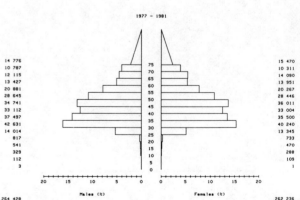

Appendix 1

Yemen
1961 – 1981

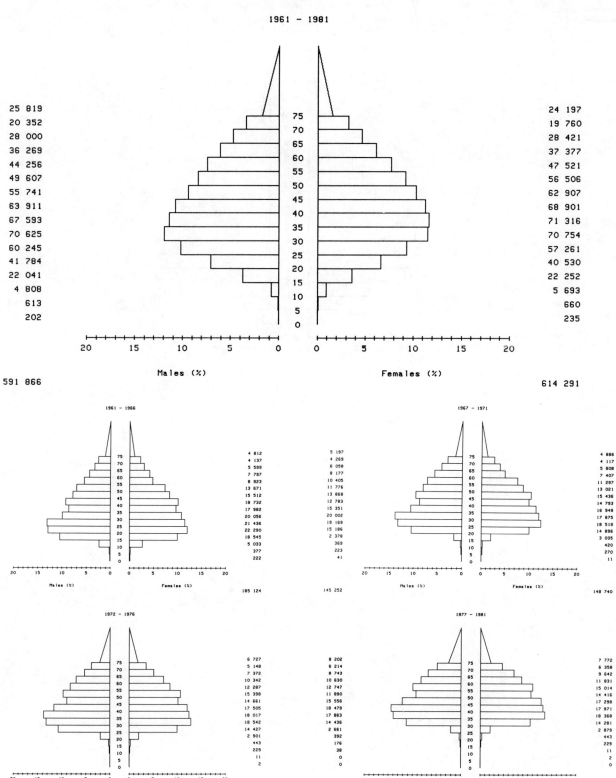

250 *Appendix 1*

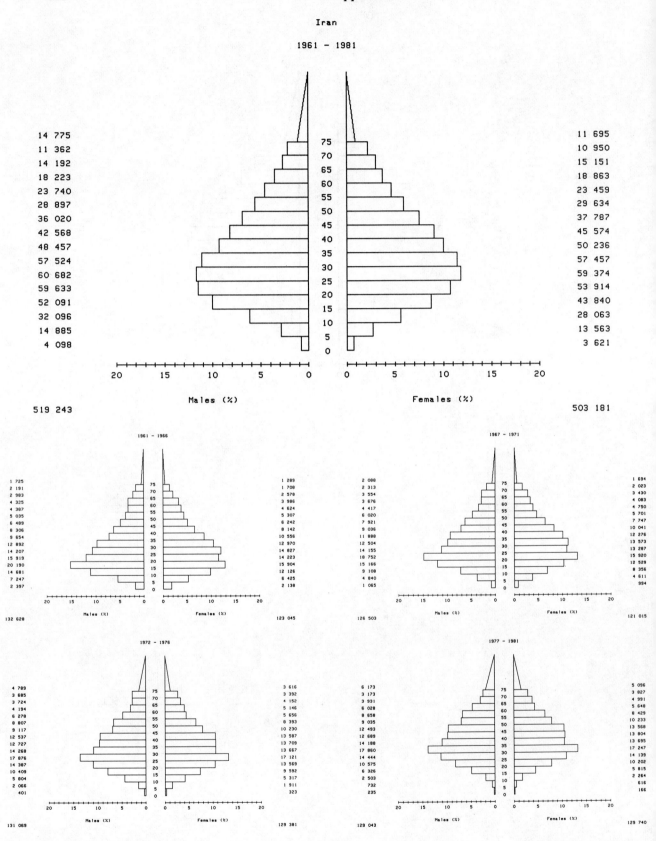

Appendix 1

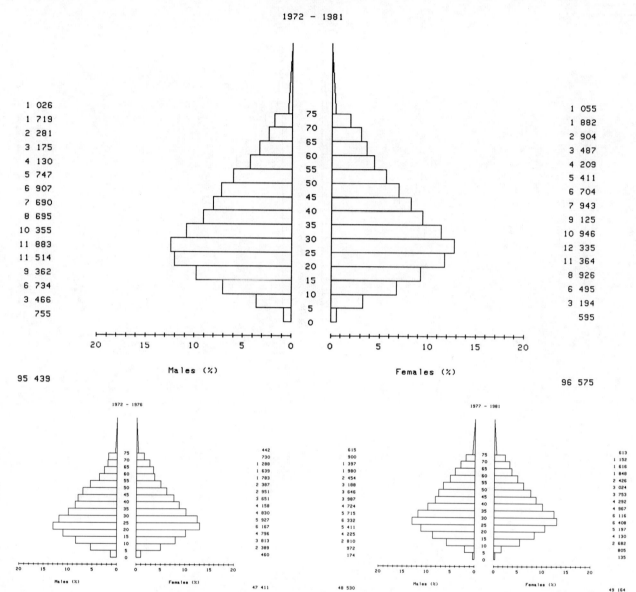

252 *Appendix 1*

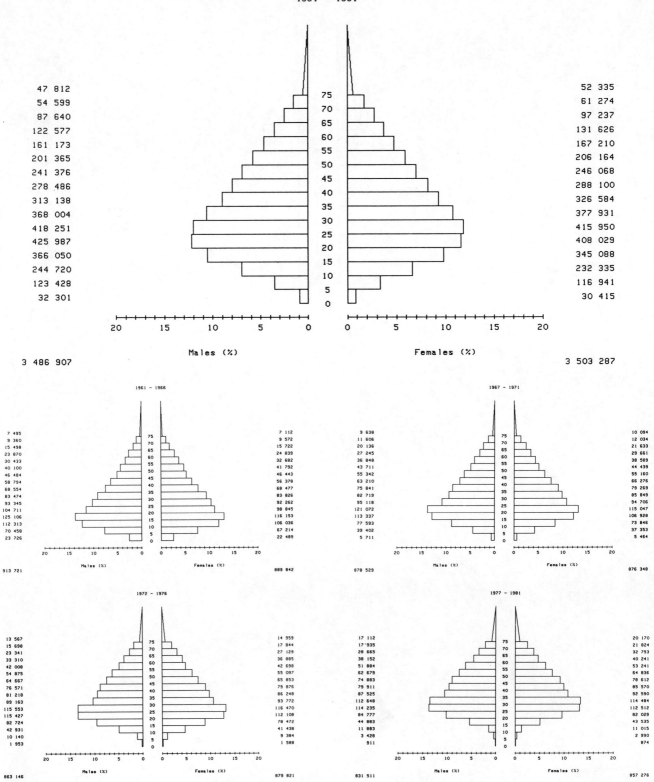

Appendix 1

Morocco, Algeria, Tunisia
1961 – 1981

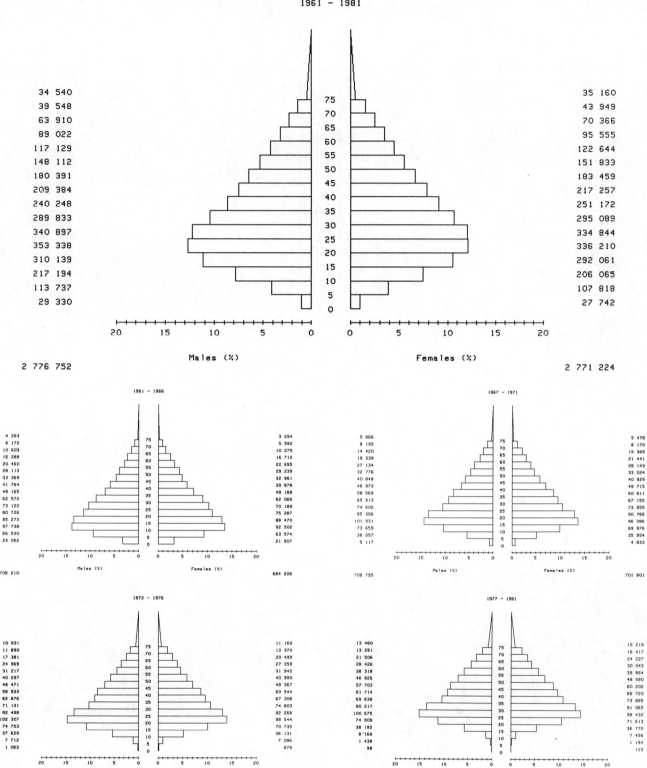

Appendix 1

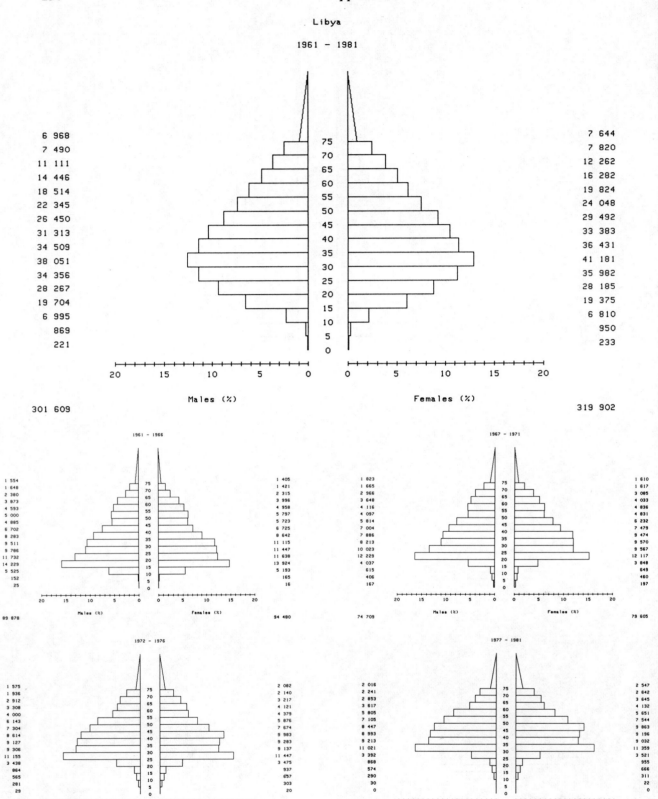

Appendix 1

Egypt
1961 – 1981

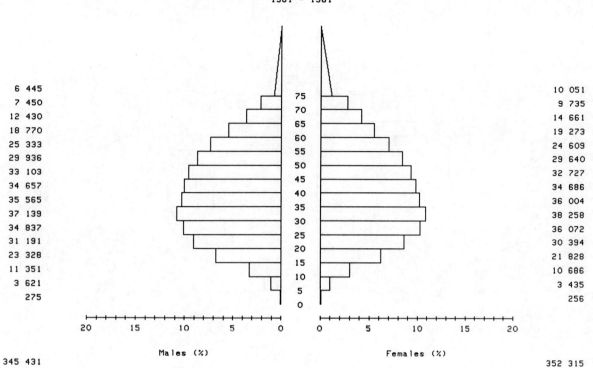

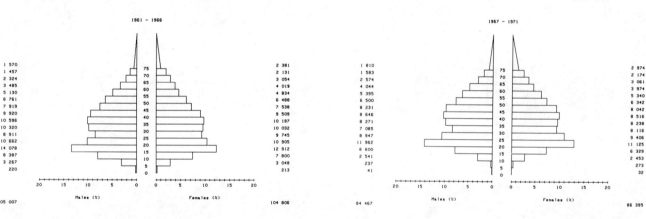

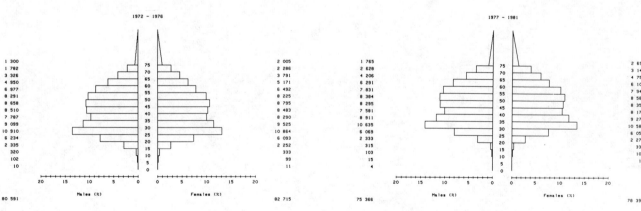

Appendix 1

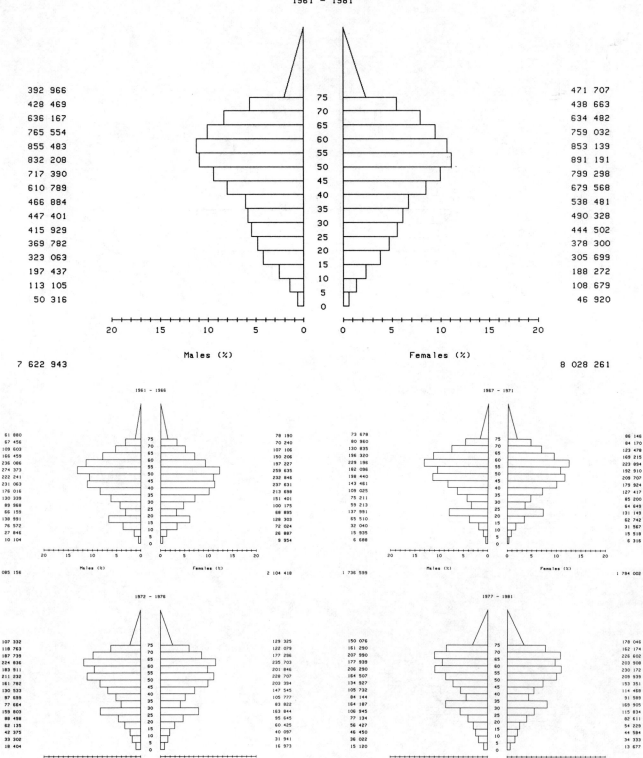

Appendix 1

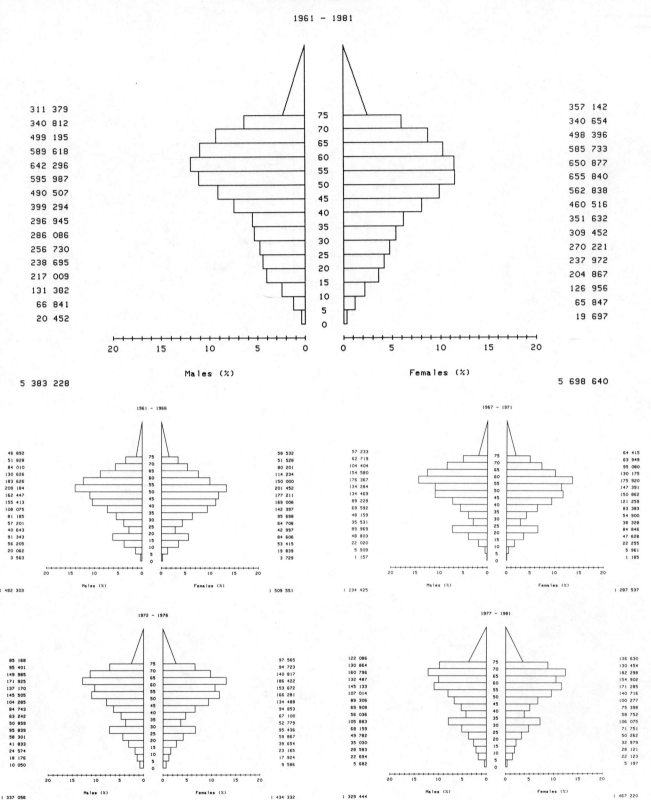

Appendix 1

USSR, Poland

1972 – 1981

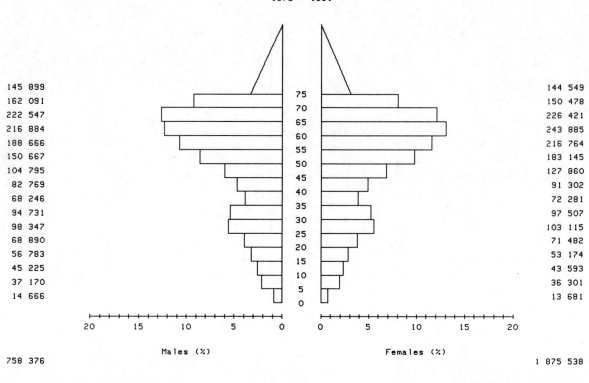

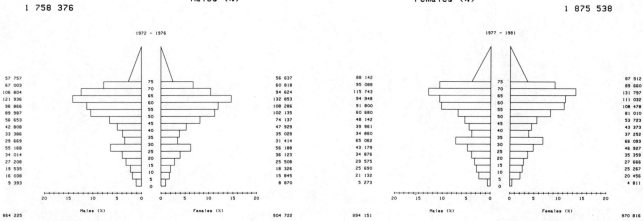

Appendix 1

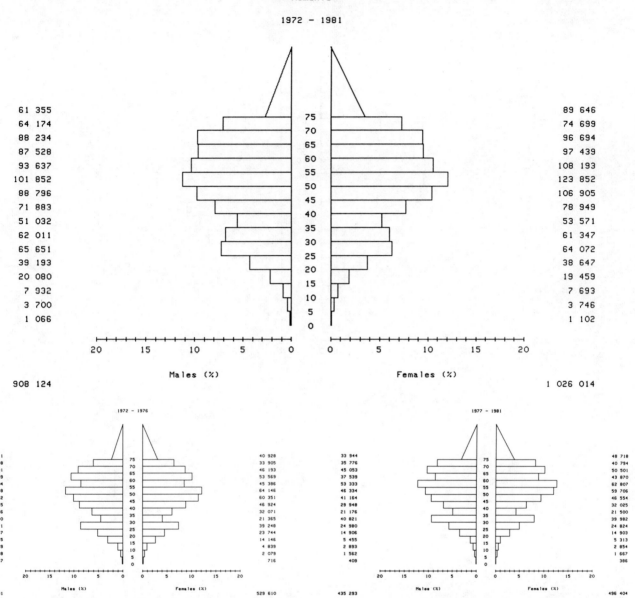

Appendix 1

Bulgaria, Greece

1961 – 1981

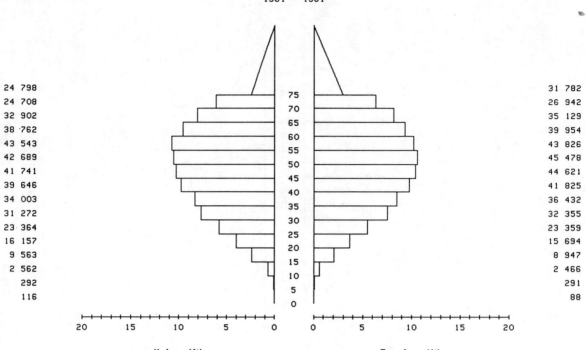

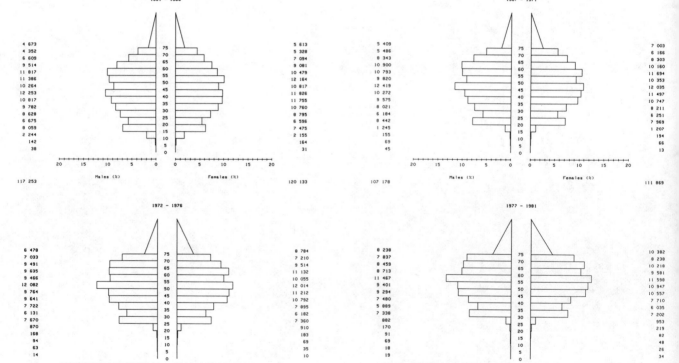

Appendix 1 261

Germany, Austria, Czechoslovakia, Hungary
1961 - 1981

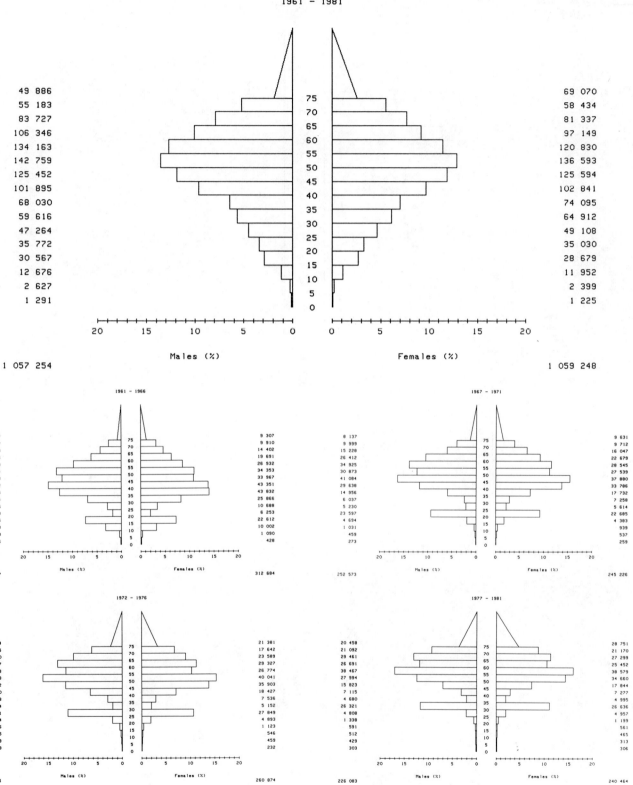

262 *Appendix 1*

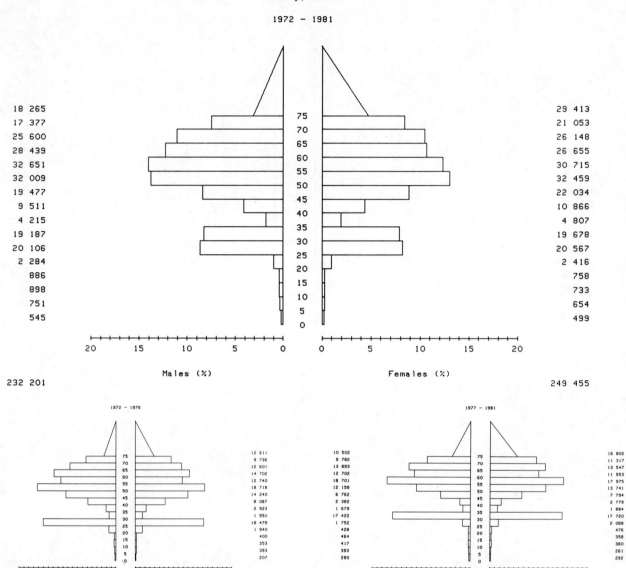

Appendix 1

Czechoslovakia, Hungary

1972 - 1981

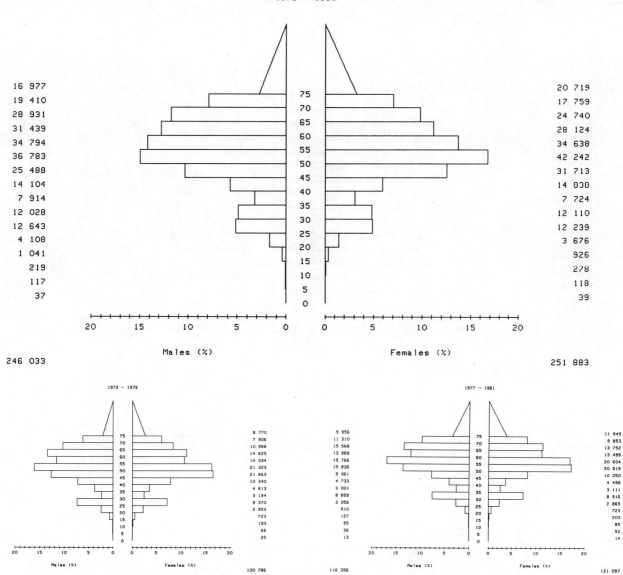

Appendix 1

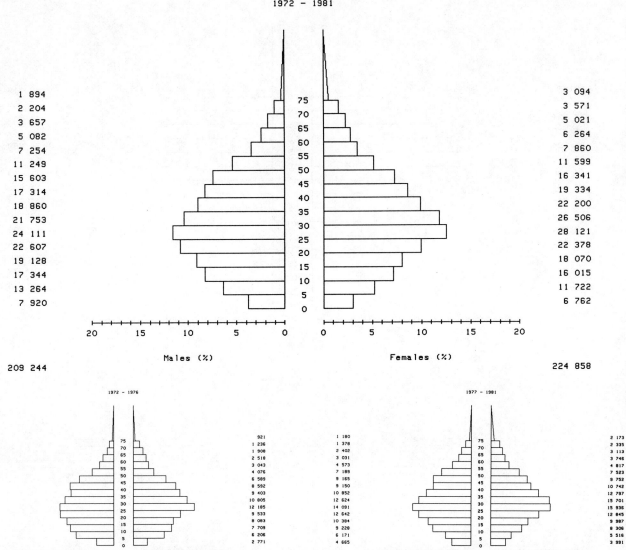

Appendix 1

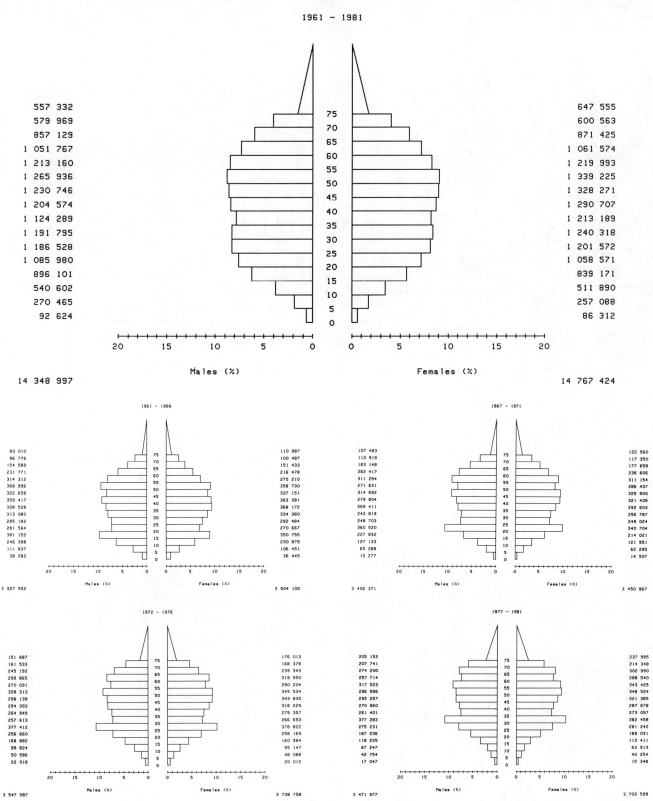

Appendix 1

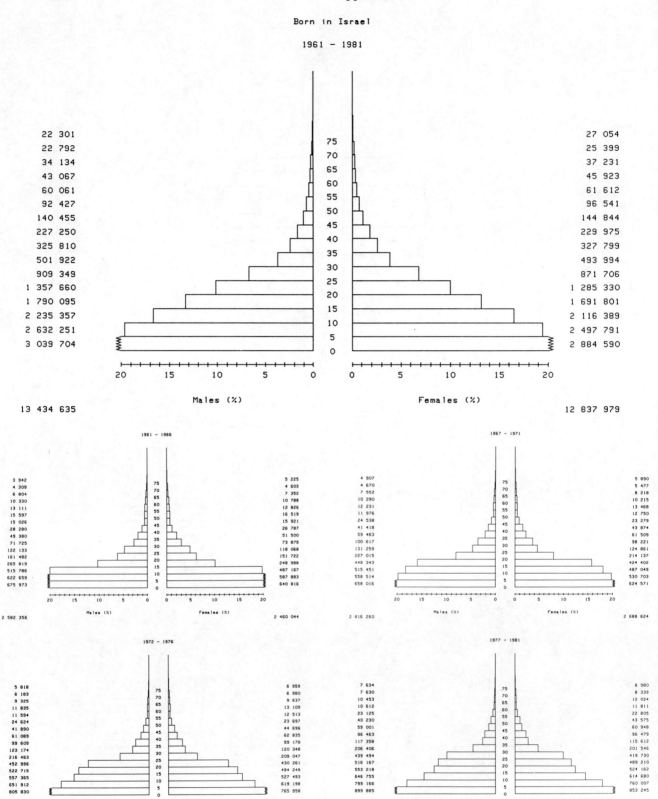

Appendix 1 267

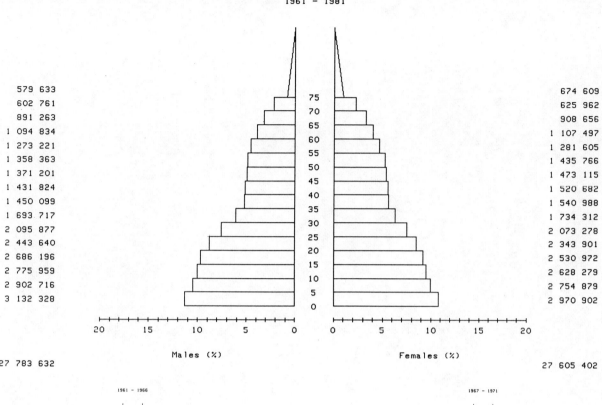

All Jews

1961 – 1981

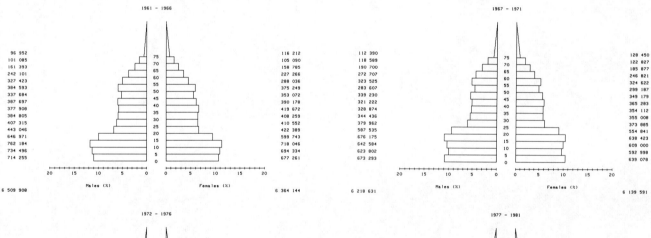

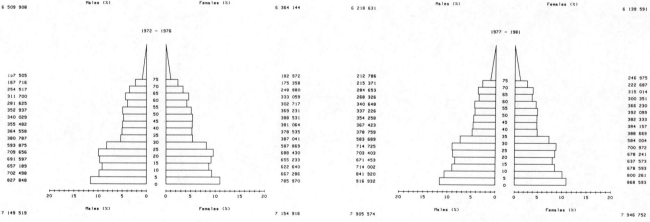

APPENDIX 2

Age-standardized incidence rates in migrants to Israel and comparison populations

Appendix 2 — Figure 2.1

All Sites (ICD-9 140-208, excl. 173)

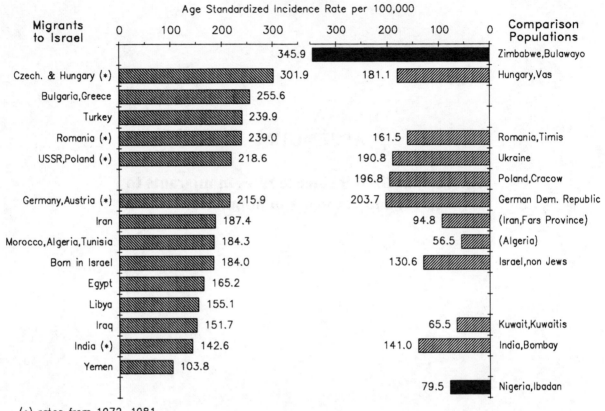

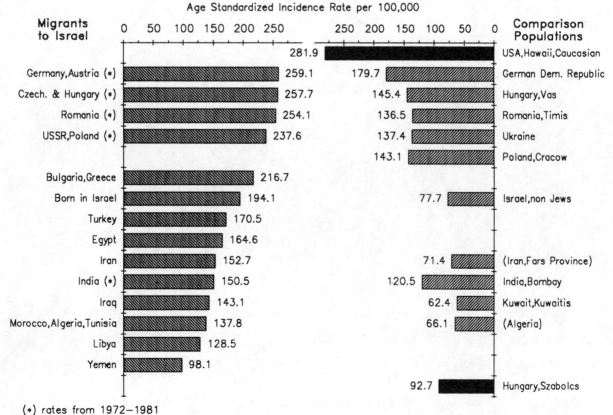

Appendix 2 — Figure 2.2

Lip, Oral cavity, Pharynx (ICD-9 140-149)

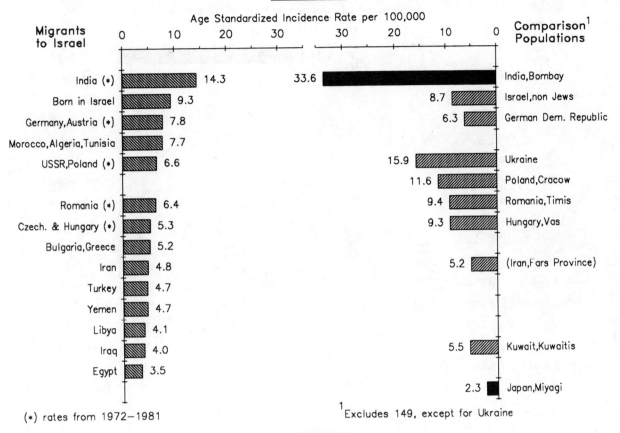

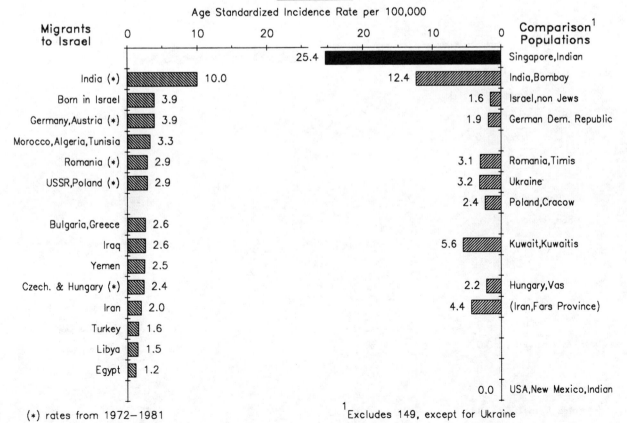

Appendix 2 — Figure 2.3

Nasopharynx (ICD-9 147)

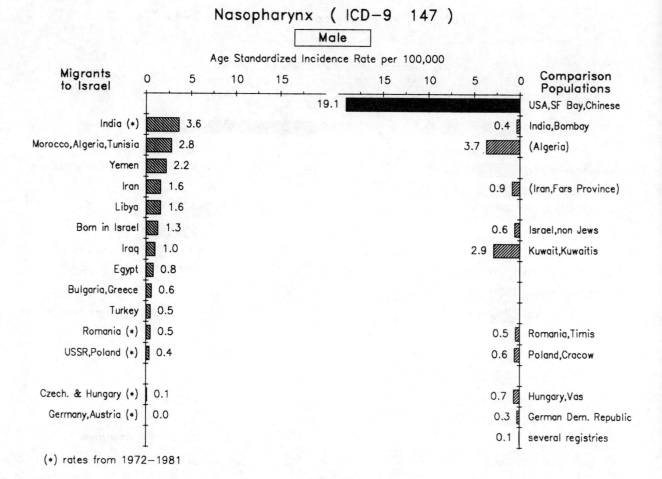

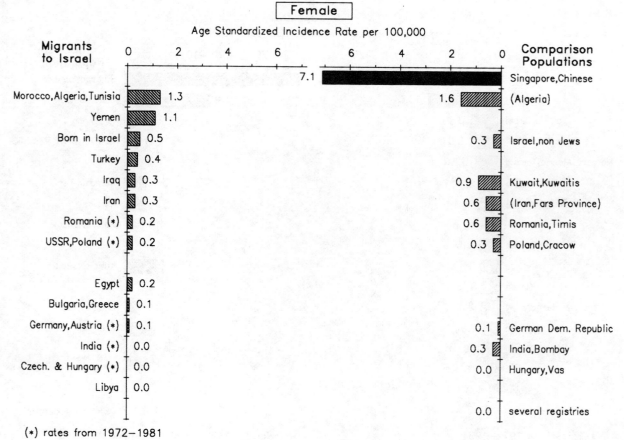

Appendix 2 — Figure 2.4

Oesophagus (ICD-9 150)

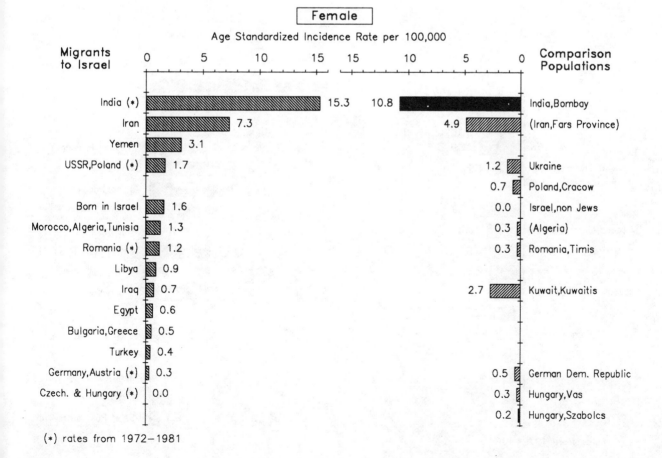

Appendix 2 — Figure 2.5

Stomach (ICD-9 151)

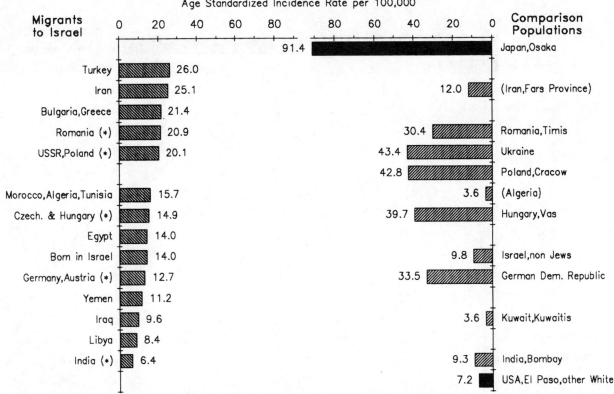

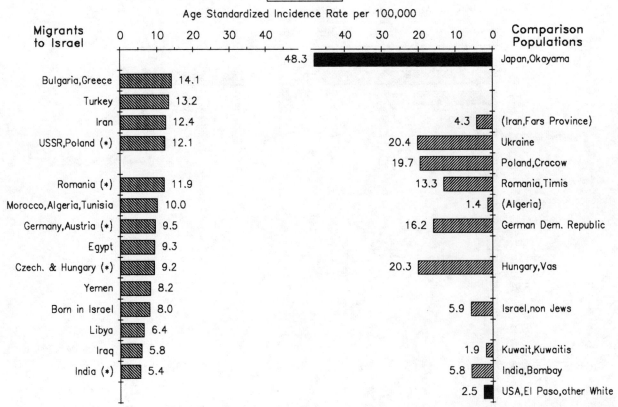

Appendix 2 — Figure 2.6

Colon and Rectum (ICD-9 153,154)

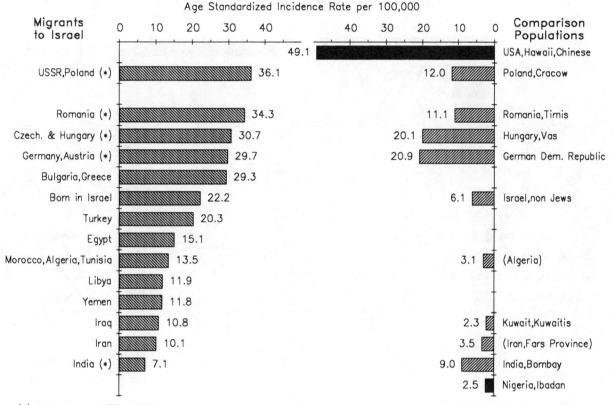

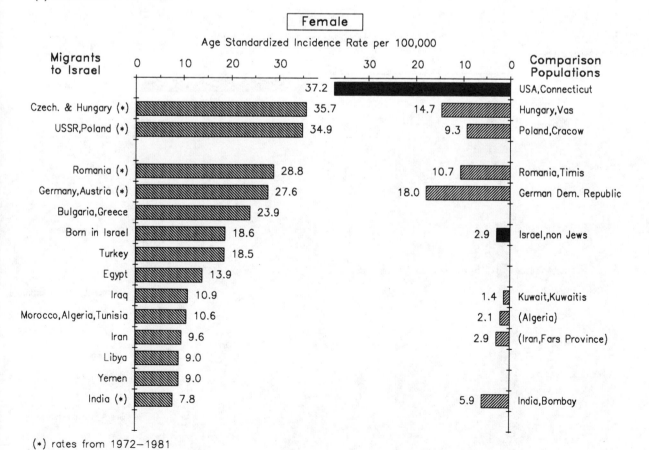

Appendix 2 — Figure 2.7

Liver (ICD-9 155)

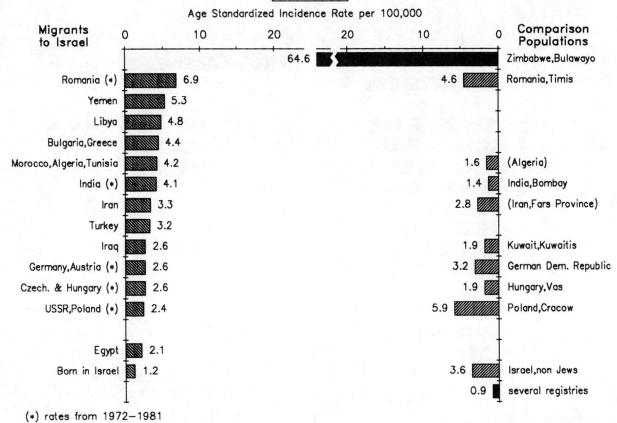

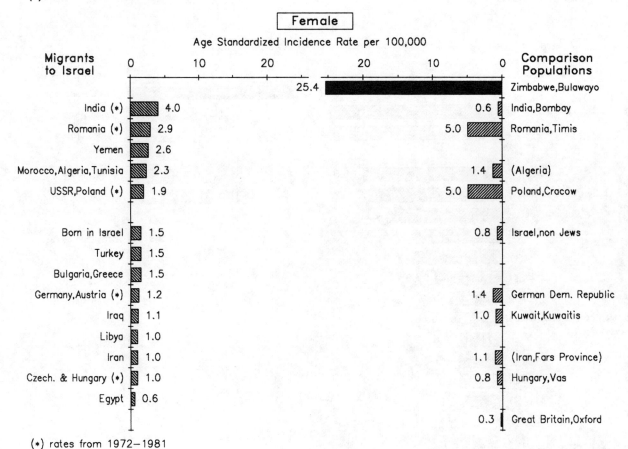

Appendix 2 — Figure 2.8

Gallbladder, etc. (ICD-9 156)

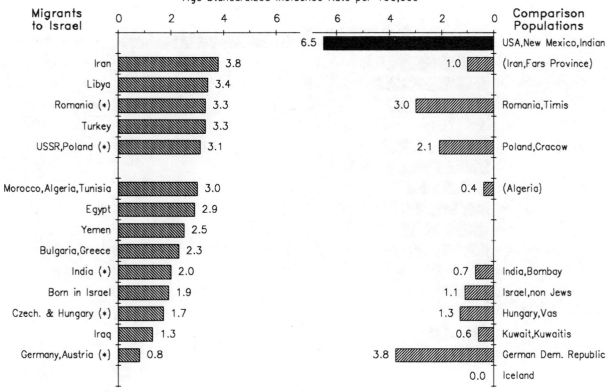

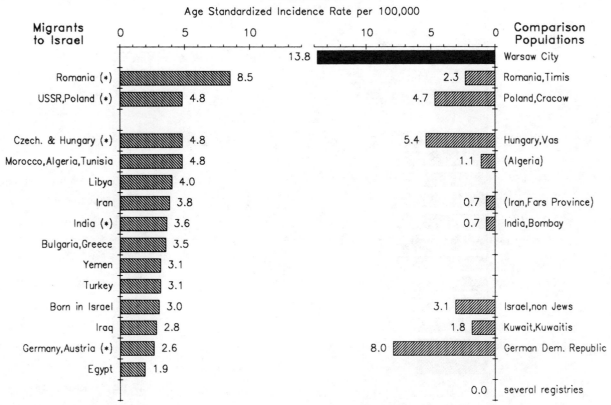

Appendix 2 — Figure 2.9

Pancreas (ICD-9 157)

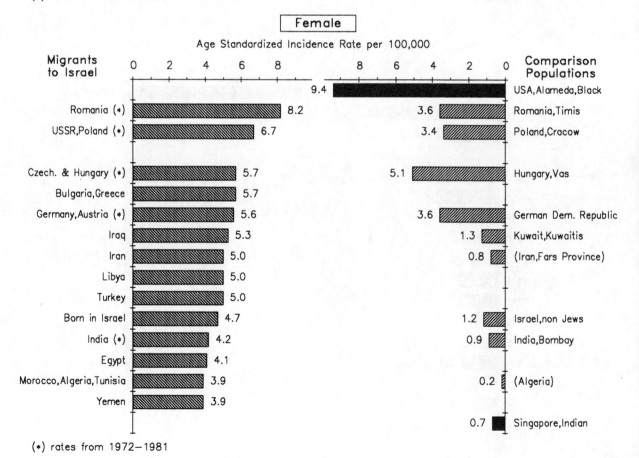

Appendix 2 — Figure 2.10

Larynx (ICD-9 161)

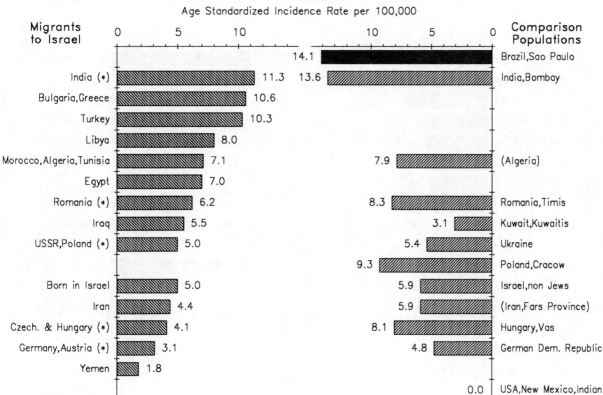

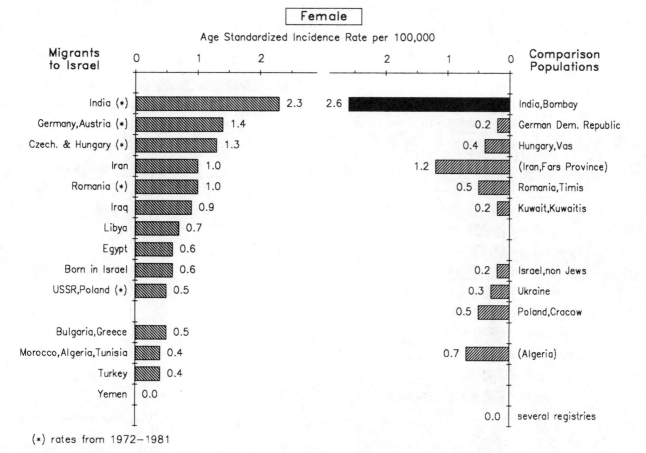

Appendix 2 — *Figure 2.11*

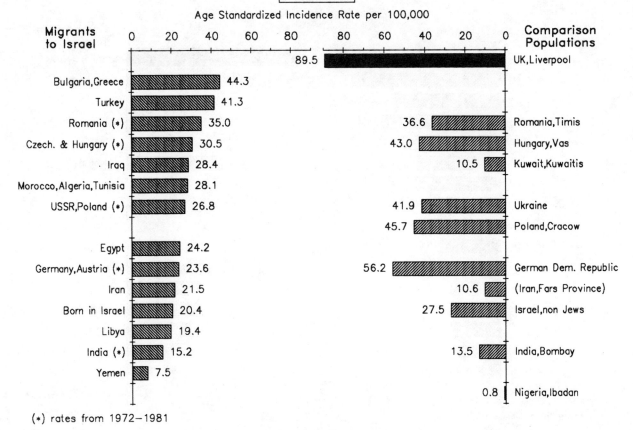
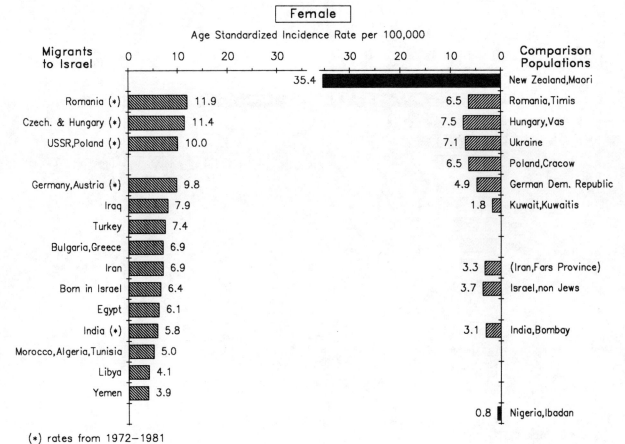

Appendix 2 — Figure 2.12

Melanoma of skin (ICD-9 172)

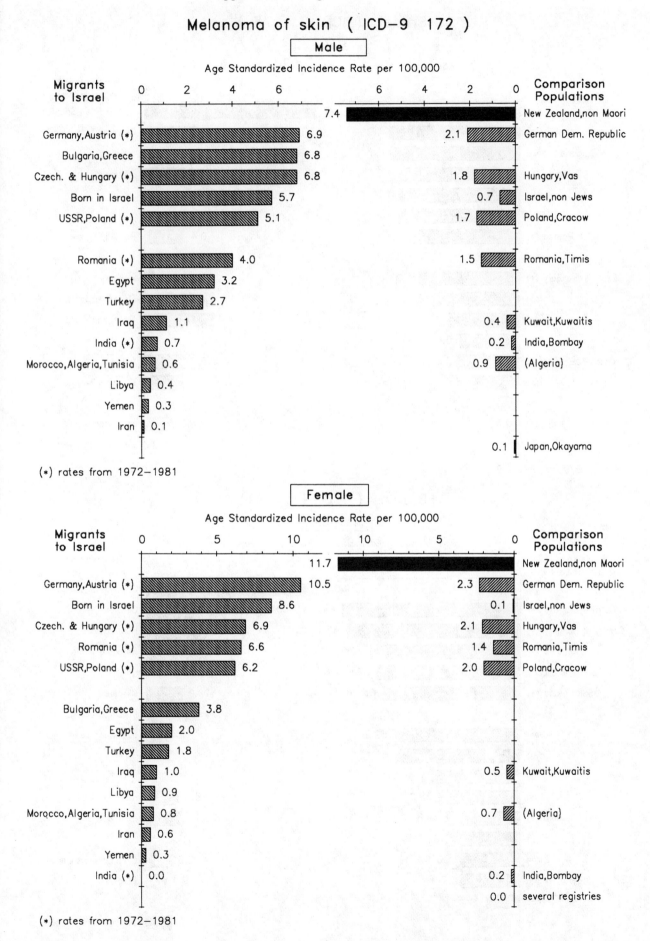

Appendix 2 — Figure 2.13

Breast (ICD-9 175)
Male

Age Standardized Incidence Rate per 100,000

Migrants to Israel	Rate	Rate	Comparison Populations
		1.7	USA, El Paso, Spanish
Germany, Austria (*)	1.3	0.5	German Dem. Republic
Bulgaria, Greece	1.3		
Romania (*)	1.2	0.4	Romania, Timis
Egypt	1.2		
Libya	1.2		
USSR, Poland (*)	1.1	0.4	Poland, Cracow
Czech. & Hungary (*)	1.0	0.1	Hungary, Vas
Iran	0.8	0.7	(Iran, Fars Province)
Born in Israel	0.7	0.7	Israel, non Jews
Turkey	0.6		
Morocco, Algeria, Tunisia	0.6	0.5	(Algeria)
Iraq	0.5	0.4	Kuwait, Kuwaitis
Yemen	0.3		
India (*)	0.0	0.3	India, Bombay
		0.0	several registries

(*) rates from 1972–1981

Breast (ICD-9 174)
Female

Age Standardized Incidence Rate per 100,000

Migrants to Israel	Rate	Rate	Comparison Populations
		80.3	USA, Hawaii, Caucasian
Germany, Austria (*)	84.2	33.4	German Dem. Republic
Czech. & Hungary (*)	82.1	28.3	Hungary, Vas
Romania (*)	70.8	29.3	Romania, Timis
Bulgaria, Greece	67.6		
USSR, Poland (*)	64.7	16.9	Ukraine
		19.6	Poland, Cracow
Born in Israel	59.2	11.0	Israel, non Jews
Egypt	59.1		
Turkey	46.3		
Iraq	38.2	15.4	Kuwait, Kuwaitis
India (*)	34.8	20.1	India, Bombay
Libya	34.6		
Iran	30.1	12.3	(Iran, Fars Province)
Morocco, Algeria, Tunisia	27.9	9.1	(Algeria)
Yemen	15.5		
		12.1	Japan, Osaka

(*) rates from 1972–1981

Appendix 2 — Figures 2.14 and 2.15

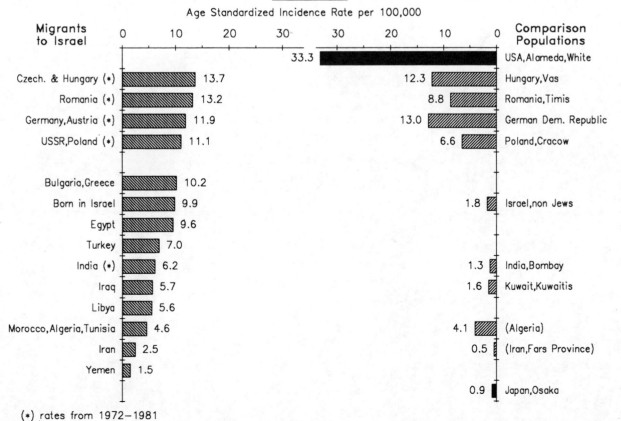

Figures 2.14 and 2.15: Cervix uteri (ICD-9 180) and Corpus uteri (ICD-9 182), Female. Age Standardized Incidence Rate per 100,000, Migrants to Israel vs. Comparison Populations.

Appendix 2 — Figure 2.16

Ovary, etc. (ICD-9 183)
Female

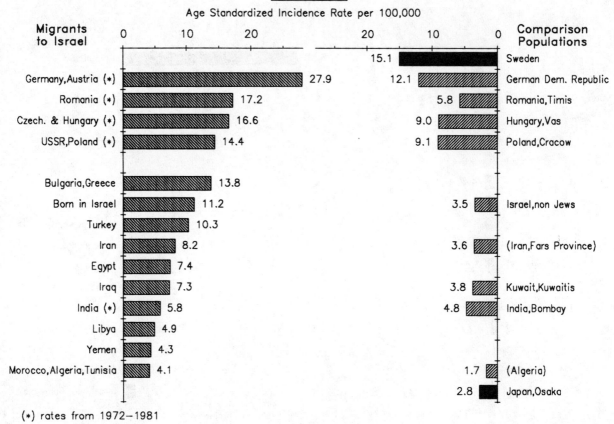

(*) rates from 1972–1981

Appendix 2 — Figures 2.17 and 2.18 285

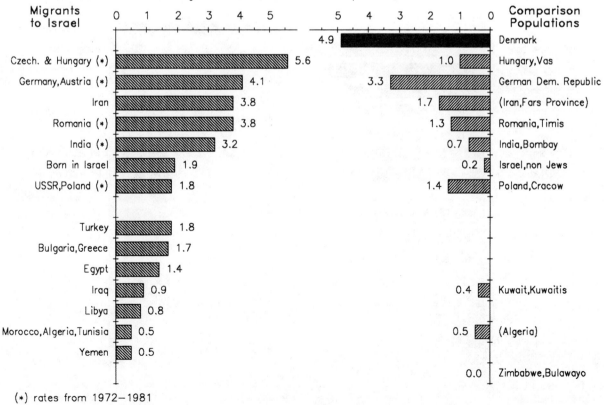

Appendix 2 — Figure 2.19

Bladder (ICD-9 188)

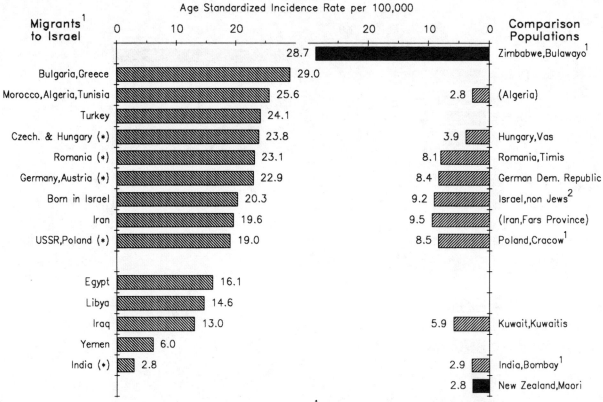

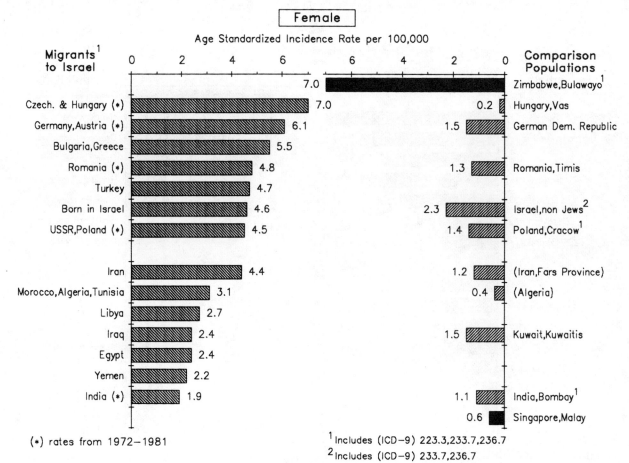

Appendix 2 — Figure 2.20

Kidney & other urinary (ICD-9 189)

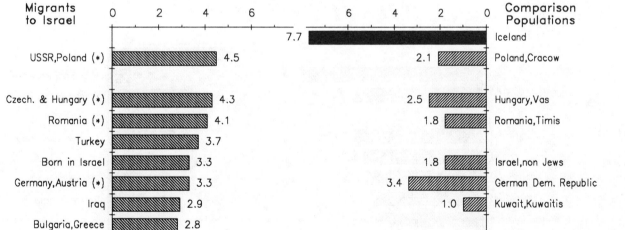

Appendix 2 — Figure 2.21

Nervous system (ICD-9 191,192)

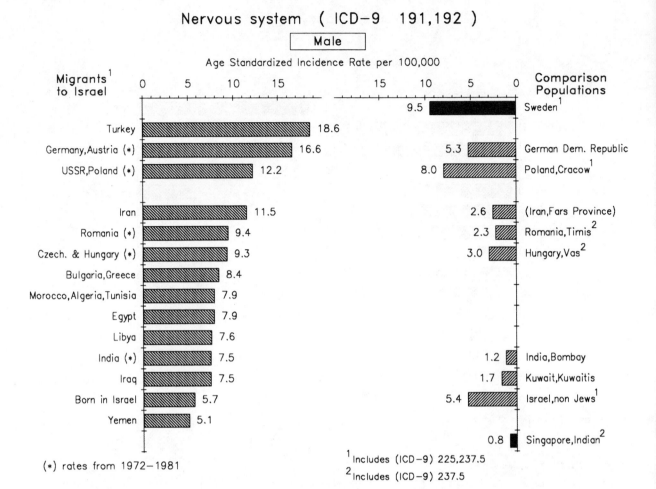

Male

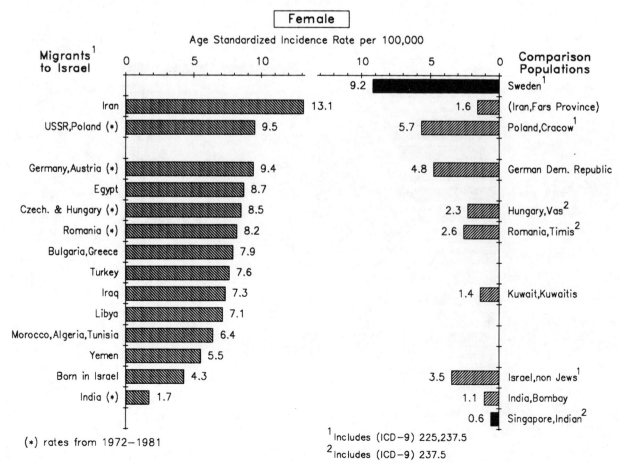

Female

Appendix 2 — Figure 2.22

Thyroid (ICD-9 193)

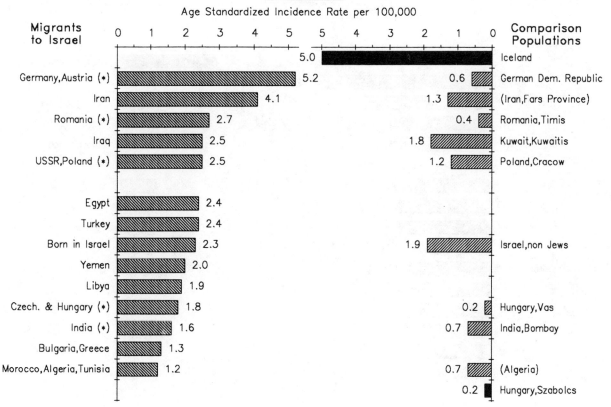

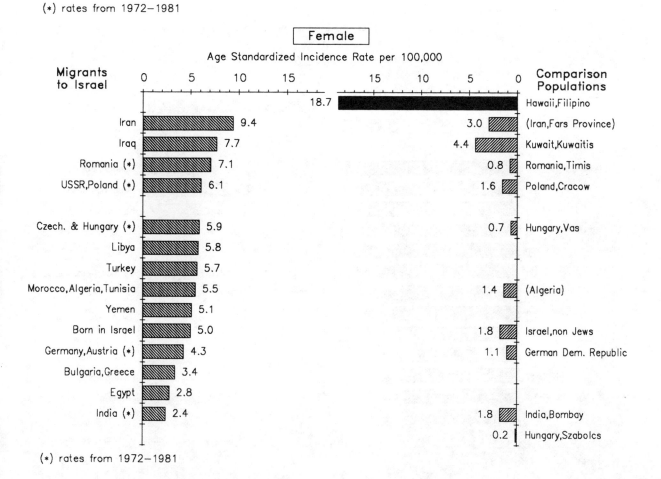

Appendix 2 — Figure 2.23

Non-Hodgkin lymphoma (ICD-9 200 and 202)

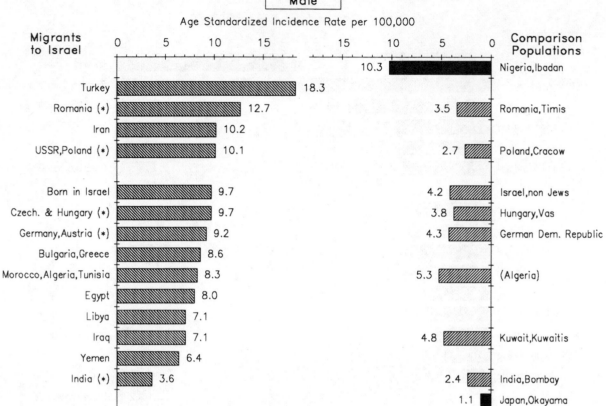

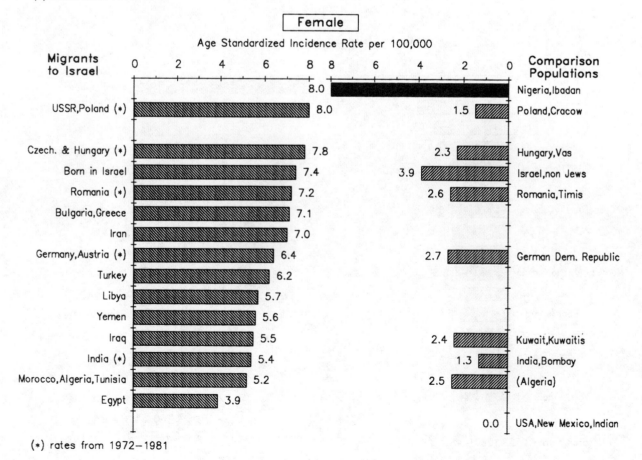

Appendix 2 — Figure 2.24

Hodgkin's disease (ICD-9 201)

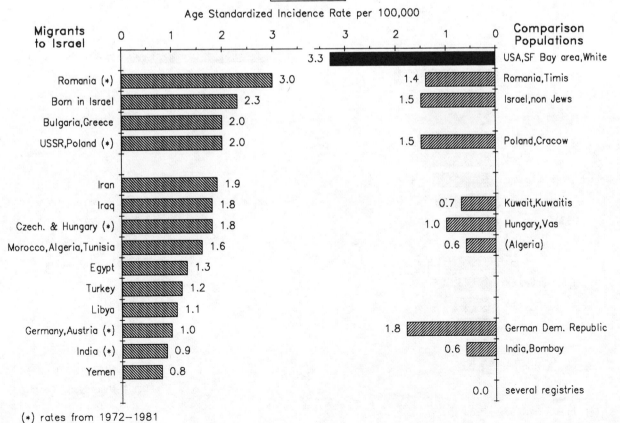

Multiple myeloma (ICD-9 203)

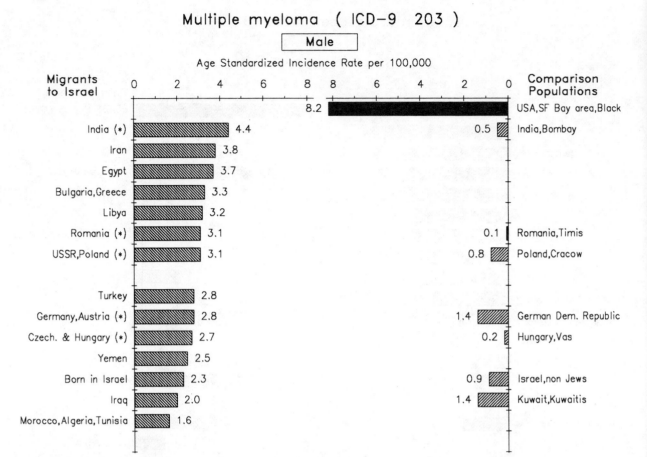

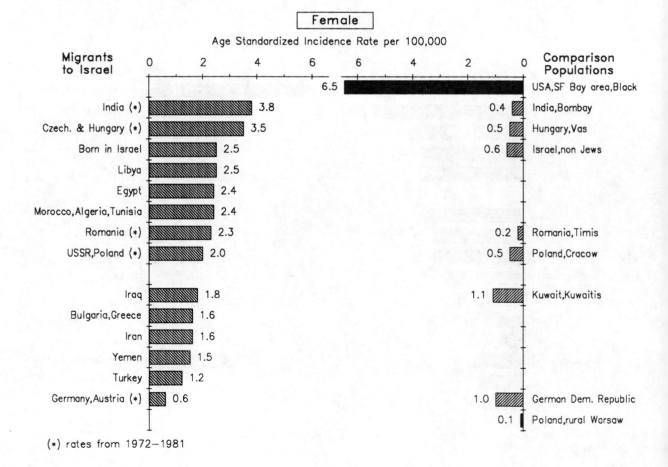

Appendix 2 — Figure 2.26

Lymphatic leukaemia (ICD-9 204)

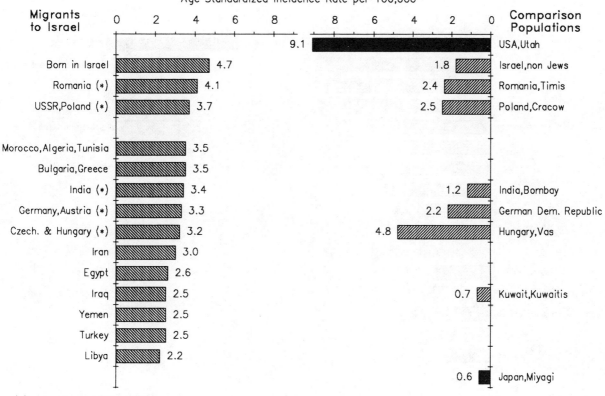

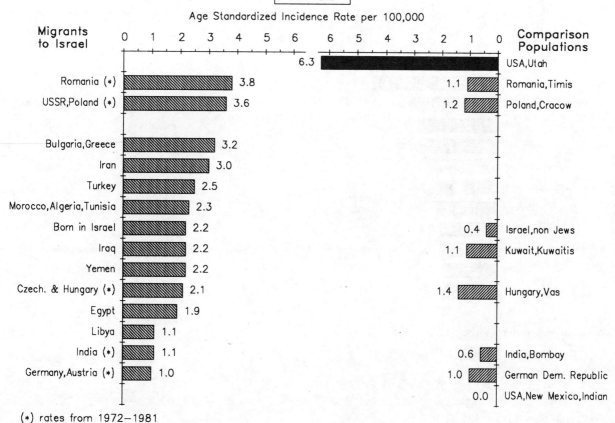

Myeloid leukaemia (ICD-9 205)

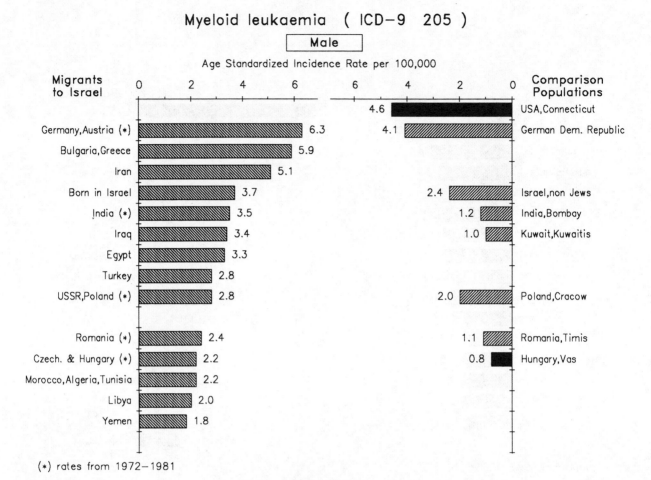

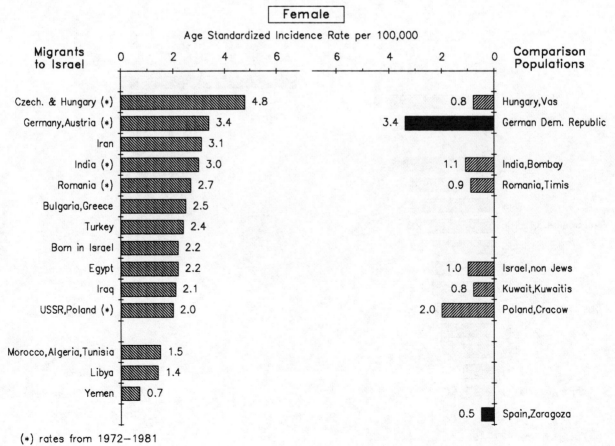

APPENDIX 3

Risk of cancer, by duration of stay in Israel, relative to that in Israel-born population

Appendix 3 — Figure 3.1

Relative risk for duration of stay in Israel
(reference category: born in Israel)

Oesophagus

Appendix 3 — Figure 3.2

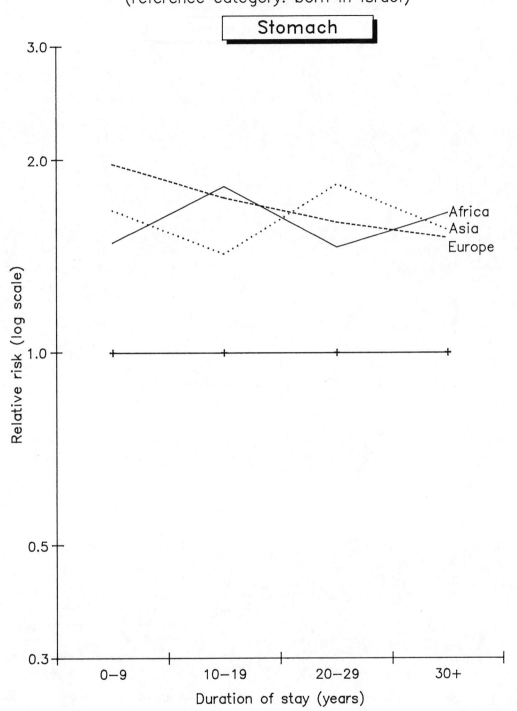

Relative risk for duration of stay in Israel
(reference category: born in Israel)

Stomach

Appendix 3 — Figure 3.3

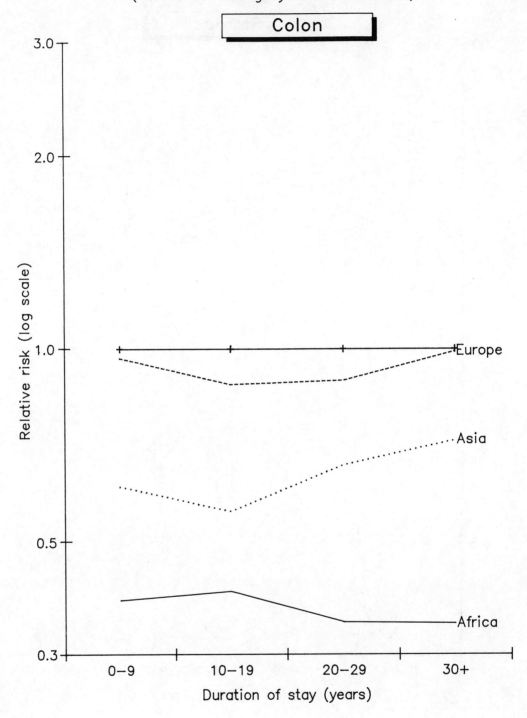

Appendix 3 — Figure 3.4

Relative risk for duration of stay in Israel
(reference category: born in Israel)

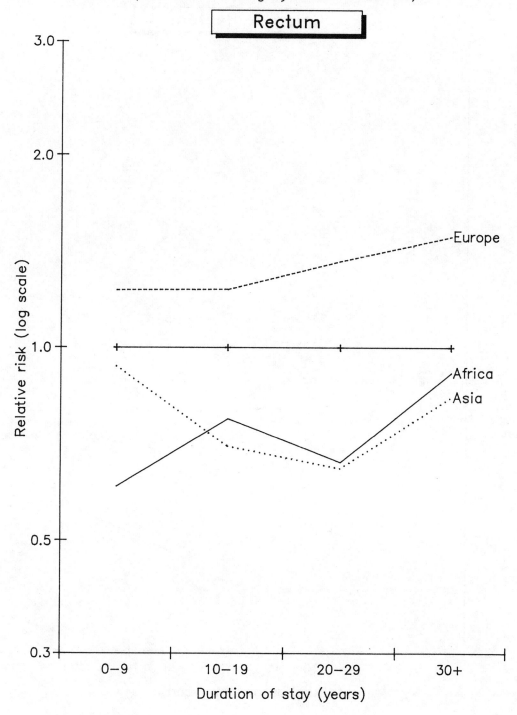

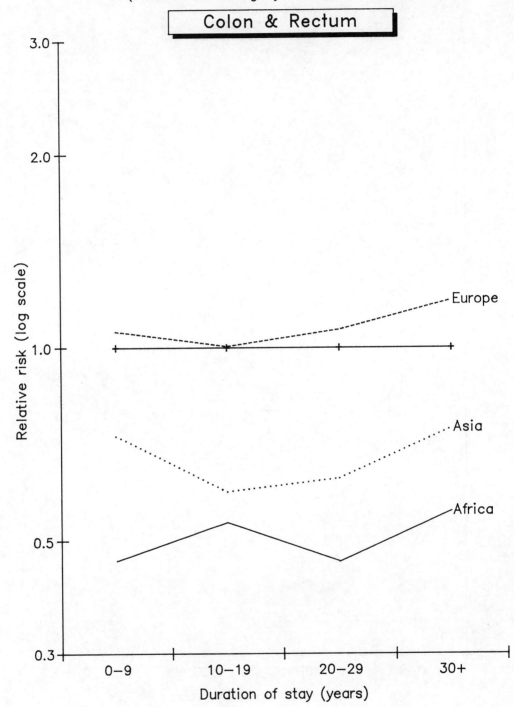

Appendix 3 — Figure 3.6

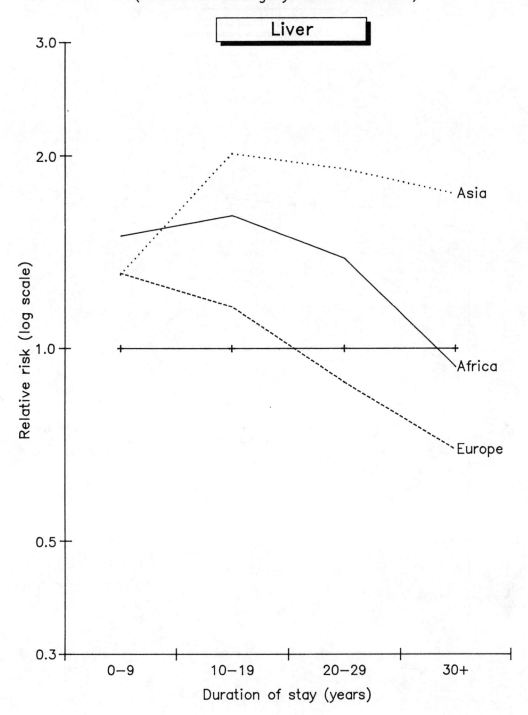

Appendix 3 — Figure 3.7

Relative risk for duration of stay in Israel
(reference category: born in Israel)

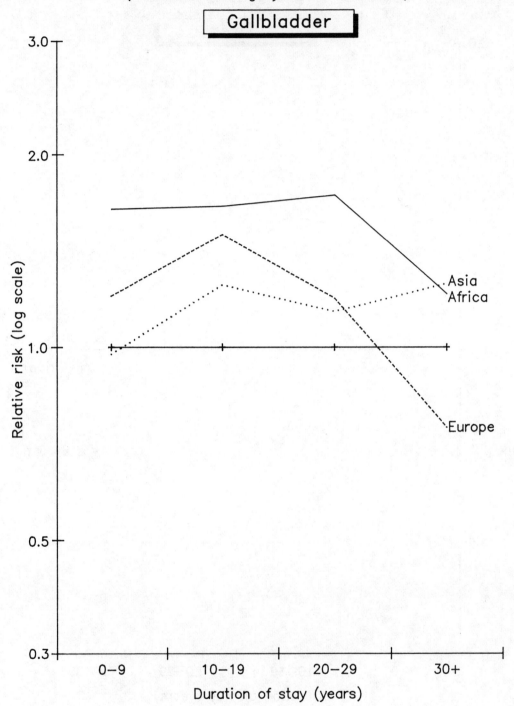

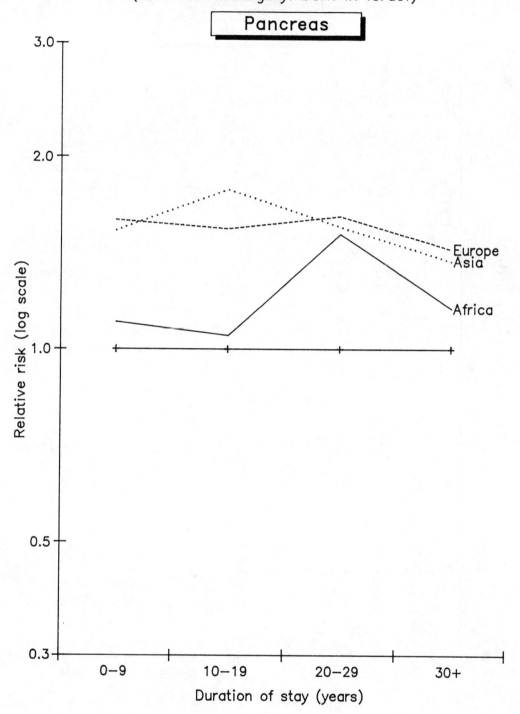

Appendix 3 — Figure 3.8

Relative risk for duration of stay in Israel
(reference category: born in Israel)

Pancreas

Appendix 3 — Figure 3.9

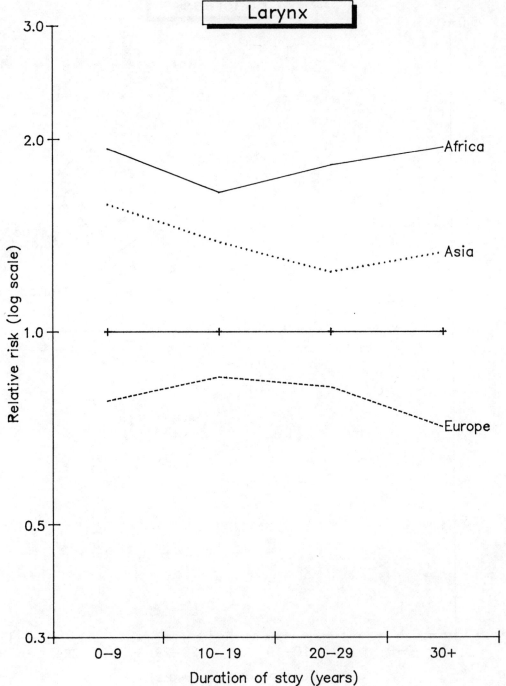

Appendix 3 — Figure 3.10

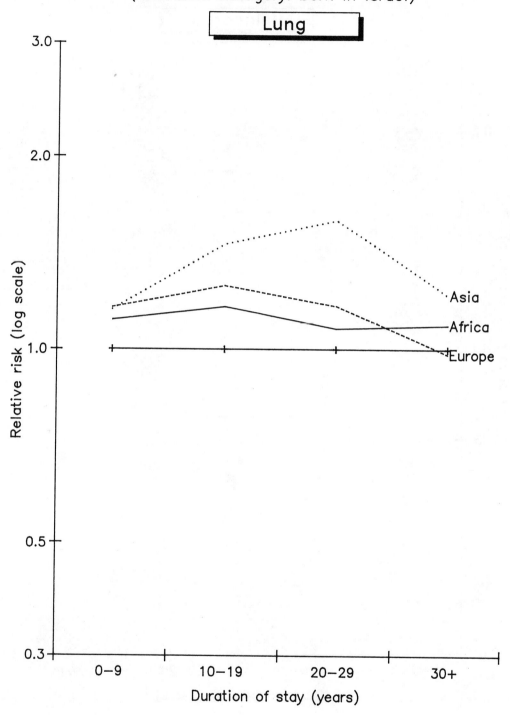

Appendix 3 — Figure 3.11

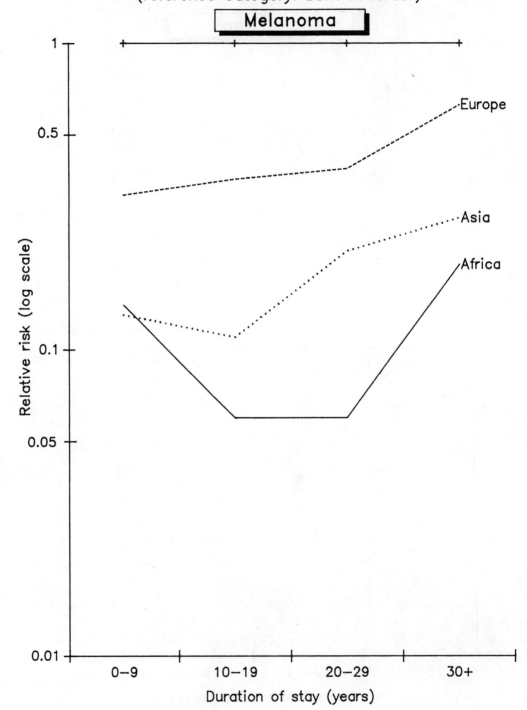

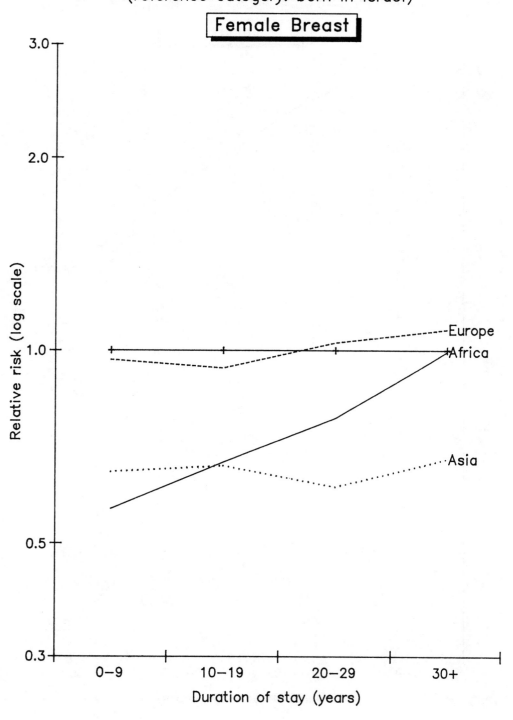

Appendix 3 — Figure 3.12

Appendix 3 — Figure 3.13

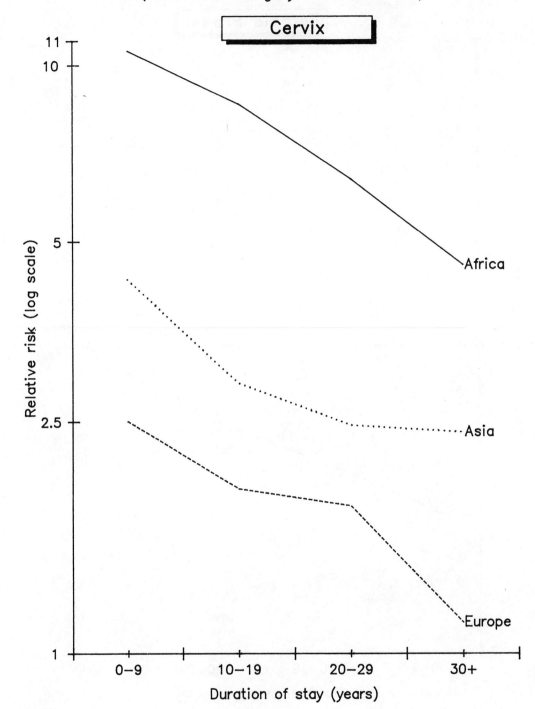

Appendix 3 — Figure 3.14

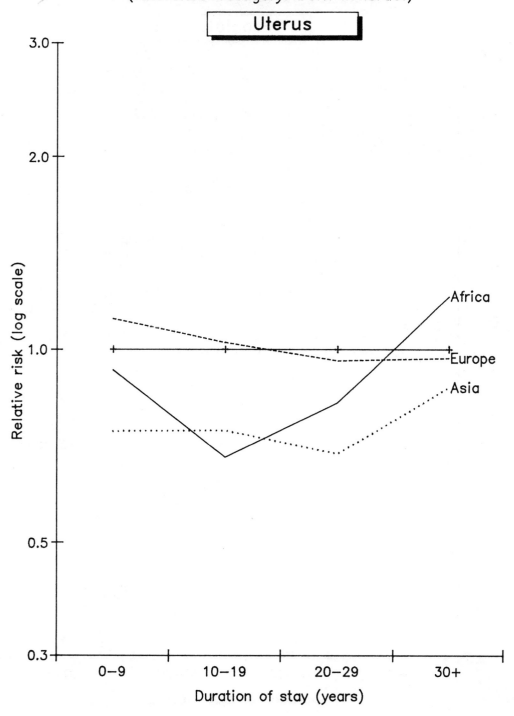

Appendix 3 — Figure 3.15

Relative risk for duration of stay in Israel
(reference category: born in Israel)

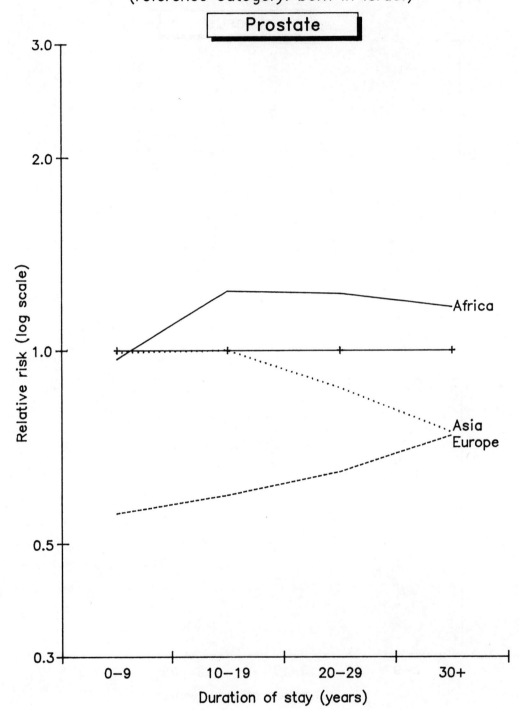

Appendix 3 — Figure 3.16 311

Relative risk for duration of stay in Israel
(reference category: born in Israel)

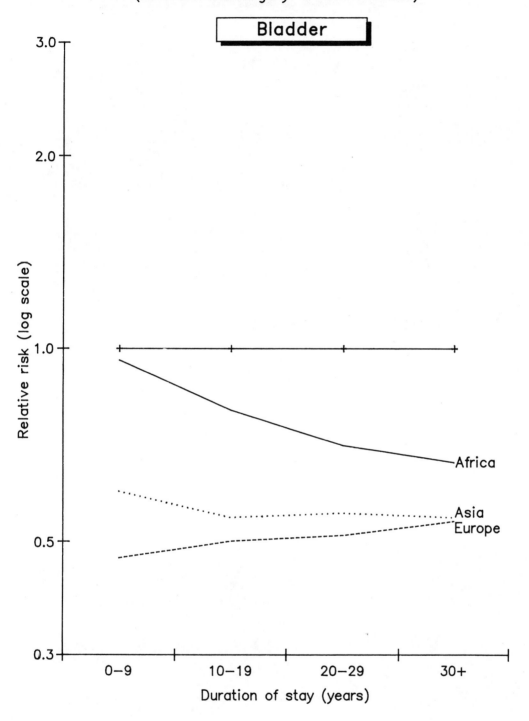

PUBLICATIONS OF THE INTERNATIONAL AGENCY FOR RESEARCH ON CANCER
SCIENTIFIC PUBLICATIONS SERIES

(Available from Oxford University Press) through local bookshops

No. 1 LIVER CANCER
1971; 176 pages; out of print

No. 2 ONCOGENESIS AND HERPESVIRUSES
Edited by P.M. Biggs, G. de-Thé & L.N. Payne
1972; 515 pages; out of print

No. 3 N-NITROSO COMPOUNDS: ANALYSIS AND FORMATION
Edited by P. Bogovski, R. Preussmann & E. A. Walker
1972; 140 pages; out of print

No. 4 TRANSPLACENTAL CARCINOGENESIS
Edited by L. Tomatis & U. Mohr
1973; 181 pages; out of print

*No. 5 PATHOLOGY OF TUMOURS IN LABORATORY ANIMALS. VOLUME 1. TUMOURS OF THE RAT. PART 1
Editor-in-Chief V.S. Turusov
1973; 214 pages

*No. 6 PATHOLOGY OF TUMOURS IN LABORATORY ANIMALS. VOLUME 1. TUMOURS OF THE RAT. PART 2
Editor-in-Chief V.S. Turusov
1976; 319 pages
*reprinted in one volume, Price £50.00

No. 7 HOST ENVIRONMENT INTERACTIONS IN THE ETIOLOGY OF CANCER IN MAN
Edited by R. Doll & I. Vodopija
1973; 464 pages; £32.50

No. 8 BIOLOGICAL EFFECTS OF ASBESTOS
Edited by P. Bogovski, J.C. Gilson, V. Timbrell & J.C. Wagner
1973; 346 pages; out of print

No. 9 N-NITROSO COMPOUNDS IN THE ENVIRONMENT
Edited by P. Bogovski & E. A. Walker
1974; 243 pages; £16.50

No. 10 CHEMICAL CARCINOGENESIS ESSAYS
Edited by R. Montesano & L. Tomatis
1974; 230 pages; out of print

No. 11 ONCOGENESIS AND HERPESVIRUSES II
Edited by G. de-Thé, M.A. Epstein & H. zur Hausen
1975; Part 1, 511 pages; Part 2, 403 pages; £65.-

No. 12 SCREENING TESTS IN CHEMICAL CARCINOGENESIS
Edited by R. Montesano, H. Bartsch & L. Tomatis
1976; 666 pages; £12.-

No. 13 ENVIRONMENTAL POLLUTION AND CARCINOGENIC RISKS
Edited by C. Rosenfeld & W. Davis
1976; 454 pages; out of print

No. 14 ENVIRONMENTAL N-NITROSO COMPOUNDS: ANALYSIS AND FORMATION
Edited by E.A. Walker, P. Bogovski & L. Griciute
1976; 512 pages; £37.50

No. 15 CANCER INCIDENCE IN FIVE CONTINENTS. VOLUME III
Edited by J. Waterhouse, C. Muir, P. Correa & J. Powell
1976; 584 pages; out of print

No. 16 AIR POLLUTION AND CANCER IN MAN
Edited by U. Mohr, D. Schmähl & L. Tomatis
1977; 311 pages; out of print

No. 17 DIRECTORY OF ON-GOING RESEARCH IN CANCER EPIDEMIOLOGY 1977
Edited by C.S. Muir & G. Wagner
1977; 599 pages; out of print

No. 18 ENVIRONMENTAL CARCINOGENS: SELECTED METHODS OF ANALYSIS
Edited-in-Chief H. Egan
VOLUME 1. ANALYSIS OF VOLATILE NITROSAMINES IN FOOD
Edited by R. Preussmann, M. Castegnaro, E.A. Walker & A.E. Wassermann
1978; 212 pages; out of print

No. 19 ENVIRONMENTAL ASPECTS OF N-NITROSO COMPOUNDS
Edited by E.A. Walker, M. Castegnaro, L. Griciute & R.E. Lyle
1978; 566 pages; out of print

No. 20 NASOPHARYNGEAL CARCINOMA: ETIOLOGY AND CONTROL
Edited by G. de-Thé & Y. Ito
1978; 610 pages; out of print

No. 21 CANCER REGISTRATION AND ITS TECHNIQUES
Edited by R. MacLennan, C. Muir, R. Steinitz & A. Winkler
1978; 235 pages; £35.-

Prices, valid for October 1988, are subject to change without notice

SCIENTIFIC PUBLICATIONS SERIES

No. 22 ENVIRONMENTAL CARCINOGENS:
SELECTED METHODS OF ANALYSIS
Editor-in-Chief H. Egan
VOLUME 2. METHODS FOR THE MEASUREMENT
OF VINYL CHLORIDE IN POLY(VINYL
CHLORIDE), AIR, WATER AND FOODSTUFFS
Edited by D.C.M. Squirrell & W. Thain
1978; 142 pages; out of print

No. 23 PATHOLOGY OF TUMOURS IN
LABORATORY ANIMALS. VOLUME II.
TUMOURS OF THE MOUSE
Editor-in-Chief V.S. Turusov
1979; 669 pages; out of print

No. 24 ONCOGENESIS AND HERPESVIRUSES III
Edited by G. de-Thé, W. Henle & F. Rapp
1978; Part 1, 580 pages; Part 2, 522 pages; out of print

No. 25 CARCINOGENIC RISKS: STRATEGIES
FOR INTERVENTION
Edited by W. Davis & C. Rosenfeld
1979; 283 pages; out of print

No. 26 DIRECTORY OF ON-GOING RESEARCH
IN CANCER EPIDEMIOLOGY 1978
Edited by C.S. Muir & G. Wagner,
1978; 550 pages; out of print

No. 27 MOLECULAR AND CELLULAR ASPECTS
OF CARCINOGEN SCREENING TESTS
Edited by R. Montesano, H. Bartsch & L. Tomatis
1980; 371 pages; £22.50

No. 28 DIRECTORY OF ON-GOING RESEARCH
IN CANCER EPIDEMIOLOGY 1979
Edited by C.S. Muir & G. Wagner
1979; 672 pages; out of print

No. 29 ENVIRONMENTAL CARCINOGENS:
SELECTED METHODS OF ANALYSIS
Editor-in-Chief H. Egan
VOLUME 3. ANALYSIS OF POLYCYCLIC
AROMATIC HYDROCARBONS IN
ENVIRONMENTAL SAMPLES
Edited by M. Castegnaro, P. Bogovski, H. Kunte
& E.A. Walker
1979; 240 pages; out of print

No. 30 BIOLOGICAL EFFECTS OF MINERAL
FIBRES
Editor-in-Chief J.C. Wagner
1980; Volume 1, 494 pages; Volume 2, 513 pages;
£55.-

No. 31 N-NITROSO COMPOUNDS: ANALYSIS,
FORMATION AND OCCURRENCE
Edited by E.A. Walker, L. Griciute, M. Castegnaro
& M. Börzsönyi
1980; 841 pages; out of print

No. 32 STATISTICAL METHODS IN CANCER
RESEARCH. VOLUME 1. THE ANALYSIS OF
CASE-CONTROL STUDIES
By N.E. Breslow & N.E. Day
1980; 338 pages; £20.-

No. 33 HANDLING CHEMICAL CARCINOGENS IN
THE LABORATORY: PROBLEMS OF SAFETY
Edited by R. Montesano, H. Bartsch, E. Boyland,
G. Della Porta, L. Fishbein, R.A. Griesemer,
A.B. Swan & L. Tomatis
1979; 32 pages; out of print

No. 34 PATHOLOGY OF TUMOURS IN
LABORATORY ANIMALS. VOLUME III.
TUMOURS OF THE HAMSTER
Editor-in-Chief V.S. Turusov
1982; 461 pages; £32.50

No. 35 DIRECTORY OF ON-GOING RESEARCH
IN CANCER EPIDEMIOLOGY 1980
Edited by C.S. Muir & G. Wagner
1980; 660 pages; out of print

No. 36 CANCER MORTALITY BY OCCUPATION
AND SOCIAL CLASS 1851-1971
By W.P.D. Logan
1982; 253 pages; £22.50

No. 37 LABORATORY DECONTAMINATION
AND DESTRUCTION OF AFLATOXINS
B_1, B_2, G_1, G_2 IN LABORATORY WASTES
Edited by M. Castegnaro, D.C. Hunt, E.B. Sansone,
P.L. Schuller, M.G. Siriwardana, G.M. Telling,
H.P. Van Egmond & E.A. Walker
1980; 59 pages; £6.50

No. 38 DIRECTORY OF ON-GOING RESEARCH
IN CANCER EPIDEMIOLOGY 1981
Edited by C.S. Muir & G. Wagner
1981; 696 pages; out of print

No. 39 HOST FACTORS IN HUMAN
CARCINOGENESIS
Edited by H. Bartsch & B. Armstrong
1982; 583 pages; £37.50

No. 40 ENVIRONMENTAL CARCINOGENS:
SELECTED METHODS OF ANALYSIS
Edited-in-Chief H. Egan
VOLUME 4. SOME AROMATIC AMINES AND
AZO DYES IN THE GENERAL AND INDUSTRIAL
ENVIRONMENT
Edited by L. Fishbein, M. Castegnaro, I.K. O'Neill
& H. Bartsch
1981; 347 pages; £22.50

No. 41 N-NITROSO COMPOUNDS:
OCCURRENCE AND BIOLOGICAL EFFECTS
Edited by H. Bartsch, I.K. O'Neill, M. Castegnaro
& M. Okada
1982; 755 pages; £37.50

No. 42 CANCER INCIDENCE IN FIVE
CONTINENTS. VOLUME IV
Edited by J. Waterhouse, C. Muir,
K. Shanmugaratnam & J. Powell
1982; 811 pages; £37.50

SCIENTIFIC PUBLICATIONS SERIES

No. 43 LABORATORY DECONTAMINATION
AND DESTRUCTION OF CARCINOGENS IN
LABORATORY WASTES: SOME N-NITROSAMINES
Edited by M. Castegnaro, G. Eisenbrand, G. Ellen,
L. Keefer, D. Klein, E.B. Sansone, D. Spincer,
G. Telling & K. Webb
1982; 73 pages; £7.50

No. 44 ENVIRONMENTAL CARCINOGENS:
SELECTED METHODS OF ANALYSIS
Editor-in-Chief H. Egan
VOLUME 5. SOME MYCOTOXINS
Edited by L. Stoloff, M. Castegnaro, P. Scott,
I.K. O'Neill & H. Bartsch
1983; 455 pages; £22.50

No. 45 ENVIRONMENTAL CARCINOGENS:
SELECTED METHODS OF ANALYSIS
Editor-in-Chief H. Egan
VOLUME 6. N-NITROSO COMPOUNDS
Edited by R. Preussmann, I.K. O'Neill, G. Eisenbrand,
B. Spiegelhalder & H. Bartsch
1983; 508 pages; £22.50

No. 46 DIRECTORY OF ON-GOING RESEARCH
IN CANCER EPIDEMIOLOGY 1982
Edited by C.S. Muir & G. Wagner
1982; 722 pages; out of print

No. 47 CANCER INCIDENCE IN SINGAPORE
1968-1977
Edited by K. Shanmugaratnam, H.P. Lee & N.E. Day
1982; 171 pages; out of print

No. 48 CANCER INCIDENCE IN THE USSR
Second Revised Edition
Edited by N.P. Napalkov, G.F. Tserkovny,
V.M. Merabishvili, D.M. Parkin, M. Smans & C.S. Muir,
1983; 75 pages; £12.-

No. 49 LABORATORY DECONTAMINATION AND
DESTRUCTION OF CARCINOGENS IN
LABORATORY WASTES: SOME POLYCYCLIC
AROMATIC HYDROCARBONS
Edited by M. Castegnaro, G. Grimmer, O. Hutzinger,
W. Karcher, H. Kunte, M. Lafontaine, E.B. Sansone,
G. Telling & S.P. Tucker
1983; 81 pages; £9.-

No. 50 DIRECTORY OF ON-GOING RESEARCH
IN CANCER EPIDEMIOLOGY 1983
Edited by C.S. Muir & G. Wagner
1983; 740 pages; out of print

No. 51 MODULATORS OF EXPERIMENTAL
CARCINOGENESIS
Edited by V. Turusov & R. Montesano
1983; 307 pages; £22.50

No. 52 SECOND CANCER IN RELATION TO
RADIATION TREATMENT FOR CERVICAL
CANCER
Edited by N.E. Day & J.D. Boice, Jr
1984; 207 pages; £20.-

No. 53 NICKEL IN THE HUMAN ENVIRONMENT
Editor-in-Chief F.W. Sunderman, Jr
1984: 530 pages; £32.50

No. 54 LABORATORY DECONTAMINATION
AND DESTRUCTION OF CARCINOGENS IN
LABORATORY WASTES: SOME HYDRAZINES
Edited by M. Castegnaro, G. Ellen, M. Lafontaine,
H.C. van der Plas, E.B. Sansone & S.P. Tucker
1983; 87 pages; £9.-

No. 55 LABORATORY DECONTAMINATION
AND DESTRUCTION OF CARCINOGENS IN
LABORATORY WASTES: SOME N-NITROSAMIDES
Edited by M. Castegnaro, M. Benard,
L.W. van Broekhoven, D. Fine, R. Massey,
E.B. Sansone, P.L.R. Smith, B. Spiegelhalder,
A. Stacchini, G. Telling & J.J. Vallon
1984; 65 pages; £7.50

No. 56 MODELS, MECHANISMS AND ETIOLOGY
OF TUMOUR PROMOTION
Edited by M. Börszönyi, N.E. Day, K. Lapis
& H. Yamasaki
1984; 532 pages; £32.50

No. 57 N-NITROSO COMPOUNDS:
OCCURRENCE, BIOLOGICAL EFFECTS
AND RELEVANCE TO HUMAN CANCER
Edited by I.K. O'Neill, R.C. von Borstel, C.T. Miller,
J. Long & H. Bartsch
1984; 1011 pages; £80.-

No. 58 AGE-RELATED FACTORS IN
CARCINOGENESIS
Edited by A. Likhachev, V. Anisimov & R. Montesano
1985; 288 pages; £20.-

No. 59 MONITORING HUMAN EXPOSURE TO
CARCINOGENIC AND MUTAGENIC AGENTS
Edited by A. Berlin, M. Draper, K. Hemminki
& H. Vainio
1984; 457 pages; £27.50

No. 60 BURKITT'S LYMPHOMA: A HUMAN
CANCER MODEL
Edited by G. Lenoir, G. O'Conor & C.L.M. Olweny
1985; 484 pages; £22.50

No. 61 LABORATORY DECONTAMINATION
AND DESTRUCTION OF CARCINOGENS IN
LABORATORY WASTES: SOME HALOETHERS
Edited by M. Castegnaro, M. Alvarez, M. Iovu,
E.B. Sansone, G.M. Telling & D.T. Williams
1984; 53 pages; £7.50

No. 62 DIRECTORY OF ON-GOING RESEARCH
IN CANCER EPIDEMIOLOGY 1984
Edited by C.S. Muir & G. Wagner
1984; 728 pages; £26.-

No. 63 VIRUS-ASSOCIATED CANCERS IN AFRICA
Edited by A.O. Williams, G.T. O'Conor, G.B. de-Thé
& C.A. Johnson
1984; 774 pages; £22.-

SCIENTIFIC PUBLICATIONS SERIES

No. 64 LABORATORY DECONTAMINATION AND DESTRUCTION OF CARCINOGENS IN LABORATORY WASTES: SOME AROMATIC AMINES AND 4-NITROBIPHENYL
Edited by M. Castegnaro, J. Barek, J. Dennis, G. Ellen, M. Klibanov, M. Lafontaine, R. Mitchum, P. Van Roosmalen, E.B. Sansone, L.A. Sternson & M. Vahl
1985; 85 pages; £6.95

No. 65 INTERPRETATION OF NEGATIVE EPIDEMIOLOGICAL EVIDENCE FOR CARCINOGENICITY
Edited by N.J. Wald & R. Doll
1985; 232 pages; £20.-

No. 66 THE ROLE OF THE REGISTRY IN CANCER CONTROL
Edited by D.M. Parkin, G. Wagner & C. Muir
1985; 155 pages; £10.-

No. 67 TRANSFORMATION ASSAY OF ESTABLISHED CELL LINES: MECHANISMS AND APPLICATION
Edited by T. Kakunaga & H. Yamasaki
1985; 225 pages; £20.-

No. 68 ENVIRONMENTAL CARCINOGENS: SELECTED METHODS OF ANALYSIS VOLUME 7. SOME VOLATILE HALOGENATED HYDROCARBONS
Edited by L. Fishbein & I.K. O'Neill
1985; 479 pages; £20.-

No. 69 DIRECTORY OF ON-GOING RESEARCH IN CANCER EPIDEMIOLOGY 1985
Edited by C.S. Muir & G. Wagner
1985; 756 pages; £22.

No. 70 THE ROLE OF CYCLIC NUCLEIC ACID ADDUCTS IN CARCINOGENESIS AND MUTAGENESIS
Edited by B. Singer & H. Bartsch
1986; 467 pages; £40.-

No. 71 ENVIRONMENTAL CARCINOGENS: SELECTED METHODS OF ANALYSIS VOLUME 8. SOME METALS: As, Be, Cd, Cr, Ni, Pb, Se, Zn
Edited by I.K. O'Neill, P. Schuller & L. Fishbein
1986; 485 pages; £20.

No. 72 ATLAS OF CANCER IN SCOTLAND 1975-1980: INCIDENCE AND EPIDEMIOLOGICAL PERSPECTIVE
Edited by I. Kemp, P. Boyle, M. Smans & C. Muir
1985; 282 pages; £35.-

No. 73 LABORATORY DECONTAMINATION AND DESTRUCTION OF CARCINOGENS IN LABORATORY WASTES: SOME ANTINEOPLASTIC AGENTS
Edited by M. Castegnaro, J. Adams, M. Armour, J. Barek, J. Benvenuto, C. Confalonieri, U. Goff, S. Ludeman, D. Reed, E.B. Sansone & G. Telling
1985; 163 pages; £10.-

No. 74 TOBACCO: A MAJOR INTERNATIONAL HEALTH HAZARD
Edited by D. Zaridze & R. Peto
1986; 324 pages; £20.-

No. 75 CANCER OCCURRENCE IN DEVELOPING COUNTRIES
Edited by D.M. Parkin
1986; 339 pages; £20.-

No. 76 SCREENING FOR CANCER OF THE UTERINE CERVIX
Edited by M. Hakama, A.B. Miller & N.E. Day
1986; 315 pages; £25.-

No. 77 HEXACHLOROBENZENE: PROCEEDINGS OF AN INTERNATIONAL SYMPOSIUM
Edited by C.R. Morris & J.R.P. Cabral
1986; 668 pages; £50.-

No. 78 CARCINOGENICITY OF ALKYLATING CYTOSTATIC DRUGS
Edited by D. Schmähl & J. M. Kaldor
1986; 338 pages; £25.-

No. 79 STATISTICAL METHODS IN CANCER RESEARCH. VOLUME III. THE DESIGN AND ANALYSIS OF LONG-TERM ANIMAL EXPERIMENTS
By J.J. Gart, D. Krewski, P.N. Lee, R.E. Tarone & J. Wahrendorf
1986; 219 pages; £20.-

No. 80 DIRECTORY OF ON-GOING RESEARCH IN CANCER EPIDEMIOLOGY 1986
Edited by C.S. Muir & G. Wagner
1986; 805 pages; £22.-

No. 81 ENVIRONMENTAL CARCINOGENS: METHODS OF ANALYSIS AND EXPOSURE MEASUREMENT. VOLUME 9. PASSIVE SMOKING
Edited by I.K. O'Neill, K.D. Brunnemann, B. Dodet & D. Hoffmann
1987; 379 pages; £30.-

No. 82 STATISTICAL METHODS IN CANCER RESEARCH. VOLUME II. THE DESIGN AND ANALYSIS OF COHORT STUDIES
By N.E. Breslow & N.E. Day
1987; 404 pages; £30.-

No. 83 LONG-TERM AND SHORT-TERM ASSAYS FOR CARCINOGENS: A CRITICAL APPRAISAL
Edited by R. Montesano, H. Bartsch, H. Vainio, J. Wilbourn & H. Yamasaki
1986; 575 pages; £32.50

No. 84 THE RELEVANCE OF N-NITROSO COMPOUNDS TO HUMAN CANCER: EXPOSURES AND MECHANISMS
Edited by H. Bartsch, I.K. O'Neill & R. Schulte-Hermann
1987; 671 pages; £50.-

SCIENTIFIC PUBLICATIONS SERIES

No. 85 ENVIRONMENTAL CARCINOGENS:
METHODS OF ANALYSIS AND EXPOSURE
MEASUREMENT. VOLUME 10. BENZENE
AND ALKYLATED BENZENES
Edited by L. Fishbein & I.K. O'Neill
1988; 318 pages; £35.-

No. 86 DIRECTORY OF ON-GOING RESEARCH
IN CANCER EPIDEMIOLOGY 1987
Edited by D.M. Parkin & J. Wahrendorf
1987; 685 pages; £22.-

No. 87 INTERNATIONAL INCIDENCE OF
CHILDHOOD CANCER
Edited by D.M. Parkin, C.A. Stiller, G.J. Draper,
C.A. Bieber, B. Terracini & J.L. Young
1988; 402 pages; £35.-

No. 88 CANCER INCIDENCE IN FIVE
CONTINENTS. VOLUME V
Edited by C. Muir, J. Waterhouse, T. Mack,
J. Powell & S. Whelan
1988; 1004 pages; £50.-

No. 89 METHODS FOR DETECTING DNA
DAMAGING AGENTS IN HUMANS:
APPLICATIONS IN CANCER EPIDEMIOLOGY
AND PREVENTION
Edited by H. Bartsch, K. Hemminki & I.K. O'Neill
1988; 518 pages; £45.-

No. 90 NON-OCCUPATIONAL EXPOSURE TO
MINERAL FIBRES
Edited by J. Bignon, J. Peto & R. Saracci
1988; 530 pages; £45.-

No. 91 TRENDS IN CANCER INCIDENCE IN
SINGAPORE 1968-1982
Edited by H.P. Lee, N.E. Day &
K. Shanmugaratnam
1988; 160 pages; £25.-

No. 92 CELL DIFFERENTIATION, GENES
AND CANCER
Edited by T. Kakunaga, T. Sugimura,
L. Tomatis and H. Yamasaki
1988; 204 pages; £25.-

No. 93 DIRECTORY OF ON-GOING RESEARCH
IN CANCER EPIDEMIOLOGY 1988
Edited by M. Coleman & J. Wahrendorf
1988; 662 pages; £26.-

No. 94 HUMAN PAPILLOMAVIRUS AND CERVICAL
CANCER
Edited by N. Muñoz, F.X Bosch & O.M. Jensen.
1989; 154 pages; £18.-

No. 95 CANCER REGISTRATION: PRINCIPLES
AND METHODS
Edited by D.M. Parkin & O.M. Jensen
c. 200 pages (in press)

No. 96 PERINATAL AND MULTIGENERATION
CARCINOGENESIS
Edited by N.P. Napalkov, J.M. Rice, L. Tomatis & H.
Yamasaki
1989; 436 pages; £56.-

No. 97 OCCUPATIONAL EXPOSURE TO SILICA
AND CANCER RISK
Edited by L. Simonato, A.C. Fletcher, R. Saracci & T.
Thomas
c. 160 pages (in press)

No. 98 CANCER INCIDENCE IN JEWISH
MIGRANTS TO ISRAEL, 1961-1981
Edited by R. Steinitz, D.M. Parkin, J.L. Young,
C.A. Bieber & L. Katz
c. 300 pages (in press)

No. 99 PATHOLOGY OF TUMOURS IN
LABORATORY ANIMALS, VOL. I.
TUMOURS OF THE RAT (2nd edition).
Edited by V.S. Turusov & U. Mohr
c. 700 pages (in press)

IARC MONOGRAPHS ON THE EVALUATION OF THE CARCINOGENIC RISK OF CHEMICALS TO HUMANS
(English editions only)

(Available from booksellers through the network of WHO Sales Agents*)

Volume 1
Some inorganic substances, chlorinated hydrocarbons, aromatic amines, N-nitroso compounds, and natural products
1972; 184 pages; out of print

Volume 2
Some inorganic and organometallic compounds
1973; 181 pages; out of print

Volume 3
Certain polycyclic aromatic hydrocarbons and heterocyclic compounds
1973; 271 pages; out of print

Volume 4
Some aromatic amines, hydrazine and related substances, N-nitroso compounds and miscellaneous alkylating agents
1974; 286 pages;
Sw. fr. 18.-

Volume 5
Some organochlorine pesticides
1974; 241 pages; out of print

Volume 6
Sex hormones
1974; 243 pages;
out of print

Volume 7
Some anti-thyroid and related substances, nitrofurans and industrial chemicals
1974; 326 pages; out of print

Volume 8
Some aromatic azo compounds
1975; 357 pages; Sw.fr. 36.-

Volume 9
Some aziridines, N-, S- and O-mustards and selenium
1975; 268 pages; Sw. fr. 27.-

Volume 10
Some naturally occurring substances
1976; 353 pages; out of print

Volume 11
Cadmium, nickel, some epoxides, miscellaneous industrial chemicals and general considerations on volatile anaesthetics
1976; 306 pages; out of print

Volume 12
Some carbamates, thiocarbamates and carbazides
1976; 282 pages; Sw. fr. 34.-

Volume 13
Some miscellaneous pharmaceutical substances
1977; 255 pages; Sw. fr. 30.-

Volume 14
Asbestos
1977; 106 pages; out of print

Volume 15
Some fumigants, the herbicides 2,4-D and 2,4,5-T, chlorinated dibenzodioxins and miscellaneous industrial chemicals
1977; 354 pages; Sw. fr. 50.-

Volume 16
Some aromatic amines and related nitro compounds — hair dyes, colouring agents and miscellaneous industrial chemicals
1978; 400 pages; Sw. fr. 50.-

Volume 17
Some N-nitroso compounds
1978; 365 pages; Sw. fr. 50.

Volume 18
Polychlorinated biphenyls and polybrominated biphenyls
1978; 140 pages; Sw. fr. 20.-

Volume 19
Some monomers, plastics and synthetic elastomers, and acrolein
1979; 513 pages; Sw. fr. 60.-

Volume 20
Some halogenated hydrocarbons
1979; 609 pages; Sw. fr. 60.-

Volume 21
Sex hormones (II)
1979; 583 pages; Sw. fr. 60.-

Volume 22
Some non-nutritive sweetening agents
1980; 208 pages; Sw. fr. 25.-

Volume 23
Some metals and metallic compounds
1980; 438 pages; Sw. fr. 50.-

Volume 24
Some pharmaceutical drugs
1980; 337 pages; Sw. fr. 40.-

Volume 25
Wood, leather and some associated industries
1981; 412 pages; Sw. fr. 60.-

Volume 26
Some antineoplastic and immunosuppressive agents
1981; 411 pages; Sw. fr. 62.-

*A list of these Agents may be obtained by writing to the World Health Organization, Distribution and Sales Service, 1211 Geneva 27, Switzerland

IARC MONOGRAPHS SERIES

Volume 27
Some aromatic amines, anthraquinones and nitroso compounds, and inorganic fluorides used in drinking-water and dental preparations
1982; 341 pages; Sw. fr. 40.-

Volume 28
The rubber industry
1982; 486 pages; Sw. fr. 70.-

Volume 29
Some industrial chemicals and dyestuffs
1982; 416 pages; Sw. fr. 60.-

Volume 30
Miscellaneous pesticides
1983; 424 pages; Sw. fr. 60.-

Volume 31
Some food additives, feed additives and naturally occurring substances
1983; 14 pages; Sw. fr. 60.-

Volume 32
Polynuclear aromatic compounds, Part 1, Chemical, environmental and experimental data
1984; 477 pages; Sw. fr. 60.-

Volume 33
Polynuclear aromatic compounds, Part 2, Carbon blacks, mineral oils and some nitroarenes
1984; 245 pages; Sw. fr. 50.-

Volume 34
Polynuclear aromatic compounds, Part 3, Industrial exposures in aluminium production, coal gasification, coke production, and iron and steel founding
1984; 219 pages; Sw. fr. 48.-

Volume 35
Polynuclear aromatic compounds, Part 4, Bitumens, coal-tars and derived products, shale-oils and soots
1985; 271 pages; Sw. fr.70.-

Volume 36
Allyl compounds, aldehydes, epoxides and peroxides
1985; 369 pages; Sw. fr. 70.-

Volume 37
Tobacco habits other than smoking; betel-quid and areca-nut chewing; and some related nitrosamines
1985; 291 pages; Sw. fr. 70.-

Volume 38
Tobacco smoking
1986; 421 pages; Sw. fr. 75.-

Volume 39
Some chemicals used in plastics and elastomers
1986; 403 pages; Sw. fr. 60.-

Volume 40
Some naturally occurring and synthetic food components, furocoumarins and ultraviolet radiation
1986; 444 pages; Sw. fr. 65.-

Volume 41
Some halogenated hydrocarbons and pesticide exposures
1986; 434 pages; Sw. fr. 65.-

Volume 42
Silica and some silicates
1987; 289 pages; Sw. fr. 65.-

*Volume 43
Man-made mineral fibres and radon
1988; 300 pages; Sw. fr. 65.-

Volume 44
Alcohol and alcoholic beverages
(in preparation)

Volume 45
Occupational exposures in petroleum refining; crude oil and major petroleum fuels
1989; 322 pages; Sw. fr. 65.-

Volume 46
Diesel and gasoline engine exhausts and some nitroarenes
1989; 458 pages; Sw. fr. 65.-

Supplement No. 1
Chemicals and industrial processes associated with cancer in humans (IARC Monographs, Volumes 1 to 20)
1979; 71 pages; out of print

Supplement No. 2
Long-term and short-term screening assays for carcinogens: a critical appraisal
1980; 426 pages; Sw. fr. 40.-

Supplement No. 3
Cross index of synonyms and trade names in Volumes 1 to 26
1982; 199 pages; Out of print

Supplement No. 4
Chemicals, industrial processes and industries associated with cancer in humans (IARC Monographs, Volumes 1 to 29)
1982; 292 pages; Out of print

Supplement No. 5
Cross index of synonyms and trade names in Volumes 1 to 36
1985; 259 pages; Sw. fr. 60.-

*Supplement No. 6
Genetic and related effects: An updating of selected IARC Monographs from Volumes 1-42
1987; 730 pages; Sw. fr. 80.-

Supplement No. 7
Overall evaluations of carcinogenicity: An updating of IARC Monographs Volumes 1-42
1987; 440 pages; Sw. fr. 65.-

*From Volume 43 and Supplement No. 6 onwards, the series title has been changed to IARC MONOGRAPHS ON THE EVALUATION OF CARCINOGENIC RISKS TO HUMANS from IARC MONOGRAPHS ON THE EVALUATION OF THE CARCINOGENIC RISK OF CHEMICALS TO HUMANS

INFORMATION BULLETINS ON THE SURVEY OF CHEMICALS BEING TESTED FOR CARCINOGENICITY*

No. 8 (1979)
Edited by M.-J. Ghess, H. Bartsch
& L. Tomatis
604 pages; Sw. fr. 40.-

No. 9 (1981)
Edited by M.-J. Ghess, J.D. Wilbourn,
H. Bartsch & L. Tomatis
294 pages; Sw. fr. 41.-

No. 10 (1982)
Edited by M.-J. Ghess, J.D. Wilbourn
& H. Bartsch
362 pages; Sw. fr. 42.-

No. 11 (1984)
Edited by M.-J. Ghess, J.D. Wilbourn,
H. Vainio & H. Bartsch
362 pages; Sw. fr. 50.-

No. 12 (1986)
Edited by M.-J. Ghess, J.D. Wilbourn,
A. Tossavainen & H. Vainio
385 pages; Sw. fr. 50.-

No. 13 (1988)
Edited by M.-J. Ghess, J.D. Wilbourn
& A. Aitio
404 pages; Sw. fr. 43.-

NON-SERIAL PUBLICATIONS

(Available from IARC)

ALCOOL ET CANCER
By A. Tuyns (in French only)
1978; 42 pages; Fr. fr. 35.-

CANCER MORBIDITY AND CAUSES OF
DEATH AMONG DANISH BREWERY
WORKERS
By O.M. Jensen
1980; 143 pages; Fr. fr. 75.-

DIRECTORY OF COMPUTER SYSTEMS
USED IN CANCER REGISTRIES
By H.R. Menck & D.M. Parkin
1986; 236 pages; Fr. fr. 50.-

*Available from IARC; or the World Health Organization Distribution and Sales Services, 1211 Geneva 27, Switzerland or WHO Sales Agents.